案例名称：苹果系统主题界面设计
效果文件：Chapter 5\ Complete\苹果系统主题界面设计.psd
视频文件：视频\ Chapter 5\苹果系统主题界面设计.swf

案例名称：Windows系统主题界面设计
效果文件：Chapter 5\ Complete\ Windows系统主题界面设计.psd
视频文件：视频\ Chapter 5\ Windows系统主题界面设计.swf

案例名称：iPad休闲游戏
效果文件：Chapter 5\ Complete\ iPad休闲游戏.psd
视频文件：视频\ Chapter 5\ iPad休闲游戏.swf

案例名称：iPad益智游戏
效果文件：Chapter 5\ Complete\ iPad益智游戏.psd
视频文件：视频\ Chapter 5\ iPad益智游戏.swf

案例名称：平板电影高清时代
效果文件：Chapter 5\ Complete\平板电影高清时代.psd
视频文件：视频\ Chapter 5\平板电影高清时代.swf

案例名称：平板娱乐应用界面
效果文件：Chapter 5\ Complete\平板娱乐应用界面.psd
视频文件：视频\ Chapter 5\平板娱乐应用界面.swf

案例名称：平板音乐应用界面
效果文件：Chapter 5\ Complete\平板音乐应用界面.psd
视频文件：视频\ Chapter 5\平板音乐应用界面.swf

案例名称：iPad电子明信片浏览
效果文件：chapter 5\ Complete\ iPad电子明信片浏览.psd
视频文件：视频\ Chapter 5\ iPad电子明信片浏览.swf

案例名称：女性网购站点
效果文件：Chapter 5\ Complete\女性网购站点.psd
视频文件：视频\ Chapter 5\女性网购站点.swf

案例名称：儿童学习教育
效果文件：Chapter 5\ Complete\儿童学习教育.psd
视频文件：视频\ Chapter 5\儿童学习教育.swf

创意UI

Photoshop 玩转移动UI设计

Art Eyes设计工作室 编著

人民邮电出版社
北京

图书在版编目（CIP）数据

创意UI. Photoshop玩转移动UI设计 / Art Eyes设计工作室编著. -- 北京 : 人民邮电出版社, 2015.1（2015.3 重印）
ISBN 978-7-115-36924-6

Ⅰ. ①创… Ⅱ. ①A… Ⅲ. ①图象处理软件②移动电话机—应用程序—程序设计 Ⅳ. ①TP391.41②TN929.53

中国版本图书馆CIP数据核字(2014)第218809号

内 容 提 要

本书通过案例的方式介绍了如何使用Photoshop进行移动UI设计，全书分为5章，每章都包括丰富的移动UI设计知识和详细的设计制作讲解。包括初入移动UI设计的世界、你所不知道的移动UI特性和界面导航设计、Photoshop和移动UI的那些事儿、现在就开始移动手机之旅和超人气平板界面是这样炼成的等内容，使读者由浅入深，逐步了解使用Photoshop进行移动UI界面设计的整体思路和制作过程。以一个逐渐深化的方式为用户呈现设计中的重点门类和制作方法，使读者全面且深入地掌握各种类别移动界面设计案例。

本书内容专业简练，操作案例精美实用、讲解详尽，适合UI设计爱好者与设计专业的大中专学生阅读使用。随书附赠的光盘中收录了书中所有案例的教学视频、素材和源文件，用于补充书中遗漏的细节内容，方便读者学习和参考。

◆ 编　　著　Art Eyes 设计工作室
责任编辑　张丹阳
责任印制　程彦红

◆ 人民邮电出版社出版发行　　北京市丰台区成寿寺路 11 号
邮编　100164　　电子邮件　315@ptpress.com.cn
网址　http://www.ptpress.com.cn
北京方嘉彩色印刷有限责任公司印刷

◆ 开本：880×1230　1/20
印张：15.4
字数：654 千字　　2015 年 1 月第 1 版
印数：3 001-5 000 册　　2015 年 3 月北京第 2 次印刷

定价：79.00 元（附光盘）

读者服务热线：(010) 81055410　印装质量热线：(010) 81055316
反盗版热线：(010) 81055315
广告经营许可证：京崇工商广字第 0021 号

前言

软件简介：

Adobe Photoshop CS6是Adobe公司旗下最为出名的图像处理软件之一,集图像扫描、编辑修改、动画制作、图像制作、广告创意、图像输入与输出于一体，深受广大平面设计人员和电脑美术爱好者的喜爱。

本书内容导读：

本书主要针对移动UI设计中常用的案例由浅入深地进行讲解。内容包括初入移动UI设计的世界、你所不知道的移动UI特性和界面导航设计、Photoshop和移动UI的那些事儿、现在就开始移动手机之旅、超人气平板界面是这样练成的和附录。每章都包含设计师多年来的研究，特别筛选了在设计工作中最常遇到的平面设计经典案例，使用通俗易懂的语言将制作过程清晰地向读者展示出来。本书能有效地帮助读者轻松面对移动UI设计工作中的各种不同需求。

本书特点：

本书是由资深平面设计师总结其多年来对移动UI设计制作的经验编写而成的，主要讲述了移动UI界面设计的重要功能以及应用方法。在讲解上全面且深入，在内容编排上新颖而突出，移动UI设计和应用的完美结合更是让本书的实用性大大增强。

适合人群：

本书在案例制作中运用了Photoshop CS6软件的各种绘图功能、图像效果，适合初、中级平面设计爱好者及设计师参考和自学使用，此外，也非常适合从事平面设计、UI设计等的专业人士学习参考。

作者

目 录

第1章

初入移动 UI 设计的世界

我们在这一章中将会对认识移动 UI、移动设备的三大主流平台和设计的基本原则、常用移动界面、移动 UI 的草图设计流程及方法、移动设备界面色彩搭配、移动设备中各尺寸标准以及移动 UI 使用的禁忌等移动 UI 设计的基础知识进行了解，使读者对移动 UI 设计有一个简单且清晰的了解，为后面我们学习和制作移动 UI 设计打下良好的基础和铺垫。

1.1 认识移动 UI

先让我们来认识一下移动 UI，其中我们要为大家讲解什么是移动 UI 设计、移动 UI 设计的特点，并选择移动 UI 设计的经典案例给读者欣赏。使读者在字面意义上学习的同时对移动 UI 设计的图形图像的大致排版有一个基本的认识。

1.1.1 什么是移动 UI 设计

移动 UI 设计是可移动的操作系统（包括手机和平板电脑等）和其 UI 设计的的人机交互、操作逻辑、界面美观的整体设计。置身于操作系统中人机交互的窗口，设计界面必须基于操作系统的物理特性和软件的应用特性进行合理的设计。好的移动 UI 设计不仅能让软件变得有个性有品位，还能让软件的操作变得舒适、简单、自由，充分体现软件的定位和特点。

手机移动UI界面展示

平板移动UI界面展示

1.1.2 移动UI设计的特点

移动 UI 就是将移动通信和 UI 设计二者结合起来，成为一体。“小巧轻便”及“通信便捷”两个特点，决定了移动 UI 设计与 UI 设计的不同之处。

高便携性：任何时间，移动UI设计可以伴随在其主人身边。这个特点决定了，使用移动设备上网，可以带来无可比拟的优越性，即沟通与资讯的获取远比传统设备方便。

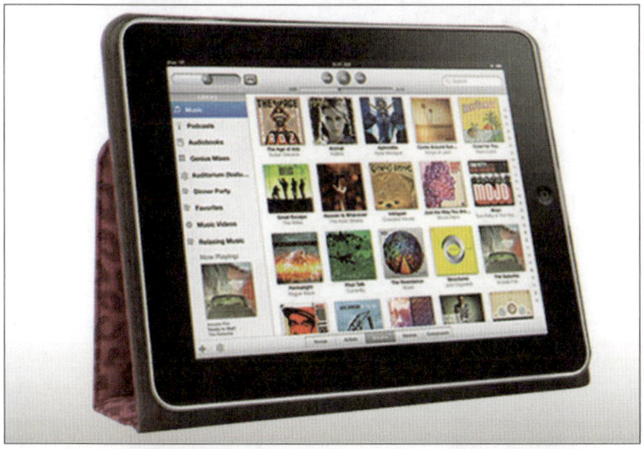

移动平板

移动手机

应用轻便：除了长篇大论，休闲沟通外，能够用语音通话的就用语音通话解决。移动设备通信的基本功能代表了移动设备方便、快捷的特点。而延续这一特点及设备制造的特点，移动通信用户不会接受在移动设备上采取复杂的类似 PC 输入端的操作——用户的手指宁愿用“指手画脚”式的肢体语言去控制设备，也不愿意在巴掌大小的设备上去输入 26 个英文字母进行长时间沟通，或者打一篇千字以上的文章。

移动手机应用

移动平板应用

1.1.3 移动 UI 设计的经典案例

多看前人的设计，获得创作灵感并在别人的基础上创新。最重要的是，借鉴优秀设计师的作品可以减少很多时间，少走很多弯路。

来自美国 TNW 的设计编辑 Harrison Weber 为我们带来了 15 大优秀的移动 UI 设计，或许可以激发很多设计师的创作灵感。

1 苹果在应用设计中最喜欢使用的设计，让用户感觉自己和应用之间的互动更加直观自然。这样就会让用户从冷冰冰的科技产品中体验到与应用互动的乐趣以及亲切感。

2 整个界面看起来就和真实的单反数码相机一样。明确强烈的视觉层次感，再加上高分辨率及高质量的Retina视网膜显示屏，整个UI看起来非常逼真、简单明了，用户使用起来相当方便。

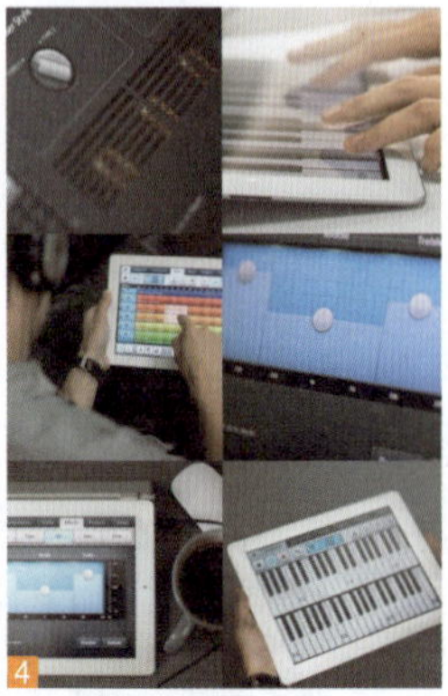

3 超清晰和引人入胜的移动UI界面，和 Web页面完美呼应。

4 FL Studio Mobile让你的iPhone就像是全功能的录音室，漂亮的大混音盘、先进的创作工具，让你的音乐突破想象力的限制。

5 整个UI界面内容丰富并且井然有序，对于那些希望沉浸在优美图片当中的用户来说简直堪称完美，一个有序的界面能让用户轻松地使用。

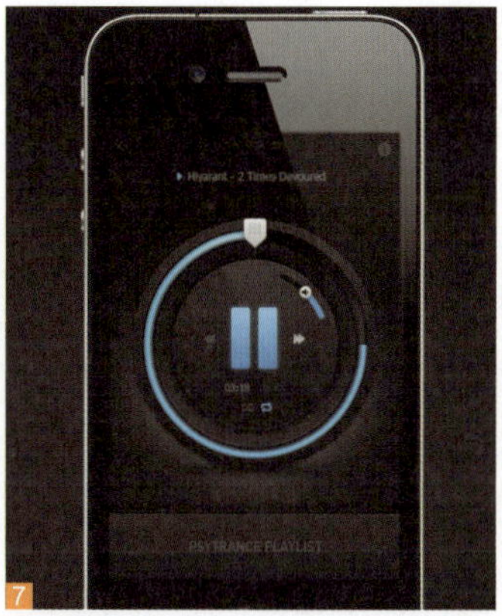

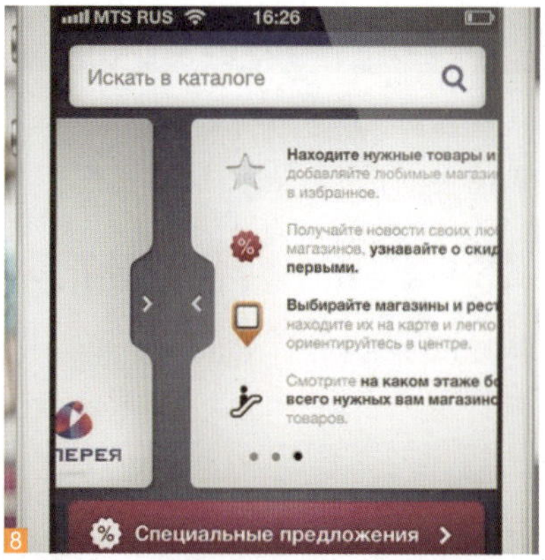

6 整个UI非常有趣，呈现在用户面前的是非常科幻的界面，画面效果也相当震撼。
7 这款应用打破了人们惯有的思维，将音乐播放器形象地在移动设备上完美呈现，和实际的音乐播放器看起来几乎是一样的。
8 虽然这个应用的界面大体来说比较循规蹈矩，但还是可以从中找到一些原创和有趣的元素。

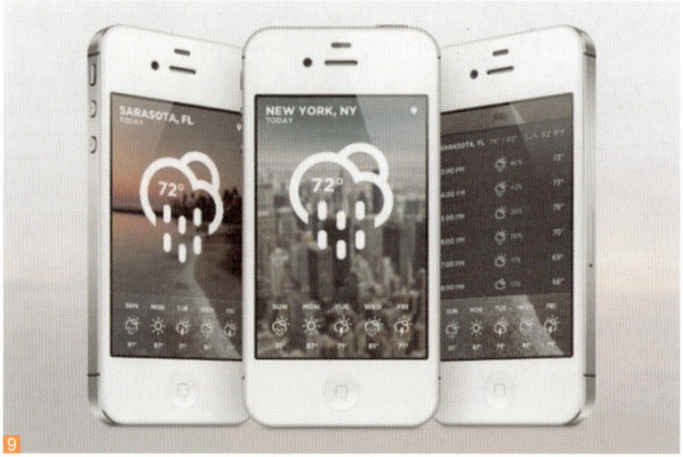

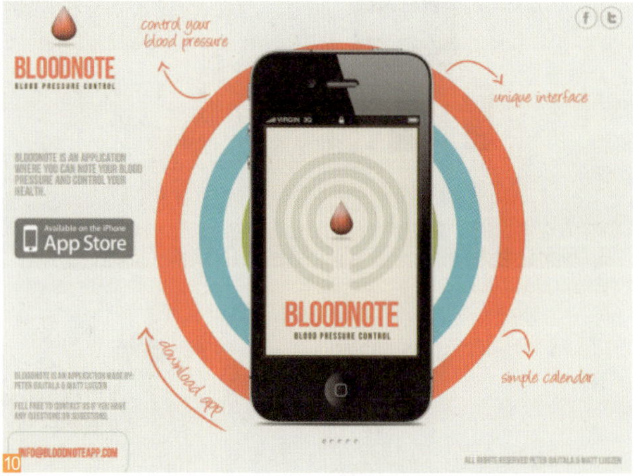

9 只需要一个页面，获悉重要的天气信息，漂亮多样的背景给每天繁忙的工作生活增添了美的享受。
10 这是一款非常简单的应用，可以用来检查血压，掌控自己的身体状况。该应用让测血压变得更加简单。

设计欣赏

这些成功的UI设计不仅让应用变得有个性、有品位，还让应用的操作变得舒适、简单、自由，充分体现出应用的的定位和特点。美丽的事物常常会让人无法抗拒，出色的UI设计对于应用的销售与推广，有着举足轻重的作用，应用界面的美观与否，很大程度上关系到应用设计的成败。

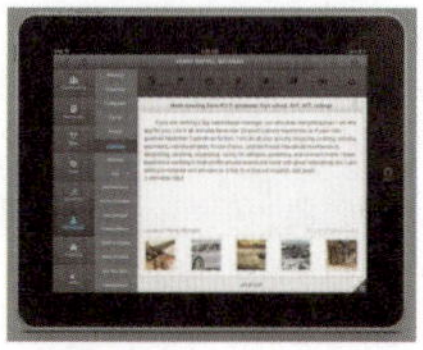

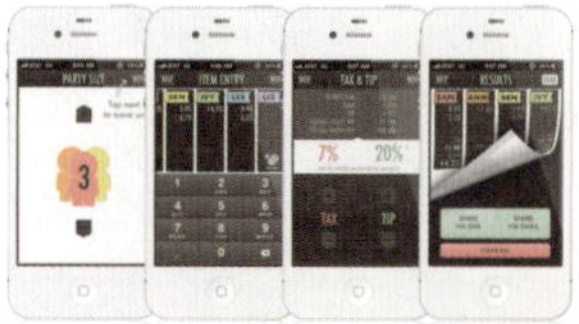

1.2 移动设备的三大主流平台和设计的基本原则

在前面认识了移动 UI 设计之后，下面让我们分别从 iOS、Android 和 Windows 移动设备的三大主流系统软件来认识移动设备的主流平台和设计的基本原则。

1.2.1 iOS 平台和设计的基本原则

对设计师来说，iPhone 和 iPad 是全新的平台。相比图形和网站设计的经验积累，在 iPhone 和 iPad 上的设计进化还都处于萌芽期。在这里和大家分享 iOS 软件平台和设计流程和基本原则，可能对你自己的设计项目有所启发。

下面让我们来看一下 iOS 平台下的操作物件列表：

iOS平台下的手机

iOS平台下的平板电脑

下面让我们来看一下 iOS 平台下的软件列表：

iOS平台下的软件列表

小编分享

在iOS平台上要做出好的App应用，首先，要确定你的创意还没有人做过。当有了创意，你还需要有个明确的定位，它会在后续的设计过程中决定App的设计要点。当有了创意，你还需要有个明确的定位，它会在后续的设计过程中决定App的设计要点。

大家知道，苹果 App Store 的应用审查十分严格，可以说近乎吹毛求疵。如何才能确保自己的应用通过苹果的审查，顺利在 App Store 上架。下面讲解 iOS 应用设计的十大基本原则。

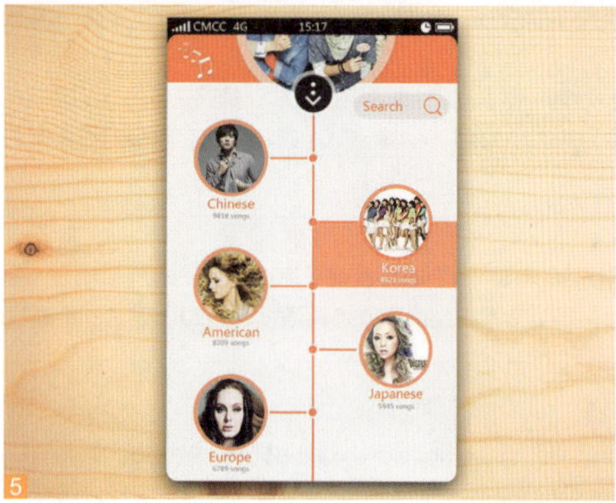

1 **操控便捷**：iOS应用的控制设计应该具有圆润的轮廓和程式化的梯度，操作便捷。

2 **结构清晰、导航方便**：充分利用iOS导航栏。尽量将所有的导航都安排在一个分层格式中，方便显示应用内的当前位置。

3 **微妙清晰的用户反馈**：使用动画显示用户的操作结果。一个经典的例子是：当用户长按进入“重新排列模式”时，应用会抖动。

4 **确保外观和功能协调**：如果是生产力类型的应用，可在背景中加入与之协调的装饰，注重最大限度地发挥功能效益;如果是游戏类应用，则应充分利用全屏，创造身　临其境的体验。

5 **突出首要任务**：不要在屏幕上添加任何冗余的东西，尽量做到简洁，突出首要功能。如苹果的便签应用只允许输入新的便签内容，电子邮件应用只允许读写邮件等。

6 **提供一种逻辑路径**：提供后退按钮和其他标记，方便用户了解在应用中的当前位置，清楚每一个屏幕的功能。最好能确保每个屏幕都只有一条特定路径，这样就能做到尽可能简洁，让用户产生熟悉的感觉。

7 **使用基本术语**：避免复杂生僻的术语，采用用户易于理解的交流方式。

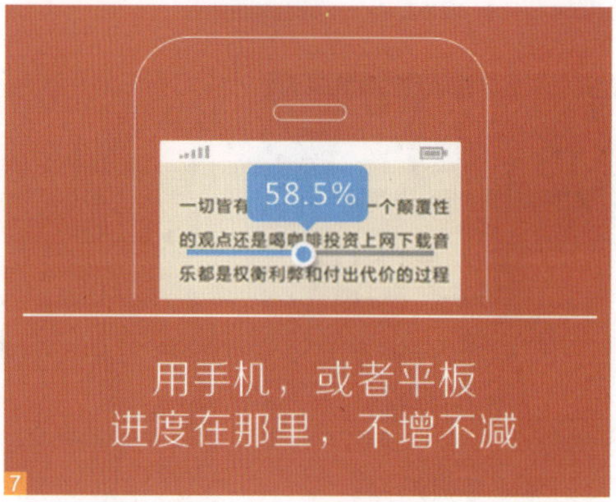

8 **考虑添加模拟现实元素：** 苹果的语音备忘录应用显示一张麦克风图片，地址簿应用看起来像一本真的地址簿。应用中添加的模拟现实元素越多，用户就能越快理解如何与应用进行交互。

9 **考虑方向性：** iOS用户使用设备时，有时喜欢横向模式，有时喜欢纵向模式，确保无论应用以哪种方式旋转，它的内容仍然是主要焦点。

10 **确保触摸点适合指尖大小：** 苹果建议的触摸目标大小为44×44像素，苹果计算器应用中的按钮就是一个不错的例子。

小编分享

用户钟爱那些专门为移动设备设计的 iOS 程序。例如，用户非常希望程序能够与设备屏幕相衬，并且能够响应那些用户熟识的手势。虽然用户可能不知道人机交互设计原则，诸如“直接操控”“一致性”，但却能觉察得出遵守原则和违背原则的程序之间的差别。

设计欣赏

iOS页面的基本结构布局，决定了手机界面的主要风格，在不同的平台上为了表现出设计的差异和风格，在界面布局上都有所不同。但是，总的来说还是没有与iOS有何本质的不同，仅仅在形式上略微的不同。

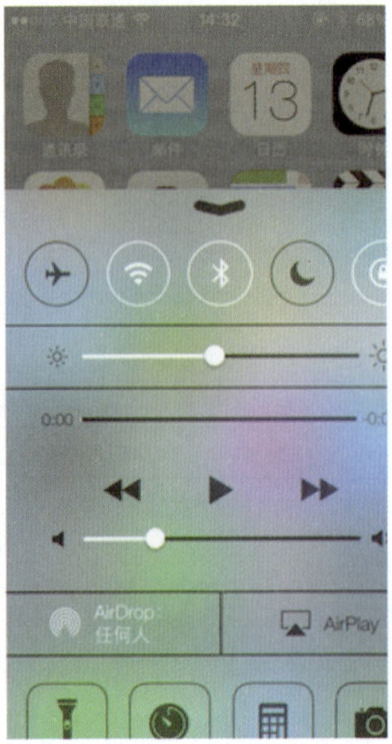

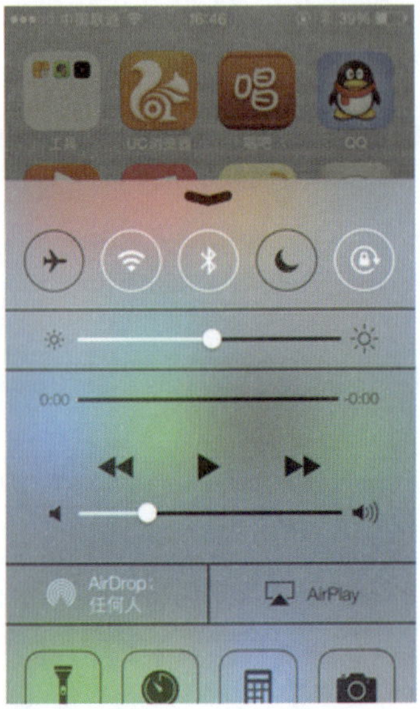

1.2.2 Android 平台和设计的基本原则

Android 是 Google 开发的基于 Linux 平台的开源手机操作系统。它包括操作系统、用户界面和应用程序 —— 移动电话工作所需的全部软件，而且没有任何以往阻碍移动产业创新的专有权障碍。

小编分享

Android设计的基本原则：漂亮的界面，精心设置的动画或者及时的音效是一种愉悦的体验。微妙的效果使用户感觉轻松及拥有掌控感。允许用户直接触碰及操纵应用中的对象，这样可以减少用户完成任务时的认知难度，从而提高满意度。人们喜欢个性化，因为这样可以使他们感到自在以及掌控感。提供合理、漂亮的默认样式，同时考虑到有趣的自定义功能，但不要妨碍完成主要任务。逐渐了解用户的喜好，而不是询问用户，一次又一次地让他们做出相同的选择，将之前的选择放在明显的地方。简化生活。使用简单的短语，人们普遍会忽略长句。解释想法时尽量考虑使用图片。图片容易吸引用户的注意力且比文字更容易理解。人们同时看到太多内容时会有压力。分解任务及信息，使其更容易理解。隐藏当前非必须的选项，并给予指导。让用户能确定自己当前所在的位置。将应用放置在明显的位置并使用切换效果来表达各页面之间的关系。对当前正在进行的任务给予反馈。保存用户费时创建的东西，使得用户可以随时随地存取。记住用户的设置、个人风格及创建的东西，在手机、平板、电脑之间同步。这使得升级变得再容易不过。通过明显的视觉差异来帮助用户认识到在功能上的不同。摒弃模式，不要让看起来相似的页面在输入相同的内容后却得到不同的结果。正如一个好的个人助理，帮人省去一些不重要的细枝末节。人们希望能专心做事，除非是重要的和紧急的事情，否则被打断容易让人厌恶。人们往往在自己搞明白事情的时候自我感觉良好。借助其他安卓应用的视觉模式及肌肉记忆使得你的应用能变得更易上手。例如，划屏手势就是一个很好的页面导航快捷方式。提示用户如何改正时应语气温和。使用你的应用时，人们希望觉得自己很聪明。如果出现了错误，给出明确的修正指导，但是应省去技术细节。要是你能在后台直接修复那就更好不过了。将复杂的任务分解为简单的步骤。对用户的操作给予反馈，哪怕只是个微小的光晕帮新手完成他们认为自己无法完成的事情，让他们感觉自己是个专家。例如，结合了多种照片特效的快捷方式使得业余拍照爱好者能在几步之内拍出很出色的照片。并非所有的操作的重要性是一致的，确定好你的应用中什么是最重要的，使得用户能很容易地找到并快速使用，正如相机中的快门键，音乐播放器中的暂停键。

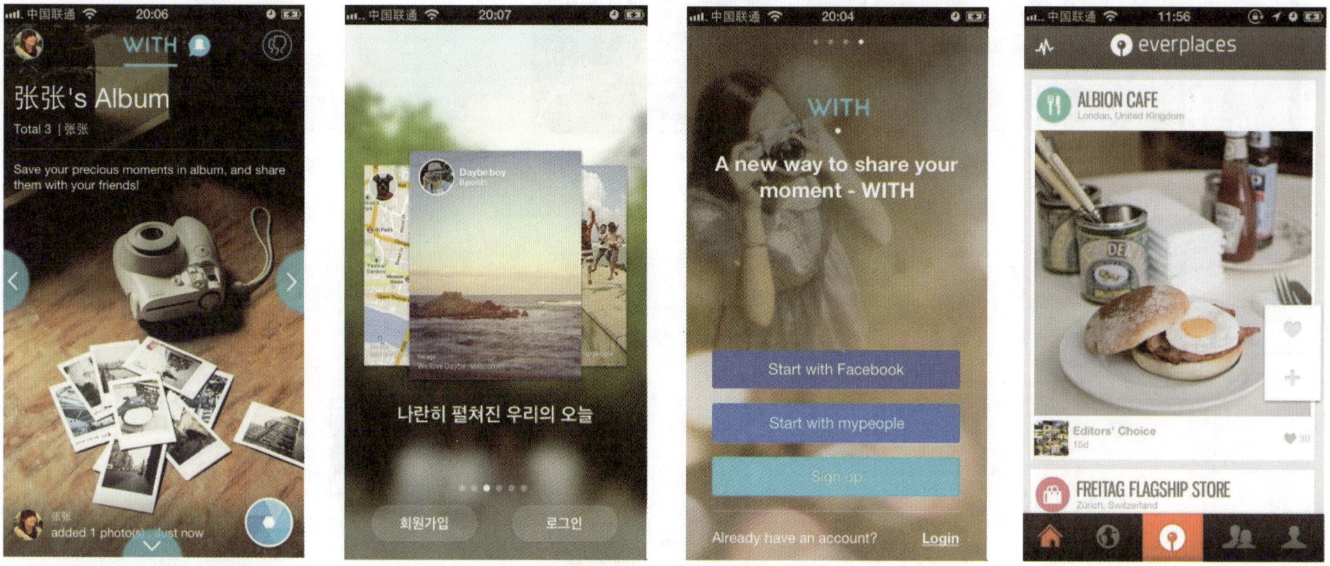

Android界面

1.2.3 Windows 平台和设计的基本原则

众所周知，Windows Phone 移动系统的界面非常整洁干净，内容代替布局的设计理念更是让用户回到内容本身，磁贴元素更是为大家打造了丰富的移动生活，因此受到了很多用户的喜爱。那么开发者们要如何把握这样的 UI 设计风格，更好地将 Modern UI 风格融入自己的应用中，为用户提供最佳的用户体验呢?

1. 注重细节

投入的时间和精力越多，看到的细节就越多。每一个阶段，工程师都会有不一样的收获。注重细节是一个应用程序成功的必要条件，所以我们的开发者从一开始就应该要注意。网格的局部能够让内容更有凝聚力，在设计应用程序的时候，注意层级结构的平衡，以及找到一个能体现应用程序特色的排版，排版的好坏直接影响了应用程序的结构感和节奏感，不能马虎。

利用好网格

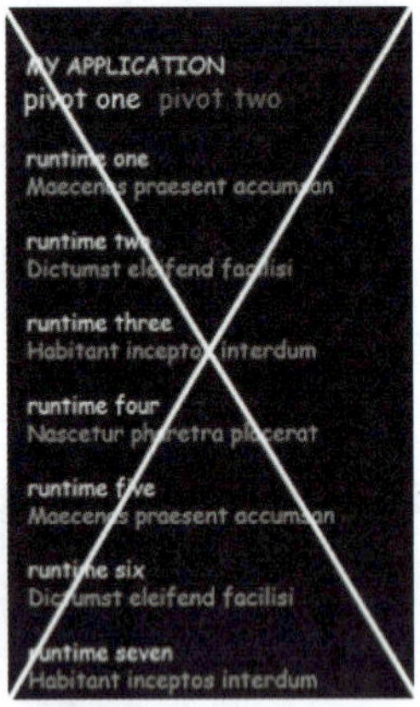

注意层叠

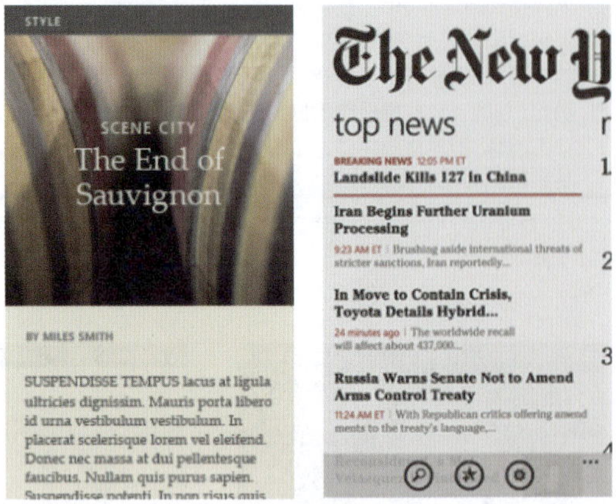

寻找应用特色

2. 内容代替布局

根据经验，建议开发者在页面去掉无关的元素，只留下关键元素即可，因为我们相信一个应用的伟大在于它提供的内容，而不是框架。所以开发者在进行 UI 设计的时候一定要将重点放在内容上，让内容代替布局，更好地突出内容。甚至可以去掉框架，利用字体、比例、颜色等元素带给用户沉浸式的阅读，将突出重点功能，方便用户交互。

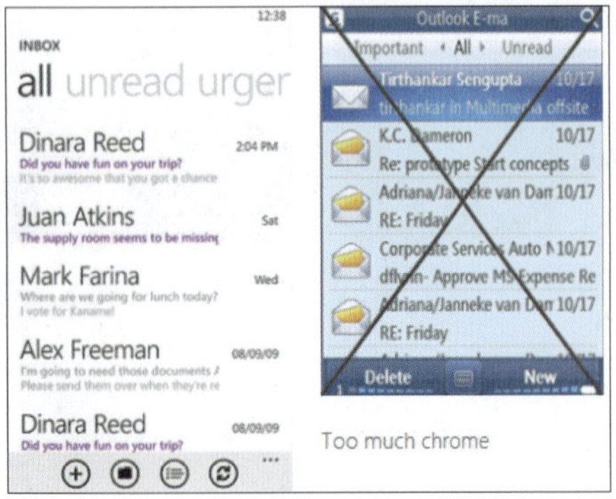

内容高于布局

应用要自然

3. 快速流畅

身临其境的产品才能吸引人，因此应用设计时一定要注意与用户的交互，只有快速流畅的交互才能提供最佳的用户体验。开发者在设计之初要保证每一个交互动作是连续的，而不是孤立的。此外，大家都知道手机通常都是随身携带的，也是人们在“路途中”最经常使用的设备，所以在设计应用的时候还要保证交互动作的方便快捷，使每一次交互都有意义。动态磁贴反应灵敏，交互也不错，开发者可以在这基础上加入自己的想象力，让应用富有生命力。

让应用富有生命

帮助用户学习应用程序的操作

4. 数字法则

具体的数字能够给用户带来超出物理世界的规则和属性的兴奋，开发者一定要利用好这个数字媒体。信息的传递是应用的首要任务，图表信息的展示非常重要，采用信息图表的方法再加上动态磁贴的结合，将帮助开发者能更好地优化 Windows Phone 上的用户体验。就如在邮件图标上直接显示未读邮件的数量，帮助用户更好地管理邮件。

数字法则

1.3 常用移动界面

常用移动界面分为常用手机界面和常用平板电脑界面。下面将针对这两个界面为读者进行详细的介绍，使读者对常用手机界面和平板电脑界面有一个简单的了解。

1.3.1 常用手机界面

常用手机界面主要分为 Android 手机界面、Windows Phone 手机界面以及苹果手机界面。下面讲解这些常用手机界面，使读者对这些常用手机界面有一个简单的了解。

Android 操作系统的手机琳琅满目，其屏幕分辨率却有着很大的差异。目前比较主流的有 WVGA=800×480，HVGA=480×320，另外还有 QVGA=320×240，当然还有魅族 M9 的 DVGA=960×640，摩托罗拉的 FWVGA=854×480 等。虽然在色深上没有 iPhone 的 1600 万色显示逼真，但更高的显示分辨率丝毫没有影响显示效果。而我也在今年已经上市的产品中选择了 8 款我心目中最好的常用 Android 手机与大家分享。

1 魅族MX3
2 HTC One Max
3 索尼Xperia Z1
4 Nexus 5
5 三星GALAXY S4
6 vivo Xplay
7 OPPO N1
8 三星GALAXY Note 3

Windows Phone 的用户界面被称为 Metro，它源于包豪斯（Bauhaus）风格所倡导的“化繁为简”（Do a lot with a little），其目的在于用最简单而直接的方式向用户呈现信息。在 Windows Phone 的 Metro 用户界面下，用户体验到的是一套流畅、快速的操作体验。

Windows Phone 还将所有相同类型的应用和内容以中心（Hub）的方式进行归类，包括人脉中心（People Hub）、图片中心（Pictures Hub）、音乐 + 视频中心（Music+Video Hub）、商城（Marketplace）和办公中心（Office Hub）。

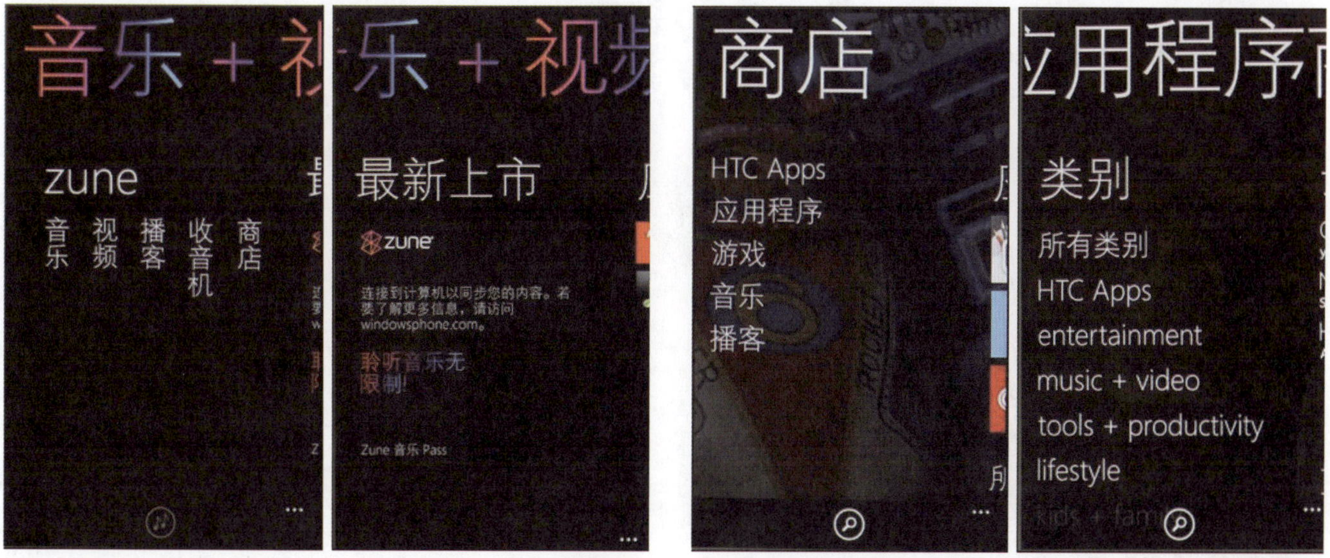

总体来说，在手机上安装程序要方便得多，不过我们在同步音乐、图片等资源时还是需要使用 Zune。虽然比较适应起来可能有些问题，但是和 iTunes 一样，当使用习惯之后你会发现这款同步软件还是非常不错的。

苹果手机界面经过无数次的反复，升级苹果 iOS7.1 正式版后，系统的总体速度和灵敏度明显提升。但本次升级也带来了不少问题，还有大量的视觉调整。

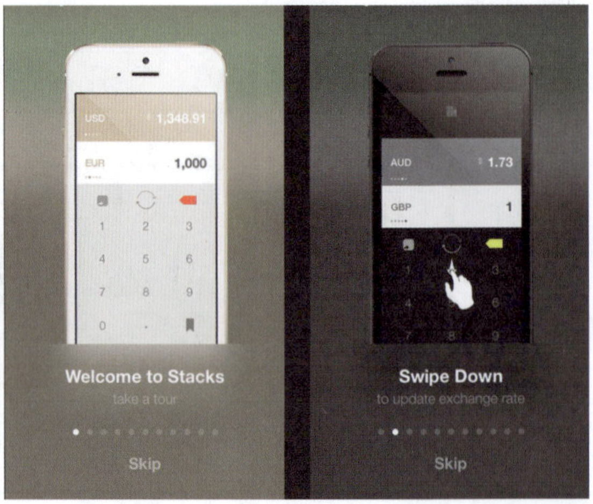

iOS7 应用于整个系统的全新架构，带来简洁直观的用户体验。界面刻意避免分散用户的注意力。显眼的修饰元素已不复存在，并去除了不必要的条栏和按钮。在摒弃华而不实的设计元素的过程中，脱颖而出并受到更多关注的将是最重要的部分：与你有关的内容。

苹果5S

iOS7

1.3.2 常用平板电脑界面

在如今的平板电脑市场，呈现了三足鼎立的局面，它们分别是苹果 iPad 平板阵营、谷歌 Android 平板阵营、微软 Windows 平板阵营。在娱乐方面，iPad 以及 Android 平板较为出色，而 Windows 平板则在办公方面具有一定的优势，因为它内置了 Office 软件，并且拥有可拆卸式的键盘。

放眼当今的平板电脑市场，除了占据主导地位的苹果 iPad 之外，最受用户欢迎的恐怕就是 Android 平板电脑了。Android 平板电脑以差异化与 iPad 相竞争，目前三星、戴尔、华硕、摩托罗拉、HTC、LG 等厂家均推出了自己的 Android 平板电脑。

Android平板电脑

伴随着 Windows 8 系统的诞生，有关两种终端发展趋势的预测也变得更加扑朔迷离。而在一些用户眼中，两者间并非水火不相容，而是可以兼而有之。于是，集合平板电脑与传统笔记本的二合一产品 Windows 平板和 iPad、Android 平板不同之处在于，Windows 平板更像笔记本电脑。通常来说，笔记本的结构要比平板电脑更复杂，能提供更多的接口，能支持更多的外围设备，主要用来创造内容，更侧重于办公；平板电脑偏重于娱乐，用来消费内容，例如看网页、看视频、看书籍、玩游戏等。

Windows系统平板电脑

iPad 平板电脑，是苹果公司于 2010 年发布的一款平板电脑，定位介于苹果的智能手机 iPhone 和笔记本电脑产品之间，通体只有四个按键，与 iPhone 布局一样，提供浏览互联网、收发电子邮件、观看电子书、播放音频或视频、玩游戏等功能。

小编分享

iPad在欧美称为网络阅读器。 具备浏览网页、收发邮件、普通视频文件播放、音频文件播放、一些简单游戏等基本的多媒体功能。由于采用ARM架构，不能兼容普通PC台式机和笔记本的程序，可以通过安装由Apple官方提供的iWork套件进行办公，可以通过iOS文件预览Office和PDF文件。

iPad平板电脑

小编分享

iPad的优点，输入方式多样，移动性能好。iPad平板电脑由于不再局限于键盘和鼠标的固定输入方式，可以采用手写和触摸的方式进行操作，因此无论是站立还是在移动中都可以进行操作。如果是纯平板式平板电脑则可以做得更加轻薄，因此在移动性能上较好，全屏触摸，人机交互更好。使用键盘和鼠标在电脑上进行输入其实是一种人机交互的妥协，试想一下如果我们通过一根手指对窗口进行拖放，用两根手指放大或者缩小照片。这不是更符合我们实际的行为习惯吗？而这一切都可以在iPad平板电脑全触摸屏上实现。

优秀iPad平板电脑界面欣赏

1.4 移动 UI 的草图设计流程

移动 UI 的草图绘制在 UI 设计中是至关重要的过程，移动 UI 的草图设计就像建筑楼房的根基，草图的设计制作在很大程度上决定了 UI 设计的成功与否，下面小编将通过用户体验设计草图流程为读者全面介绍移动 UI 的草图设计流程及方法。

任何产品都是一种物质存在，要使其有意义，就应该置其于恰当的社会环境中，而且这种环境与其他工具及人密不可分。“用户体验设计草图”一词也就是这样应运而生。创造未来的唯一方法就是在今天体验明天的生活，设计初期，重要的是体验过程的真实性，而不是原型、草图及技术的真实性。

市场研究分析图表

为什么合理规划与设计，我们从来承担不起；但却总要为产品推延买单，为修正所有由于设计、计划和调试不充分而导致的错误买单？因此，设计之前应对现在的市场进行研究分析。

草图的特性

草图具有迅捷性、及时性、廉价性、可弃性、丰富性，具有清晰的风格、独特的姿态、最小化细节、合适的精确程度、具有建议、探索而不是确定以及一定的含糊性。

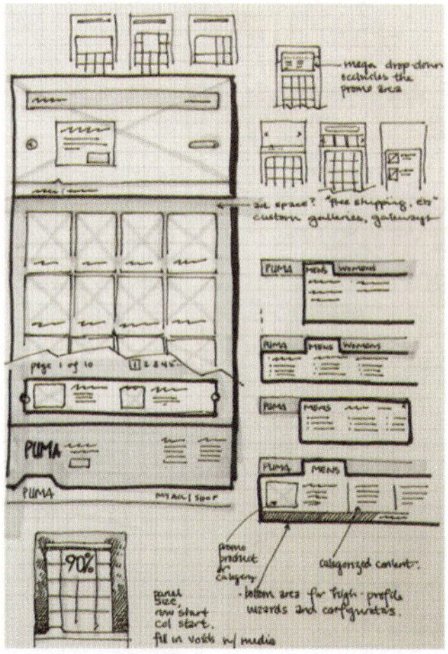

批评产生解决办法

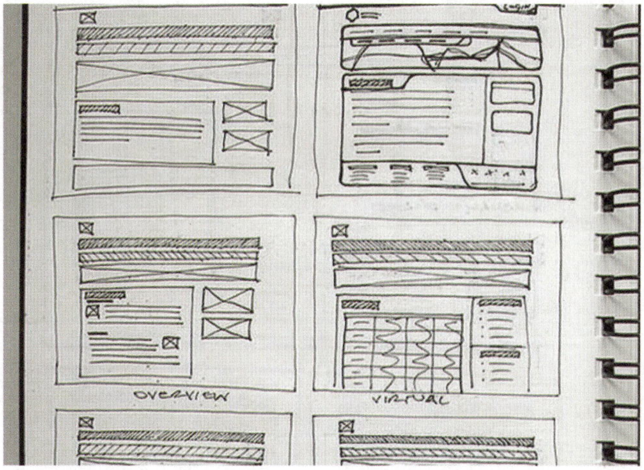

设计即折中

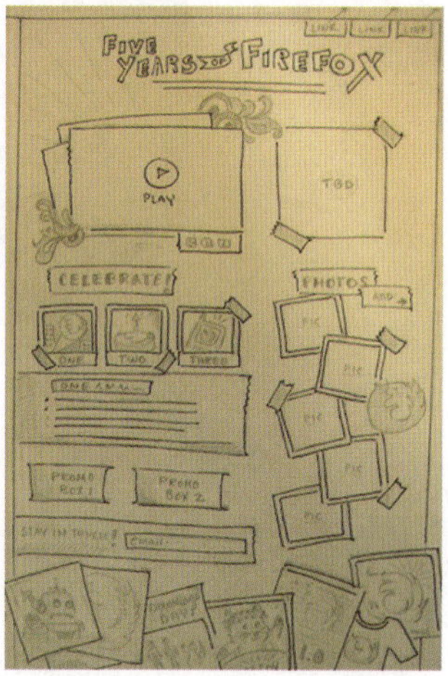

草图设计与制作

草图设计、创新取决于两个过程：一是生成丰富备选新案的过程，二是对前一过程中的丰富新案进行选择及辨认哪个更合理、更重要的过程。所谓“天才”往往不是靠收集备选新案，而是指第二个过程中意识到某一新案的价值并大胆采纳该新案的才能。

最终定案，或许最重要的是丢掉你的顾忌，找到你的幽默感和创新的灵感，得到最终的定稿并制作出移动 UI 的作品。

1.5 移动设备界面色彩搭配

色彩搭配在移动设备界面的设计中起到了画龙点睛的作用，下面将从色彩对移动界面的重要性、移动设备界面色彩的搭配方法和移动设备中色彩的传达 3 个方面来介绍移动设备界面色彩搭配。

1.5.1 色彩对移动界面的重要性

“没有不好的颜色，只有不好的搭配。”而在最能体现人敏感、多情的特性并与人的生活息息相关的室内设计中，色彩几乎可被称作是其“灵魂”。由于现代色彩学的发展，人们对色彩的认识不断深入，对色彩功能的了解日益加深，使色彩在室内设计中处于举足轻重的地位。有经验的设计师十分注重色彩在设计的作用，重视色彩对人的物理、心理和生理的作用。他们利用人们对色彩的视觉感受，来创造富有个性、层次、秩序与情调的环境，从而达到事半功倍的效果。

色普

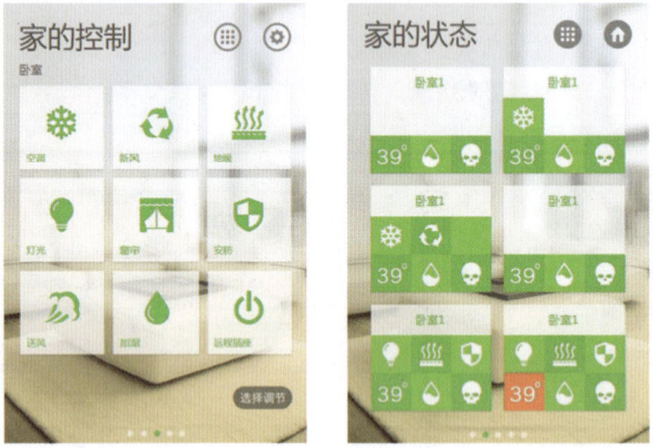

色彩在移动界面上的效果

1.5.2 移动设备界面色彩的搭配方法

提到色彩搭配，很多人都会想到鲜亮、复古或单色块等样式，这并不是唯一的选择，而是发展趋势让它们变得流行。在进行设计的时候通常会选择鲜亮、饱和度高的颜色，偶尔也会使用灰色或黑色，而彩虹调色板等传统配色规则都被抛出窗外。不过归根到底，扁平化的色彩就是色调与饱和度的匹配，一般会选互为镜像的色深，要么是主色和辅色的组合，要么是色盘的另一部分，包含了更多的黑白色混合。

鲜亮的色彩为移动 UI 设计创造出一种与众不同的感觉。因为它在亮背景和暗背景下都能获得很好的对比度，以吸引用户的注意。这正是它成为扁平化设计色彩趋势的原因。在设计中使用严格的原色的情况并不常见，比如纯红、纯蓝、纯黄，一般都混色使用。可以尝试把这些色彩组合，或混合在一起使用，它们在白色或黑色背景上都有很好的表现，使用时需要注意选择类似的色调和饱和度。

小编分享

色彩是设计中最具表现力和感染力的因素，它通过人们的视觉感受产生一系列的生理、心理和类似物理的效应，形成丰富的联想、深刻的寓意和象征。在室内环境中色彩应主要满足其功能和精神要求，目的在于使人们感到舒适。色彩本身具有一些特性，在室内设计中充分发挥和利用这些特性,将会赋予设计感人的魅力，并使室内空间大放异彩。

复古色也是移动 UI 设计中一种流行的方案。这些建立在鲜亮颜色基础上的不饱和色彩，加之白色内容的反差看起来更加柔和，有种老照片的感觉。复古色的配色方案往往包含大量的橙色和黄色，偶尔也有红和蓝。这类色彩适合作为主色元素出现，会给用户舒缓的感觉，配合柔和的图案或色彩效果更佳。

鲜亮色

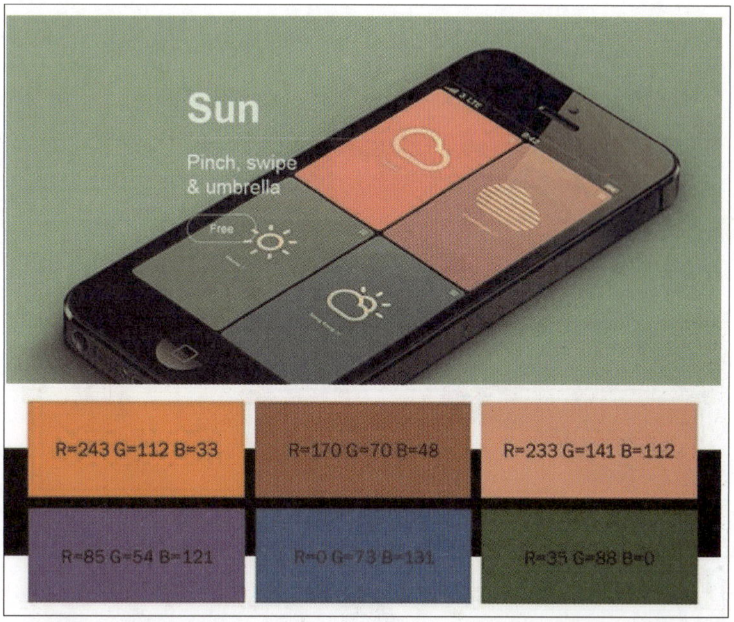

复古色

单一色方案在移动和 App 界面设计中极为流行，正在日益普及。它依赖于黑色和白色的单一颜色来创造新的色调。大多单一色彩方案都是一个基本色搭配另外两至三种其他色调。最流行的色调就是蓝色，但也有设计师采用黑色（或灰色）作为基色，用红色代表按钮或动作。另一种做法是利用颜色差异。比如蓝色，你可以添加绿色调进去，来创建一个蓝绿色的方案。与其他色调方案一样，通过调节对比度，可以在父颜色基础上得到很多不同的色调。比如原始颜色对比度是 100%，可以试着调成 50%、20% 和 8% 后进行配色。

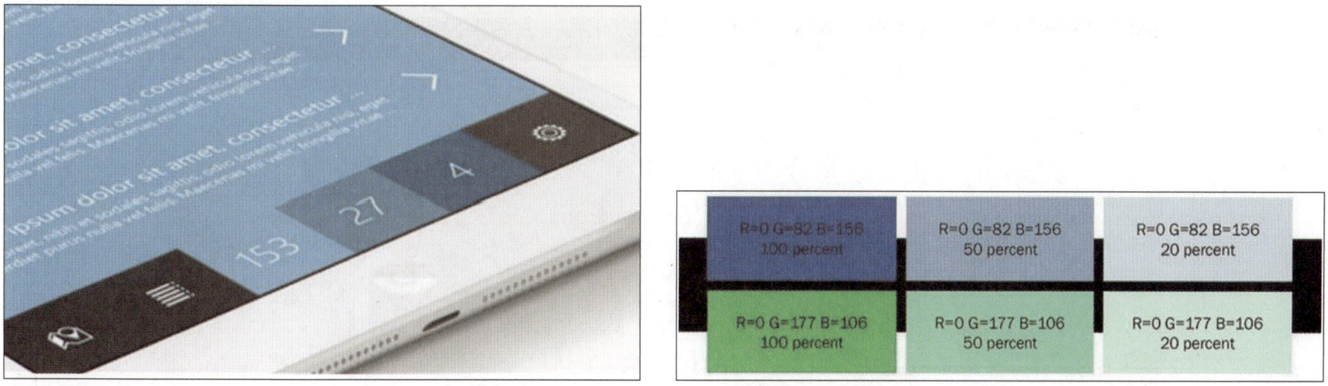

单一色

1.5.3 移动设备中色彩的传达

小编分享

视觉传达设计流行于1960年在日本东京举行的世界设计大会，是兴起于19世纪中叶欧美的印刷美术设计的扩展与延伸。现在通常认为：视觉传达设计是指利用视觉符号来传递各种信息的设计。设计师是信息的发送者，传达对象是信息的接受者。视觉传达设计包括："视觉符号"和"传达"这两个基本概念。

在移动设备中，色彩作为一种视觉语言，与图形、文字一起对宣传的内容进行着诉求传达，是视觉传达表现中一个非常重要的表现要素。色彩的设计与搭配就是为了制造强大的视觉冲击力，吸引受众的眼球，从而销售产品，实现产品的经济价值。消费者在购买商品时，往往会因为一个产品的色彩而产生购买欲望。色彩组合对人们的影响是不同的，恰当地、巧妙地进行色彩组合，能增加视觉传达作品对于感官的刺激，对提高视觉传达效果具有重要意义。因此，色彩的准确应用是设计表现成功与否的关键因素。

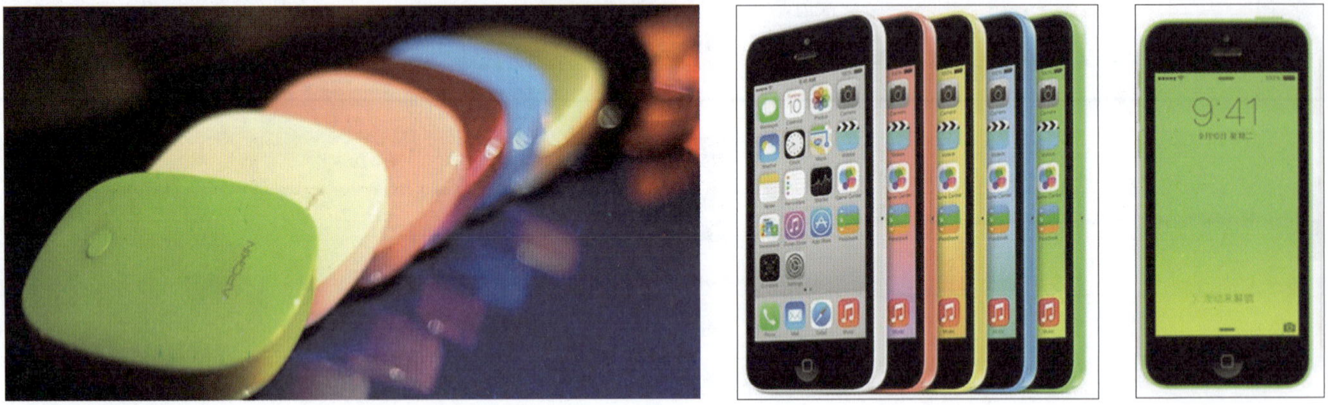

不同色彩的移动设备

从色彩的表情、色彩的象征作用及表达方式，论述了色彩信息的传达，说明色彩的象征作用既是历史积淀的特殊文化结晶，同时也是约定俗成的文化现象，其在社会行为中起到了标志和传播的双重作用。利用色彩的表情及色彩的象征性传达不同的感情信息从而使画面变得更加丰富。

具有色彩表现力的移动设备界面设计

1.6 移动设备中各尺寸标准

在移动设备中各尺寸都有特定的标准。下面从手机的基本尺寸标准和平板的基本尺寸标准，以及手机的基本分辨率和平板的基本分辨率为读者进行讲解，使读者了解移动设备中各尺寸标准。为后面制作移动设备中的各个尺寸的移动设备做好了一定的准备。移动设备的界面尺寸分为手机屏幕尺寸和显示分辨率。

1.6.1 手机的基本尺寸标准

现在市场上的新手机层出不穷，光手机屏幕尺寸就大大小小几十种，相信大多数的消费者在购机前都会为选择哪种尺寸的手机屏幕而烦恼一番。目前市场上主流智能手机的尺寸应该是从 3 英寸到 4 英寸，一般男性单手操作手机的舒适大概是从 3.5 英寸到 4 英寸，超过 4 英寸很多人就会感觉到操作起来不那么舒服了。女性单手操作手机的舒适度应该是从 3 英寸到 3.5 英寸。所以这操作的舒适度和市场的主流还是相契合的。

现在我们就拿市场上主流的三款手机做一下对比。

iPhone – 4.7 英寸和 5.5 英寸两种屏幕

因为苹果一年只出一款手机，所以大家对 iPhone 还是很了解的。苹果公司开创了大屏智能手机的时代。2014 年 3 月，继配置、谍照相继曝光后，外媒又曝光了苹果 iPhone6 的最新消息，目前富士康已经接到了高达 9000 万部苹果 iPhone6 的生产订单，并且有 4.7 英寸和 5.5 英寸两种屏幕，4.7 英寸的 iPhone6 会在 2014 年 9 月 19 日发布。

小编分享

苹果iPhone 4的机身工艺非常令人惊叹，简洁时尚的直板触控机身上覆盖了两块玻璃面板，侧面则是包裹着一圈金属边框，其屏幕是一块3.5英寸、IPS材质的电容触控屏，屏幕分辨率更是高达640x960像素，画面表现不俗，系统方面则是搭载了iOS 4智能系统，内置App Store软件商店，拥有超过45万个软件资源，可玩性不俗，背部500万像素摄像头的成像能力也是令人称赞。

黑莓全键盘 –2.44 英寸 – 触摸屏 –3.2 英寸

说起智能手机就不能不提黑莓，黑莓主流的全键盘手机一般都是 2.44 英寸的，这个屏幕用来看新闻和邮件还是足够的，但是和其他 Android 手机以及 iPhone 影音娱乐的丰富多彩相比，就相形见绌了。相信大家都有过小屏手机换大屏手机以后，那种堪称惊艳的视觉惊艳，再拿回小屏手机会感觉种种不适。

黑莓全键盘手机

三星 GALAXY S5

三星 GALAXY S5 采用 5.1 英寸 1080p 全高清 Super AMOLED 显示屏，搭载 2.5GHz 骁龙 801 四核处理器和 Adreno 330 GPU，辅以 2GB RAM，具有 16GB/32GB 存储版本，并支持 MicroSD 卡扩展。相机阵容为 1600 万像素后置 +200 万像素前置摄像头，加入实时 HDR 模式，并支持 4K 视频录制。此外，GALAXY S5 还内置心率监视器，加入指纹识别、NFC、红外遥控功能。

1.6.2 平板的基本尺寸标准

作为新一代科技型终端产品，平板电脑从出生到现在，无论是在性能还是在外观尺寸上都在不断发生着变化，从小巧玲珑的 5 英寸到 10 英寸，从普通的屏幕到超高清屏幕，平板电脑在显示这个方面给用户带来了丰富的视觉体验。

大尺寸平板电脑的用户体验

屏幕显示体验主要看两个参数：屏幕尺寸与分辨率，这两个参数直接决定着一款平板电脑显示效果的好坏。首先是屏幕尺寸，随着平板电脑产品的多元化发展，平板电脑屏幕的尺寸也是越来越多元化，从最初的 7 寸、8 寸、9.7 寸到如今的 10.1 寸、11.6 寸甚至更大，大屏幕所带来的震撼显示也渐渐被用户认可与追捧。与此同时，伴随着大尺寸屏幕的出现，高分辨率也逐渐成为行业主流，从最开始的普清到如今的高清、全高清，高分辨率所具备的细腻显示让人为之惊叹。当下，大尺寸屏幕搭配上高分辨率所带来的双重体验，无疑是最为出色的显示体验之一。

平板电脑的用户体验

1.6.3 手机的基本分辨率

大的屏幕同时必须要配备高分辨率，也就是在这个尺寸下可以显示多少个像素，显示的像素越多，可以表现的余地自然越大。两台手机的屏幕大小差不多大，却一个只能显示两行汉字，另一个则可以显示五行汉字，抛开字体大小差别，关键就是屏幕的分辨率，后者分辨率大一些，就在同样字体大小下可以显示更多行的汉字。手机的颜色也与色阶有关，通常分为 256 色、4096 色和 65536~260000 色，色阶越高越好，价格也相应提高。如果消费者购买的手机为 65000 色，按俗称应该是“真彩”手机。

小编分享

现在流行的分辨率主要都和VGA有关，无论是QVGA、WVGA还是HVGA等，VGA是这些尺寸的基础。VGA最早其实是IBM计算机的一种现实标准，最后逐渐地演变，成了640×480这个分辨率的代名词，也是绝大多数分辨率的基准。我们可以通过这些数据来看我们的手机分辨率。

屏幕素质高的手机

而所谓的4：3、16：9、16：10、21：9这些比值其实就是分辨率中横向像素与竖向像素的比值 。4：3是我们最初所用的分辨率尺寸比，以前的电脑屏幕几乎都是4：3；随后宽屏显示器出现，16：10开始流行，比较常见的分辨率有1280×800像素。现在流行的分辨率大都跟VGA有关系，无论是QVGA、WVGA还是HVGA等，因为VGA就是这些尺寸的基础。VGA最早其实是IBM计算机的一种显示标准，最后逐渐演变成了640×480这个分辨率的代名词，也是绝大多数分辨率的基准。

高分辨率的手机界面

低分辨率的手机界面

1.6.4 平板的基本分辨率

如今平板市场已经进入了拼硬件品质的时代，从消费者到厂商，往往大家都只注重是不是搭载了性能超群的双核甚至四核处理器，但是笔者却认为大家往往却忽视了最重要的一部分，那就是屏幕的素质。

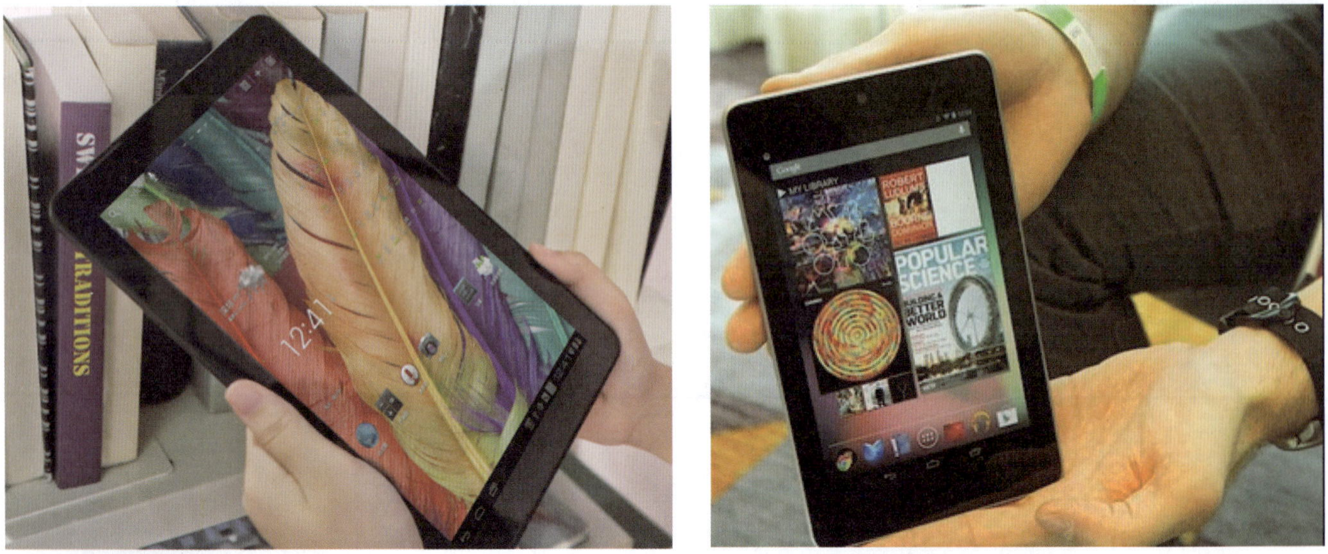

屏幕素质高的平板电脑面

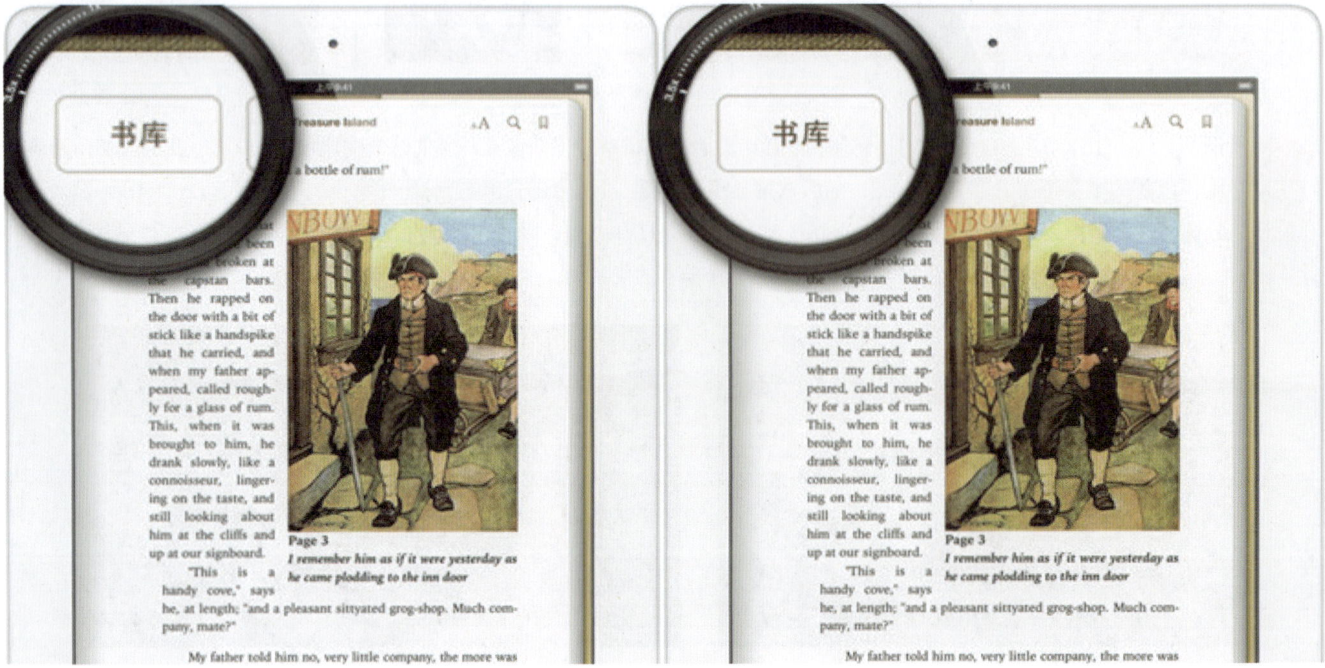

不同分辨率的显示效果

1.7 移动 UI 使用的注意要点

在制作移动 UI 设计的过程中有一些需要注意的使用禁忌，下面通过移动 UI 设计的颜色使用禁忌、移动 UI 设计的图案使用禁忌以及移动 UI 设计的字体使用禁忌三个方面来为读者讲解移动 UI 使用的禁忌。帮助读者了解在制作移动 UI 的过程中需要注意的设计禁忌。

1.7.1 移动 UI 设计的颜色使用要点

移动设计正发生着质的飞跃。但我不得不说操纵移动设计最重要的因素是色彩。色彩之所以在移动设计领域没有那么快流行起来是因为人们在用色上不够大胆并没有充分利用它。色彩是 UI 的重要元素，不同的颜色代表不同的情绪，你对色彩的使用应当和站点以及主题相契合。还应注意，有的用户是色盲，你应当考虑到他们的感受。色彩的使用应该一致，一旦选定了某种配色，就应该在整个站点一致使用这种配色。

通过两个实际的例子我们可以得出结论。首先看一个非常有意思的通讯录应用。在这个页面上你不可能看不到那个拨号按钮。没有那个橙色背景是不可能有这么好的效果的，现在再不集中注意力的用户也不可能对它视而不见了。同样的，看第二个例子中的黄色按钮，你一定注意到那两个黄色的按钮了，这两个按钮最好的一点是他们从其他图案中凸显出来告诉你下一步该干嘛。

案例1

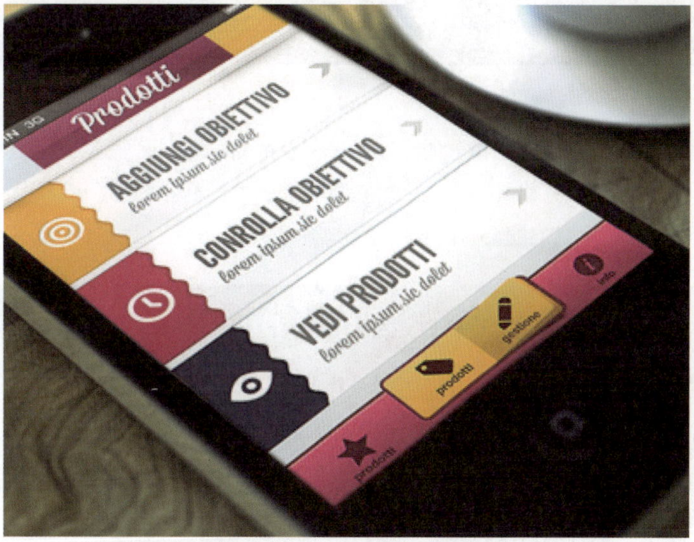

案例2

小编分享

颜色的有趣生动、养眼好用令人着迷。色彩是非常棒且很重要的设计元素和工具，我们不应该害怕色彩而要拥抱色彩。移动设备不像显示器，它的屏幕有限，你不可能像在桌面上那样自由地控制它。移动设备用色和桌面用色没什么不同，但似乎比它更重要。人们在用手机的时候很可能都很忙，各种事情分散他们的注意力；这时候色彩能帮助你抓住他们的视线。更重要的是，色彩能帮你表达某些特定的情感，把用户视线带到特定的地方或者帮助你传达信息。如果你只是直接把一堆颜色给用户，他们也不会集中注意力在你的设计上的。色彩很微妙，所以为了让色彩成为可被利用的工具我们必须正确使用它。像其他设计元素一样，色彩也要好好利用才能发挥它的魔力。太多或太少用户都不会想看，就要刚刚好。

我们在设计中做一个大胆的陈述其实很容易让设计变得野性十足。为什么有人想做这样的陈述呢？答案很简单，为了抓住用户，大部分时候我们制作出来的设计好像在说“快看我！”这样再一次用优雅迷人的方式抓住了可能心思不在了的用户，当然最重要的还是保持住这种迷人。在色彩上，最常用的要么就是又大又粗的带颜色的文字排版或者加上背景色。

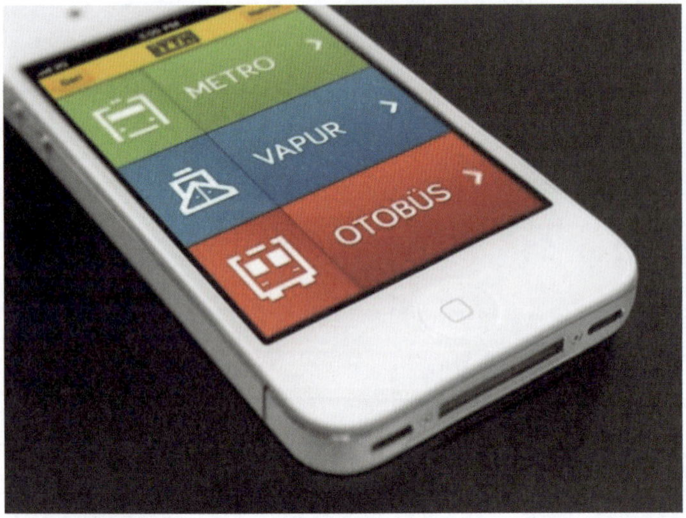

具有强烈色彩的背景

色彩和情感是密不可分的。红色代表爱情和危险，而蓝色给人更多的信任、放松和抚慰。此外，无彩色像白灰黑也同样也会引发孤独、愚钝和典雅感。色彩在战略上的力量不容忽视。基本上，好的色彩搭配奠定了界面的基调和用户体验。看看下面的手机 UI 色彩我们就会有直观的感受了。

手机UI颜色

我们在设计手机中的 UI 元素时默认系统设计就会出现。设计师们正在尝试让那些系统 UI 元素像导航条或者下拉菜单看起来也像是应用或网站的一部分，为他们的特殊设计定制。毕竟是定制的，看起来就是一体的。定制的外观实现也简单，可以通过改变 UI 元素的细节像颜色、质地和字体来实现。另外做一些像首页图标或下拉菜单的三角形这样的 UI 组件可以让 UI 设计更好。这些变化都让定制化更精湛更好，当然这些离不开巧妙地运用色彩。

让我们来看下面两个例子。他们都有自己的导航条，而且一点都不像默认系统设计。他们和本身其他部分完美搭配。为什么？他们只为彼此而生！

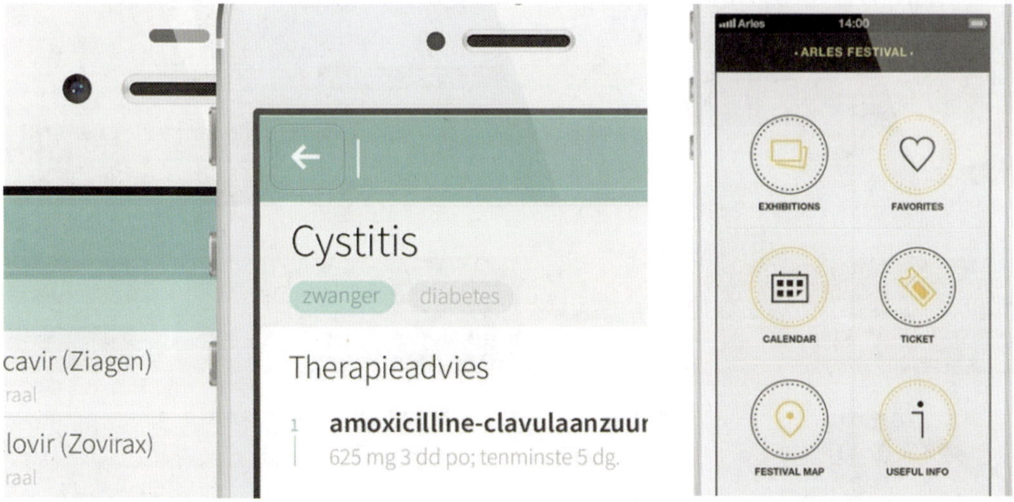

色彩的私人定制

我们可以通过移动设备丰富的颜色来感受我们的生活。过去的移动设计大大低估了色彩的作用，它应该是一个了不起的工具，应该被充分利用。色彩最令人着迷的是它让一切变得更漂亮，色彩让我们享受我们所看到的，色彩让事情变得更有趣，最重要的是变得更美好。直到最近，移动设计一直还是通过使用极少量的颜色保证其设计是安全的。

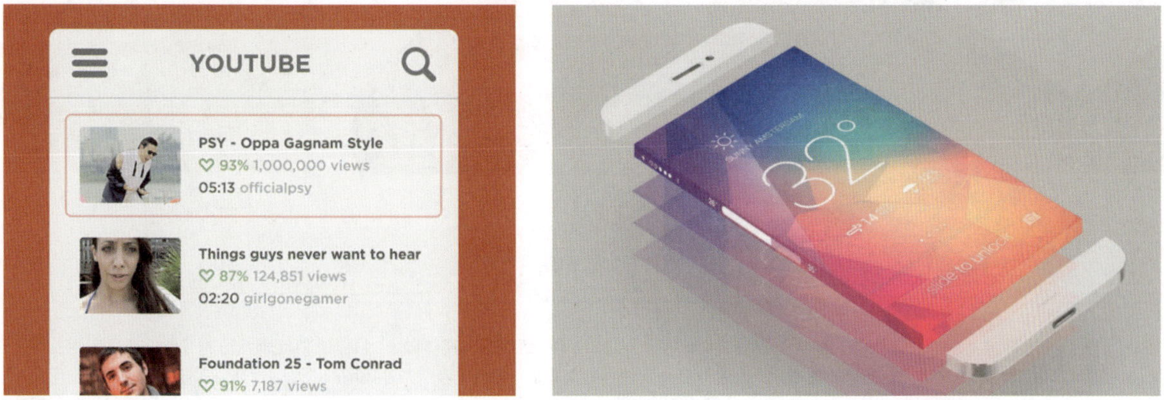

色彩对移动设备的影响

在移动 UI 设计中色彩运用得是否到位，无疑是这种设计风格中很重要的一个环节，看很多作品，在色彩上更多地强调更亮 、更鲜艳。学习配色，除了理论知识外，借鉴优秀网站的配色也是个好方法。

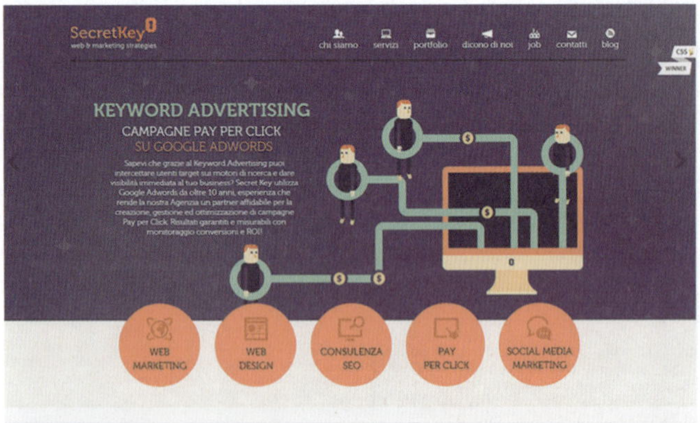

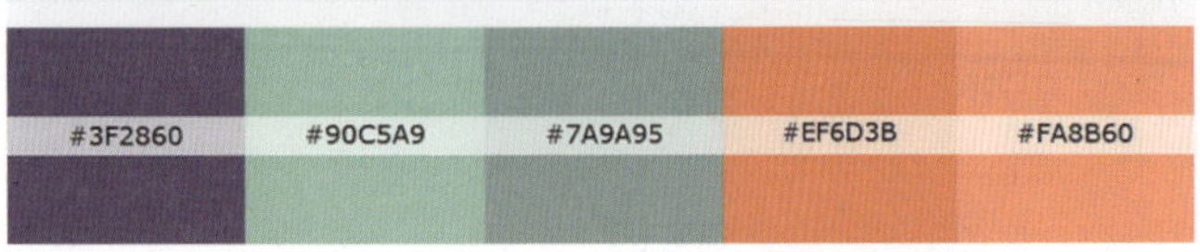

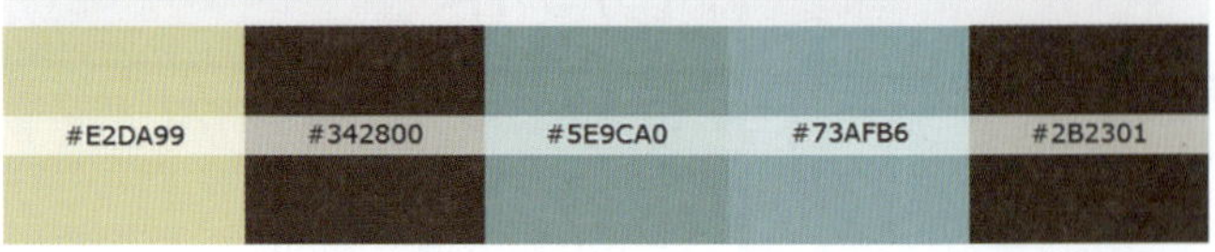

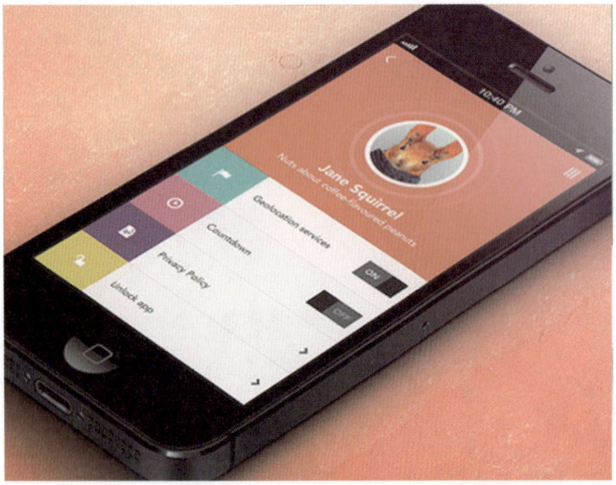

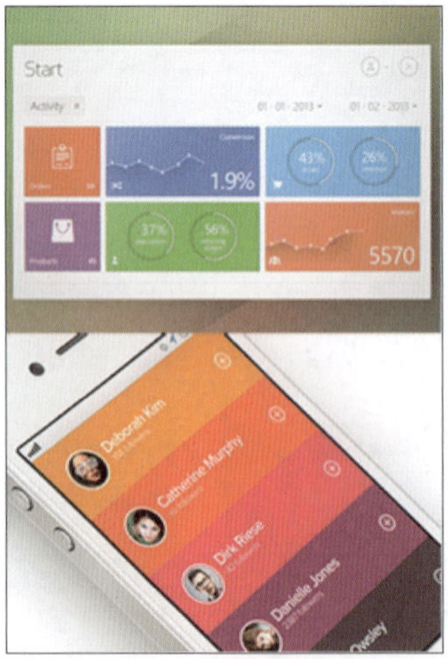

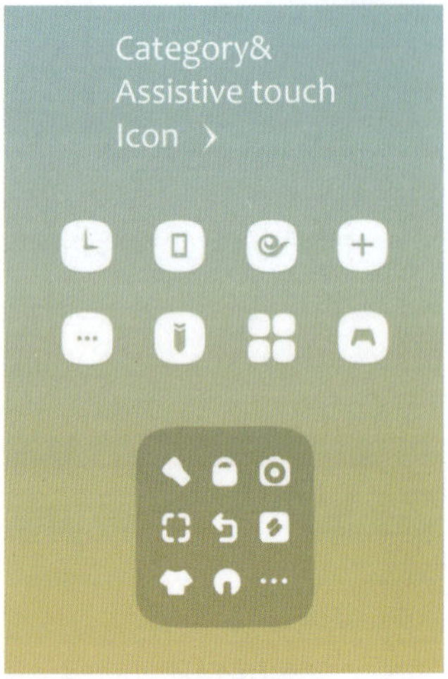

小编分享

用户体验（User　Experience，简称UX）是一个关于用户（users）及交互（interactive）技术系统领域的整体概念。具体来说，它代表了一个网站或者应用程序对其用户的可用性（usability）以及吸引程度。可用性高意味着交互产品能够让用户快速的实现他的目标。吸引力是指用户以及他所交互系统之间的情感。用户喜欢它吗？讨厌它吗？他们认为它是吸引人的、时尚的，还是为之着迷的？在交互的过程中，他们会为之引以为豪吗？尽管吸引力并不能像可用性那样明确的对其进行定义，但是它对于一个产品的成功仍然至关重要，因为有吸引力的系统会让人使用起来更愉快，更加合其所意，这都会增添产品的价值。

1.7.2 移动 UI 设计的图案使用要点

移动 UI 设计一般都会体现简洁，明快，用户体验感觉好等特性。这就对移动 UI 的设计提出了比较高的要求。在移动 UI 设计初期，一方面是移动 UI 布局要做到简洁和方便，另一方面图案使用也需要，看是否能在代码中实现 . 经过来回几次的尝试，最终得到一个都能接受的结果。这个结果在后续的实现中，需要做到不再进行大的改动，只做小的局部的调整。

移动手机图标

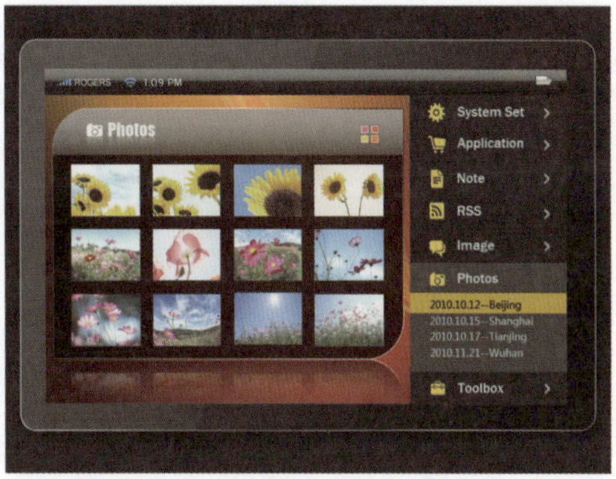

移动平板图标

在移动 UI 图标设计中为了得到一些半透明的效果（它会给人很炫，很酷的感觉）最好都使用 PNG 文件来作为贴图，如一些小的播放状态图标。PNG 文件本身可以使用 Alpha 值来做到半透明，而 jpg/gif 这些无法做到原始的图片文件就是半透明。

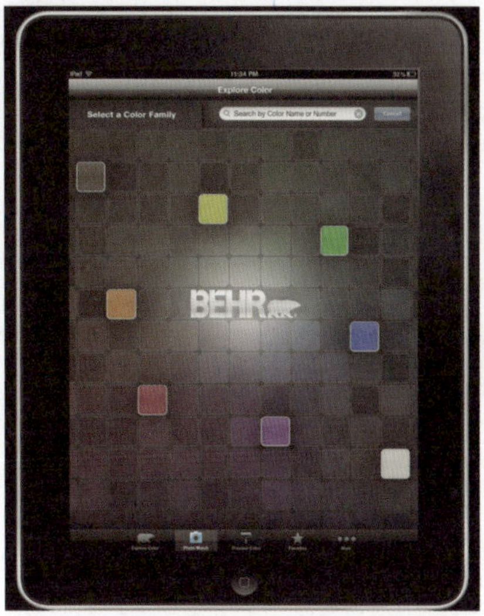

移动设备中透明图标的制作

小编分享

在移动UI图标设计中每个页上，不要放过多的内容，这样会让用户觉得更好理解，更好操作。可以用UI软键盘来基本代替遥控器输入，避免用户低头在黑暗中摸着遥控器找按键。在设计中，可以完全避免使用复杂的控件。

1.7.3 移动UI设计的字体使用要点

在移动 UI 设计的字体中，一般艺术字体还好，但很多用于报纸杂志广告等，便于阅读的商业字体，特别是大公司制作的整套字体，要价十分昂贵。从几十美元到几百美元不等。如果做国际化的商业项目，而又确实需要用到，建议还是买好的。

小编分享

移动UI设计文字设计得成功与否，不仅在于字体自身的书写，同时也在于其运用的排列组合是否得当。如果一件作品中的文字排列不当，拥挤杂乱，缺乏视线流动的顺序，不仅会影响字体本身的美感，也不利于观众进行有效的阅读，难以产生良好的视觉传达效果。要取得良好的排列效果，关键在于找出不同字体之间的内在联系，对其不同的对立因素予以和谐的组合，在保持其各自的个性特征的同时，又取得整体的协调感。

为了造成生动对比的视觉效果，可以从风格、大小、方向、明暗度等方面选择对比的因素。为了达到整体上组合的统一，又需要从风格、大小、方向、明暗度等方面选择协调相同的因素。将对比与协调的因素在服从于表达主题的需要下有分寸地运用，能造成既对比又协调的，具有视觉审美价值的文字组合效果。文字的组合中，要注意以下几个方面。

1. 人们的阅读习惯

文字组合的目的，是为了增强其视觉传达功能，赋予审美情感，诱导人们有兴趣地进行阅读。因此在组合方式上就需要顺应人们心理感受的顺序。下面是人们的一般阅读顺序：水平方向上，人们的视线一般是从左向右流动；垂直方向时，视线一般是从上向下流动；大于 45° 斜度时，视线是从上而下的；小于 45° 时，视线是从下向上流动的。

移动UI上的文字阅读

在移动 UI 中资讯信息量不是很大的网页，大字体的只适合做标题，不适合做正文。正文建议使用 12px、14px 的宋体。可以用“宋体”或者“黑体”代替。不过要注意字号，不同字号的“宋体”和“黑体”，表现的效果不同。普通宋体大字体，有无锯齿还与不同的浏览器。目前在“微软雅黑”字体的运用上，中国门户的网站还显示得较保守（除了 MSN 外），原因是面对的用户环境太复杂。各种分辨率，各种浏览器，各种操作系统，此时他们只能使用最大众的宋体。但是，如果对于小众网站，或者是个性的网站，你完全可以用你的个性大字体，走在他们的前面。突出你的标题和与众不同的风格。

2. 字体的外形特征

不同的字体具有不同的视觉动向。例如，扁体字有左右流动的动感，长体字有上下流动的感觉，斜字有向前或向斜流动的动感。因此在组合时，就要根据不同字体视觉动向上的差异，进行不同的组合处理。例如，扁体字适合横向编排组合，长体字适合作竖向的组合，斜体字适合做横向或倾向的排列。合理运用文字的视觉动向感，有利于突出设计的主题，引导观众的视线按主次轻重流动。

不同外形特征的字体

3. 要有一个设计基调

对作品而言，每一件作品都有其特有的风格。在这个前提下，一个作品版面上的各种不同字体的组合，一定要具有一种符合整个作品风格的设计倾向，形成总体的情调和感情特征。不能每种文字自成风格，各行其是。总的基调应该是整体上的协调和局部中的对比。于统一之中又具有灵动的变化，从而产生对比和谐的效果。这样，整个作品才会有视觉上的美感，符合人们的欣赏需求。除了以统一文字个性的方法来实现设计的基调外，还可以从方向性上来考虑文字统一的基调，以及运用色彩方面的心理感觉来达到统一基调的效果。

统一的设计基调

字体，特别是中文，又是大家觉得很头痛的元素，同样的排版同样的背景，很多时候放英文看起来很舒服，那是因为英文的机构简洁而且可塑性很强。但是中文放上去就没有那么好的效果，相信很多设计师都遇到过这种问题。这里关于中文字体的运用都可以专门形成一个分享来讲，这里先简单介绍。关于中文的排版可以更多地参照日本的设计，因为日文和中文在文字结构大小疏密度等方面，有很多相似的地方。用好字体，在设计中起着至关重要的作用。

一张好看的图片能吸引大家注意力和点击的欲望，在加上适当的排版，再配合扁平界面，瞬间设计感倍增，提升档次。

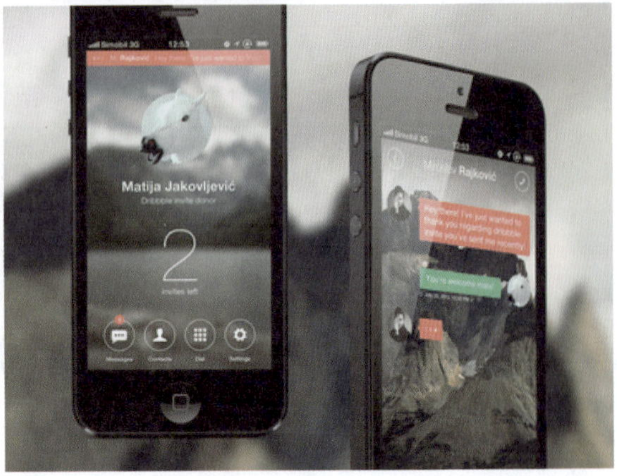

文字在移动界面上的排版

再来是半透明，iOS7 在很多地方都用了这种设计方式。使用这些设计方式最大的好处就是创造对比，可以让设计师通过色块，图片上的大字体或者多种颜色层次来创造视觉焦急，但是使用这种效果必须谨慎，因为这种效果很难处理得当，有一些原则需要掌握，只有图片和文字都可以读时，半透明效果才有意义，在决定半透明位置的时候，你要知道遮挡了什么内容，这些遮挡是否合理，透明度的使用错误会影响到整体的设计效果和阅读性，出于可读性考虑不要在对比强烈的图片上放置半透明元素，不过不要同时运用过多半透明效果。

半透明效果

小编分享

在文字组合上，“负空间”是指除字体本身所占用的画面空间之外的空白，即字间距及其周围空白区域。文字组合的好坏，很大程度上取决于负空间运用得是否得当。字的行距应大于字的间距，否则观众的视线难以按一定的方向和顺序进行阅读。不同类别文字的空间要作适当的集中，并利用空白加以区分。为了突出不同部分字体的形态特征，应留适当的空白。

第2章

你所不知道的移动 UI 特性和界面导航设计

在初入移动 UI 设计的世界之后，相信读者已经对移动 UI 的基础知识有一个基本的了解，下面将为大家讲解移动设备的特性、摸手势交互特性、移动用户体验设计方法、导航栏和按钮的设计要点以及移动应用导航的设计模式等方面，带领读者了解不知道的移动 UI 的特性和界面导航设计。

2.1 移动设备的特性

移动设备具有高便携性、隐私性和应用轻便等特性，要制作移动 UI 设计之前必须先了解移动设备的特性。下面将从移动设备具有的高便携性、隐私性和应用轻便这三个方面为读者讲解移动设备的特性。

2.1.1 高便携性

除了睡眠时间，移动设备一般都以远高于 PC 的使用时间伴随在其主人身边。这个特点决定了使用移动设备上网可以带来 PC 上网无可比拟的优越性，即沟通与资讯的获取远比 PC 设备方便。

2.1.2 隐私性

移动设备用户的隐私性远高于 PC 端用户的要求。不需要考虑通信运营商与设备商在技术上如何实现它，高隐私性决定了移动互联网终端应用的特点——数据共享时即保障认证客户的有效性，也要保证信息的安全性。这就不同于互联网公开透明开放的特点。互联网下，PC 端系统的用户信息是可以被搜集的。

2.1.3 应用轻便

除了长篇大论、休闲沟通外，能够用语音通话的就用语音通话解决。移动设备通信的基本功能代表了移动设备方便、快捷的特点。而延续这一特点及设备制造的特点，移动通信用户不会接受在移动设备上采取复杂的类似 PC 输入端的操作。

2.1.4 手机媒体的特性

手机媒体提供的新闻应该是经过精确分类的。由于手机媒体的信息传播具有一定的强制性，如果没有把手机新闻进行精确分类，那么受众就无法从庞大的海量信息中得到自己所需的信息，而经营者也无法确定这些信息将采取何种方式发送出去。例如，哪些信息需要强制发送，哪些则是由受众主动获取。而且，由于手机屏幕很小，受众想在其中筛选有用信息会非常费时费力，因此精确分类就显得尤为重要。

未来手机媒体创作

小编分享

所谓精确分类就是"给你你想看的"，例如，一个20多岁的女性受众对时尚、娱乐、服装、服饰方面的新闻比较感兴趣，那么除了特别重大的新闻需要强制性地提醒她之外，经营商只会传送她所需要的内容，这些内容会以一个菜单的形式体现，而这个菜单则会被放置在新闻内容的第一屏上，她可以根据自己的喜好在其中挑选自己感兴趣的内容阅读。换言之，受众最希望看到的内容能以最简捷、最方便的方式出现在手机上，而受众并不很感兴趣的内容则可以通过其他的定制服务或者搜索才能得到。这种精确分类可以使读者处于比较主动的地位，而且在看到新闻内容时也不会产生厌烦和反感的心理。

手机媒体的内容具有可操控性。即：对内容的选择权在受众手里，你可以选择看也可以选择不看，你可以选择看文字不看图片和影像，也可以选择全部都看，对内容的选择完全根据自己的个性化需求而定。

手机的可操控性

手机媒体的内容是以多媒体的形式存在的，即：文字、图片、音频、视频等各种媒体形式的内容都能从手机上获得。从目前来看，多媒体形式的内容具有很大的发展空间，一方面，多媒体形式蕴含着无限商机；另一方面，大众非常喜爱多媒体形式的内容，这点从互联网上此类内容受欢迎的程度就可以得到佐证。

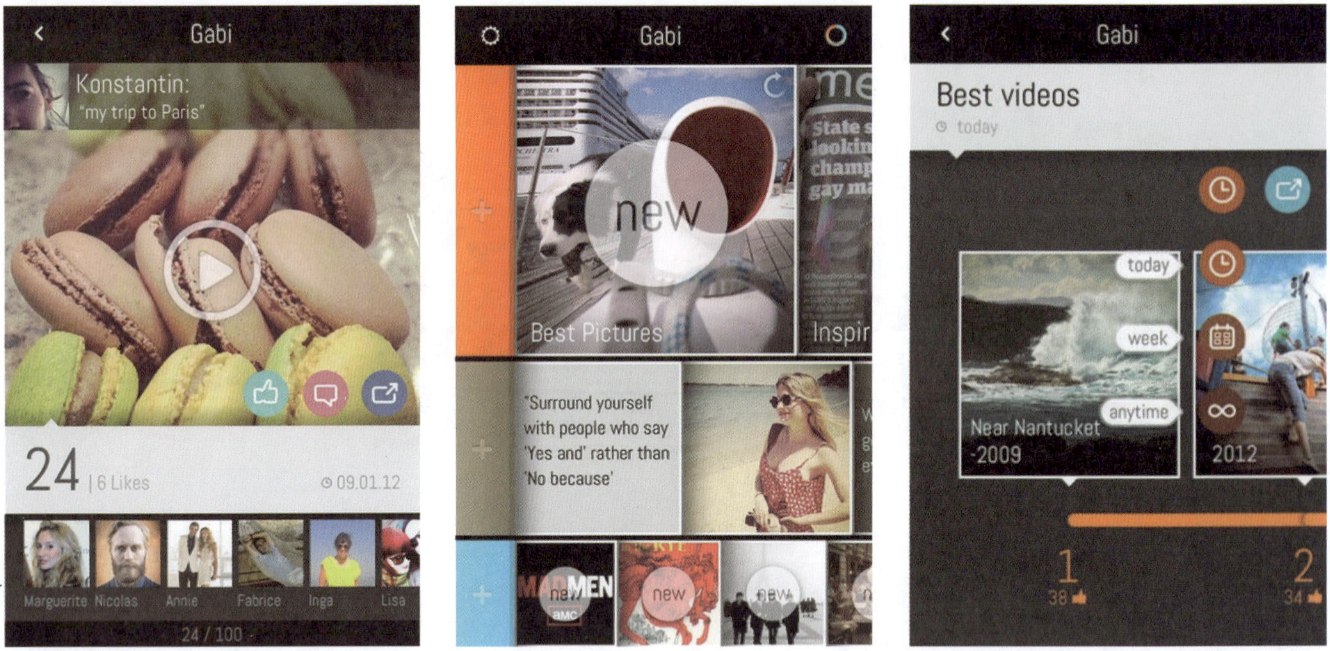

多媒体的形式存在的手机界面

手机媒体的内容来自所有手机用户。手机在操作上的简单方便决定了手机媒体的内容具有全民参与性，虽然互联网也具有很强的全民参与性，但其内容很难加以控制，而且很多内容非常不专业，而通过业务管理平台，手机媒体的内容很容易被控制。手机媒体将颠覆互联网的基本商业模式，如今互联网的基本模式是：网站靠免费的内容吸引庞大的用户群，靠用户群来吸引广告，而网站内容大部分也是免费的。

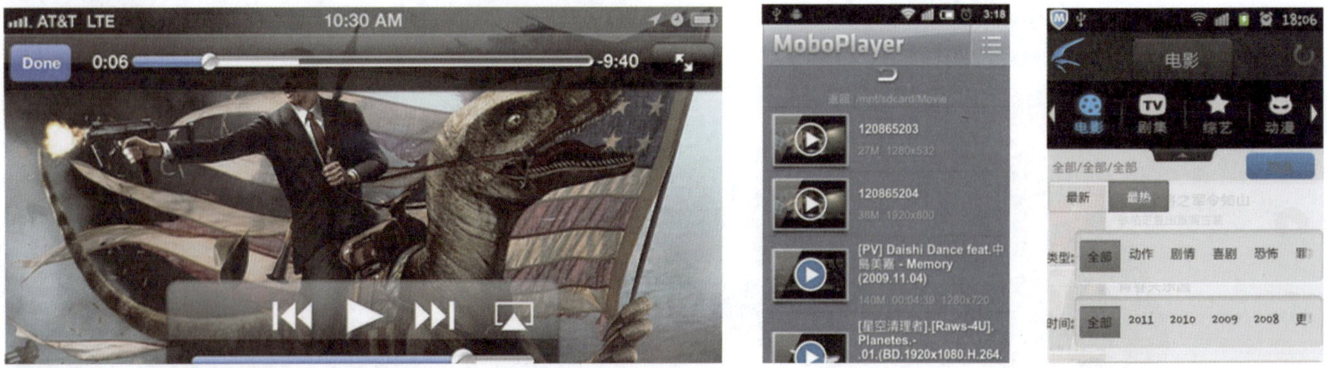

手机视频

2.1.5 iPad 的特性

iPad 人机介面规约是 iPad 的核心特性。iPad 在近似的底层架构上引入了一套新的用户体验系统，这套系统和 iPhone 的用户体验有很大区别。iPad 的屏幕更大，介面引人入胜且高度互动，这些特点令你能够写出另一级别的软件。在设计过程中，你应该认真花时间去吸收和感知 iPad 的用户体验，利用在这一过程中习得的知识设计出完全属于 iPad 的应用程序。

iPad 人机介面规约

悬浮层也是 iPad 独有的元素，可以用来临时显示附加信息、控件，或是与主视图区域的内容相关的选项。有些信息或选项不需要一直出现在主视图区域，悬浮层就是为此而生的。

在 iPad 里，模态介面可以全屏，也可以占据屏幕的一部分，也可以以表单的形式出现。因此，你可以根据软件的用户体验与视觉设计更好地度身定做模态视图。

你可以把工具栏放在屏幕的顶部或底部，还可以放在分栏模式或悬浮层的内部。除了标准的剪切、拷贝、粘贴、选择以及全选这几项以外，你可以自定义其他项目。

你可以用自行设计的带有特殊按钮的软键盘来替代系统提供的软键盘。你可以在软件里为外接键盘添加单独的介面，通过点击这个介面可以针对个别软件进行输入。你可以提供各种文字处理功能，也可支持拼写检查和自动补完。

iPad界面

iPhoto 使得照片的整理、编辑和共享过程妙趣横生、简单易用。你可以用标记整理图片，并通过高级搜索过滤器快速查找，也可以用自动改善和笔刷这些简单但功能强大的工具来润色图像，或是添加黑白、戏剧等特效，使照片更具创意，又或通过你创建的精美 Web 日志和幻灯片来共享照片。这些精妙的方式让你可以对图片进行更多处理。

iPhoto为你的生活带来的快乐

无论是传遍整个房间或是传遍全球，你都可以轻而易举地通过 iPhoto 共享照片。通过 AirDrop，你可以把它与附近的朋友共享；当然，你也可以用邮件和信息来发送照片；不仅如此，你还可以创建交互式幻灯片显示和 Web 日志，并能把它传送给个人或通过 iCloud 共享。这一切，都可以在 iPhoto 里一气呵成。有了 iCloud，你在一部设备上拍摄或添加的照片，会自动呈现在你其他所有设备之上。你最新的 1000 张照片滚动集会在所有设备上的“我的照片流”中保持更新。不仅如此，在 iPhoto 中你可以查看自己和他人创建的照片流，还可以发布互动式幻灯片显示及 Web 日志，并通过 iCloud 与家人和朋友共享。现在，他们也能如身临其境般享受你的旅程。

iCloud分享功能

小编分享

Multi-Touch编辑让这一切实现起来极其简单。轻按“自动改善”，便可即时完善色彩和曝光；笔刷功能让你用手指涂涂画画就能对图像进行调整；而只需轻扫，你还能微调对比度和饱和度；最后再添加一种特效，让你的照片更具创造性。

2.2 手摸势交互特性

移动设备 UI 设计中有一个最重要的特性就是手摸势交互特性，下面将从重复与循环动作、连贯动作法和关键动作法以及夸张的方式制作利于触碰等方面，为读者讲解移动设备 UI 设计中手摸势交互特性。

2.2.1 重复与循环动作

循环动作原则就是用来描述一个物体的不同部分是如何按照不同的频率进行运动的，即使运动频率差异非常小，如果能精确描述出来，会让动画看起来更加真实。通常来说，在下一个动作开始前，上一个动作都不会完全结束。在移动端体验设计层面来说，需要多个 UI 元素整体考虑动效的重复和循环的速率，这有助于解释清楚各个 UI 元素之间的关系。

采用动态 tile 的 Windows Phone 就是一个重复与循环动作的很好例证。这些动态的 tiles 并不是按照一个整体运动，不同的 tile 运动速率不同。

2.2.2 连贯动作法和关键动作法

大部分移动端用到的动画和动效都可以用关键动作法进行绘制，关键动作法使用起来工作量较小也能满足大部分移动端动效的表现。针对特别复杂且不常规的运动动效则可以选择连贯动作法进行表现。

植物大战僵尸就是使用的关键动作方法来绘制的

水果忍者就可以用连贯动作法描述动态运动轨迹

2.2.3 夸张的方式制作利于触碰

在保持真实的基础上，展现成一个更具表现力的样式。当夸张的原则运动在移动端体验时，需要在整体上有所控制。比如说一个场景有多个元素，运用夸张原则时需要考虑各个元素之间的平衡，避免某个元素过于夸张反而让用户对整体感到迷惑。iPad home 页面和打开 App 之间放大的动效也是一种夸张的手法，这让打开 App 的过程感觉有趣，像一个弹簧蹦床的感觉一样。

小编分享

预期原则在移动用户体验领域中同样适用。预期原则就是让用户有一种预感即将发生什么。举例来说，这个原则可以运用在“闪屏”界面的视觉设计中，也可以用在不同体验的过渡中，还可以用来帮助增加手势的可见性。总体来说，预期可以为元素在界面中将要运动的速度和方向还有哪些手势可以使用提供线索。

在很多智能手机中的 Camera 应用中被使用，它描述了用户在进行拍照前准备的那个阶段。此外 Windows Phone 7 锁屏跳动的动画也是用了预期原则。

预期原则在手机中的Camera应用

2.3 移动用户体验设计方法

无论是在一系列草图间快速切换，还是屏幕与屏幕之间的切换，或者其他类似场景，想要在这些场景切换中加入动效进行完美过渡，并不是一件容易的事情。这是一门需要耐心的艺术，需要用眼睛仔细观察人和物体如何在时间和空间两个维度中运动与变化。

2.3.1 有效的人机交互策略

1. 列出所有你认为用户可能喜欢的功能，集思广益，尽量捕捉所有跟主要产品理念有关的任务，不要担心列表太长，后期你会进行大量删减。

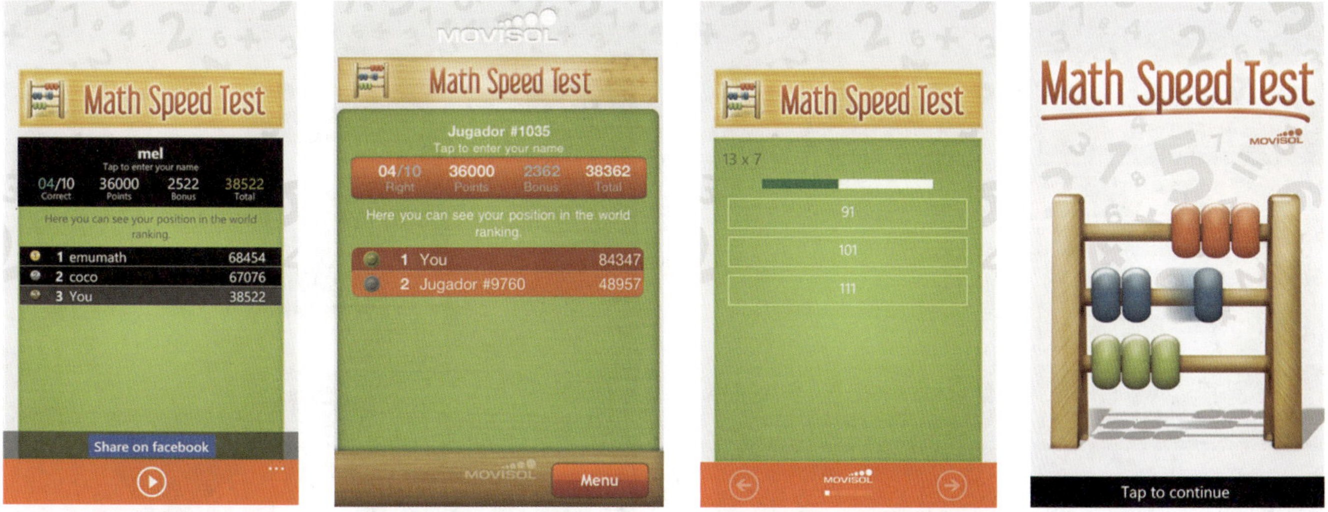

2. 目标用户是谁，你的用户与其他 iOS 用户有什么区别？在你想象的场景中，用户最需要的是什么？经常在家做饭，还是更喜欢现成的？使用优惠券或是觉得优惠券不值得兑换？喜欢搜罗特别的烹饪原料，还是很少冒险尝试基本材料以外的？跟着食谱做还是把食谱作为灵感的来源？经常性地购买小包装，还是偶尔购买大包装？经常购买某些特定的品牌，还是将就下选择最方便的？

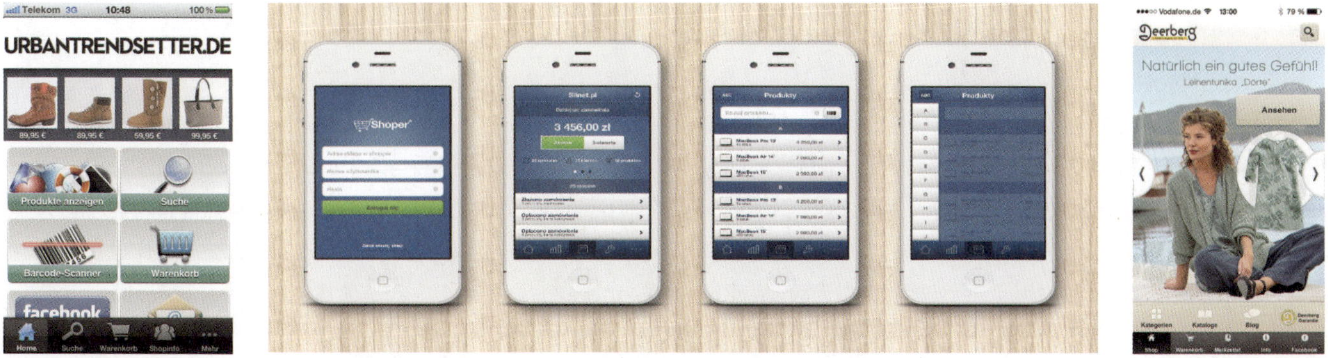

2.3.2 移动设备的可用性

在用户测试时，用户对通过移动设备访问网页的评分很低，尤其是碰上那些不是为移动设备专门设计的“大型”网站时，评分更糟。移动设备访问已经成为很多网站正在面临的大挑战。其主要问题是：

1. 小屏幕为了方便移动就必须便于携带，也就必然需要小尺寸。小尺寸屏幕意味着在相同时间段内可供视觉的选择范围更小，更多的要求用户依靠他们的短时记忆来建立对在线信息空间的理解。

2. 笨拙输入，尤其是输入文字时。人们很难不用鼠标来操作图形界面，比如：菜单、按钮、超级链接以及滚屏等操作。即使在手机上有了专用的小键盘，文字输入仍然很慢且错误百出。

3. 下载延迟。在手机上翻页比 PC 机慢很多，即使是本该神速的 3G 手机也是这样。

4. 不良设计网站。因为网站大多是为桌面系统设计的，在可用性方面，它们并没有遵从移动设备网站的设计指南。移动产品永远不会和桌面产品相同。所以，只能寄希望于改进网站的设计，以提高移动产品访问网站的可用性。

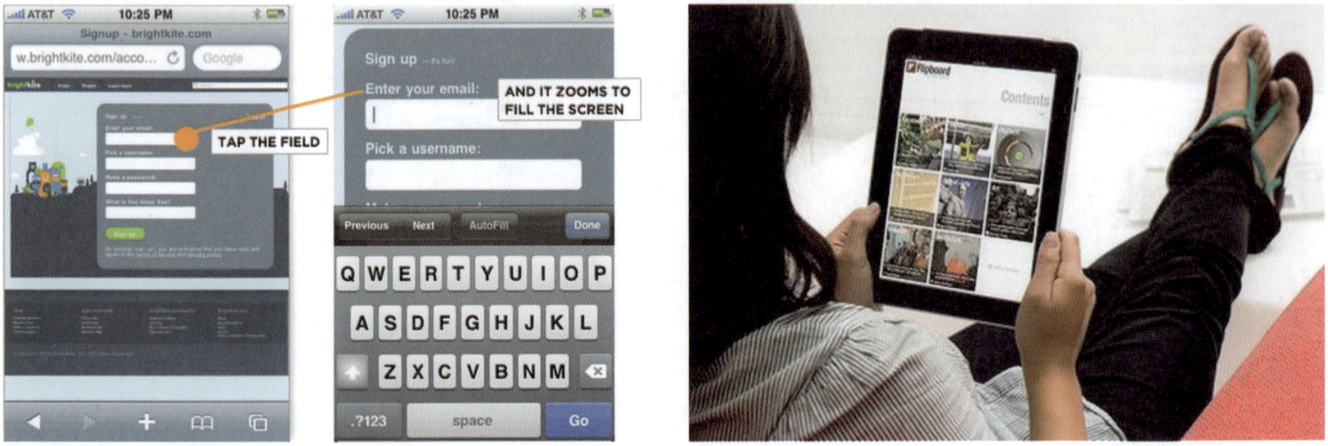

移动设备的可用性

新的手势交互界面有很多地方没有遵循已经建立好的交互设计原则，使得经过良好测试和业内已被理解的交互设计标准正在被推翻、忽略和违背。小编通过分析现有的 App 应用，以及多产品的设计经验，发现此质疑不无道理。主要有以下几个问题。

1. 精确性降低，以 iOS 为例，相比光标 1 像素的精度，手势的精确性要低很多。适合手指点击区域需要做到 44×44px（iPhone5 以下设备），配合手势的轻重有 0~20px 的偏差，所以触屏界面需要使用更大尺寸的控件响应面积。iPad 和 iPhone5 屏幕分辨率密度分别为 163ppi 和 326ppi。

2. 缺乏可见性和一致性，以 iPad Pages 这个 App 为例，比如文稿中有 2 个对象，你想要使它大小一样，有以下两种方法：你可以通过双指拖曳利用边缘参考线让它们大小一样，当然这种放大、缩小的方式在很多 App 中都很常见，因此很容易想到。另外你也可以这样做，用一只手指拖拽其中一个对象的同时，用另一直手指触碰你想要与之相同的对象，当出现符合大小提示时先抬起第一个手指再抬起第二个手指，那么这两个对象的尺寸就完全一样了（这两种方式在 App 中没有任何帮助和说明）。那么很显然，没有 人会轻易发现第二种手势方式。即使发现了也不会很快知道如何使用。另外，Android 的长按操作也是如此。

造成这个问题的重要原因是手势界面通常没有代表动作的可视元素，手势即动作。若是通用自然的手势就没问题，若是罕见的组合手势，用户就很难发现它，并有可能带来可用性问题。

3. 增加操作成本以及误操作在位移上，手势操作相比于呆板的鼠标点击的确生动有趣了许多，但一些操作，比如放大缩小和下拉却增加了操作成本，在鼠标上滚轮就能完成的事，触屏上就需要手指上下拖动许多下。在力度上，手势操作没有鼠标按下的物理反馈，有时糟糕的设计会让用户误以为是自己操作的问题，从而反复尝试。在灵敏度上 iOS 的触屏都很灵敏，轻触和长按的操作界限很模糊，并且除了固定的 Button，很多操作的响应区都很大，不受 Button 大小限制。因此常常会不小心碰到使某个操作响应，例如在通话记录拨出一个号码以及备忘录的右滑的删除。

4. 受限于物理因素，物理按键带来真实的触感和一定的操作中断感，后期的手机逐渐弱化物理按键，手势与屏幕结合得更紧凑。Android 用硬件按钮触发菜单，意味着你无法预知什么程序以及在什么情况下会有菜单选项。因为硬件按钮始终在那里，无论程序是否需要它。

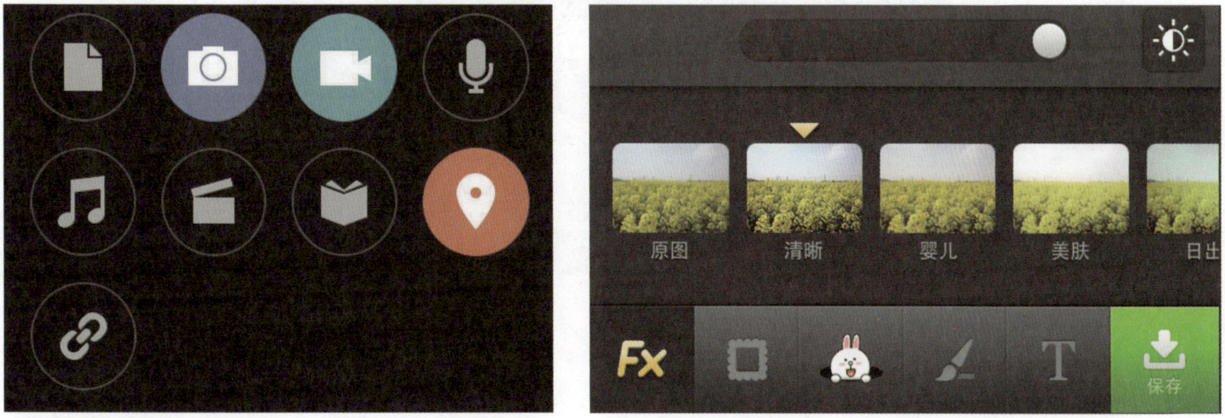

手机物理按键可用性

5. 横竖方向，直接受限于物理按键，Android 设备的物理按键位置不统一，横竖屏切换时不便于快速辨认，手势的连贯操作会受到比较大的影响。如果 App 支持水平方向，考虑将返回按钮和常用的菜单直接显示在软件界面上。因此 App 应考虑直接提供“返回”按钮。设备尺寸，大屏幕的 iPad 支持更多的多指复杂手势，手机大多单指操作。控件形态，按钮的大小控制（不同分辨率下大小的转换）、拖动时的反馈提示、滑动选择与点击的转化。

手机横竖方向可用性

因此，手机可用性手势操作设计时应该注意操作引导，这里可以是详细的帮助界面，也可以是隐喻图形化的引导。例如，分页的圆点标识，或者切换页面露出一部分内容，可长按的系统 icon，翻起的页脚升，甚至动画等。这里的提示程度自己拿捏，效率型应用，尽量做到清晰可见，即看即点。沉浸型应用可以适当预留探索的空间，让用户自己去发现，带来预期之外的惊喜。

操作引导

操作反馈，手势操作快速轻便，但没有鼠标按下时声音的安全感，也十分受限于设备屏幕的灵敏度，所以操作反馈的作用至关重要。例如 icon 按下时的响应，这里除了没有 mouse over 的效果，其他三态和 PC 端是一致的，缺一不可。除此之外，还要考虑的是操作区太小被手指遮挡住的情况，反馈一定要明显，并呈现在可视范围内，比如 QQ 通讯录的姓名检索操作。除了视觉反馈，声音也是一种有效的反馈方式。

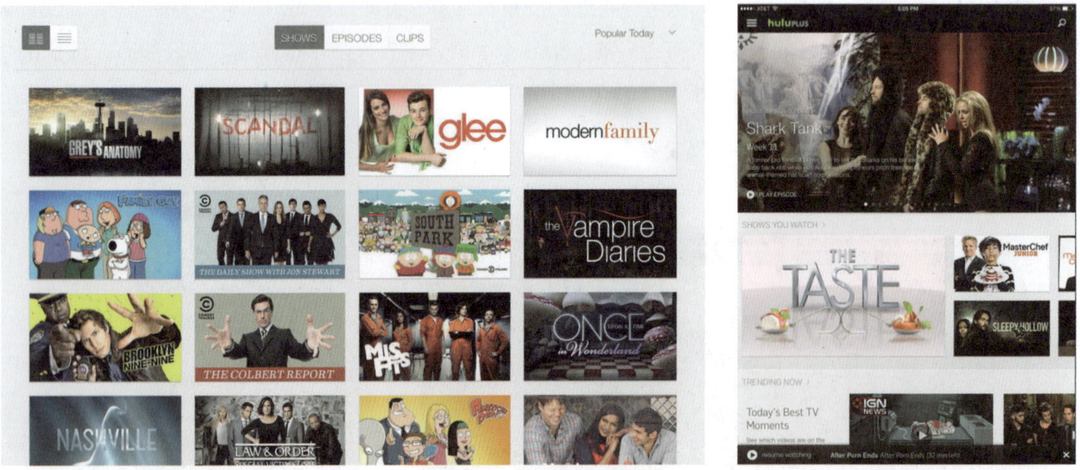

操作反馈

2.3.3 以用户为中心的移动 UI 设计

好的 UI 设计不仅能让软件变得有个性，有品位，还能让软件的操作变得舒适、简单、自由，充分体现软件的定位和特点。在打造良好的品牌信誉及其与终端用户之间持久信任关系的过程中，“设计”扮演着极其重要的角色。无论打造怎样的产品，正确的方式方法都是至关重要的，这也是人们制定设计与工程准则的初衷。对设计方案的选择会影响到应用的各个方面，包括内容呈现、交互性、视觉外观，以及性能表现。

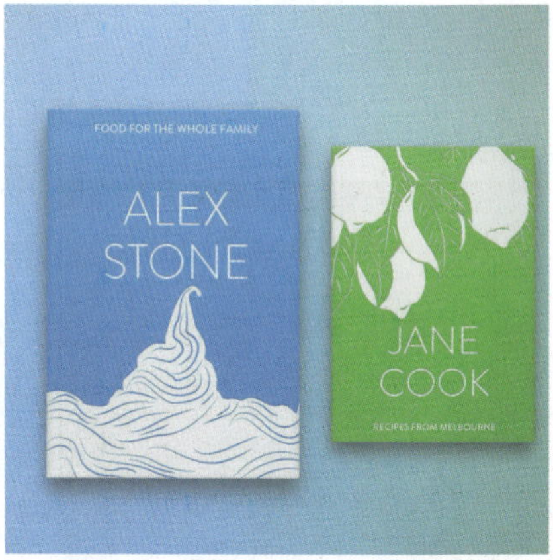

以用户为中心的移机设计

2.3.4 访客至上的设计秘籍

访客至上的设计秘籍就是对屏幕、卡通插图以及包含大量的图标按钮的制作，使枯燥的设计变得生动有趣，再结合其可用性将制作出的设计更加具有可用性。

小编分享

什么是可用性设计

产品在特定使用环境下为特定用户用于特定用途时所具有的有效性、效率和用户主观满意度。有效性：用户完成特定任务和达到特定目标时所具有的正确和完整程度。效率：用户完成任务的正确和完整程度与所使用资源（如时间）之间的比率。满意度：用户在使用产品过程中所感受到的主观满意和接受程度。可用性设计就是在以用户为中心的宗旨下，进行系统的设计，以使产品满足功能需要、符合用户的行为习惯和认知，同时能高效愉悦地完成任务和工作，达到预期的目的。

访客至上的设计

2.4 导航栏和按钮的设计要点

在移动 UI 设计中导航栏和按钮的设计非常重要，它直接决定着用户对整体 UI 的了解和选择，因此下面将从展开右侧区域、控制多步骤流程、针对当前视图的内容进行操作、创建新内容和视图切换等方面为读者讲解导航栏和按钮的设计要点。使读者认识和了解导航栏和按钮的设计要点，从而对以后移动 UI 设计和制作起到一定的作用和帮助。

2.4.1 应用的导航栏设计

1. 展开右侧区域，“汉堡包式菜单”按钮大部分放在导航栏左侧。有些应用也利用了主屏右侧的区域作为附加信息或菜单，而导航栏右侧的按钮作用就是展开右侧区域。

2 . 控制多步骤流程，在多步骤的流程中（如复杂的注册、购买、照片处理等流程），提供“下一步”“完成”等推进步骤流程的按钮。

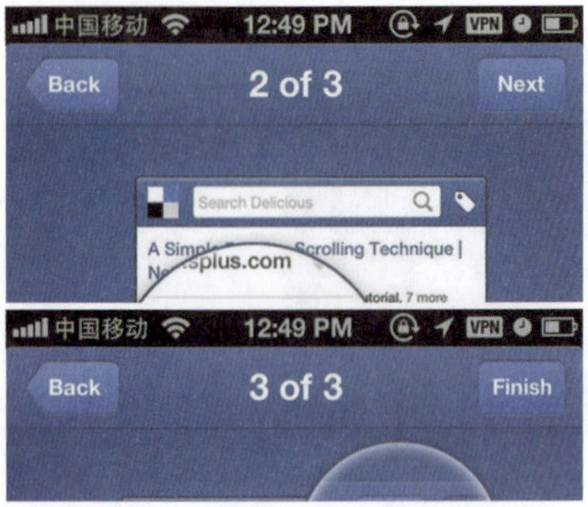

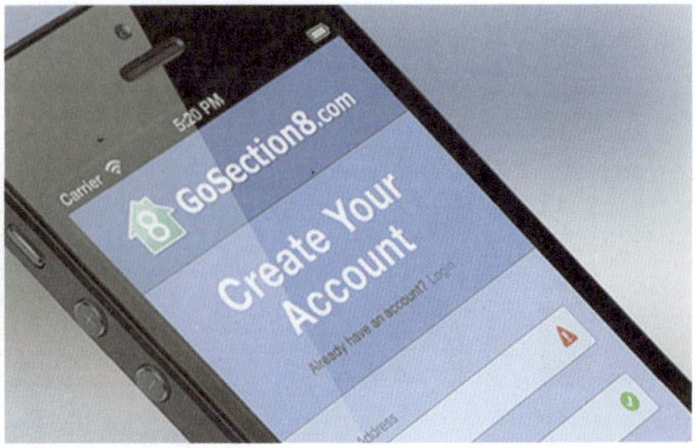

3．针对当前视图的内容进行操作对于当前视图的单个或多个可操作对象，执行特定动作。比如，编辑、删除、转发、喜爱、评论、刷新等。

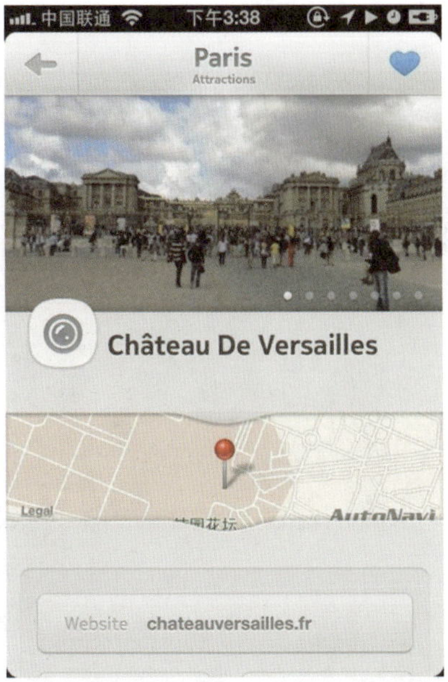

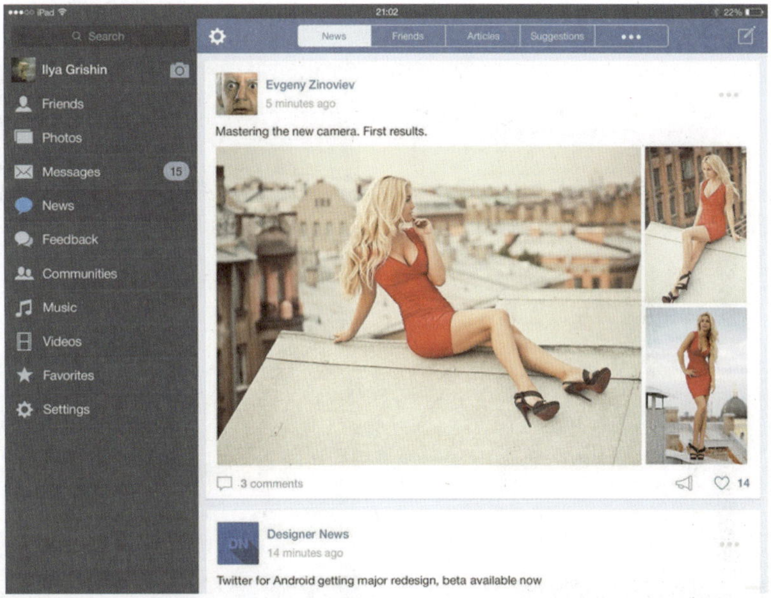

4．创建新内容涉及用户产生内容的界面，也经常用右上角按钮来触发新内容的创建。

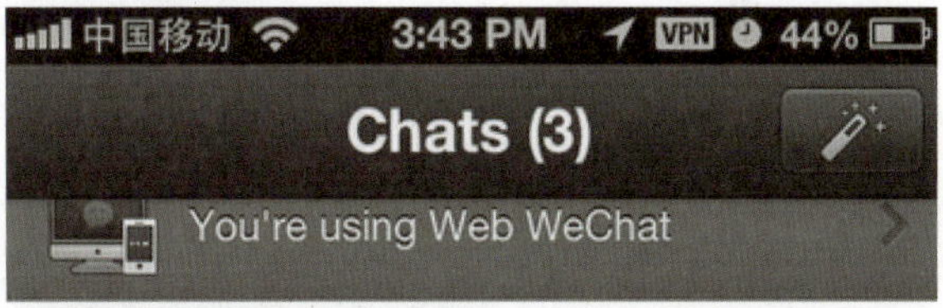

5．视图切换对于需要提供多种浏览视图的页面，右上角按钮可以用来提供视图的切换。

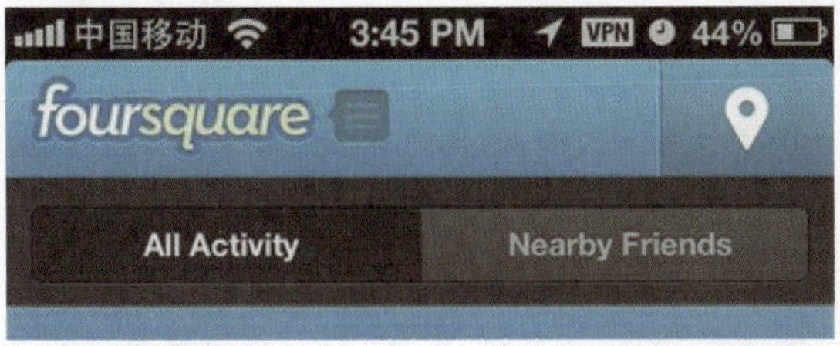

小编分享

49%的移动用户在使用手机时是单手操作的，这就意味着每两个用户当中就有一个会每天多次通过单手来点击返回按钮;算起来的话这可是数以亿计的点击率。如果手机尺寸略大，那么你将不得不使用另一只手来点击返回按钮。我猜这也是很多安卓手机会在左下角放置硬件返回按钮的原因之一;不过这种解决方案也不是最优的，因为在安卓平台中，应用内的“返回上一级”按钮与硬件返回按钮的功能还是有所区别的。

2.4.2 导航栏返回按钮

要解决返回按钮的问题，最简单的方案就是使用手势。在用户已经熟悉了应用操作方式的前提下，手势还是很有效的。另外，将手势操作作为可视化按钮的一种补充形式也是不错的做法。

“抛甩”是对我们与真实物体之间互动方式的一种隐喻，使用这种模式，你可以很轻松地将当前的活动界面“甩开”。 在Facebook 里，当你全屏查看一张图片时，可以将图片向上或向下甩开，回到之前的界面当中。

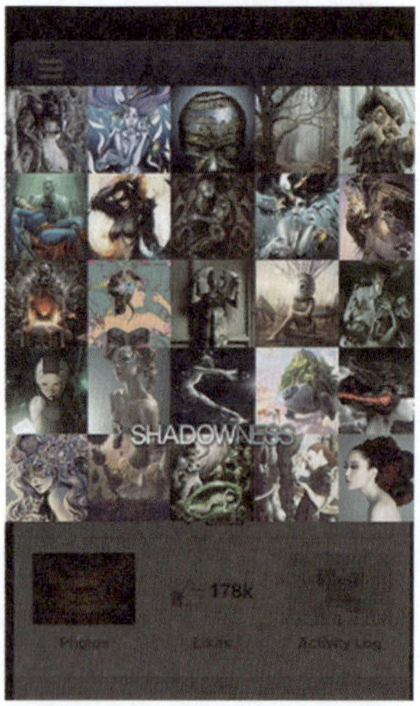

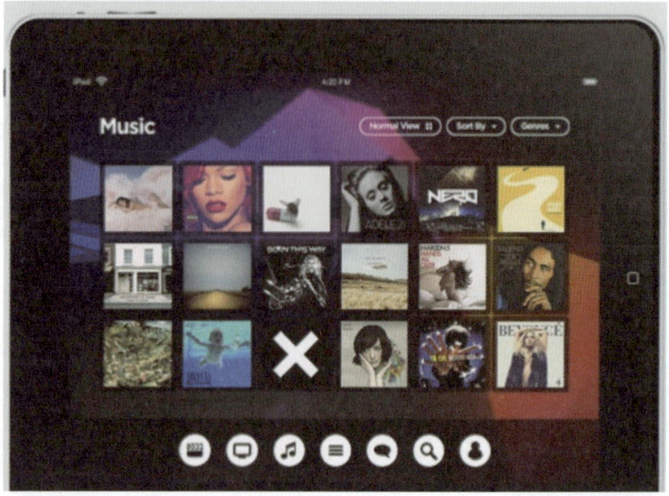

新界面从屏幕右侧向左滑入视图，这是 iOS 当中的标准动效。相应地，我们也可以通过向相反的方向执行轻扫来导航回之前的界面，通过向右轻扫的手势将大图界面向右移走，回到之前的界面。

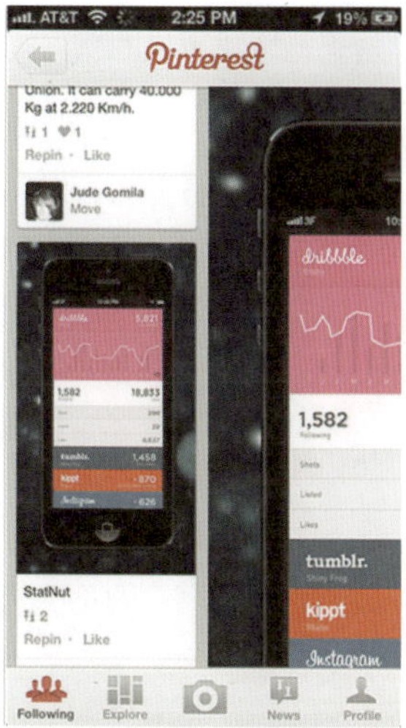

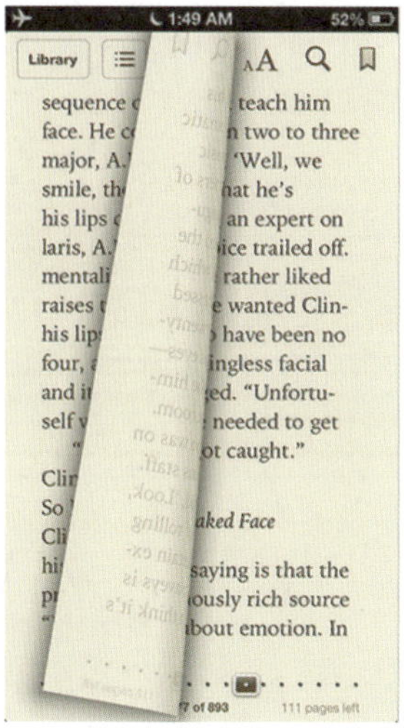

与横向滑动的初衷相似，如果某些界面是从屏幕底部或顶部向上滑入视图的，那么可以尝试使用纵向拖动的方式来进行后退导航。

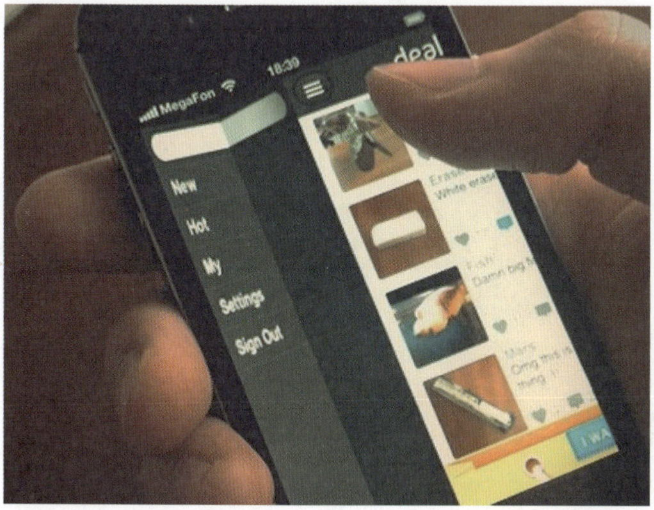

小编分享

如果你能充分理解交互对象的运动方式以及人们对这些运动规律的认知，并将这些理解体现到设计当中，那么手势会成为非常高效和符合直觉的操作方式。作为设计师，我们必须清楚人们在实际当中是怎样使用手机的，只有这样，才能设计出让人们感到愉悦而不是受挫的产品。

2.5 移动应用导航的设计模式

在了解移动应用导航的设计模式之前我们先来了解一下常见的移动 UI 设计模式。交互设计师在设计线框图原型时，熟知常见的 Web 设计模式很有帮助，做到“心中有数”才能创造出符合需求、用户易学易用的界面。模式往往容易解决常见问题，正确的模式能帮用户熟悉界面、提高效率。

下面我们来看一下常见的 UI 设计模式：

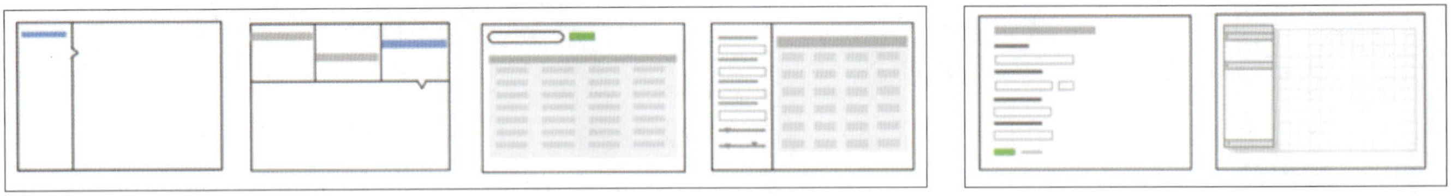

主体　分栏浏览　搜索　过滤器　表单　画布

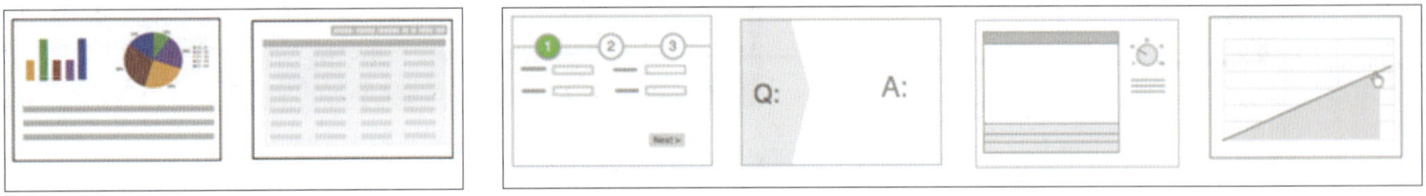

仪表盘　电子数据表　向导　问答　并行　互动

主体 / 细节模式可以分为横向和纵向两种。如果想让用户在同一页面下，引导他们在类目下高效地切换，这无疑是一种理想的方式。如果主体信息对于用户来说更重要，最好选择横向布局。如果主体部分不仅条目多而且包含信息也多，那也该选择这种横向布局。

手机界面主体/细节模式

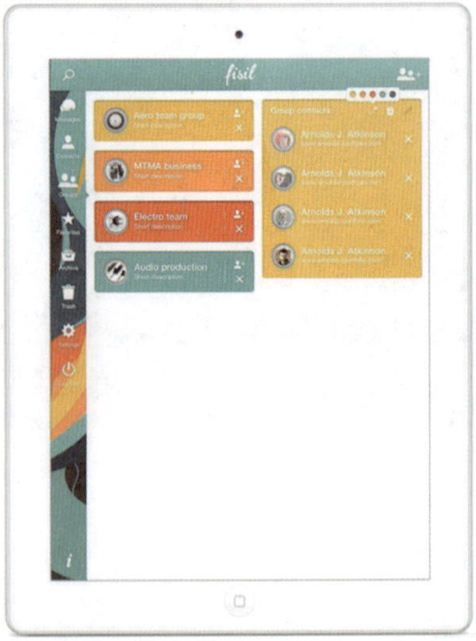

平板界面主体/细节模式

分栏浏览也分为横向和纵向两种。用户可以通过它，选择不同的类别点进，并逐步引导用户找到需要的信息。

平板界面分栏浏览模式

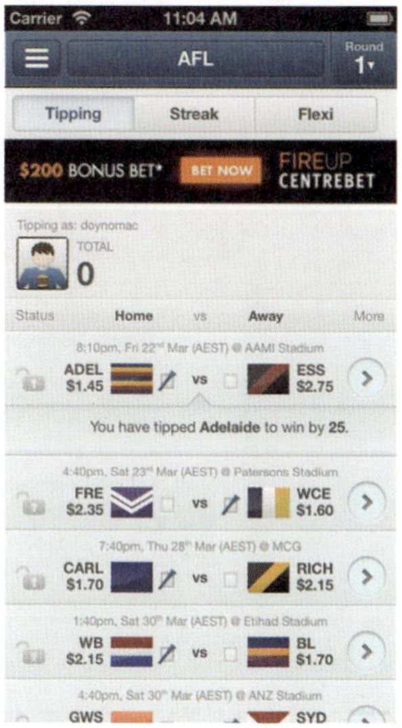

手机界面分栏浏览模式

搜索屏幕模式，对于想快速、直接看到具体结果的用户来说非常便捷。从很简单的到非常复杂的都有。高级搜索限定更复杂的搜索条件会提炼出用户更期望得到的信息。

平板界面搜索屏幕模式

手机界面搜索屏幕模式

对于复杂的或是不常见的流程，向导/快速启动屏幕模式可以有效地导航。Q&A 模式是指用户通过选取相符条件，从而自主找到适合自己的解决方案。Q&A 不同于搜索模式，它通常需要在了解用户的基础上，通过提问来帮助用户弄清他们缺乏的经验在哪些方面（有哪些可供的选择或建议）。

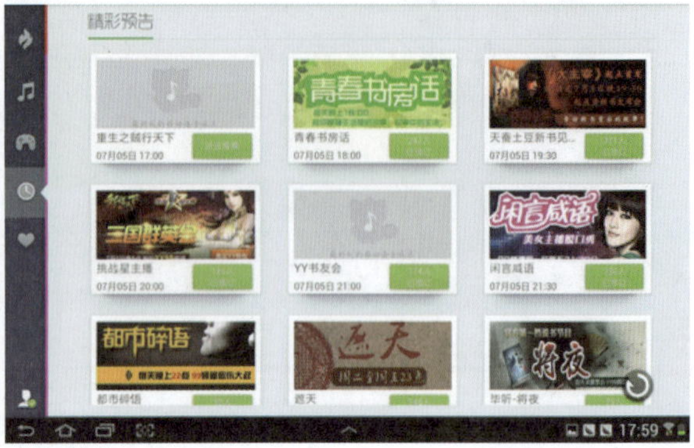

平板界面向导模式

一个设计完善的仪表盘应提供：一目了然的关键信息，实时数据，易读的图形和操作，清晰的入口和浏览。理论上讲，在一个屏幕下展示复杂的数据本身就很难。

交互模型屏幕模式应用在关键项目（比如日历、地图、图标、画布等）需要进行交互的时候，是用户体验贴近用户心智模型的理想模式。在日历、地图、线状图、预设场景分析（包括计算器），所见即所得编辑器（包括图片处理）时应用效果非常好。

平行面板屏幕模式可以收起（一次只显示一个），也可以展开（同时显示全部）。这种模式适合组织大量类似或相互影响的信息，让用户在同一页面更高效地获得信息。最佳应用在：需要申请者填写各种没有顺序的类别目录。

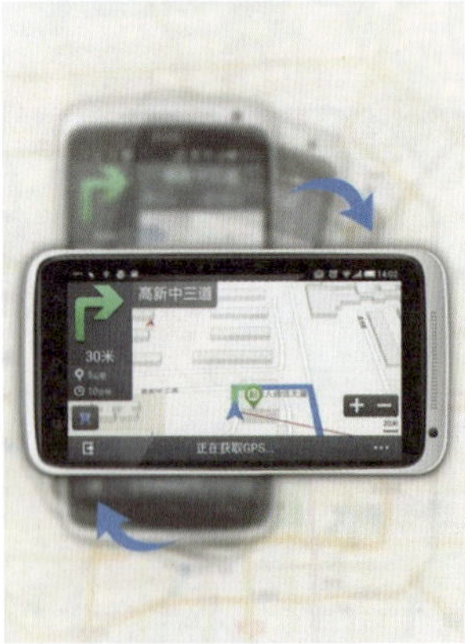

平行面板屏幕模式

交互模型屏幕模式

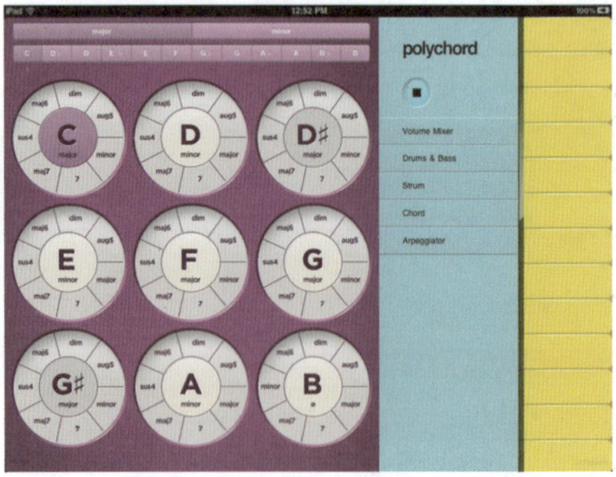

仪表盘屏幕模式

小编分享

空白状态指在任何数据输入或进入系统前，应用的自然状态。空白状态的屏幕使得用户更期待。通过给用户一种预览来降低担心、沮丧和犹豫。空白状态屏幕包括：视频、快速教程、帮助提示、安装后的截图。

在了解了常见 UI 设计模式设计要点之后，小编带你来看看移动应用导航的设计模式，下面小编将从移动应用导航的跳板式、列表菜单式、选项卡式、陈列馆式、仪表式和隐喻式、超级菜单式、图片轮盘式以及扩展列表式等方面来为读者讲解移动应用导航的设计模式，使读者对移动应用导航设计和排版的设计模式有一个简单的了解。

2.5.1 跳板式

跳板式导航对操作系统并没有特殊要求，在各种设备上都有良好表现。它有时也被称为“快速启动板”。跳板式导航的特征是，登录界面中的菜单选项就是进入各个应用的起点。Facebook 应用沿用了 iOS 主界面上的跳板式设计，其他应用随之跟风。

跳板式导航

小编分享

常见的布局形式是3×3、2×3、2×2 和1×2 的网格。但跳板式导航不一定要拘泥于网格布局，你可以成比例地放大某些选项，以彰显其重要性。在iPhone的应用Masters 中，VIDEO 选项就是其他菜单选项的2 ~ 3 倍大。

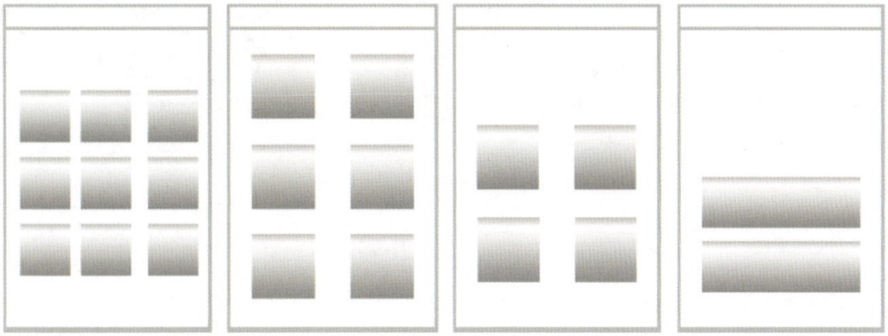

跳板式导航常见布局

个性化的跳板式导航可在显示菜单选项的同时显示用户个人资料。通常会提供自定义功能，允许用户改变跳板式导航的布局。为同等重要的内容项使用网格布局，为相比之下更为重要的内容项使用不规则布局形式。视情况使用个性化设置和自定义选项。

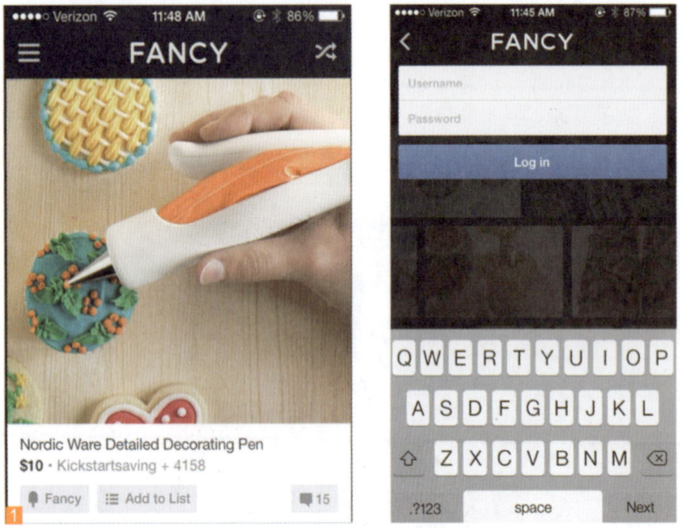

1

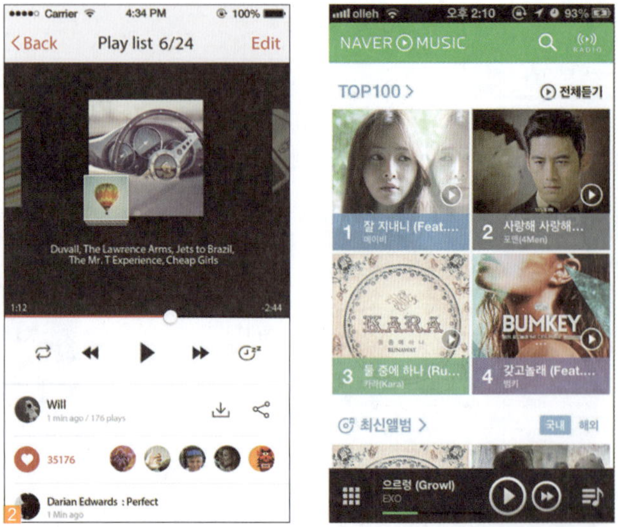

2

3

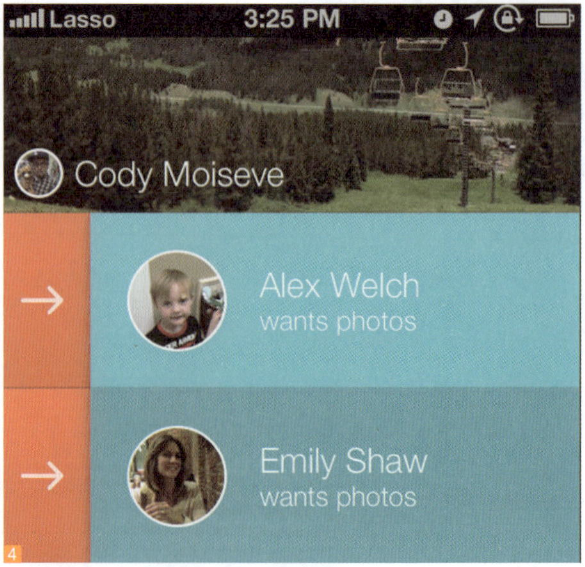

4

1 Facebook 的跳板式导航和Ovi Maps 应用
2 Trulia 和LinkedIn 的导航设计
3 Palm 手机上的NewsRoom 和Nokia 手机上的Yahoo！
4 跳板式导航的网格布局

小编分享

移动UI导航模式的作用

正如精良的设计一样，优秀的导航也大象无形。不管是浏览好友信息，还是租赁汽车，完美的导航设计能让用户根据直觉使用应用程序，也能让用户非常容易地完成所有任务。一款应用的导航可以被设计成各种样式。

2.5.2 列表菜单式

列表菜单式导航与跳板式导航的共同点在于，每个菜单项都是进入应用各项功能的入口点。这种导航有很多种变化形式，包括个性化列表菜单、分组列表和增强列表等。增强列表是在简单的列表菜单之上增加搜索、浏览或过滤之类的功能后形成的。

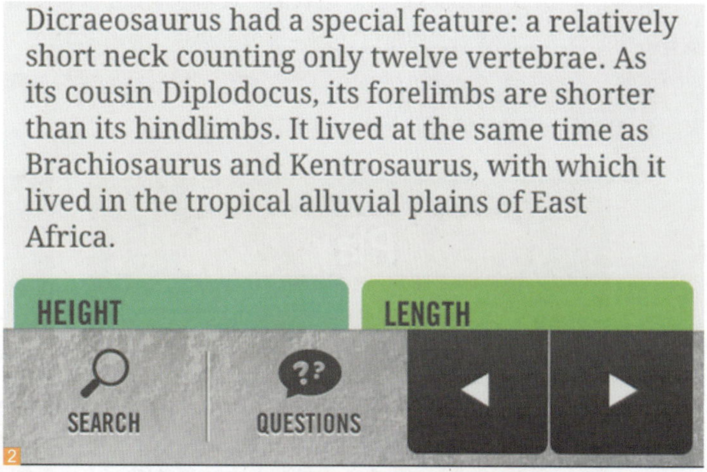

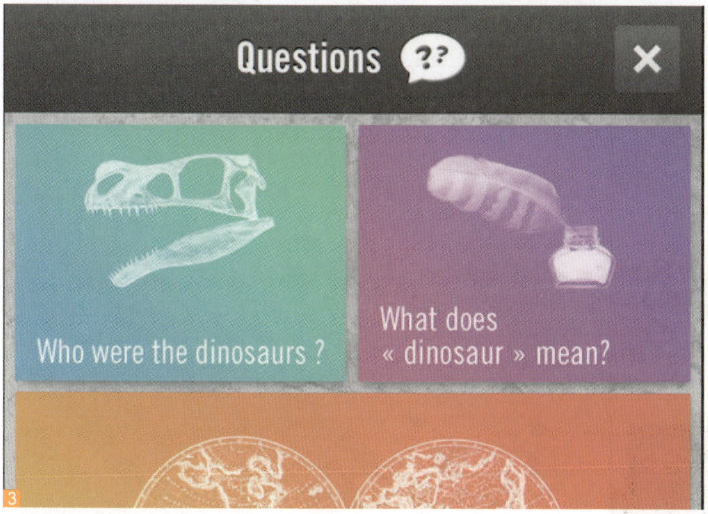

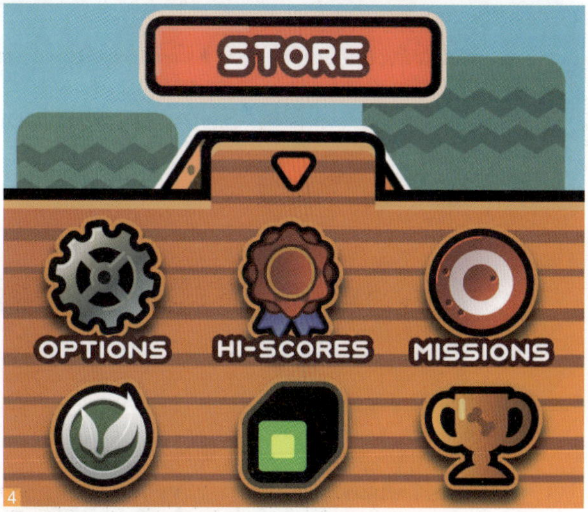

1 列表菜单式导航

2 列表菜单：Valspar Paint 和Kayak 应用

3 列表菜单：Palm 手机上的RadioTime 和Cozi 应用

4 个性化列表：Blackboard 和Zoho CRM 应用

小编分享

增强列表

列表菜单很适合用来显示较长或拥有次级文字内容的标题。使用列表菜单的应用要在所有次级屏幕内提供一个选项，用来返回菜单列表。通常的做法是在标题栏上显示一个带有列表图标或“菜单”字样的按钮。

2.5.3 选项卡式

选项卡式导航在不同的操作系统上有不同表现，对于选项卡的定位和设计，不同操作系统有不同的规则。如果要为你的应用选择这种导航模式，就要为不同的操作系统专门定义选项卡的位置。

iOS、WebOS 和 BlackBerry 系统都把选项卡放在了屏幕底端，这样用户就可以用拇指进行操作。屏幕底部水平滚动的选项卡是个非常不错的设计，它可以在同一屏内提供更多的操作选项。Android、Symbian 和 Windows 系统都把选项卡定位在屏幕的顶端，这种形式看上去很眼熟，因为它模仿了标准的网站导航模式。Nokia 和 Windows 都在屏幕顶端设计了可滚动的选项卡，用户移动选项卡后能看到更多的菜单项。

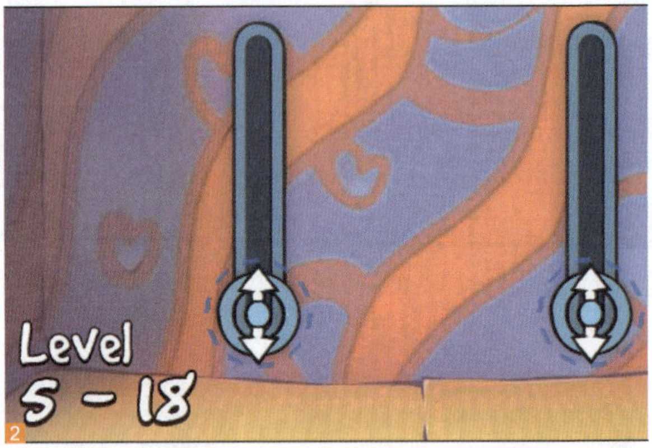

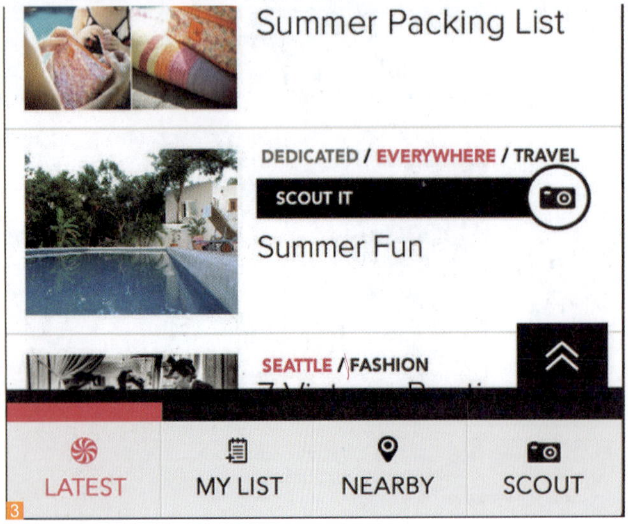

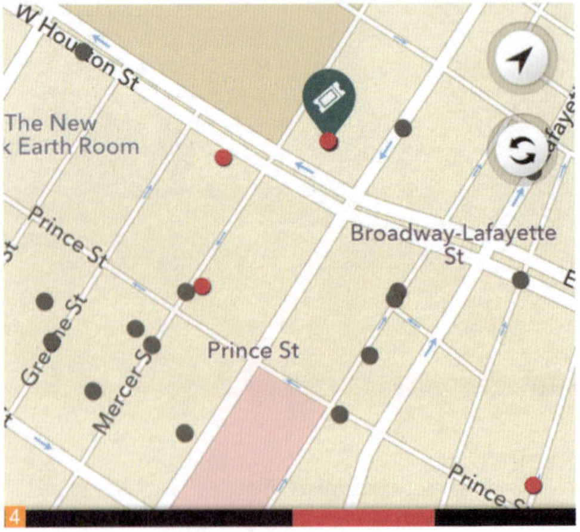

1 不同操作系统内选项卡的位置
2 位于屏幕底部的选项卡：Jamie Oliver Recipes 和Molome 应用
3 位于屏幕底部的选项卡
4 位于屏幕底部的滚动选项卡

2.5.4 陈列馆式

陈列馆式的设计通过在平面上显示各个内容项来实现导航，主要用来显示一些文章、菜谱、照片、产品等，可以布局成轮盘、网格或用幻灯片演示。有时，对这些内容进行分组更易于用户浏览。Dwell 利用侧边选项卡把陈列馆式导航里的内容组织成了可供用户管理的内容块。陈列馆式导航能很好地应用于用户需要经常浏览、频繁更新的内容。

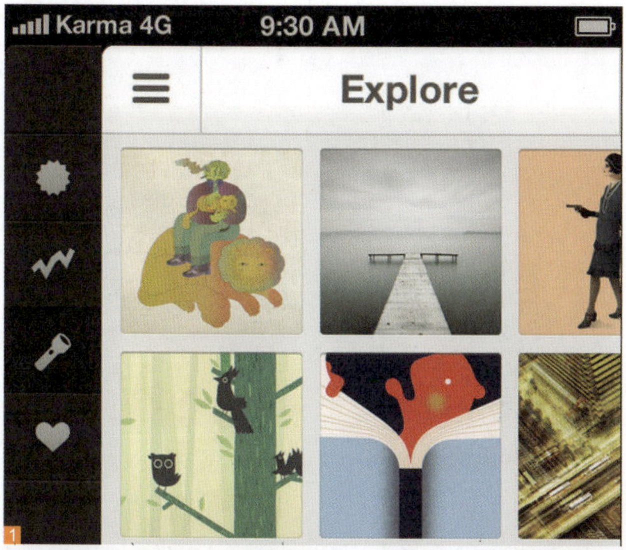

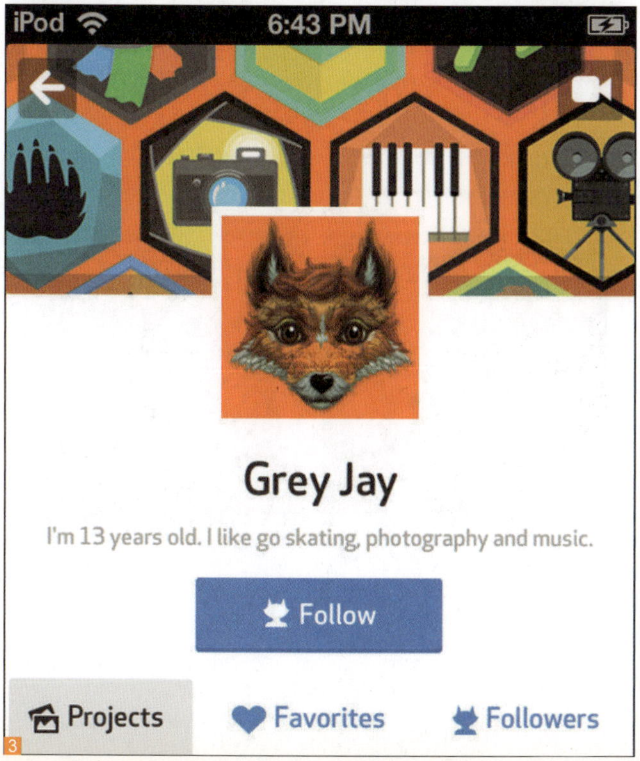

1 陈列馆式导航模式
2 BBC 和PULSE 应用
3 Flickr 应用和Palm 手机上的PictureIt 应用

2.5.5 仪表式和隐喻式

仪表式导航提供了一种度量关键绩效指标是否达到要求的方法。经过设计以后，每一项量度都可以显示出额外的信息。这种主要的导航模式对于商业应用、分析工具以及销售和市场应用非常有用。注意不要使用过多的仪表式导航。你需要开展研究才能决定应该对哪些关键量度采用仪表式导航。

隐喻式导航的特点是用页面模仿应用的隐喻对象。这种导航主要用于游戏，但在帮助导航人们组织事物并对其进行分类的应用中也能看到。一定要谨慎地使用隐喻式导航，蹩脚的模仿很可能会造成 2.5.8 小节出现的反模式。

1 仪表式导航
2 隐喻式导航
3 Cellar 应用
4 DoItTomorrow 和TripJournal 应用

2.5.6 超级菜单式

移动设备上的超级菜单式导航与网站所用的超级菜单导航类似，它在一个较大的覆盖面板上分组显示已定义好格式的菜单选项。WebOS 系统版本的 Facebook 利用超级菜单来精简导航，避免了跳板式导航中过多的选项。Walmart 在它们的 Android 应用中也采用了超级菜单式。在选择导航模式之前，首先要确定信息架构。如果要导航的对象仅仅是应用中的少数主要内容，就可以使用选项卡之类的导航模式。

1 超级菜单式导航1
2 超级菜单式导航2

2.5.7 图片轮盘式

图片轮盘式导航类似于一个二维轮盘，或者说更像是 iTunes 的 Cover Flow 导航。图片轮盘式导航能很好地显示清新悦目的内容，如艺术品、产品的照片等。无论是使用箭头、部分图片内容或是页面指示器（点），它都能提供良好的视觉化功能可见性，以此告知用户有更多的内容可以访问。

1 图片轮盘式导航1
2 图片轮盘式导航2

2.5.8 扩展列表式

扩展列表式导航通过下拉屏幕显示更多的信息。Gingerbread 版本的 Android 系统在通话记录中就使用了这种导航模式。所有来自同一号码的来电都被压缩显示在一行中，点击图标可以扩展列表来显示各个通话记录。这种导航模式多见于网站的移动版本，移动应用中使用较少，但在这两种情况下都能很好地工作。扩展列表式导航代替了传统网站上的级联式列表，能很好地逐步显示某个内容项的更多细节或选项。

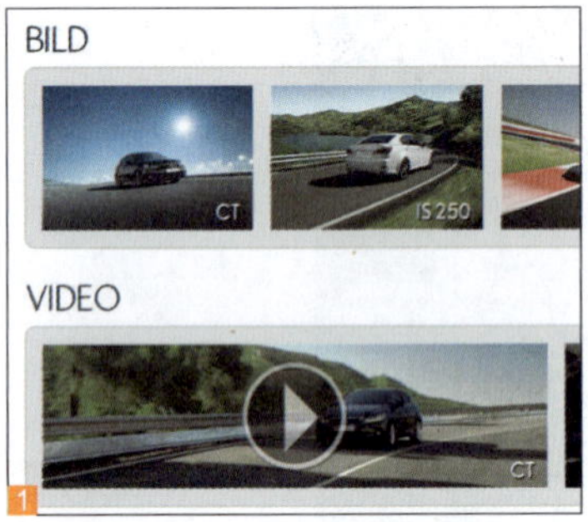

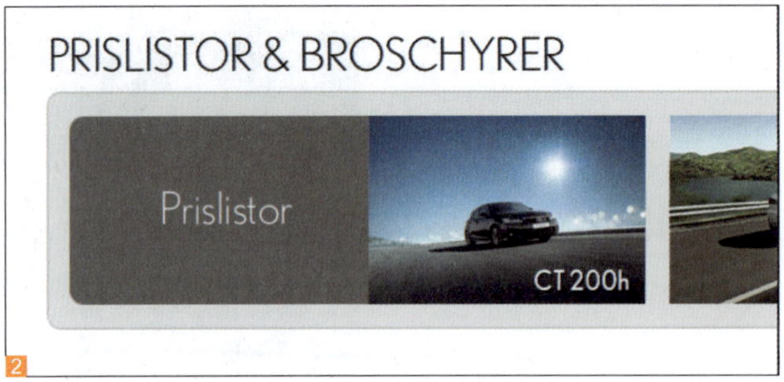

1 扩展列表式导航1
2 扩展列表式导航2

小编分享

对于移动应用界面设计师来说，移动UI设计模式这无疑是笔巨大的财富，可以将它们作为创作的灵感源泉。

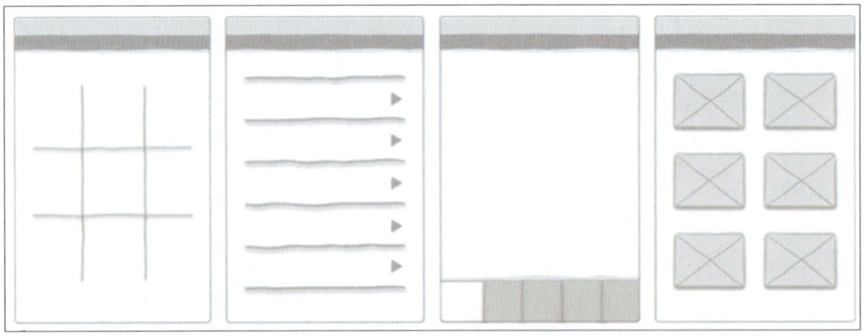

主要导航模式

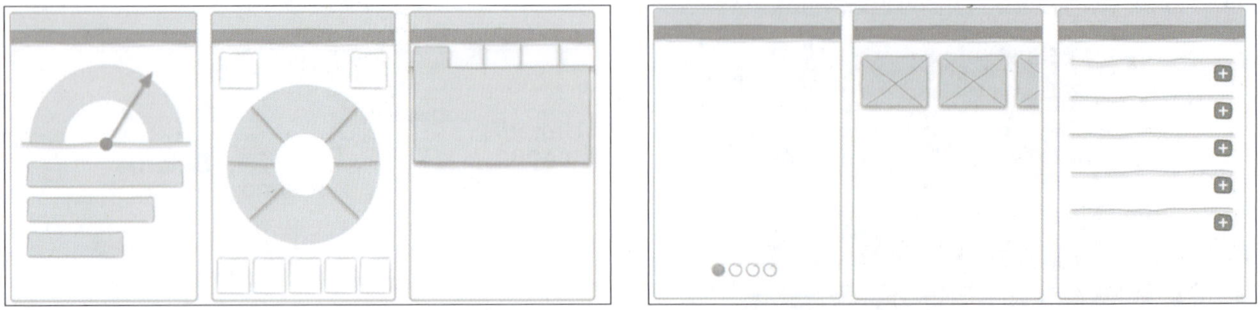

次要导航模式

小编分享

移动UI设计模式之表单

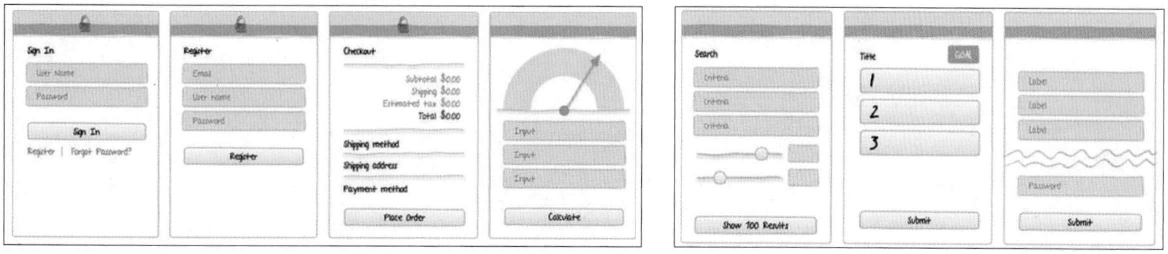

登录表单　注册表单　核对表单　计算表单　搜索表单　多步骤表单　长表单

移动UI设计模式之表格和列表

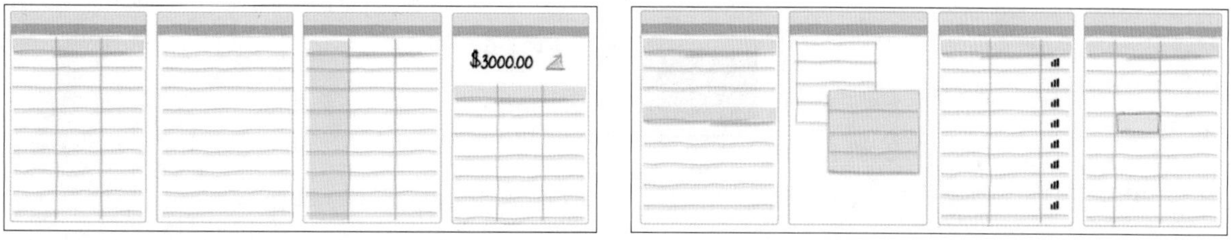

表格和列表只显示最重要的信息

移动UI设计模式之搜索、分类和过滤

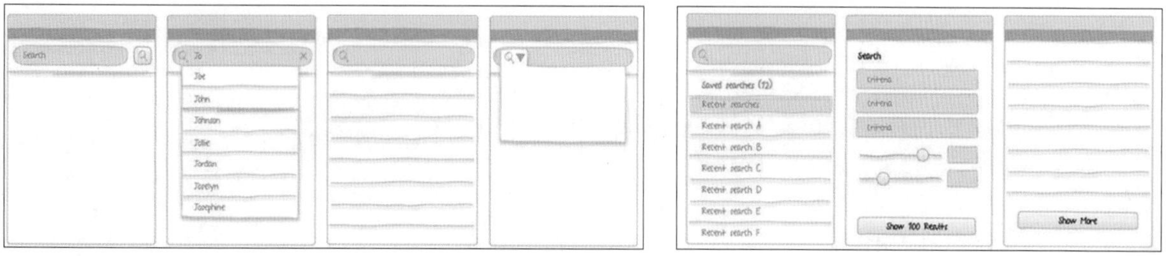

让这些功能易于使用

移动UI设计模式之工具

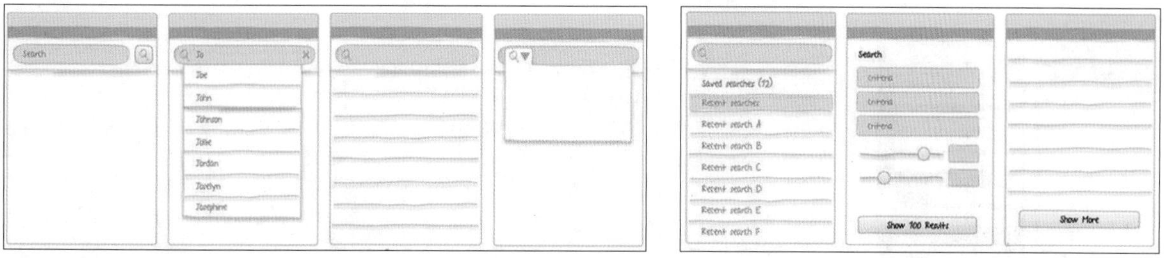

采用直接、轻量化的设计

小编分享

移动UI设计模式之图表

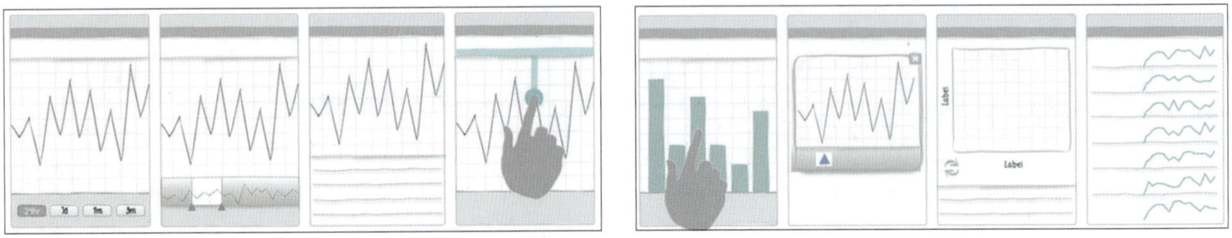

借鉴基本图表的经典设计理念

移动UI设计模式之视觉吸引

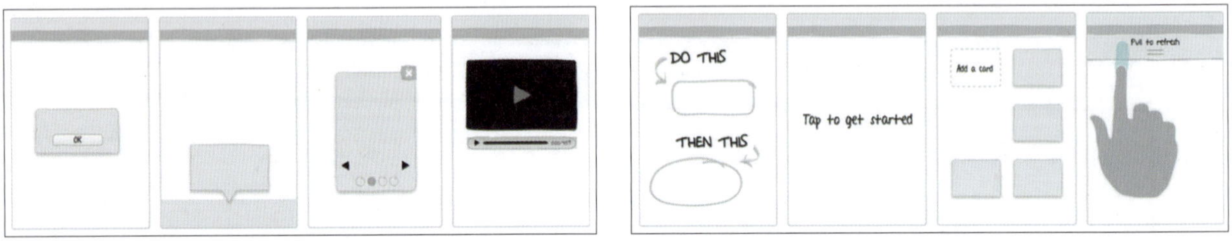

吸引用户并促使其发现产品功能

移动UI设计模式之反馈与功能可见性及帮助

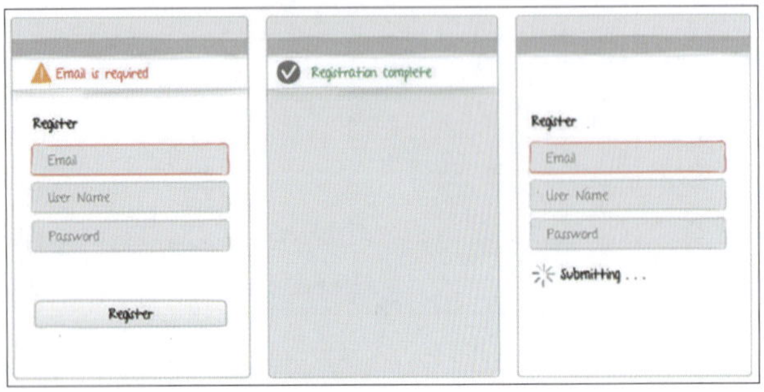

向用户提供适当、清晰且及时的反馈

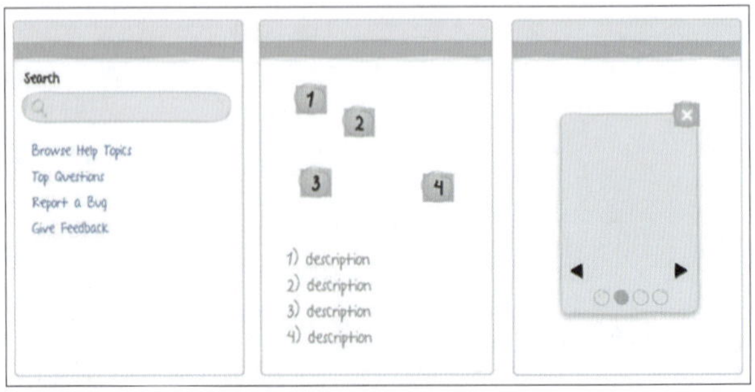

应该易于用户学习，让用户快速掌握应用使用方法

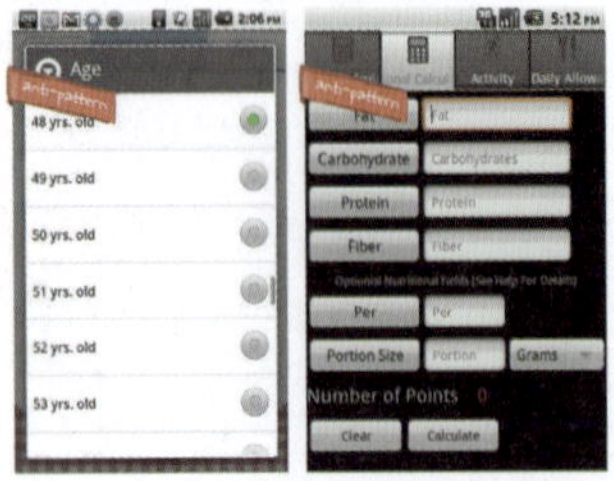

反模式：是用来解决问题的带有共同性的不良方法。它们已经经过研究并分类，以防止日后重蹈覆辙，并能在研发尚未投产的系统时辨认出来。

设计反模式：反抽象，需要的功能并不暴露给用户，导致用户要在较高层次重新实现一些功能；四不像，往往一个设计模型可以暴露不同的接口给用户，不同的接口表现了模型的不同方面。然而，把不同方面的功能混在一起是常见的不良设计；乱麻球，系统没有可辨认的结构，就像一团乱麻一样；万应灵，一个对象了解的东西太多，或者要做太多的事情，就好像无所不能一样；屠龙术，没有必要的复杂设计；竞争危害，缺乏预见事件以不同顺序发生的后果。

2.6 2015 年移动设备的发展趋势

在了解了移动应用导航的设计模式之后，下面将从大屏幕，还是大屏幕、更轻更薄、在 Ultrabooks 领域加大投资三个方面来为广大的移动 UI 喜好者看看 2015 年移动设备的发展趋势。

2.6.1 大屏幕，还是大屏幕

曾经一度，4.3 英寸的屏幕在智能手机市场中风靡一时。但是，2015 年，智能手机的屏幕将会朝着更大尺寸的方向发展。实际上，在 2015 中，已经有多家企业对外展示了配置 5 英寸显示屏的智能手机。可以说，未来智能手机的发展趋势就是大屏，还是大屏。

大屏幕平板

大屏幕手机

2.6.2 4G LTE

现如今，无论是智能手机，平板电脑还是 Ultrabook，4G LTE 网络支持都是一项最基本的功能。目前，移动运营商的 4G LTE 支持能力在日益改善，因此移动设备制造商是没有理由不对更加高速的 4G LTE 网络提供支持的。

2.6.3 随处可见的 Android

目前，Android 是移动市场中最为流行的操作系统。可以预见，2015 年，无论是智能手机还是平板电脑，Android 的身影都随处可见。值得一提的是，谷歌将于今年推出 Android 系统的重大更新版本，预计会为用户带来一系列令人惊喜的新功能。

随处可见的Android

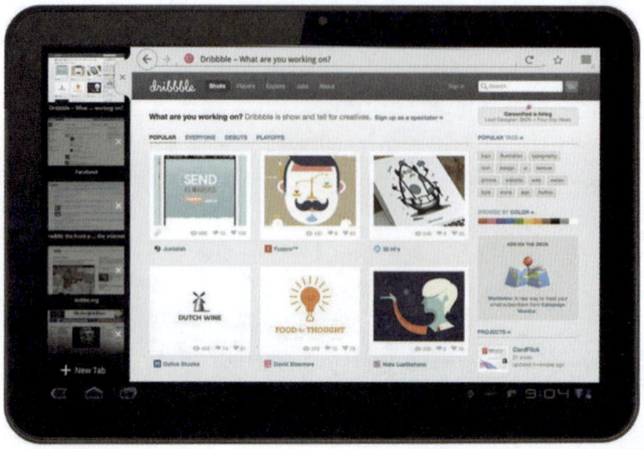

Android平板电脑

2.6.4 NFC 技术

虽然 NFC 技术的普及速度比较缓慢，但是 2015 年会是 NFC 技术逐渐普及的一年。实际上，所有新的 Android 设备都将会支持 NFC 技术，苹果也很有可能在其新一代 iPhone 和 iPad 中对 NFC 提供支持。

iPhone的NFC技术

iPad的NFC技术

小编分享

当用户使用一个支持NFC技术的iPhone靠近某台Mac电脑后，可以实现NFC连接，之后在这台Mac上会显示一些图标，这些图标是通过MobileMe从云端网络传送而来，来自之前备份到MobileMe的信息，可以是文档、程序等。

2.6.5 更轻更薄

每一年，移动公司所提供的产品都会比他们之前所提供的更轻更薄，2014 年应该也不例外。2014 年，每一个供应商，包括苹果都将会对外提供更加轻薄的移动设备。因此 2015 年智能手机将向更轻更薄的方向发展。

更轻更薄的平板电脑和手机

2.6.6 更大的平板电脑

毋庸置疑，平板电脑的发展趋势将会更轻更薄，但是它还有一个趋势，那就是更大。例如微软的 Surface Pro 平板电脑，它就配置 10.6 英寸的显示屏。在 2014 中，多家公司对外展示了大屏幕的平板电脑，松下甚至还夸张地推出了 20 英寸的平板电脑。2015 年，大屏幕的平板电脑将会更加受到消费者的青睐。

2.6.7 更好的平板电脑保护套

2013 年，微软针对其 Surface 平板电脑推出了双屏幕保护套和键盘保护套。鉴于此，2014 年，苹果和三星很有可能也会针对其新一代平板电脑推出保护套。

更好的平板电脑保护套

2.6.8 在 Ultrabooks 领域加大投资

虽然 2013 年 Ultrabooks 并未如英特尔所说的那样风靡全球，但是 2014 年这种情况可能会有所转变。英特尔表示，2014 年的 Ultrabooks 将会配置触摸屏和改进的规格，价格也会有所降低。这样一来，各大厂商必将会对 Ultrabooks 领域加重投资。

Ultrabooks领域的移动电脑

2.6.9 将吸引更多企业用户的关注

当苹果于 2007 年推出 iPhone 的时候，很少人会想到它会受到企业用户的关注。但是在几年后的今天，企业用户已经逐渐开始接受智能手机和平板电脑设备。2015 年，预计会有更多的移动设备渗透到企业用户的世界中。

备受关注的 iPhone

小编分享

第一代iPhone的背面是由铝配合一种黑色塑胶物料制成，iPhone3G及iPhone 3GS以全塑胶背板制造，以增强接收GSM信号的能力。

第3章

Photoshop 和移动UI的那些事儿

在学习了你所不知道的移动 UI 的特性和界面导航设计之后让我们通过 Photoshop 这一强大的软件来制作简单的移动 UI 中需要的图形、图像、图标等通过基础图形的绘制、常见控件的制作、主流系统图标的制作、制作质感图标以及图标色彩，使读者能够全方位的了解 Photoshop 和移动 UI 的那些事儿。

3.1 移动 UI 中基础图形的绘制

本小节主要讲到的是移动 UI 中基础图形的绘制。这里包括制作正方形、长方形、圆角矩形、组合图形、虚线、其他形状等。

图形的应用范围很广，如图标、自定义控件的制作，界面边框的制作这些都需要基础图形的绘制作为打底。下面我们来看一下运用到这些基础图形制作的移动 UI 中小元素。

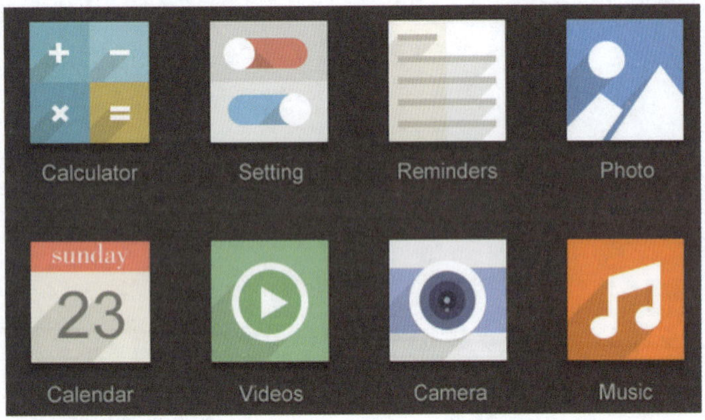

利用正方形绘制的图标

利用长方形绘制的图标

利用圆形绘制的图标

利用组合图形绘制的图标

利用组合图形绘制的图标

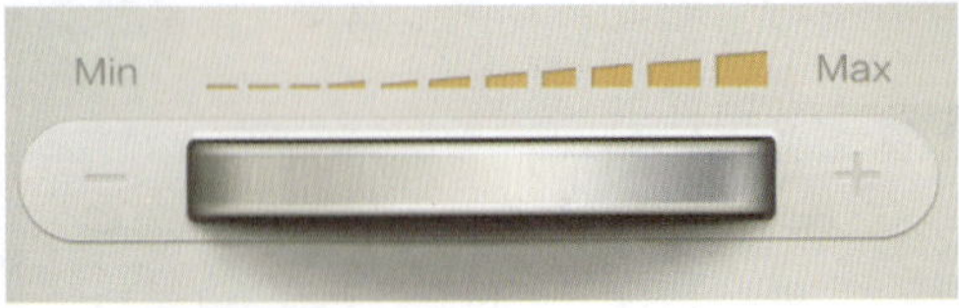

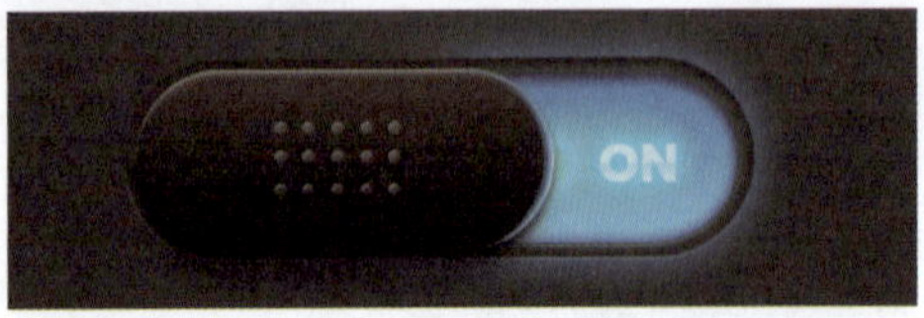

结合各个基础图形制作的按钮

UI 设计基础是图形设计。因为 UI 设计的受众十分广泛且不确定，而由于技术架构的特点，我们不能也不想对最终用户要求什么。因此，充分保证你的设计的易曲性，是每一名 UI 设计师在作视觉设计时首先应该把握好的一个尺度。

不同颜色的图标不同效果

构图和视觉风格设计，UI 设计界面的常用布局——如果说到传统，那么，自然是平板式的文本。但是，UI 设计发展到今天，我真的不知道该如何去总结它的布局风格了。

不同构图和设计视觉风格的图标设计

3.1.1 正方形、长方形

在绘制正方形、长方形使用矩形工具可以方便的在图像中制作出长宽随意的矩形选区。操作时，只要在图像窗口中按下鼠标左键同时移动鼠标，拖动到合适的大小松开鼠标即可建立一个简单的矩形。

使用矩形工具绘制移动 UI 小图标

01 执行“文件>新建”命令，在弹出的“新建”对话框中设置各项参数及选项，设置完成后单击“确定”按钮，新建空白图像文件。

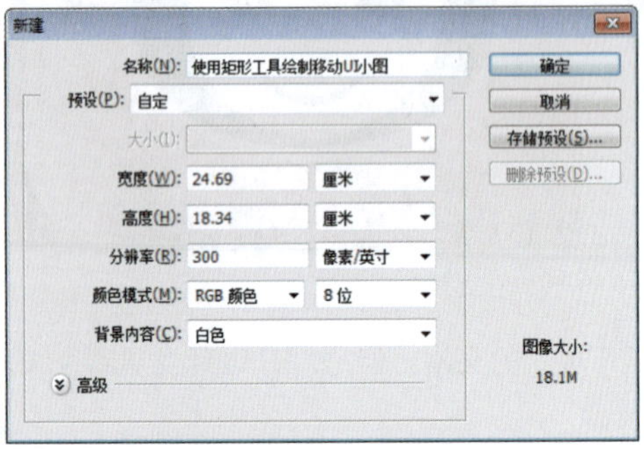

02 设置前景色为深灰色（R60、G61、B74），按快捷键Alt+Delete，填充背景色为深灰色。

03 单击矩形工具，设置前景色为蓝色（R80、G160、B188），图像窗口中按下鼠标左键同时移动鼠标，拖动到合适大小的矩形在画面上，制作其标题栏。得到“矩形1”，单击“添加图层样式”按钮，选择“内阴影”选项并设置参数，制作图案样式。

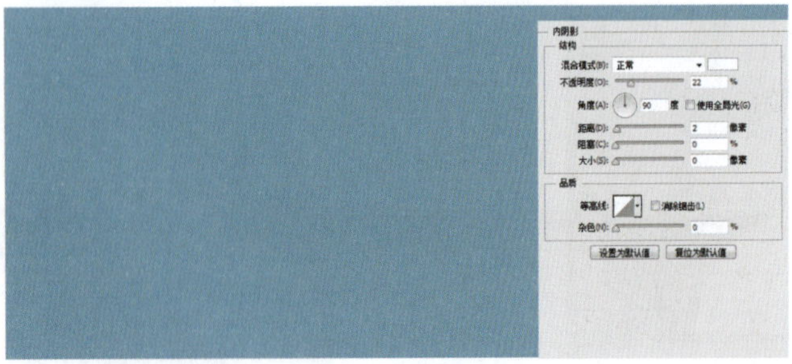

04 新建“图层1”，设置需要的前景色，单击画笔工具 选择柔角画笔并适当调整大小及透明度，按住Alt键并单击鼠标左键，创建其图层剪贴蒙版，并在“图层1”上适当的涂抹，制作出标题栏上的发光效果。新建“图层2”， 按住Alt键并单击鼠标左键，创建其图层剪贴蒙版，使用蓝色的画笔在“图层2”上涂抹，并设置混合模式为“柔光”。

小编分享

做好了之后主要是切图，例如按钮，可能有多个样式的按钮，我的方法是把同一个样式的按钮放进一个文件夹，顺序命名，然后建立动作，让软件自动运行，进行切图。当然，这只是适合非常大量的工作任务。

05 打开01.png文件。拖曳到当前文件图像中，生成“图层3”，单击“添加图层蒙版”按钮，单击画笔工具选择柔角画笔并适当调整大小及透明度，在蒙版上把不需要的部分加以涂抹。

06 单击横排文字工具，设置前景色为白色，输入所需文字，双击文字图层，在其属性栏中设置文字的字体样式及大小，并将其放至于画面合适的位置。

07 选择文字图层，单击“添加图层样式”按钮，选择“内阴影”选项并设置参数，选择“投影”选项并设置参数，制作图案样式。

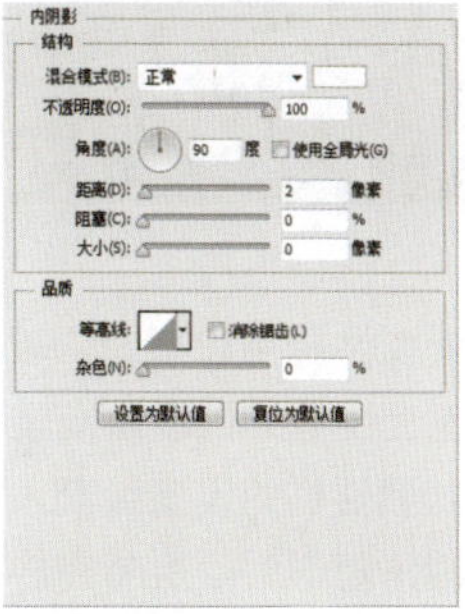

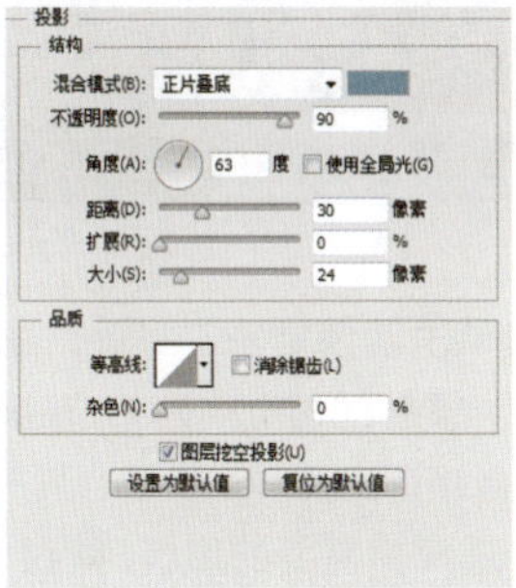

08 制作好图案样式后得到的图像。

09 单击自定形状工具，选择需要的图形，在画面上合适的位置绘制需要的图形。

10 选择“投影”、“内阴影”选项并设置参数，制作图案样式。至此，本实例制作完成。

3.1.2 圆角矩形

使用圆角矩形工具，在其属性栏中设置其需要的“填充”和“描边”，并在画面上合适的位置绘制圆角矩形制作需要的图形，便可在画面上得到需要的圆角矩形。

使用圆角矩形工具绘制移动 UI 播放器

01 执行“文件>新建”命令，在弹出的“新建”对话框中设置各项参数及选项，设置完成后单击“确定”按钮，新建空白图像文件。

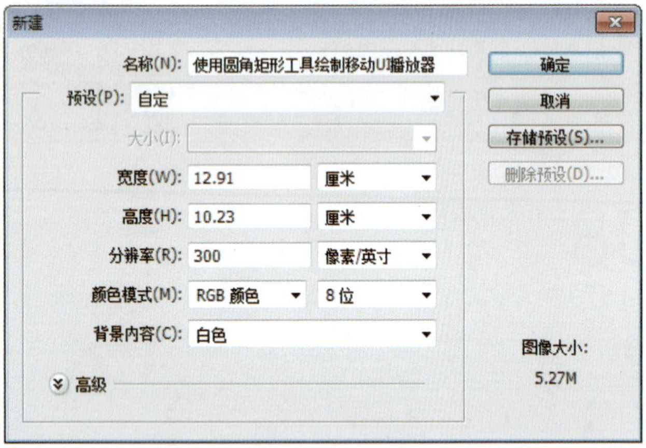

02 新建“图层1”，设置前景色为深灰色（R77、G86、B87），按快捷键Alt+Delete，填充图层颜色为深灰色，制作画面背景。

03 单击圆角矩形工具，在其属性栏中设置其“填充”为黄绿色，“描边”为无，在画面上合适的位置绘制圆角矩形，再结合矩形工具，并结合其形状属性栏的设置绘制，在其属性栏中选择其需要的形状，得到“圆角矩形1”。

04 继续单击圆角矩形工具，在其属性栏中设置其“填充”为绿色，“描边”为无，在画面上合适的位置绘制圆角矩形，再结合矩形工具，并结合其形状属性栏的设置绘制，在其属性栏中选择其需要的形状，得到“圆角矩形1”。绘制播放器的底图。

05 单击椭圆工具，在其属性栏中设置其“填充”为橘黄色，“描边”为无，在绘制的播放器上面绘制椭圆形，得到“椭圆1”。

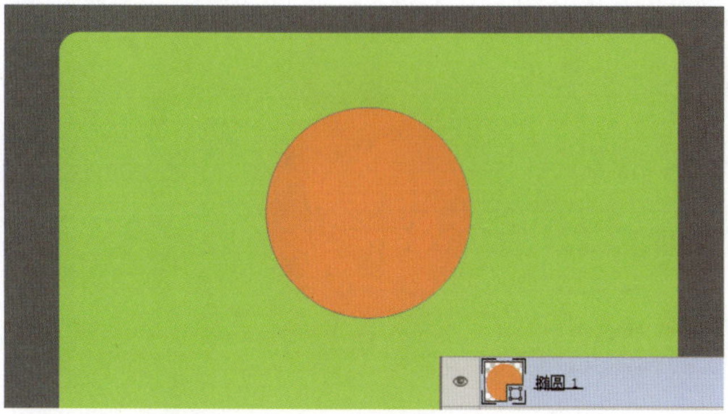

06 执行“文件>打开”命令，打开“动物.jpg”文件。拖曳到当前文件图像中，生成“图层1”，使用快捷键Ctrl+T变换图像大小，并将其放至于绘制的椭圆上，按住Alt键并单击鼠标左键，创建其图层剪贴蒙版。

07 单击圆角矩形工具，在其属性栏中设置其“填充”为橘黄色、“描边”为无，在画面上绘制交叉的圆角矩形得到“圆角矩形3”，将其放于播放器画面右上方制作器关闭的图案样式。继续使用圆角矩形工具，在画面上绘制播放器下面的圆角矩形按钮，得到“圆角矩形4”，连续按快捷键Ctrl+J复制得到多个“图层4副本”，并将其适当缩小设置不同的“填色”，制作出播放器下面的圆角矩形按钮。

08 使用圆角矩形工具和多边形工具，在其属性栏中设置其“填充”为橘红色、“描边”为无，结合其形状属性栏的设置绘制，在其属性栏中选择其需要的形状，得到“形状1”。

小编分享

用圆角矩形工具，在选项栏中选择，左边起第二，三，四按钮，分别为“形状图层”“路径”“填充像素”.“填充像素”生成快速蒙版，“路径”在路径面板生成路径层，形“状图层”生成带路径矢量蒙版的图层。选择“形状图层”按钮生成你需要大小的路径图层，将该层置于你要生成圆角图片的层下，链接它们，按快捷键“Ctrl+G”。

09 按住Shift键并选择“图层4”到“形状1”， 按快捷键Ctrl+J复制得到其副本，使用快捷键Ctrl+T变换图像方向，并将其移至画面合适的位置。继续制作播放器下面的圆角矩形按钮。

10 选择“圆角矩形4”，连续按快捷键Ctrl+J复制得到多个“图层4副本”，将其移至图层上方，并使用快捷键Ctrl+T变换图像大小，并将其放至于画面合适的位置。继续制作播放器下面的圆角矩形按钮。

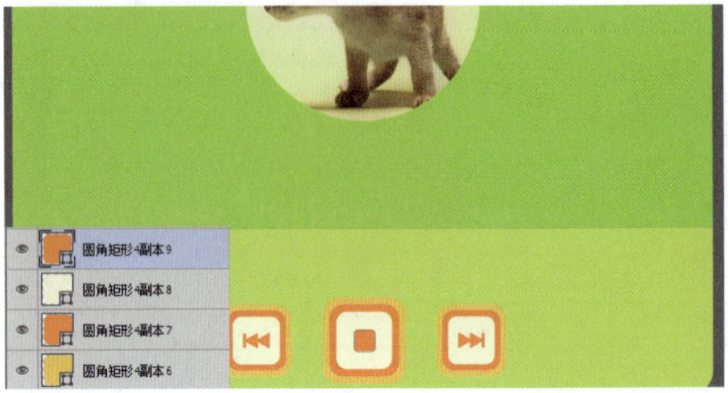

11 继续使用圆角矩形工具，在其属性栏中设置其“填充”为淡橘色，在播放器上绘制播放器上的进度条，得到“圆角矩形5”。

12 选择“圆角矩形5”，按快捷键Ctrl+J复制得到“圆角矩形5副本”，并将其设置不同的“填色”，使用快捷键Ctrl+T变换图像大小，继续制作播放器上的进度条。

13 单击椭圆工具，在其属性栏中设置其“填充”为橘黄色，“描边”为无，在绘制的进度条上绘制椭圆按钮，单击“添加图层样式”按钮，选择“描边”选项并设置参数。制作图案样式。

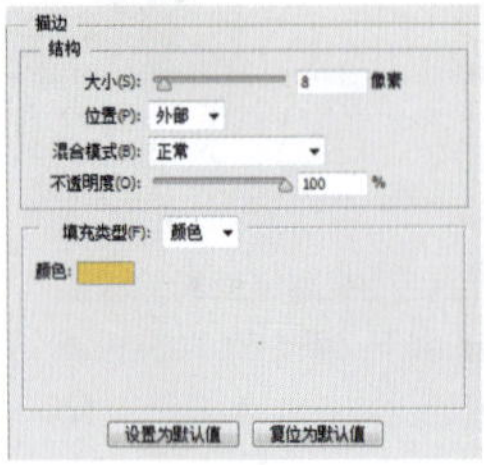

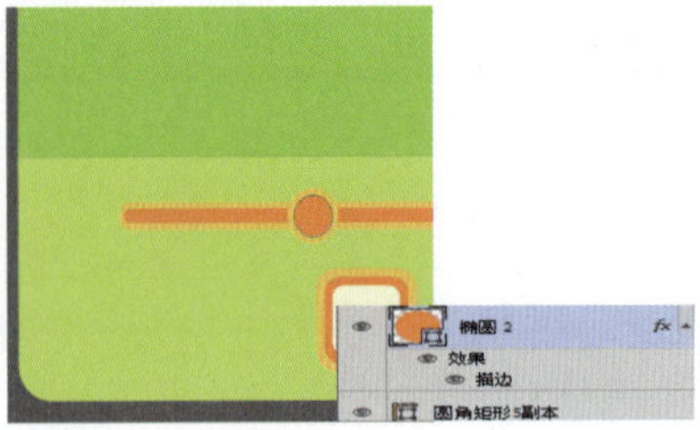

14 选择“椭圆2”，按快捷键Ctrl+J复制得到“图层2副本”， 并将其设置不同的“填色”，使用快捷键Ctrl+T变换图像大小，删除其推出样式，至此，本实例制作完成。

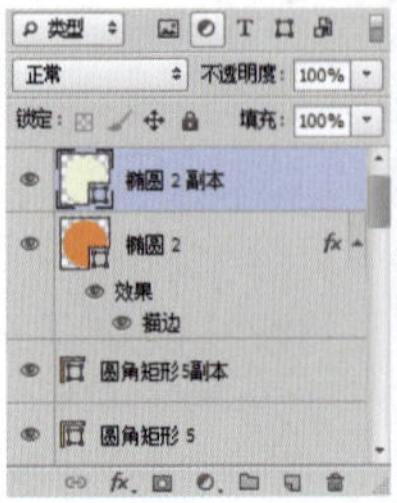

3.1.3 椭圆

选中椭圆工具以后，单击左上角的路径按钮画椭圆。方法一：右键描边路径，以你预设好的前景色和画笔粗细描边，即可。方法二：按快捷键Ctrl+Enter转为选区，然后新建一个图层，用菜单栏的编辑描边，再按快捷键Ctrl+D取消选区。绘制出需要的椭圆。

使用椭圆工具绘制日历图标

01 执行“文件>新建”命令，在弹出的“新建”对话框中设置各项参数及选项，设置完成后单击“确定”按钮，新建空白图像文件。

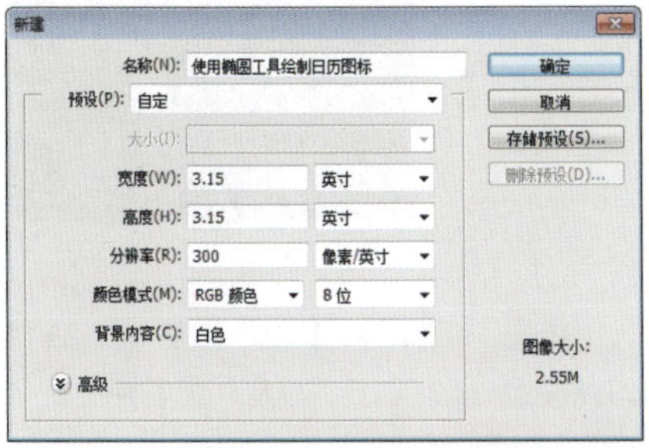

02 设置前景色为粉灰色（R255、G193、B191），按快捷键Alt+Delete，填充图层颜色为粉灰色，制作画面背景。使用椭圆工具，在其属性栏中设置其“填充”为深灰色，“描边”为无，在画面中间绘制椭圆。制作图标的形状，得到“椭圆1”图层。

03 选择绘制的“椭圆1”，单击“添加图层样式”按钮，选择“描边”选项并设置参数，选择“渐变叠加”选项并设置参数制作图案样式。

04 继续选择“椭圆1”图层，按快捷键Ctrl+J复制得到“椭圆1副本”，单击“添加图层蒙版”按钮，使用矩形选框工具在画面下方创建一个矩形选区，设置前景色为黑色，按快捷键Alt+Delete，填充该选区为黑色，单击“添加图层样式”按钮，选择“投影”选项并设置参数，制作图案样式。

小编分享

为选区填充颜色，已经建立选区后，点选择画笔工具，再点设置“前景色（或后景色）”，拾色器出来后，选定颜色（或点一下图面上现有的你想要填充的颜色），单击“确定”按钮退出，按快捷键Alt+Delete，填充前景色；按快捷键Ctrl+Delete，填充前景色。

05 选择“椭圆1副本”，按快捷键Ctrl+J复制得到“椭圆1副本2”，使用快捷键Ctrl+T变换图像大小，并将其放至于画面合适的位置。

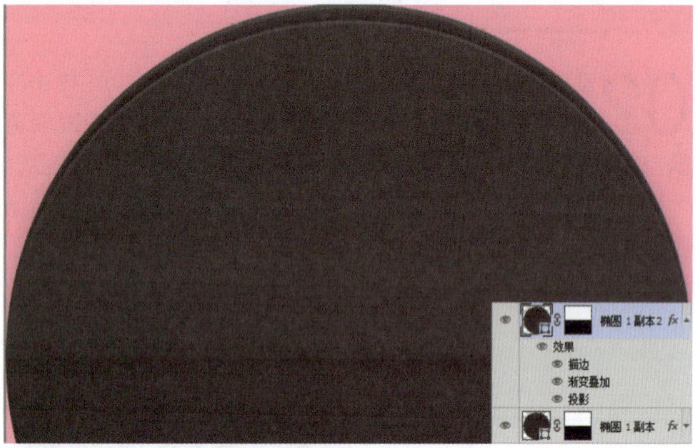

06 选择“椭圆1副本2”，按快捷键Ctrl+J复制得到“椭圆1副本3”，单击“添加图层样式”按钮fx，选择“内阴影”选项并设置参数，制作图案样式。使用快捷键Ctrl+T变换图像大小，并将其放至于画面合适的位置。制作日历图标的日历样式。

07 单击横排文字工具T，设置前景色为亮灰色，输入所需文字，双击文字图层，在其属性栏中设置文字的字体样式及大小，将其放至于椭圆图标上，选择所绘制的文字图层，单击鼠标右键选择“栅格化文字”选项，将其合并，得到“图层1”，单击“添加图层蒙版”按钮，使用矩形选框工具，在画面下方创建一个矩形选区，设置前景色为黑色，按快捷键Alt+Delete，填充该选区为黑色，按住Alt键并单击鼠标左键，创建其图层剪贴蒙版。

08 选择“图层1”，单击“添加图层样式”按钮fx，选择“内阴影”选项并设置参数，选择“投影”选项并设置参数制作图案样式。

09 选择“椭圆1”图层，按快捷键Ctrl+J复制得到“椭圆1副本4”，将其移至图层上方，使用矩形选框工具在画面上方创建一个矩形选区，设置前景色为黑色，按快捷键Alt+Delete，填充该选区为黑色。制作其按钮下面部分。

10 选择“椭圆1副本4”，单击“添加图层样式”按钮，选择“内阴影”选项并设置参数，选择“投影”选项并设置参数制作图案样式。

11 单击横排文字工具，设置前景色为亮灰色，输入所需文字，双击文字图层，在其属性栏中设置文字的字体样式及大小，将其放至于画面椭圆按钮上方合适的位置。按住Alt键并单击鼠标左键，创建其图层剪贴蒙版。

12 选择其文字图层，单击“添加图层样式”按钮，选择“内阴影”选项并设置参数，选择“投影”选项并设置参数制作图案样式。制作其嵌入的文字样式。

13 打开“纹理.jpg”文件。拖曳到当前文件图像中，生成“图层2”，使用快捷键Ctrl+T变换图像大小，并将其放至于画面中的椭圆图标上，按住Ctrl键并单击鼠标左键选择“椭圆1”图层，反选选区按快捷键Delete，将其不需要的删除，设置混合模式为“正片叠底”、“不透明度”为15%，制椭圆图标的纹理。

14 新建“图层3”，单击画笔工具，选择尖角笔刷，设置“大小”为5像素，设置前景色为黑色。然后单击钢笔工具在图像上绘制曲线路径，绘制完成后单击鼠标右键，在弹出的菜单中选择“描边路径”选项，弹出“描边路径”对话框，设置“工具”为“画笔”，单击“确定”按钮，为路径添加黑色描边，然后按快捷键Ctrl+H隐藏路径。设置其“不透明度”为20%，绘制其图标上的发光线条。

15 使用矩形工具，在其属性栏中设置其“填充”为黑色，“描边”为无，在画面上绘制好的椭圆图标中间绘制矩形条，得到“矩形1”，并设置混合模式为“正片叠底”。

16 使用椭圆工具，在其属性栏中设置其“填充”为亮灰色，“描边”为无，在画面上绘制好的椭圆图标上合适的位置绘制椭圆，得到“椭圆2”，为接下来制作链接效果做准备。单击“添加图层样式”按钮，选择“斜面和浮雕”选项并设置参数，制作图案样式。

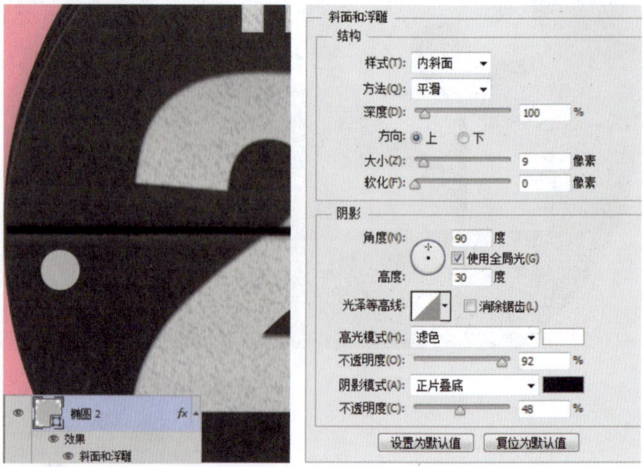

17 继续在“椭圆2”上，单击“添加图层样式”按钮fx，选择“描边”选项并设置参数，选择“内阴影”选项并设置参数，选择“光泽”选项并设置参数，制作图案样式。制作出立体的椭圆。

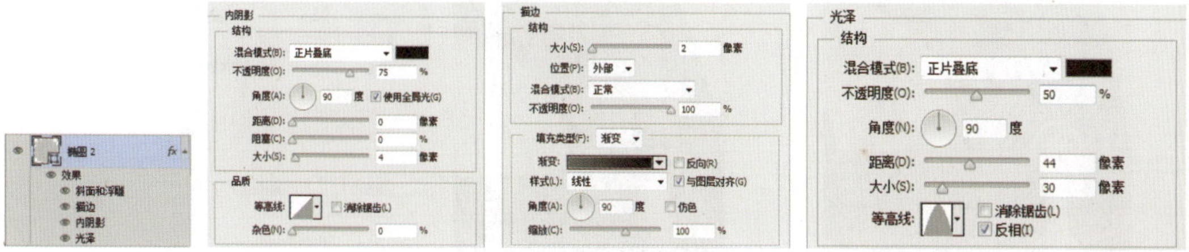

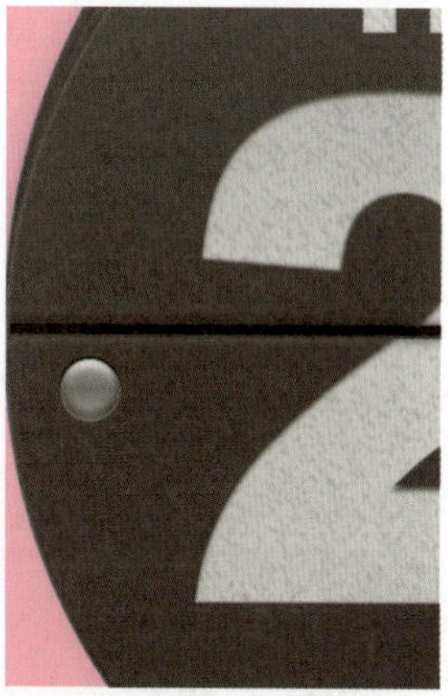

18 选择“椭圆2”，连续按快捷键Ctrl+J复制得到多个“椭圆2副本”，并使用移动工具将其分别放置于制作的椭圆图标上的四个角落制作出四边立体的椭圆。

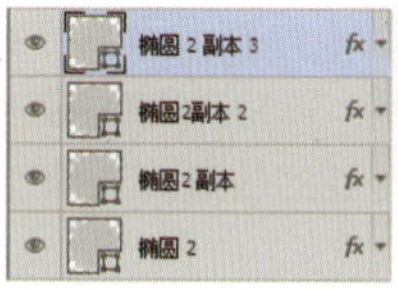

19 使用椭圆工具，在其属性栏中设置其“填充”为亮黑色，“描边”为无，在画面上绘制好的椭圆上合适的位置绘制椭圆，得到“椭圆3”，为接下来制作链接效果做准备。单击“添加图层样式”按钮fx，选择“内发光”、“外发光”选项并设置参数，制作图案样式。

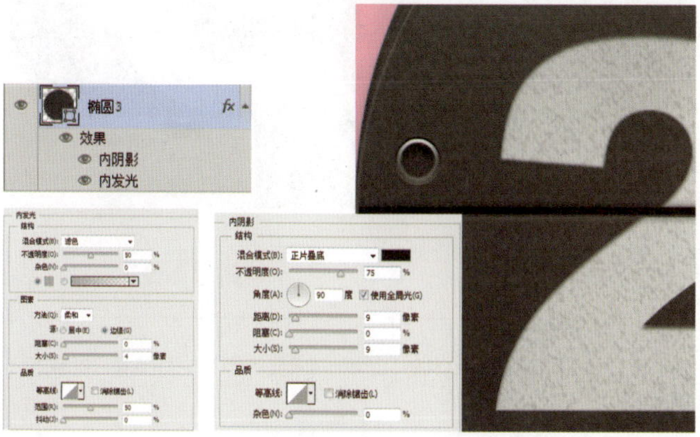

20 选择“椭圆3”，连续按快捷键Ctrl+J复制得到多个“椭圆3副本”，并使用移动工具将其分别放置于制作的椭圆图标上的四个角落制作出四边立体的椭圆。

21 使用圆角矩形工具，在其属性栏中设置其“填充”为灰色，“描边”为无，在画面上的图标上绘制的上下两个椭圆中绘制其链接的圆角矩形，并单击“添加图层样式”按钮 fx，选择“斜面和浮雕”选项并设置参数，制作图案样式。

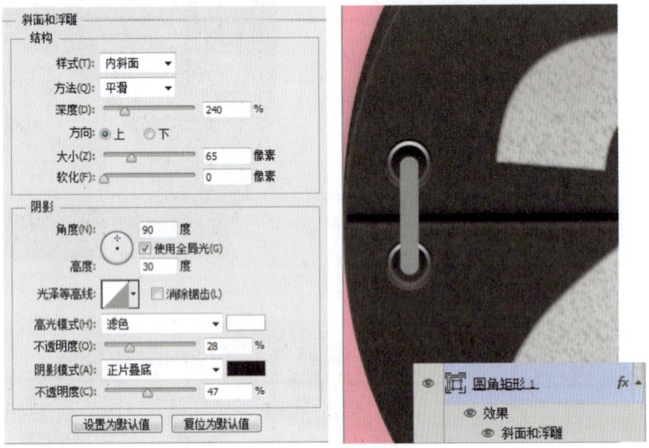

22 继续在“圆角矩形1”上，单击“添加图层样式”按钮 fx，选择“光泽”选项并设置参数，选择“投影”选项并设置参数，制作图案样式。

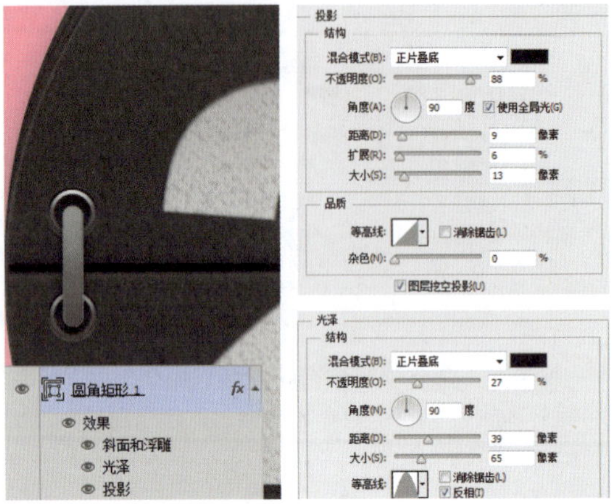

23 新建“图层4”， 使用矩形选框工具在画面上方创建一个矩形选区，并将其填充为黑色，按住Alt键并单击鼠标左键，创建其图层剪贴蒙版。制作其链接处的效果。

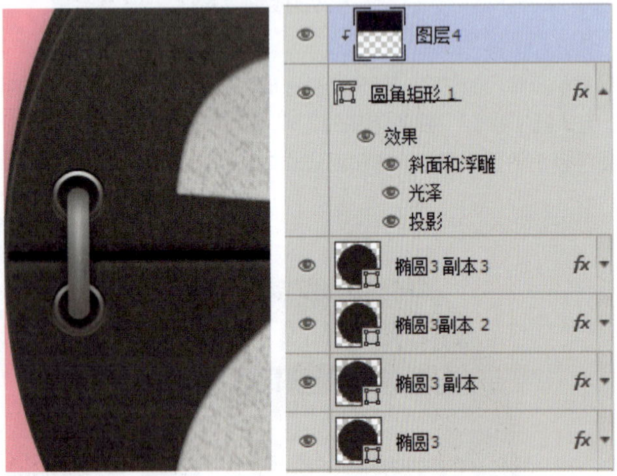

24 按住Shift键并选择“圆角矩形”和“图层4”， 按快捷键Ctrl+J复制得到其副本，将其移至画面另一侧的两圆形的链接上。至此，本实例制作完成。

小编分享

相邻的两个图层创建剪贴蒙版后，上面图层所显示的形状或虚实就要受下面图层的控制。下面图层的形状是什么样的，上面图层就显示什么形状，或者只能有下面图层的形状部分能够显示出来。但画面内容还是上面图层的，只是形状受下面图层控制。

3.1.4 组合图形

使用各种不同的形状工具绘制图形，进行适当的组合，创建出新的图形图像，从而制作出你需要的图标。组合图形在图标绘制的过程中是最常用的。

使用组合图形绘制移动 UI 图标

01 执行“文件>新建”命令，在弹出的“新建”对话框中设置各项参数及选项，设置完成后单击“确定”按钮，新建空白图像文件。

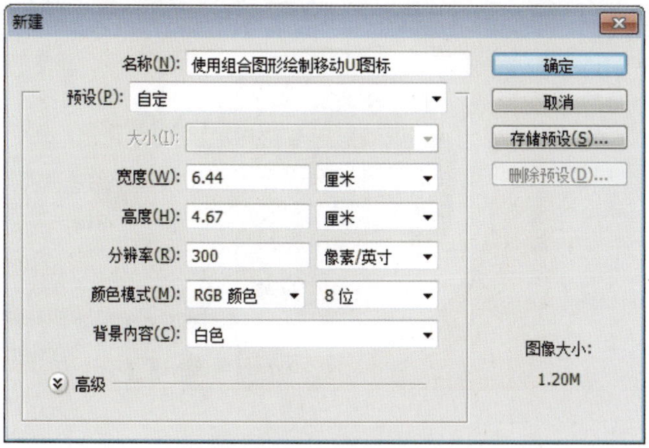

02 设置前景色为淡蓝色（R153、G254、B255），按快捷键Alt+Delete，填充背景色为淡蓝色。

03 使用圆角矩形工具，在其属性栏中设置其“填充”为红色，“描边”为无，在画面中间绘制圆角矩形，制作其图标的大小，得到“圆角矩形1”图层。

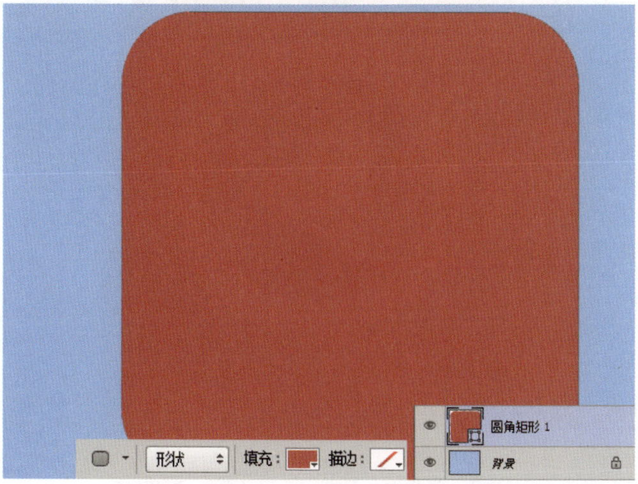

04 使用椭圆工具，在其属性栏中设置其“填充”为白色，“描边”为无，结合其形状属性栏的设置绘制，在其属性栏中选择其需要的形状。得到“椭圆1”。

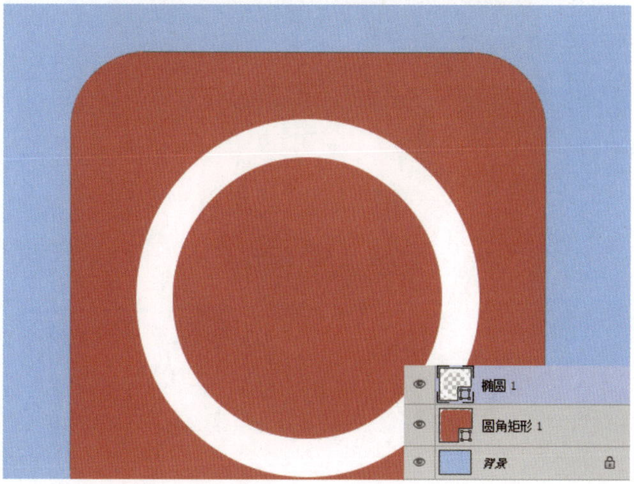

05 选择“圆角矩形1”图层，使用矩形工具，在其属性栏中设置其“填充”为黑色，“描边”为无，在画面上绘制矩形，得到“矩形1”，使用快捷键Ctrl+T变换图像大小，并将其放至于绘制的椭圆下合适的位置，结合其形状属性栏的设置绘制，在其属性栏中选择其需要的形状。设置其“不透明度”为10%。按住Ctrl键并单击鼠标左键选择“圆角矩形1”图层，反选选区，单击“添加图层蒙版”按钮，制作其图标的阴影。

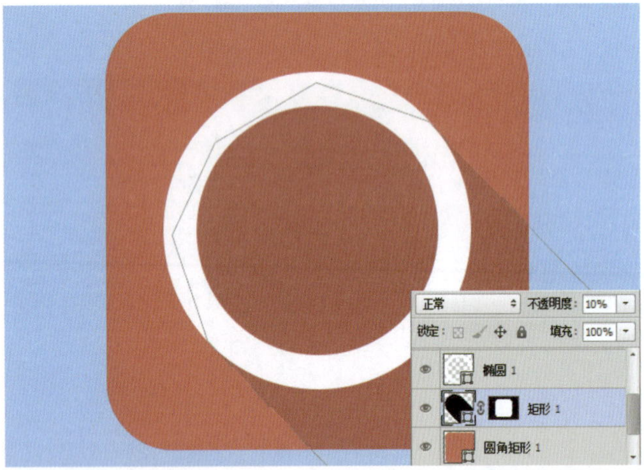

06 继续使用矩形工具，在其属性栏中设置其“填充”为黑色，“描边”为无，在画面上绘制矩形，得到“矩形1”，使用快捷键Ctrl+T变换图像大小，并将其放至于绘制的椭圆下合适的位置，结合其形状属性栏的设置绘制，在其属性栏中选择其需要的形状。设置其“不透明度”为20%。按住Ctrl键并单击鼠标左键选择“圆角矩形1”图层，反选选区，单击“添加图层蒙版”按钮，制作其图标的阴影。

07 回到“椭圆1”图层，使用钢笔工具，在其属性栏中设置其属性为“形状”，“填色”为白色，“描边”为无，在绘制的图标中间绘制播放样式的图案。得到“形状1”图层。

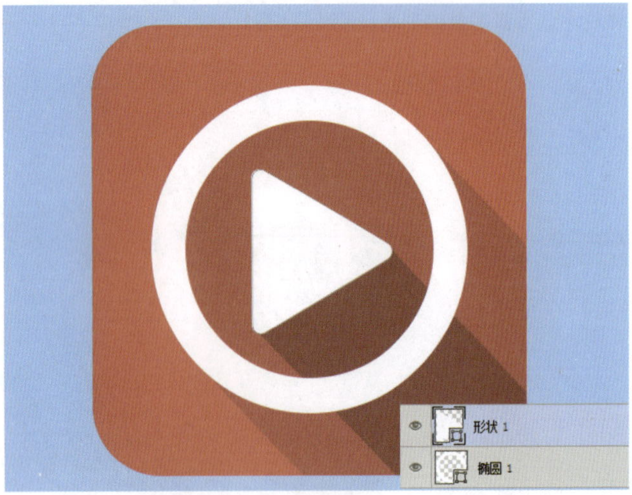

08 单击“创建新的填充或调整图层”按钮，在弹出的菜单中选择“色相/饱和度”选项设置参数，调整画面的色调。至此，本实例制作完成。

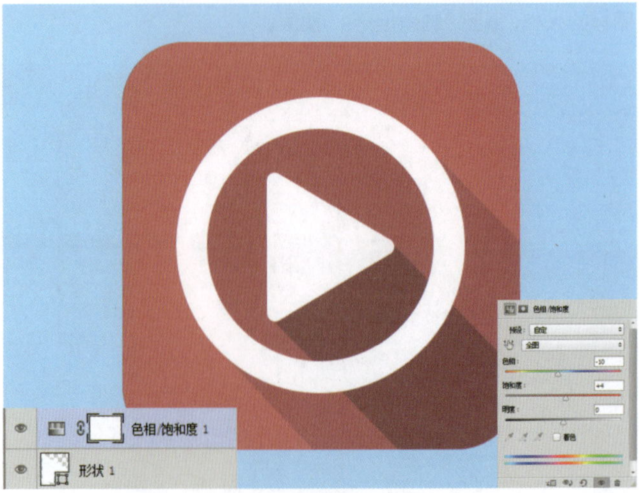

3.1.5 其他形状

使用各种不同的形状工具绘制图形进行适当的组合创建出新的图形图像，从而制作出你需要的图标。形状的绘制在图标绘制的过程中是最常用的。

使用其他形状绘制移动 UI 图标

01 执行“文件>新建”命令，在弹出的“新建”对话框中设置各项参数及选项，设置完成后单击“确定”按钮，新建空白图像文件。

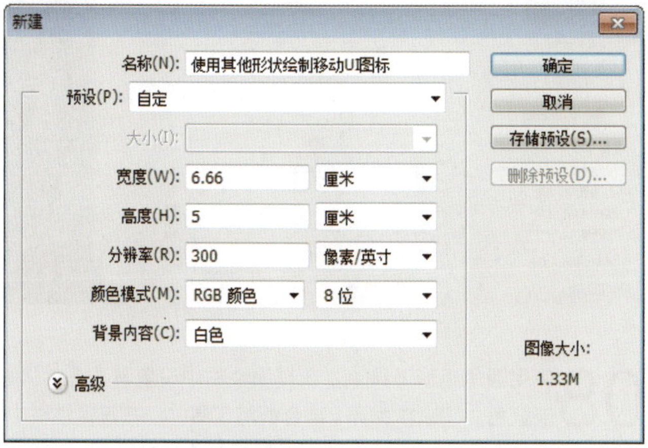

02 设置前景色为蓝灰色（R70、G72、B92），按快捷键Alt+Delete，填充背景色为蓝灰色。

03 选择“背景”图层，按快捷键Ctrl+J复制得到“背景副本”，单击“添加图层样式”按钮，选择“内发光”、“渐变叠加”选项并设置参数，制作图案样式。

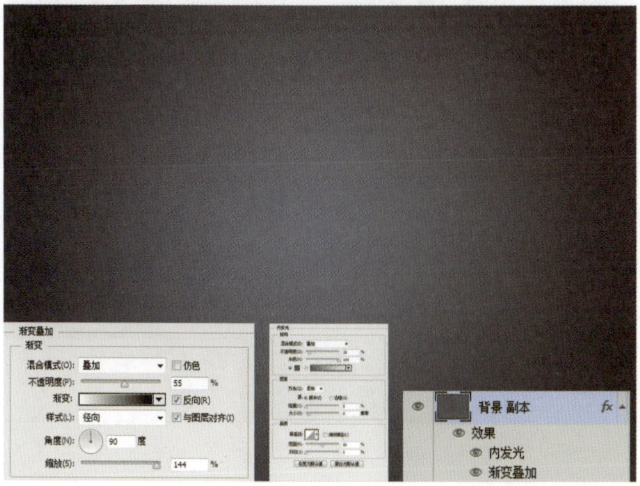

04 使用圆角矩形工具，在其属性栏中设置其“填充”为深蓝色，“描边”为无。在画面中间绘制圆角矩形。

05 选择刚才绘制的“圆角矩形1”图层，单击“添加图层样式”按钮[fx]，选择“投影”选项并设置参数，制作图案样式。

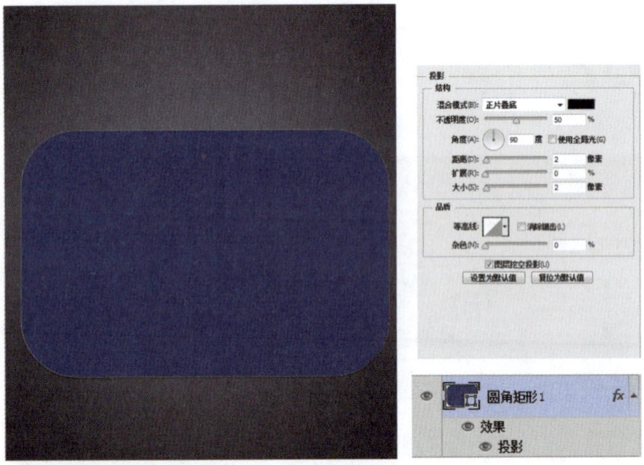

06 继续使用圆角矩形工具[▢]，在其属性栏中设置其“填充”为白色，“描边”为无。结合其形状属性栏的设置绘制，在其属性栏中选择其需要的形状。得到“圆角矩形2”，单击“添加图层样式”按钮[fx]，选择“描边”、“内阴影”选项并设置参数，制作图案样式。

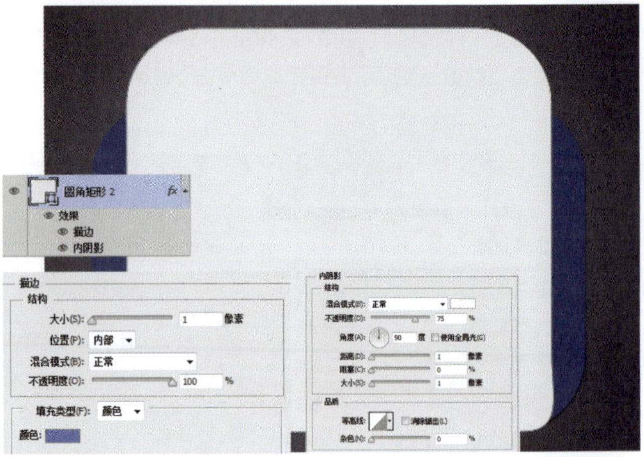

07 使用矩形工具[▢]，在其属性栏中设置其“填充”为淡蓝色，“描边”为无。按住Shift键并在画面上的图形上绘制三条长宽相等、间距相等的条形矩形。得到“矩形1”，并在其“图层”面板中设置其“填充”为50%。制作出画面中图标的信纸样式。

08 使用圆角矩形工具[▢]，在其属性栏中设置其“填充”为淡蓝色，“描边”为无。结合钢笔工具[✎]，在其属性栏中设置其属性为“形状”，并结合其形状属性栏的设置绘制，在其属性栏中选择其需要的形状。绘制出信纸下方的形状。得到信封样式。至此，本实例制作完成。

3.2 常见控件的制作

在移动 UI 中常见控件的制作也是十分重要的，控件按钮在移动 UI 界面中是不可或缺的重要元素。下面小编将从按钮、对话框、下拉选项条、切换框和滚动条等控件按钮的制作为读者讲解在移动 UI 中控件按钮的制作。

3.2.1 按钮

按钮控件，是一种基础控件。按钮控件根据其风格属性可派生出：命令按钮、复选框、单选按钮、组框和自绘式按钮。在移动应用中随处可见。

使用 Photoshop 绘制移动 UI 中的按钮

01 执行“文件>新建”命令，在弹出的“新建”对话框中设置各项参数及选项，设置完成后单击“确定”按钮，新建空白图像文件。

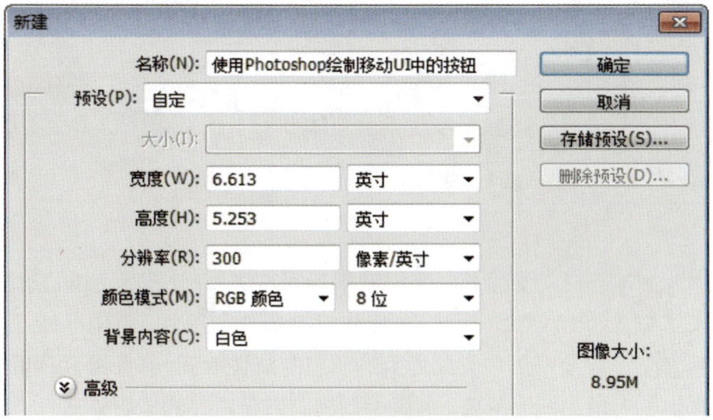

02 设置前景色为紫灰色（R79、G79、B137），按快捷键 Alt+Delete，填充背景色为紫灰色。

03 使用椭圆工具，在画面中间绘制白色的椭圆，单击“添加图层样式”按钮，选择“斜面和浮雕”选项并设置参数，制作图案样式，图层单击鼠标右键选择“栅格化文字”选项。将其重命名为“图层1”。

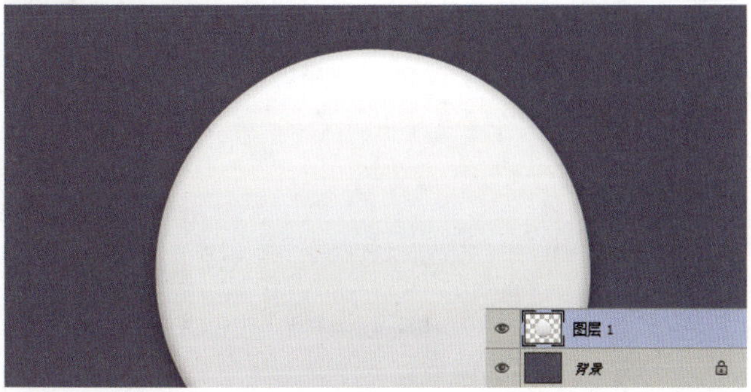

04 在“图层1”下方，新建“图层2”，使用椭圆选框工具绘制大一点的椭圆并将其填充为白色。并使用渐变工具，设置渐变颜色为黑色到透明色的线性渐变，并在绘制的椭圆选区内适当拖出渐变。

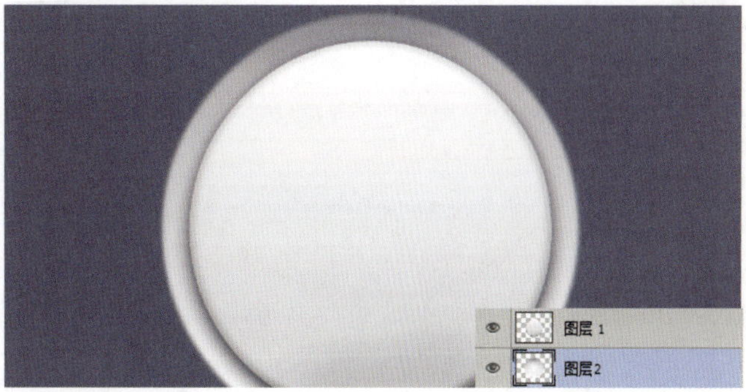

05 在“图层2”下方新建“图层3”，使用和上面步骤相同的方法绘制椭圆。新建“图层4”，继续使用椭圆选框工具绘制适当大小的椭圆，并将其填充为亮灰色，并设置混合模式为“线性加深”、“不透明度”为14%。

06 回到“图层1”，继续使用椭圆工具，在其属性栏中设置其“填充”为紫灰色，“描边”为黑色，大小为1点的虚线。在画面上绘制的图标上绘制适当大小的椭圆，设置“不透明度”为27%。单击“添加图层样式”按钮，选择“渐变叠加”选项并设置参数，制作图案样式。

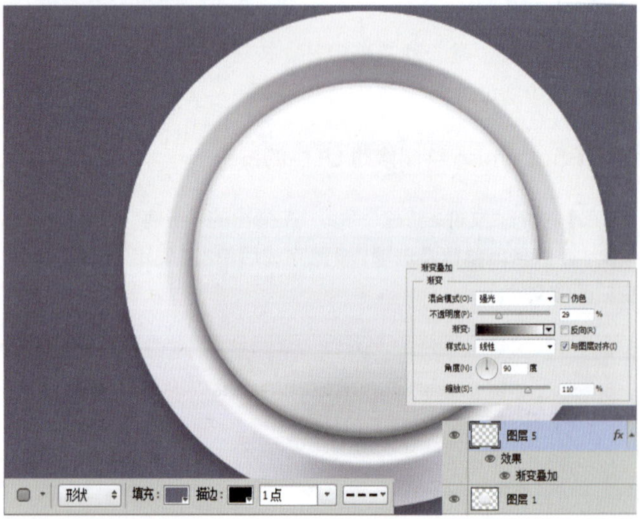

07 新建“图层6”，使用椭圆选框工具绘制大一点的椭圆并将其填充为白色。使用渐变工具，设置渐变颜色为黑色到透明色的线性渐变，并在绘制的椭圆选区内适当拖出渐变。继续绘制椭圆按钮内部的按钮样式。

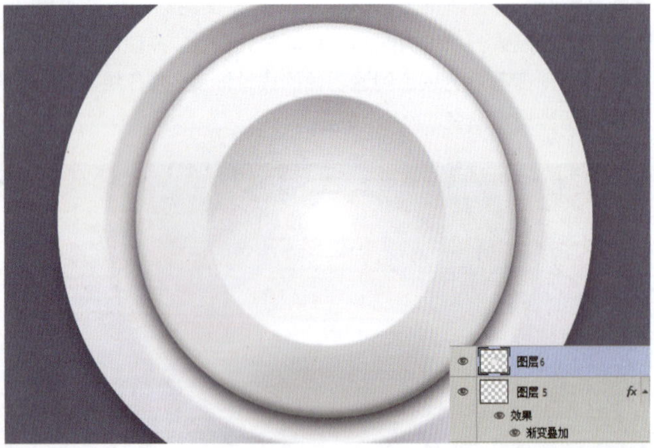

08 新建“图层7”，继续使用相同方法，单击椭圆选框工具绘制大一点的椭圆并将其填充为白色。使用渐变工具，设置渐变颜色为黑色到透明色的线性渐变，并在绘制的椭圆选区内适当拖出渐变。继续绘制椭圆按钮内部的按钮样式。

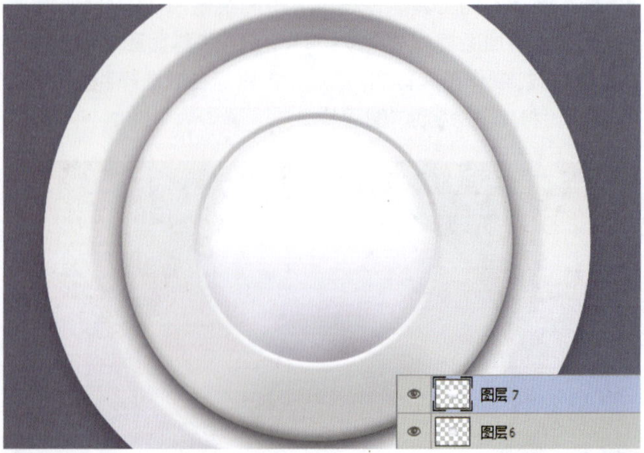

09 选择“图层5”，按快捷键Ctrl+J复制得到“图层5副本”，将其移至图层上方，使用快捷键Ctrl+T变换图像大小，并将其放至于画面中椭圆按钮上合适的位置。

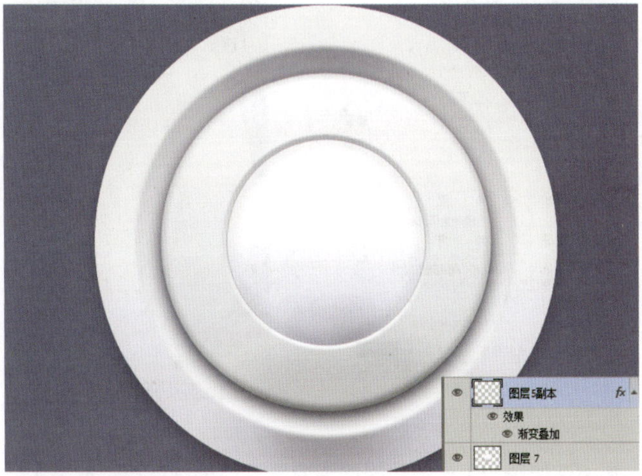

10 新建“图层8”，使用椭圆选框工具绘制大一点的椭圆并将其填充为白色。并使用渐变工具，设置渐变颜色为黑色到透明色的线性渐变，并在绘制的椭圆选区内适当拖出渐变。按快捷键Ctrl+J复制得到“图层8副本”，使用快捷键Ctrl+T变换图像方向，继续制作椭圆图标里面的样式。

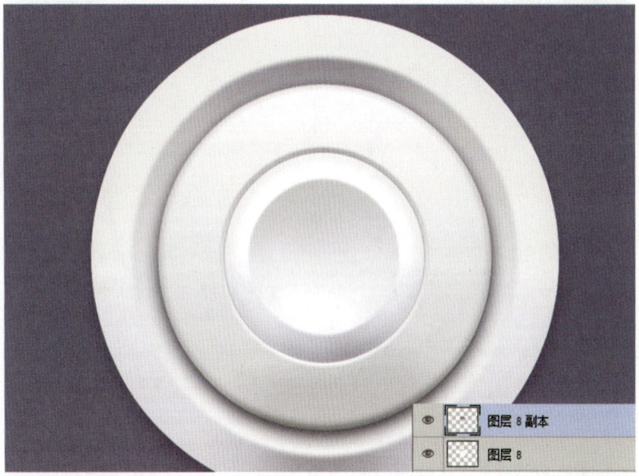

11 新建“图层9”，设置前景色为黑色，单击画笔工具选择尖角画笔并适当调整大小。在画面上椭圆图标上适当的位置按住Shift键绘制按钮上的分隔，设置混合模式为“正片叠底”、“不透明度”为34%。

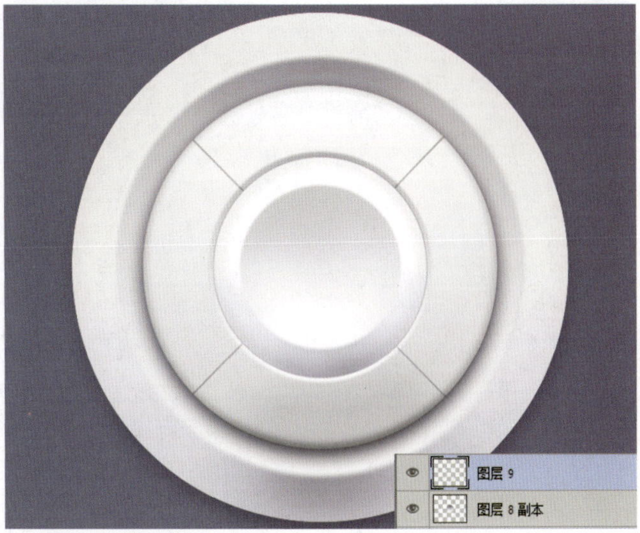

12 选择“图层9”，按快捷键Ctrl+J复制得到“图层9副本”，执行“滤镜>模糊>动感”命令，并在弹出的对话框中设置参数，制作其按钮上分割的阴影。并设置其“不透明度”为77%。

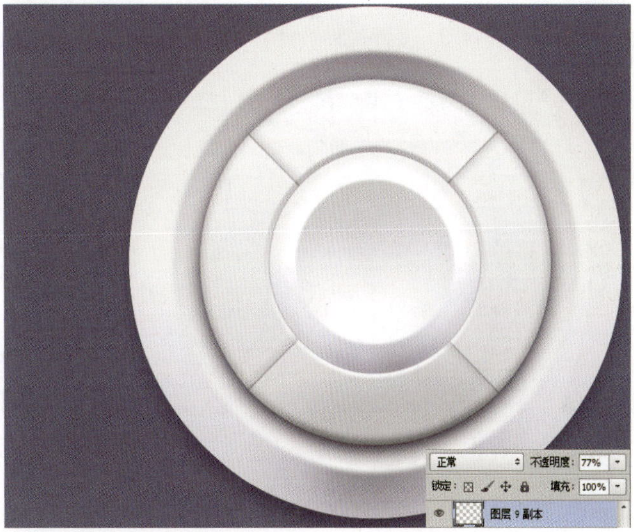

13 单击横排文字工具，设置前景色为黑色，输入所需文字，双击文字图层，在其属性栏中设置文字的字体样式及大小，并将其放至于画面绘制的椭圆按钮上合适的位置，并设置其其“不透明度”为60%

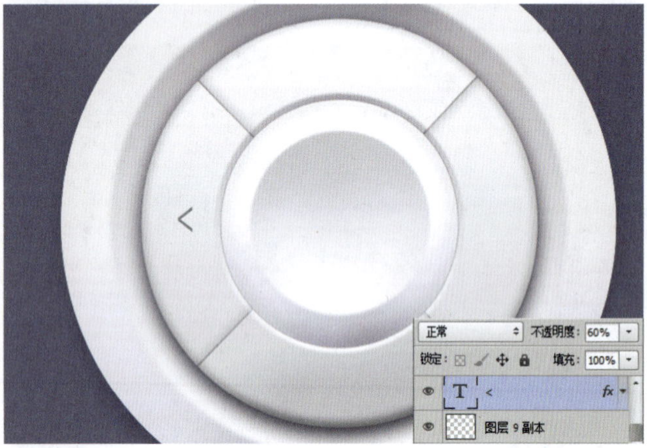

14 继续在其文字图层上，单击“添加图层样式”按钮，选择“斜面和浮雕”选项并设置参数，制作图案样式。

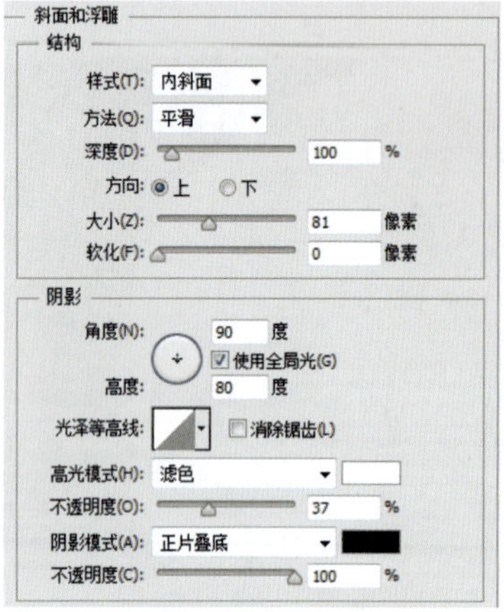

15 继续在其文字图层上，单击“添加图层样式”按钮，选择“斜面和浮雕”选项并设置参数，制作图案样式。

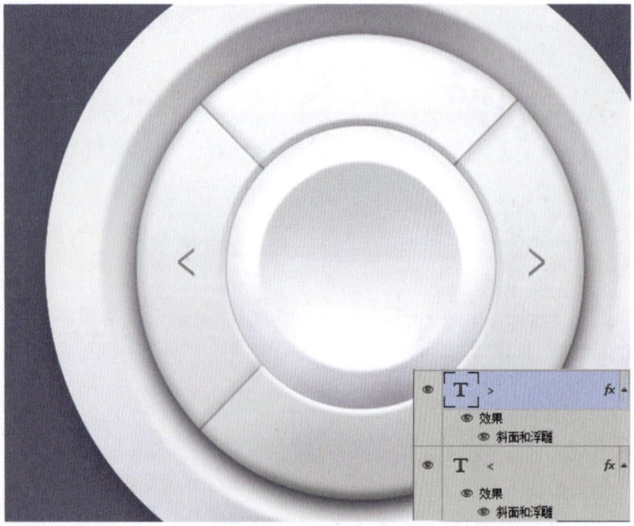

16 使用和上面步骤相同的方法制作椭圆按钮上的图示标志，并单击“添加图层样式”按钮，选择“斜面和浮雕”选项并设置参数，制作图案样式。复制将其适当旋转，放于画面合适的位置，新建“图层10”，填充为紫红灰色，使用椭圆选框工具创建选区，反选后删除不需要的部分，设置混合模式为“正片叠底”、“不透明度”为13%。自此，本实例制作完成。

3.2.2 对话框

对话框在移动 UI 界面设计中非常常见。在当今信息化的今天，移动设备中的对话界面越来越新颖和富有生活情趣，下面将使用 Photoshop 绘制移动 UI 中的对话框为大家详细地讲解如何绘制移动 UI 中的对话框。

使用 Photoshop 绘制移动 UI 中的对话框

01 执行“文件>新建”命令，在弹出的“新建”对话框中设置各项参数及选项，设置完成后单击“确定”按钮，新建空白图像文件。得到“背景”图层。

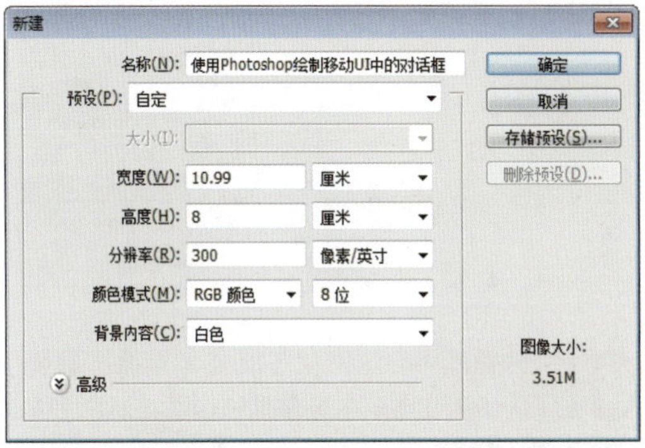

02 打开01.jpg文件。拖曳到当前文件图像中，生成“图层1”， 单击鼠标右键选择“转化为智能对象”选项，转换为智能对象图层。

03 执行“滤镜>模糊>高斯模糊”命令，并在弹出的对话框中设置参数，制作器模糊的背景。

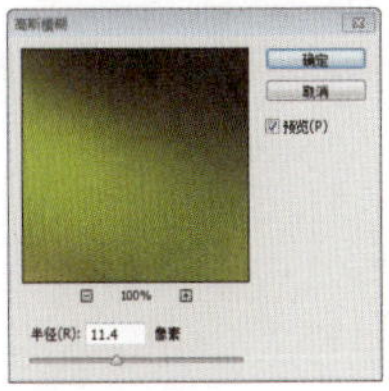

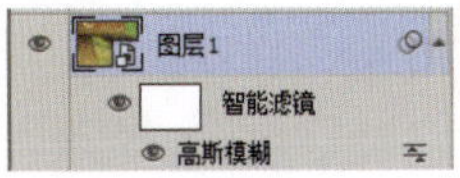

04 使用椭圆工具，设置前景色为亮橘灰色，在画面左边适当的位置绘制椭圆，得到“椭圆1”，单击“添加图层样式”按钮，选择“描边”选项并设置参数，选择“投影”选项并设置参数，制作图案样式。

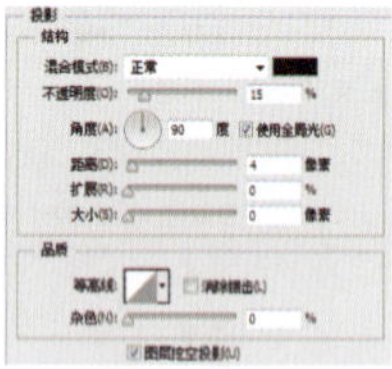

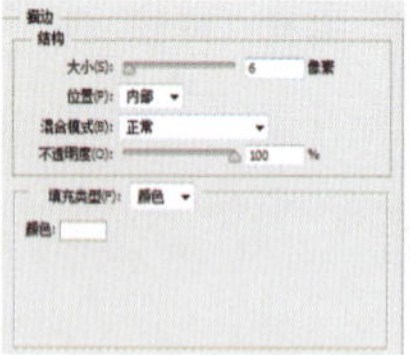

05 分别使用自定形状工具和椭圆工具，结合其形状属性栏的设置绘制，在其属性栏中选择其需要的形状。绘制出对话的图案，得到“形状1”。

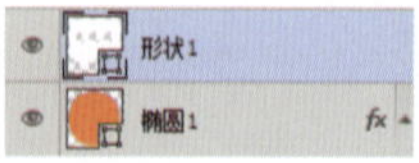

06 按住Shift键并选择“椭圆1”和“形状1”图层，按快捷键Ctrl+J复制得到其图层的副本，使用快捷键Ctrl+T变换图像大小和方向，并将其放至于画面右边合适的位置。

07 分别使用矩形工具和钢笔工具，结合其形状属性栏的设置绘制，在其属性栏中选择其需要的对话框形状。得到“圆角矩形1”图层。单击“添加图层样式”按钮，选择“投影”选项并设置参数，制作图案样式。

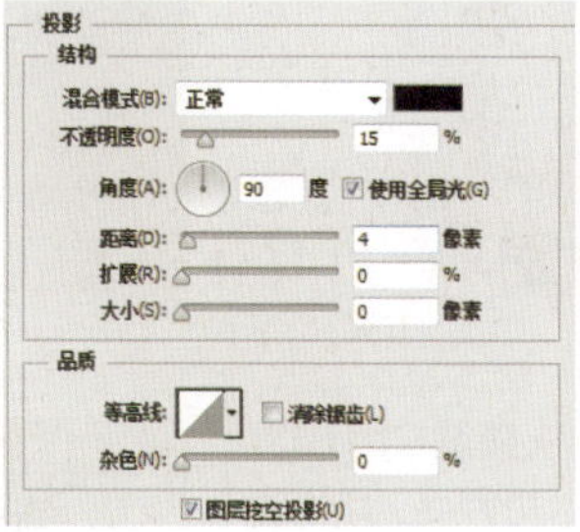

08 使用矩形工具，在其属性栏中设置其“填充”为蓝色，“描边”为无。在对话框中绘制蓝色的矩形，按住Alt键并单击鼠标左键，创建其图层剪贴蒙版，设置其“不透明度”为45%。

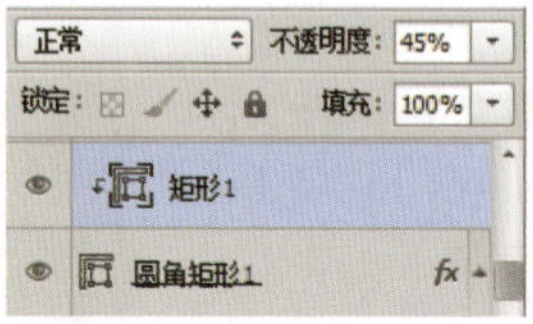

09 继续使用矩形工具，在其属性栏中设置其“填充”为黑色，“描边”为无。在对话框前面绘制黑色的矩形。得到“矩形2”。

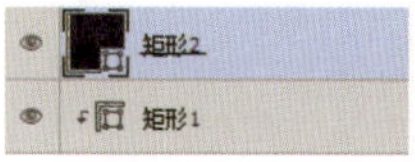

10 打开“人物.jpg”文件。拖曳到当前文件图像中，生成“图层2”，使用快捷键Ctrl+T变换图像大小，并将其放至于刚才绘制的对话框头像上方，按住Alt键并单击鼠标左键，创建其图层剪贴蒙版，制作对话框中的头像。

11 按住Shift键并选择“圆角矩形1”到“矩形2”图层，按快捷键Ctrl+J复制得到其图层的副本，使用快捷键Ctrl+T变换图像大小和方向，并将其放至于画面右边合适的位置。打开“人物2.jpg”文件。拖曳到当前文件图像中，生成“图层2”， 使用快捷键Ctrl+T变换图像大小，并将其放至于合适的位置，按住Alt键并单击鼠标左键，创建其图层剪贴蒙版，制作另一对话框中的头像。

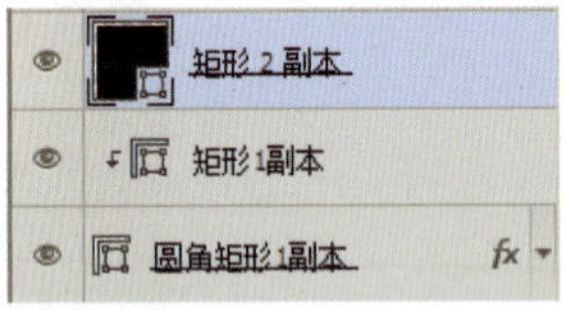

12 单击横排文字工具T，设置前景色为蓝灰色，输入所需文字，双击文字图层，在其属性栏中设置文字的字体样式及大小，将其放至于对话框上合适的位置。并设置其“不透明度”为60%。至此，本实例制作完成。

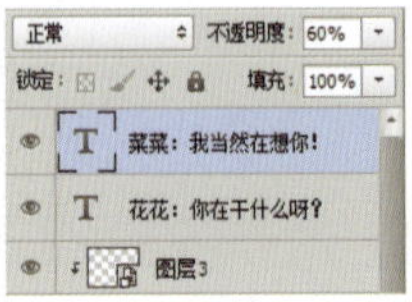

小编分享

在画面上输入需要的文字，单击横排文字工具T，设置需要的前景色，输入所需文字，双击文字图层，在其属性栏中设置文字的字体样式及大小，将其放至于画面合适的位置。

3.2.3 选项条

选项条的绘制在移动 UI 中也是很常见的，特别是在平板电脑的界面中常常见到。下面将为大家使用 Photoshop 绘制移动 UI 中的选项条。

使用 Photoshop 绘制移动 UI 中的选项条

01 执行“文件>新建”命令，在弹出的“新建”对话框中设置各项参数及选项，设置完成后单击“确定”按钮，新建空白图像文件。得到“背景”图层。

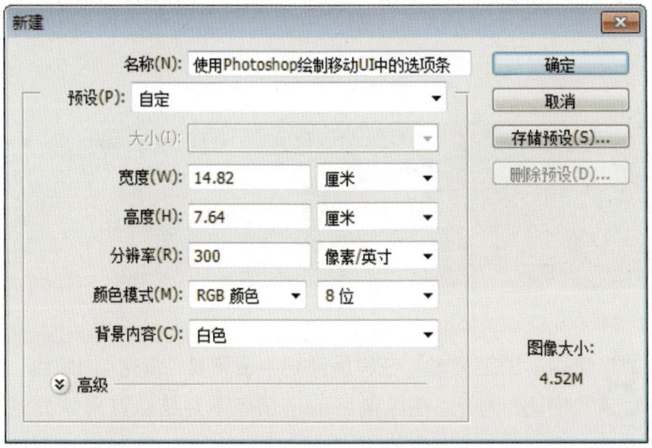

02 设置前景色为蓝灰色（R66、G92、B117），按快捷键Alt+Delete，填充背景色为蓝灰色。

03 单击圆角矩形工具，在其属性栏中设置其“填充”为白色，“描边”为无。在画面上绘制长条状的圆角矩形，得到“圆角矩形1”，制作其选项条的标题栏。单击“添加图层样式”按钮，选择“内阴影”选项并设置参数，“内发光”选项并设置参数，制作图案样式。制作出立体的标题样式。

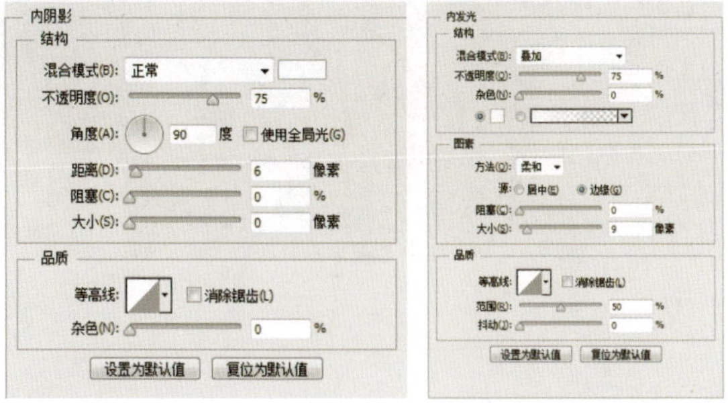

04 选择“圆角矩形1”，单击“添加图层样式”按钮，选择“渐变叠加”选项并设置参数，制作图案样式。

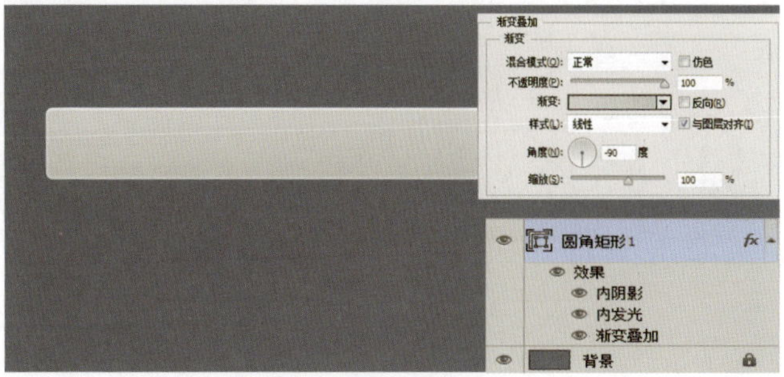

小编分享

制作图形的立体效果，可在绘制了图形之后单击“添加图层样式”按钮，选择“斜面和浮雕”选项并设置参数，制作图案立体样式。

05 继续选择“圆角矩形1”， 按快捷键Ctrl+J复制得到“圆角矩形1副本”，删除其“内发光”和“渐变叠加”图案样式，使用矩形工具，并结合其形状属性栏的设置绘制，在其属性栏中选择需要的对话框形状。制作其需要的选项条的分隔样式。

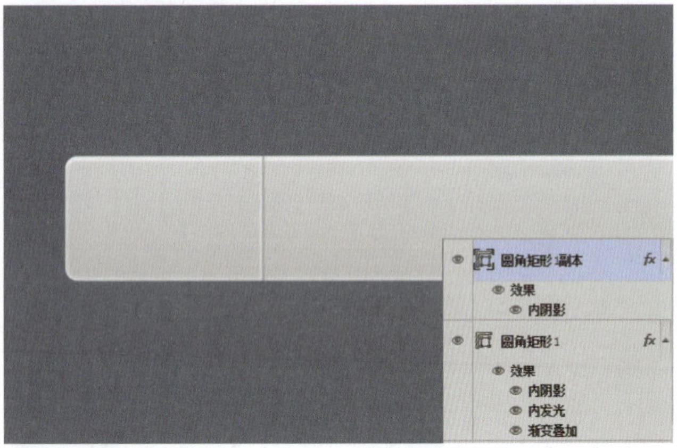

06 使用相同方法，选择“圆角矩形1副本”， 按快捷键Ctrl+J复制得到“圆角矩形1副本2”， 使用矩形工具，并结合其形状属性栏的设置绘制，在其属性栏中选择其需要的对话框形状。制作其需要的选项条的分隔样式。

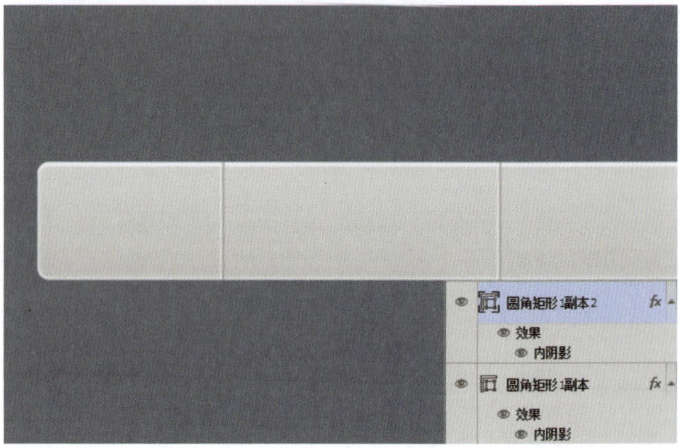

07 继续使用相同方法，选择“圆角矩形1副本2”连续按快捷键Ctrl+J复制得到“圆角矩形1副本3”和“圆角矩形1副本4”，使用矩形工具，并结合其形状属性栏的设置绘制，在其属性栏中选择其需要的形状。制作其需要的选项条的分隔样式。

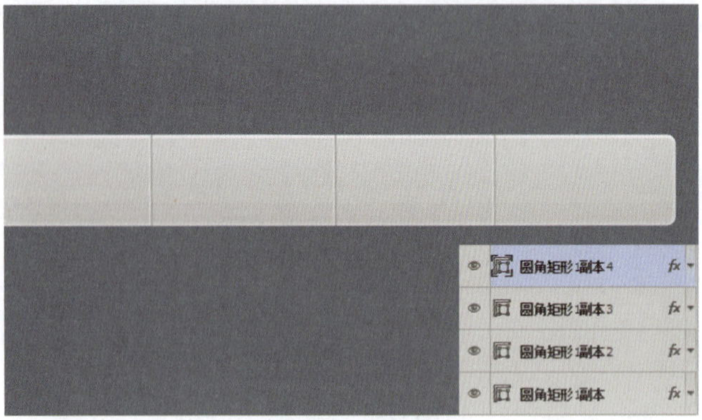

08 使用矩形工具，在其属性栏中设置其“填充”为黑色，“描边”为无。在绘制好的选项条下并结合其形状属性栏的设置绘制，在其属性栏中选择其需要的形状。绘制其矩形选项框，得到“矩形1”。

小编分享

在使用各个形状工具绘制需要的图形时，可选择需要的形状工具，结合其形状属性栏的设置绘制，在其属性栏中选择其需要的形状，进行组合绘制。

09 选择“矩形1”， 单击“添加图层样式”按钮，选择“内阴影”选项并设置参数，再选择“投影”选项并设置参数，制作图案样式。

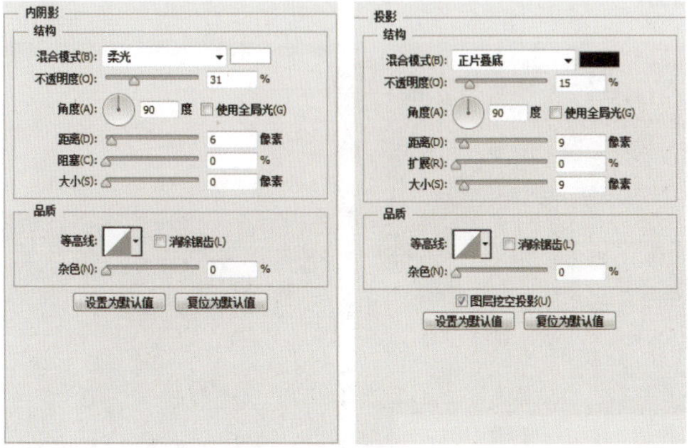

10 继续在“矩形1”上，单击“添加图层样式”按钮，选择“渐变叠加”选项并设置参数，制作图案样式。制作出立体的矩形选项框样式。

11 单击圆角矩形工具，在其属性栏中设置其“填充”为灰色，“描边”为无，在制作好的立体的矩形选项框上方绘制小的圆角矩形，得到“圆角矩形2”。

12 选择“圆角矩形2”，连续按快捷键Ctrl+J复制得到多个“圆角矩形2副本”，使用移动工具将其依次向下移至选项框上合适的位置，并依次选择每个图层，使用快捷键Ctrl+T变换图像大小，制作出选项框上的小选项。

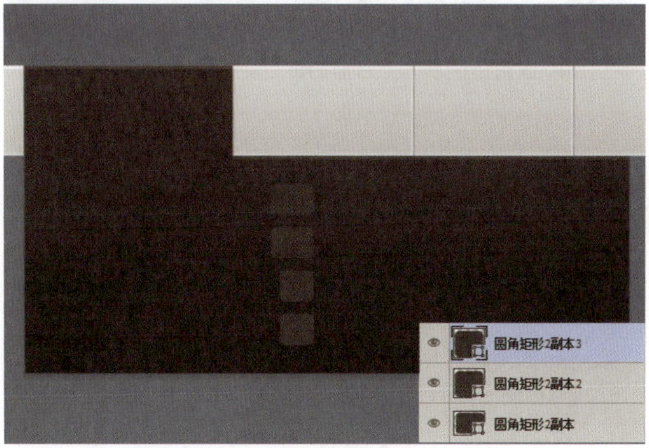

小编分享

绘制需要的圆角矩形，单击圆角矩形工具，在其属性栏中设置其“填充”和 “描边”，再在画面上绘制需要的圆角矩形即可。

13 单击横排文字工具，其需要的设置前景色，输入所需文字，双击文字图层，在其属性栏中设置文字的字体样式及大小，并将其放至于选项框上的小选项上合适的位置。制作选项框上的小选项上的文字。

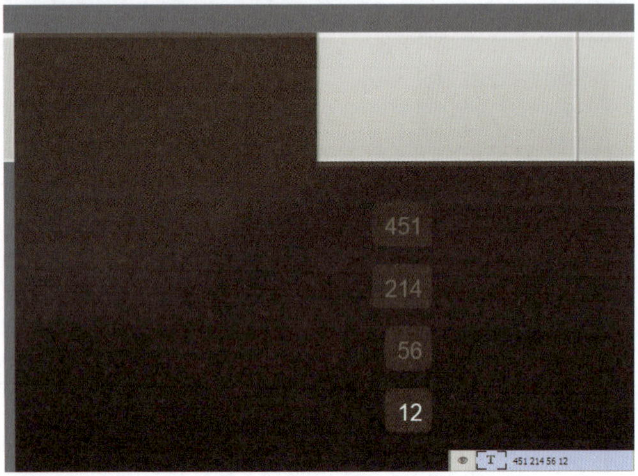

14 新建“图层1”，使用矩形选框工具在选项框上绘制小选项上的选项条选区，设置前景色为黑色，按快捷键Alt+Delete，填充其条状选区为黑色，并设置其“不透明度”为50%。

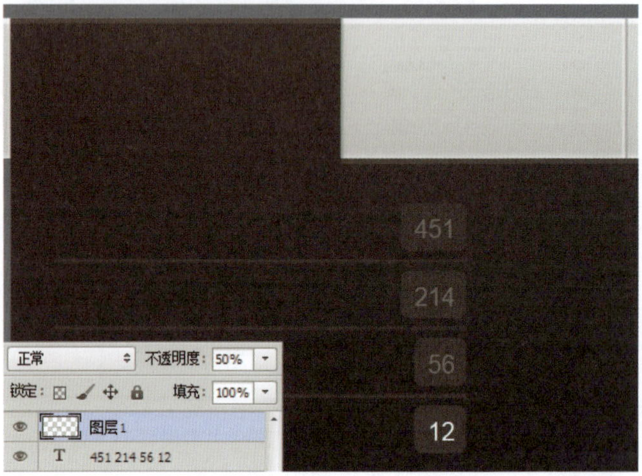

15 按住Shift键并选择“圆角矩形1”到“圆角矩形1副本3”，按快捷键Ctrl+J复制得到“圆角矩形1副本4”到“圆角矩形1副本7”，将其移至图层上方，使用移动工具将其向右轻移，放置于选项框上合适的位置。

16 按住Shift键并选择文字图层和“图层1”，按快捷键Ctrl+J复制得到文字图层的副本和“图层1副本”，将其移至图层上方，使用移动工具将其向右轻移，放置于选项框上合适的位置。至此，本实例制作完成。

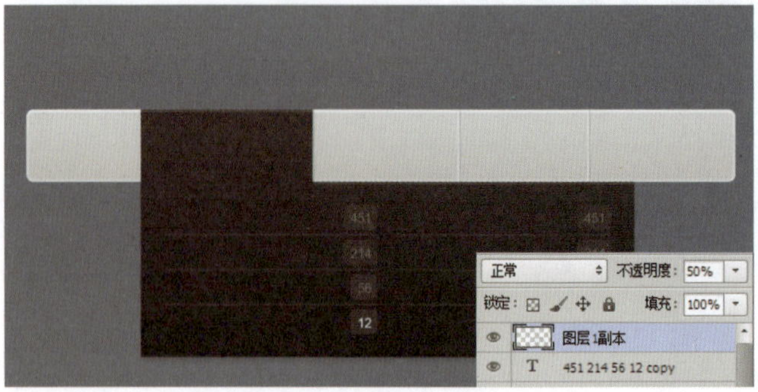

3.2.4 切换条

切换条在移动 UI 中特别是手机应用中是很常见的，下面将使用 Photoshop 绘制移动 UI 中的切换条为读者讲解移动 UI 中切换条的制作。

使用 Photoshop 绘制移动 UI 中的切换条

01 执行“文件>新建”命令，在弹出的“新建”对话框中设置各项参数及选项，设置完成后单击“确定”按钮，新建空白图像文件，得到“背景”图层。

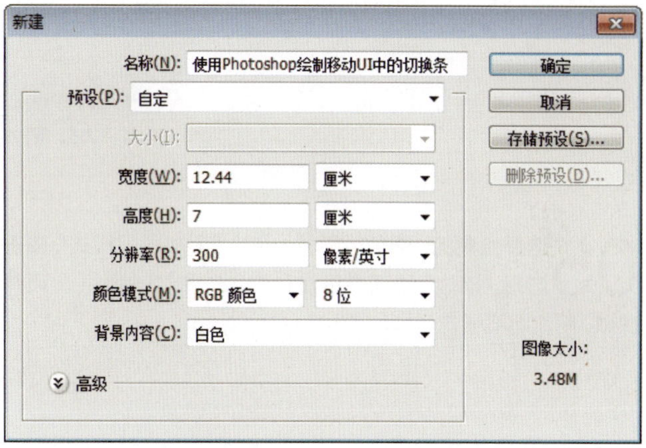

02 使用矩形工具，在画面中绘制矩形，单击“添加图层样式”按钮，选择“投影”、“外发光”选项并设置参数，制作图案样式。

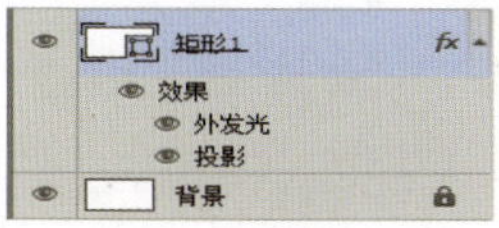

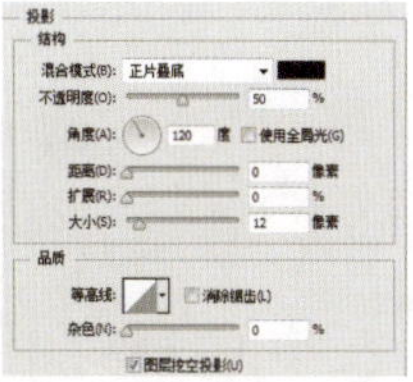
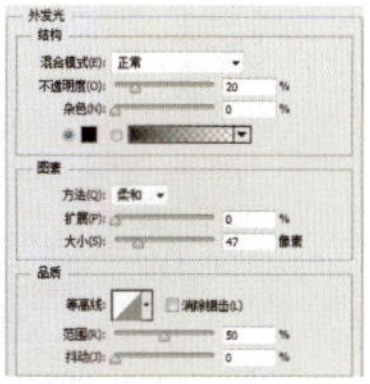

03 执行“文件>打开”命令，打开“人物.jpg”文件。拖曳到当前文件图像中，生成“图层1”，使用快捷键Ctrl+T变换图像大小，并将其放至于画面合适的位置。按住Alt键并单击鼠标左键，创建其图层剪贴蒙版。

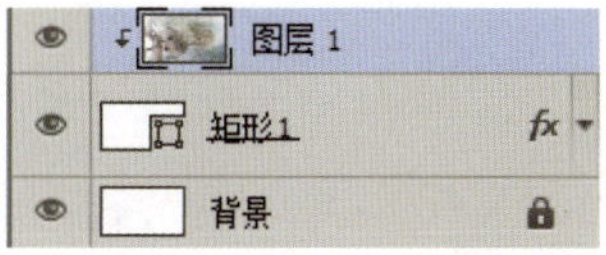

04 单击圆角矩形工具[图标]，在其属性栏中设置其“填充”为黑色，“描边”为无。绘制的矩形上方绘制圆角矩形得到“圆角矩形1”，并在其“图层”面板上设置其“不透明度”为90%。制作切换条的大体形状。

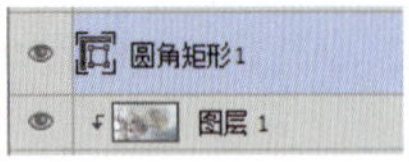

05 选择绘制的“圆角矩形1”，单击“添加图层样式”按钮[fx]，选择“描边”选项并设置参数，选择“内阴影”选项并设置参数，制作图案样式。

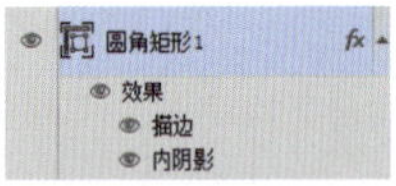

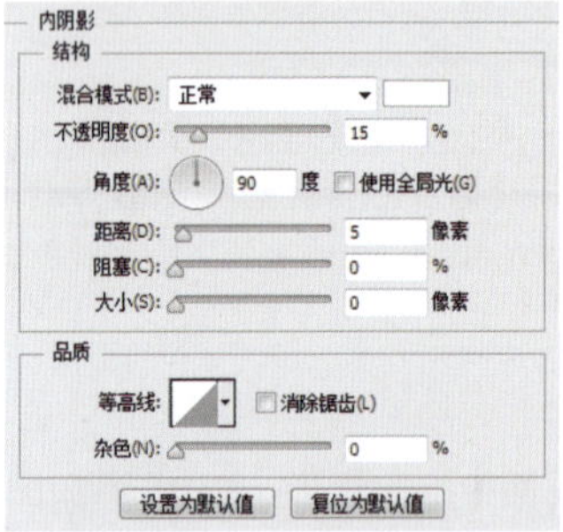

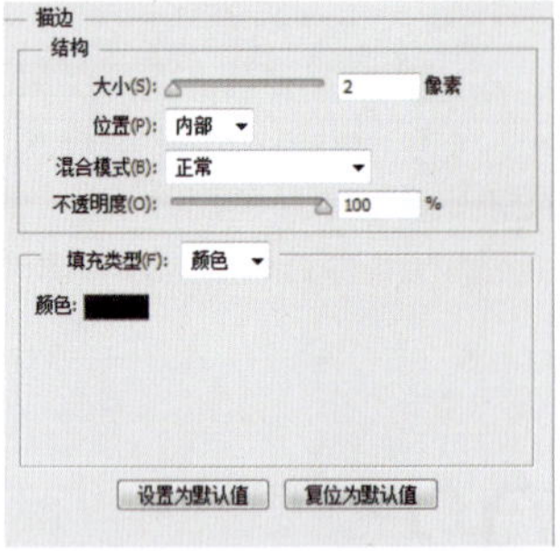

06 继续在“圆角矩形1”上，单击“添加图层样式”按钮[fx]，选择“渐变叠加”选项并设置参数，选择“投影”选项并设置参数，制作图案样式。

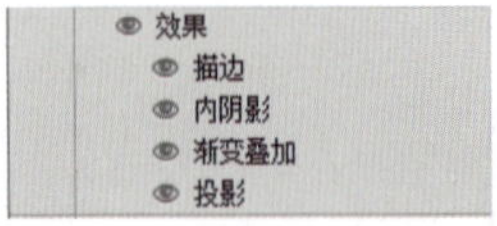

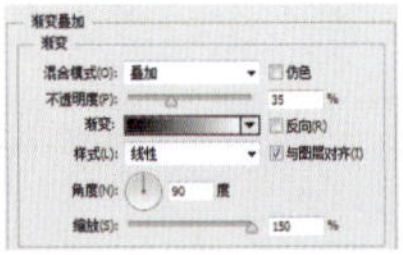

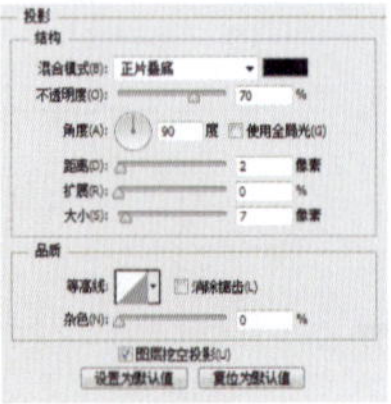

07 选择“圆角矩形1”，按快捷键Ctrl+J复制得到“圆角矩形1副本”，更改其填充色为白色，单击“添加图层蒙版”按钮，使用矩形选框工具在其蒙版上创建需要的选区，按快捷键Shift+Ctrl+I反选选中的选区，将其填充为黑色，并设置其“不透明度”为15%。制作切换条上的反光。

08 单击自定形状工具，在其属性栏中选择需要的形状，设置前景色为白色，在切换条上的右边绘制需要的切换图形，使用快捷键Ctrl+T变换图像大小，单击“添加图层样式”按钮，选择“投影”选项并设置参数，制作图案样式。

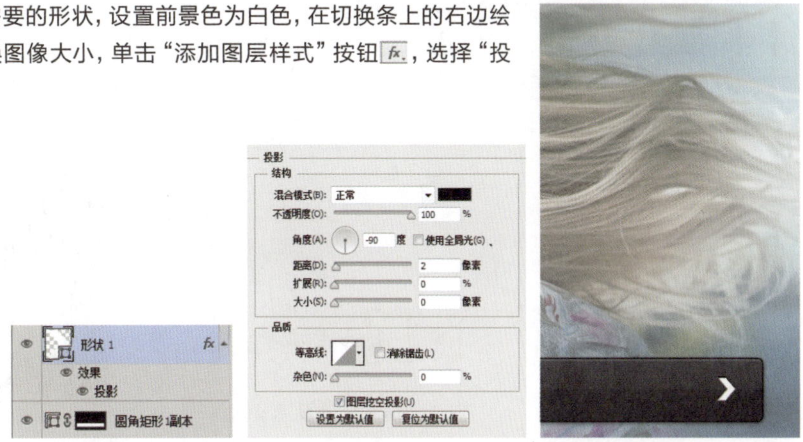

09 单击矩形工具，在其属性栏中设置其“填充”为黑色，“描边”为无，在绘制的切换条上绘制其分割的矩形条，得到“矩形2”，并设置其“不透明度”为50%。

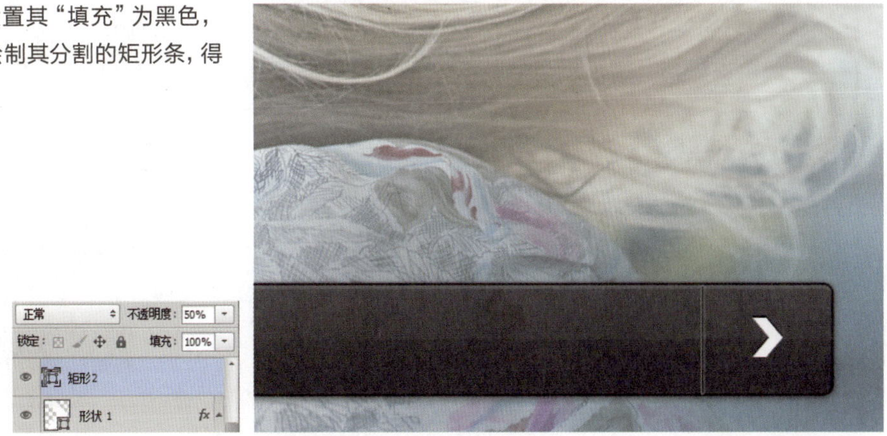

10 选择“矩形2”，按快捷键Ctrl+J复制得到“矩形2副本”，将其移至“矩形2”图层下方，更改其“填色”为白色，其“不透明度”为15%。并将其向右轻移。

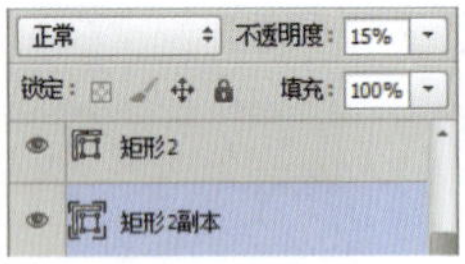

11 选择“形状1”，按快捷键Ctrl+J复制得到“形状1”副本”，将其移至图层上方，使用快捷键Ctrl+T变换图像方向，并将其放至于切换条左边合适的位置。

12 选择“矩形2副本”和“矩形2”，按快捷键Ctrl+J复制得到“矩形2副本4”和“矩形2副本3”，将其移至图层上方，并选择“矩形2副本4”，单击“添加图层蒙版”按钮，单击画笔工具选择柔角画笔并适当调整大小及透明度，在蒙版上把不需要的部分加以涂抹。将切换条制作完整。至此，本实例制作完成。

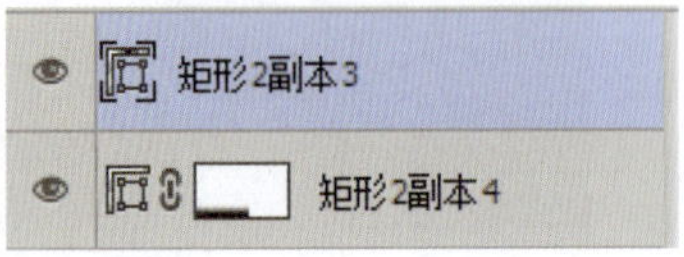

3.2.5 滚动条

滚动条在移动 UI 中是很常见的，下面将使用 Photoshop 绘制移动 UI 中的切换条为读者讲解移动 UI 中滚动条的制作。使读者了解滚动条的制作。

使用 Photoshop 绘制移动 UI 中的滚动条

01 执行“文件>新建”命令，在弹出的“新建”对话框中设置各项参数及选项，设置完成后单击“确定”按钮，新建空白图像文件，得到“背景”图层。

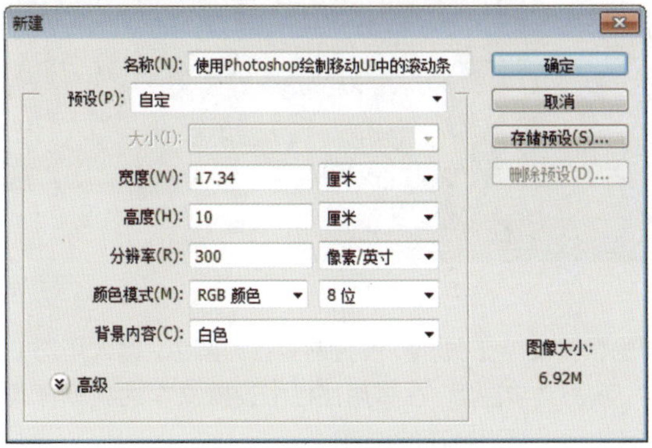

02 设置前景色为灰色，按快捷键Alt+Delete，填充背景色为灰色，单击“添加图层样式”按钮 fx ，选择“图案叠加”选项并设置参数，制作图案样式。

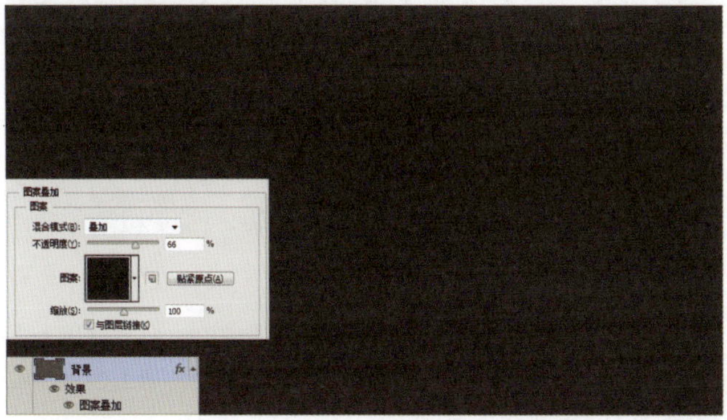

03 单击圆角矩形工具 ，在画面上方绘制条状的圆角矩形，制作滚动条的长度，单击“添加图层样式”按钮 fx ，选择“内阴影”、“颜色叠加”选项并设置参数，制作图案样式。

04 新建“图层1”，单击画笔工具 ，选择尖角笔刷，设置“大小”为7像素，设置前景色为蓝色。然后单击钢笔工具在图像上绘制曲线路径，绘制完成后单击鼠标右键，在弹出的菜单中选择“描边路径”选项，弹出“描边路径”对话框，设置“工具”为“画笔”，单击“确定”按钮，为路径添加蓝色描边，然后按快捷键Ctrl+H隐藏路径。单击“添加图层样式”按钮 fx ，选择 “颜色叠加”选项并设置参数，制作图案样式。

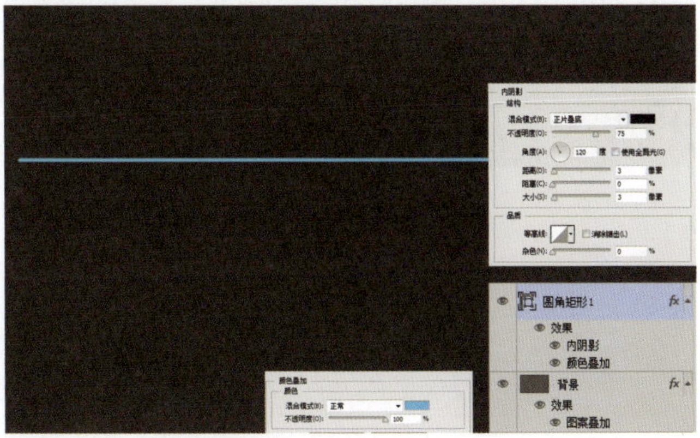

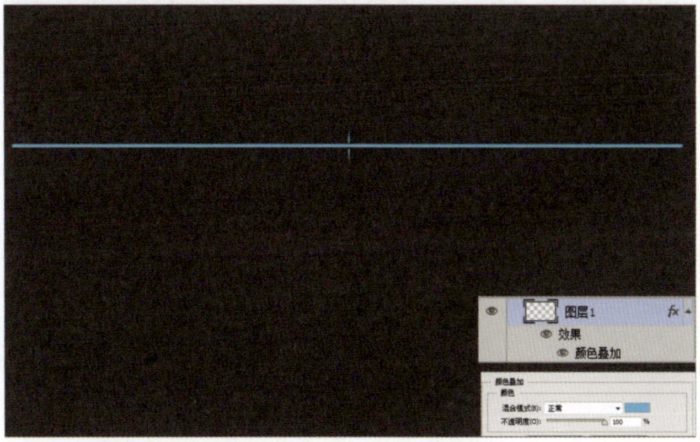

05 选择“图层1”，连续按快捷键Ctrl+J复制得到多个“图层1副本”，并将其放至于圆角矩形条上合适的位置。制作其滚动条上的尺寸分隔。

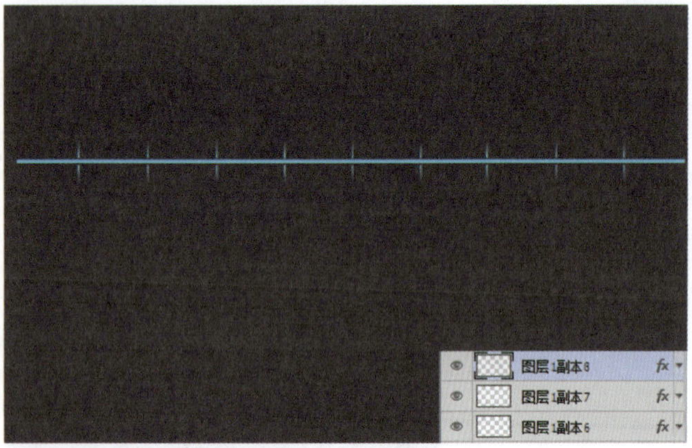

06 继续选择“图层1”，连续按快捷键Ctrl+J复制得到多个“图层1副本”，将其移至图层上方，放至于圆角矩形条上合适的位置，并合并图层将其重命名为“图层1副本9”。

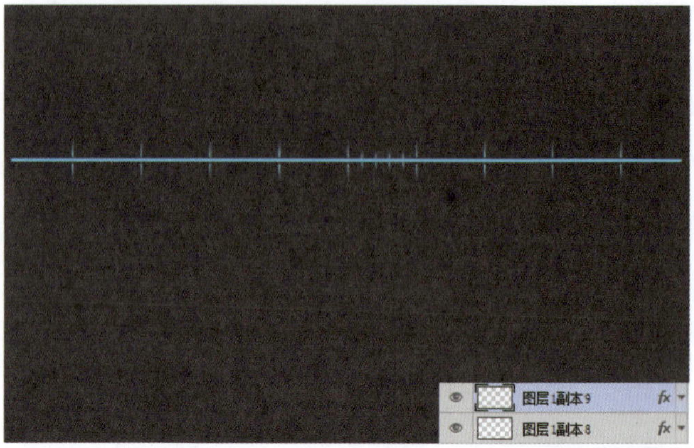

07 选择“图层1副本9”，连续按快捷键Ctrl+J复制得到多个“图层1副本”，并将其放至于圆角矩形条上合适的位置。制作其滚动条上的尺寸分隔。

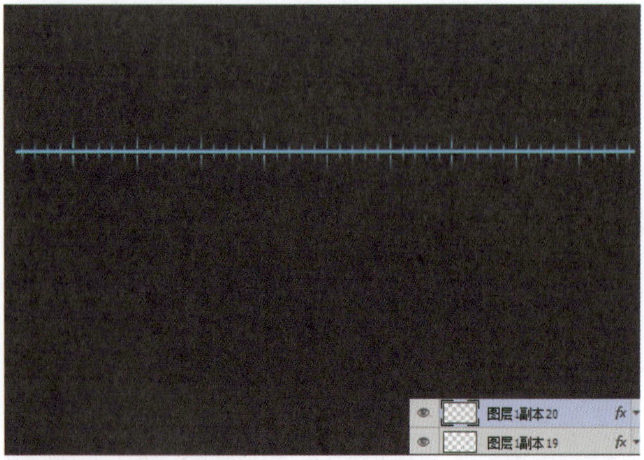

08 单击横排文字工具T，设置前景色为蓝色，输入所需文字，双击文字图层，在其属性栏中设置文字的字体样式及大小，将其放至于画面合适的位置。

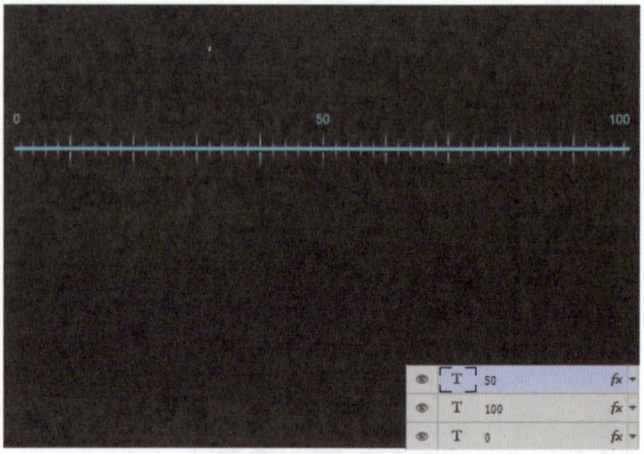

09 单击圆角矩形工具▢，在其属性栏中设置其“填充”为黑色，“描边”为无。在绘制的圆角矩形条上绘制圆角矩形黑色滑动条得到“圆角矩形2”，单击“添加图层样式”按钮fx.，选择“内阴影”选项并设置参数，选择“投影”选项并设置参数，制作图案样式。

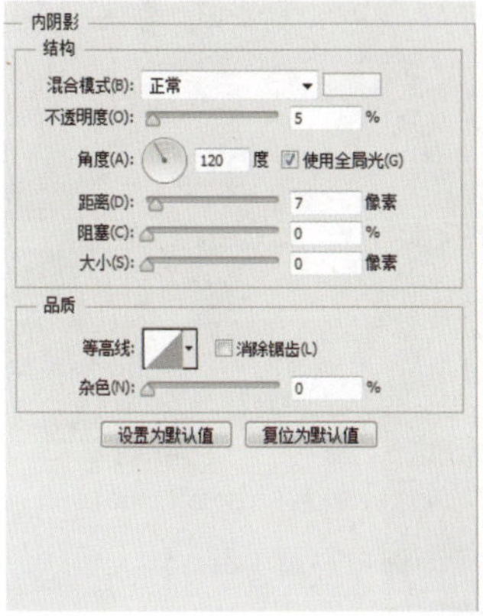

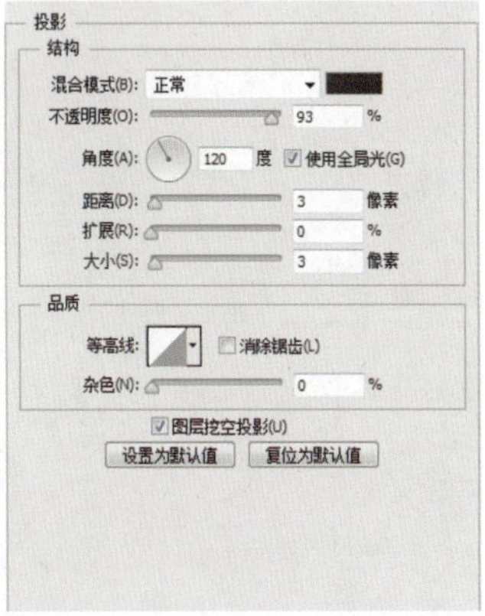

10 继续在“圆角矩形2”上，单击“添加图层样式”按钮fx.，选择“描边”选项并设置参数，制作图案样式。

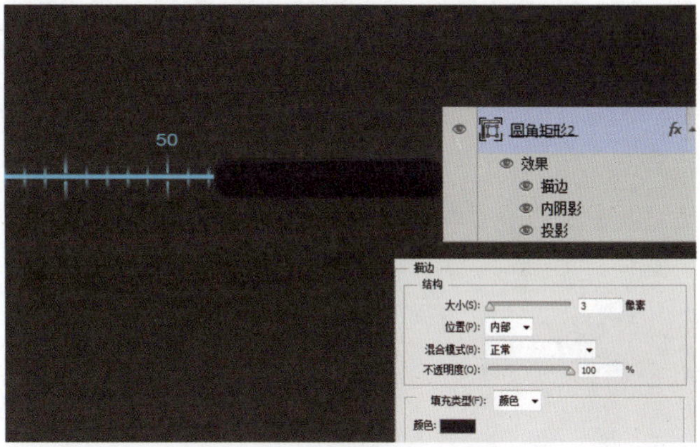

11 选择“圆角矩形2”，按快捷键Ctrl+J复制得到“圆角矩形2副本”，删除其图层样式，将其填充为白色，选择图层单击鼠标右键选择“栅格化图层”选项，并设置混合模式为“叠加”、“不透明度”为15%。

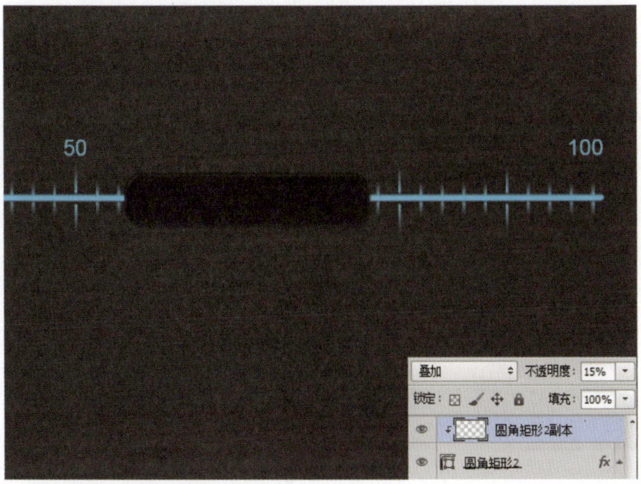

12 选择“圆角矩形2副本”，按快捷键Ctrl+J复制得到“圆角矩形2副本2”，单击“添加图层样式”按钮fx.，选择“颜色叠加”选项并设置参数，制作图案样式更改其“不透明度”为51%。制作滑动按钮上的光感。

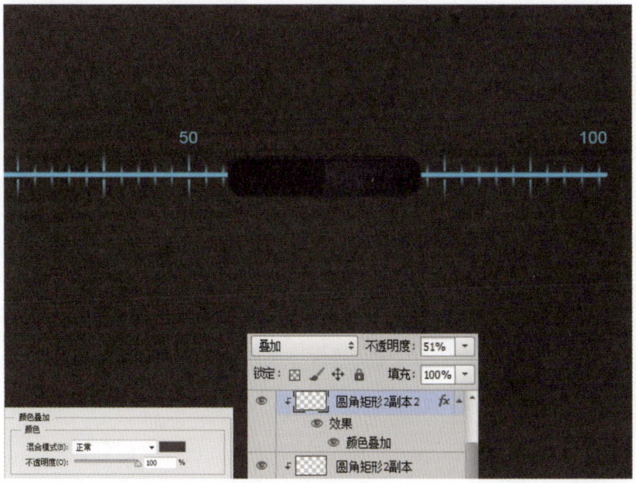

13 在“圆角矩形2“下方，新建“图层2”，设置前景色为黑色，单击画笔工具 选择柔角画笔并适当调整大小及透明度，在图层上按钮下方涂抹制作其阴影效果，并设置混合模式为“正片叠底”、“不透明度”为31%。

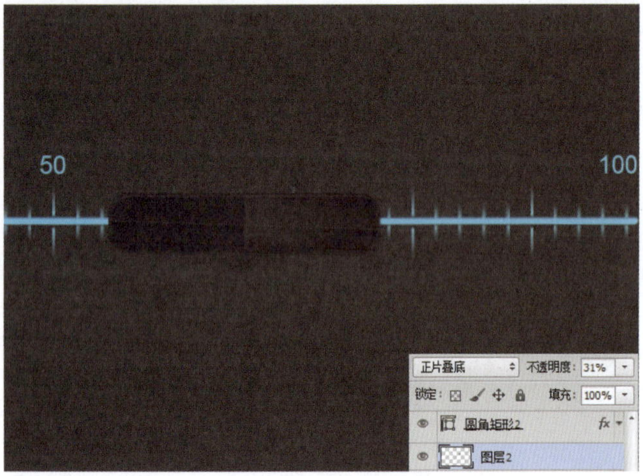

14 回到“圆角矩形2副本2”图层，使用矩形工具，在其属性栏中设置其“填充”为白色，“描边”为无，在其移动的按钮中间绘制竖条状矩形，并设置其“不透明度”为10%。并分别，按住Alt键并单击鼠标左键，创建其图层剪贴蒙版，将其移动的按钮制作完成。

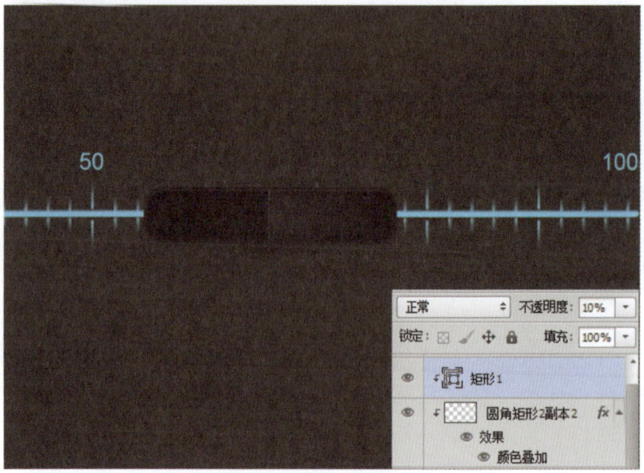

15 使用矩形工具在画面下方绘制长条矩形，得到“矩形1”，单击“添加图层样式”按钮，选择“颜色叠加”选项并设置参数，制作图案样式。

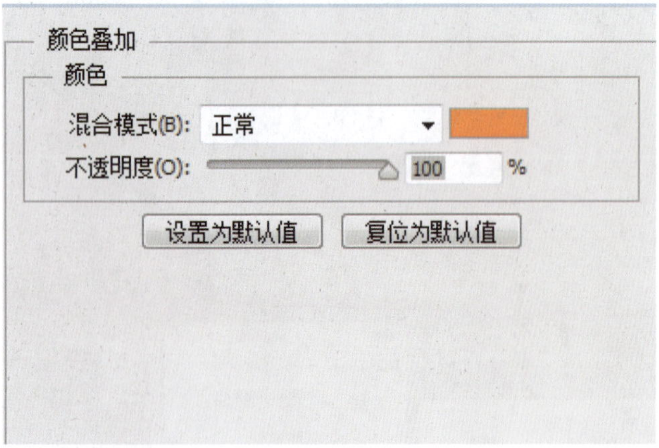

16 选择“矩形1”，单击“添加图层样式”按钮，选择“内阴影”选项并设置参数，制作图案样式。制作下面不同样式的滑动条。

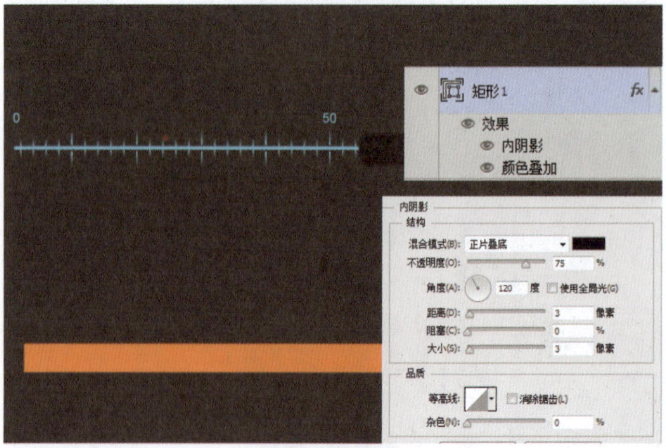

小编分享

添加了“内阴影”的层上方好像多出了一个透明的层，混合模式是正片叠底，不透明度75%。内阴影的很多选项和投影是一样的，这里只作简单的介绍。前面的投影效果可以理解为一个光源照射平面对象的效果，而“内阴影”则可以理解为光源照射球体的效果。

17 按住Shift键并选择“图层2”到“圆角矩形2副本3”，按快捷键Ctrl+J复制得到其副本，将其移至图层上方，使用移动工具，将其移至下面绘制的矩形条上。

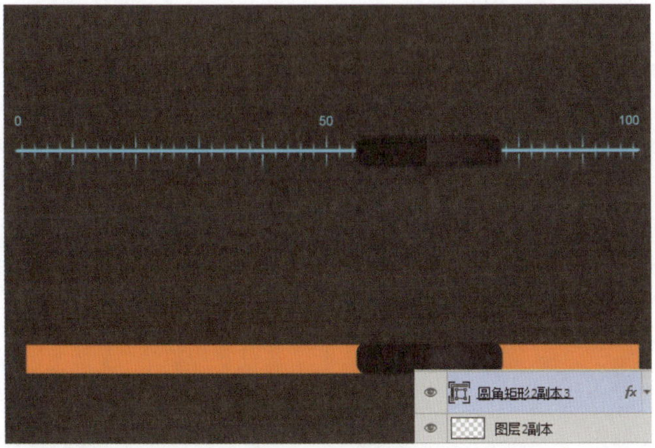

18 按住Shift键并选择“图层2副本”到“矩形1”，按快捷键Ctrl+J复制得到其副本，将其移至图层上方，使用移动工具，将其移至下面绘制的矩形条上。制作下面矩形条上的移动按钮。

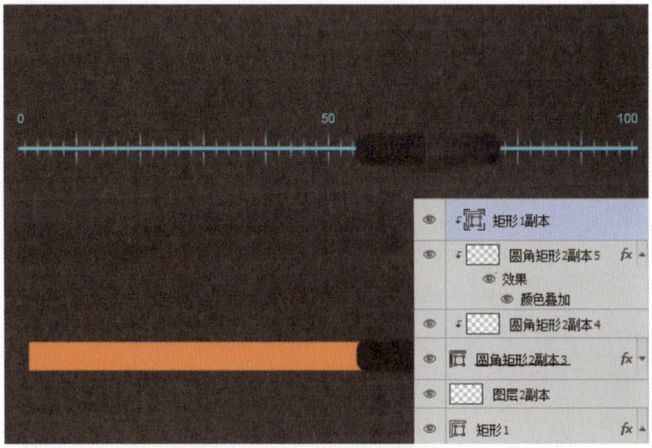

19 新建“图层3”，单击画笔工具，选择尖角笔刷，设置“大小”为7像素，设置前景色为橘色。然后单击钢笔工具在图像上绘制曲线路径，绘制完成后单击鼠标右键，在弹出的菜单中选择“描边路径”选项，弹出“描边路径”对话框，设置“工具”为“画笔”，单击“确定”按钮，为路径添加橘色描边，然后按快捷键Ctrl+H隐藏路径。

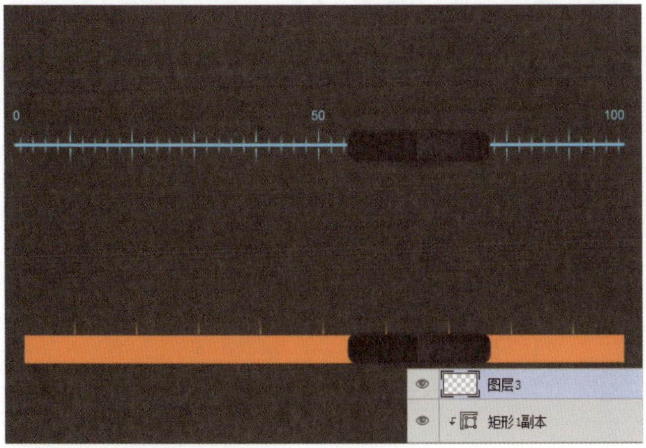

20 选择“图层3”，按快捷键Ctrl+J复制得到“图层3副本”，使用快捷键Ctrl+T变换图像方向，将其移至其反方向的矩形条下方，将下面的滑动条制作完成。至此，本实例制作完成。

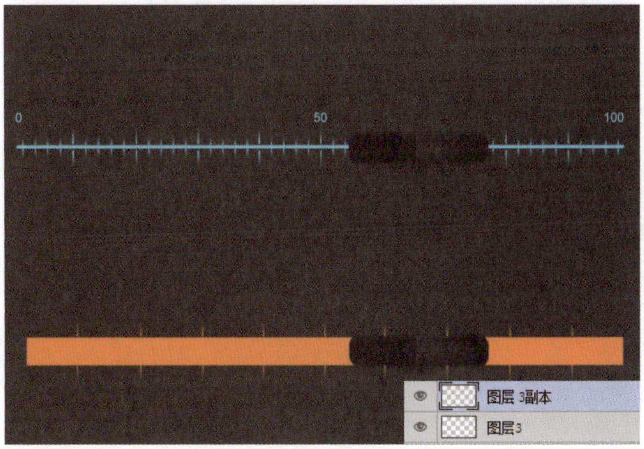

3.2.6 播放器

用 Photoshop 制作音乐播放器图标主要分为两部分，播放器和按钮的制作，制作过程中主要通过各个形状工具的绘制，使用高光突出播放器图标的质感。

使用矩形工具绘制移动 UI 播放器

01 执行“文件>新建”命令，在弹出的“新建”对话框中设置各项参数及选项，设置完成后单击“确定”按钮，新建空白图像文件。

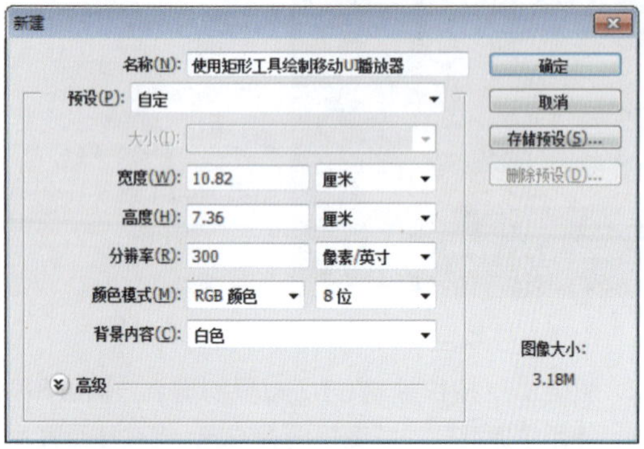

02 设置前景色为灰色（R110、G110、B110），按快捷键Alt+Delete，填充背景色为灰色。

03 使用矩形工具，在画面下方绘制播放器下方的矩形，得到“矩形1”。

04 选择“矩形1”，单击“添加图层样式”按钮，选择“描边”、“渐变叠加”选项并设置参数，制作图案样式。

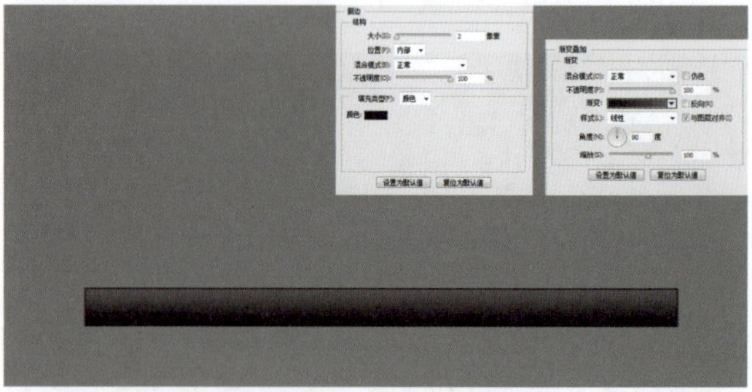

小编分享

图层样式的优势

图层样式是Photoshop中一个用于制作各种效果的强大功能，利用图层样式功能，可以简单快捷地制作出各种立体投影，各种质感以及光景效果的图像特效。与不用图层样式的传统操作方法相比较，图层样式具有速度更快、效果更精确，更强的可编辑性等无法比拟的优势。

05 使用单击钢笔工具，在其属性栏中设置其属性为“形状”，“填色”为白色，在绘制的矩形上绘制播放器的形状。单击圆角矩形工具，绘制其播放条，并制作其“投影”的图案样式。

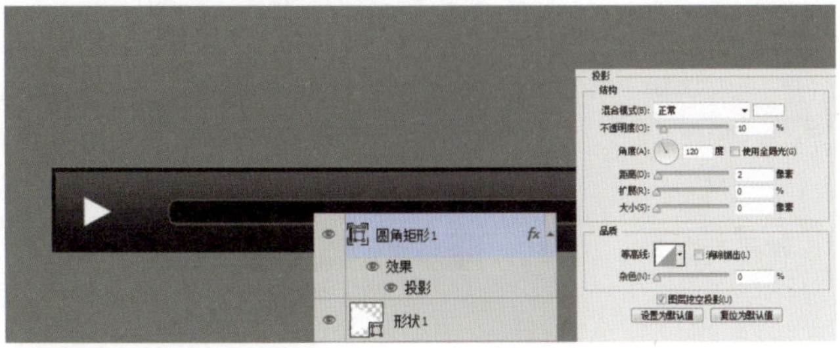

06 选择刚才绘制好的“圆角矩形1”，连续按快捷键Ctrl+J复制得到两层“圆角矩形1副本”，使用快捷键Ctrl+T变换其长度并选择“圆角矩形1副本”，更改其“投影”选项为“颜色叠加”并设置参数，制作图案样式。

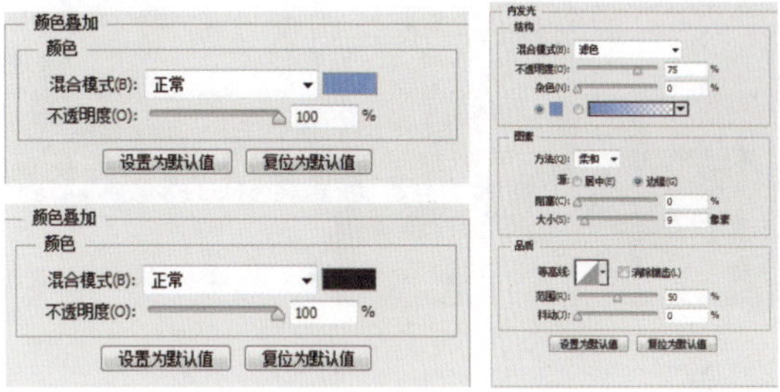

07 选择“圆角矩形1副本2”，更改其“投影”选项为“内发光”、“颜色叠加”并设置参数，制作图案样式。

08 继续使用圆角矩形工具，设置其颜色为灰色，绘制其播放条上的按钮。单击“添加图层样式”按钮，选择“描边”、“渐变叠加”，制作图案样式。

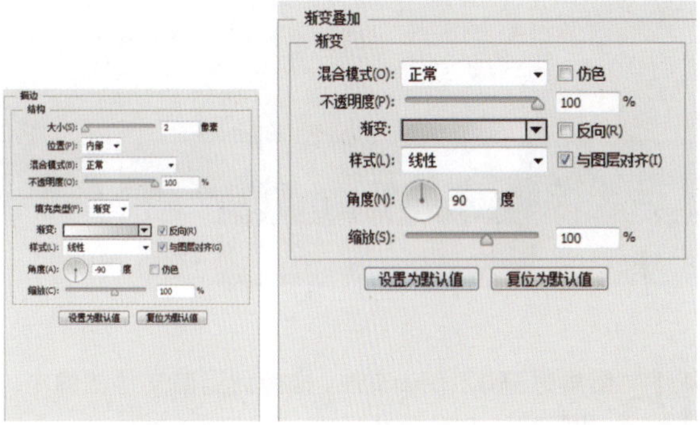

09 继续使用圆角矩形工具，设置其颜色为灰色，绘制其播放条上的按钮。单击“添加图层样式”按钮，选择“外发光”选项并设置参数，制作图案样式。

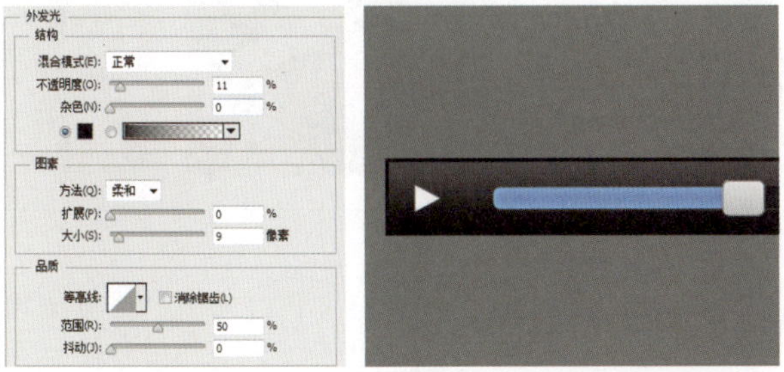

10 选择“圆角矩形2”，按快捷键Ctrl+J复制得到“圆角矩形2副本”，适当缩小，将其“外发光”图层样式删除。

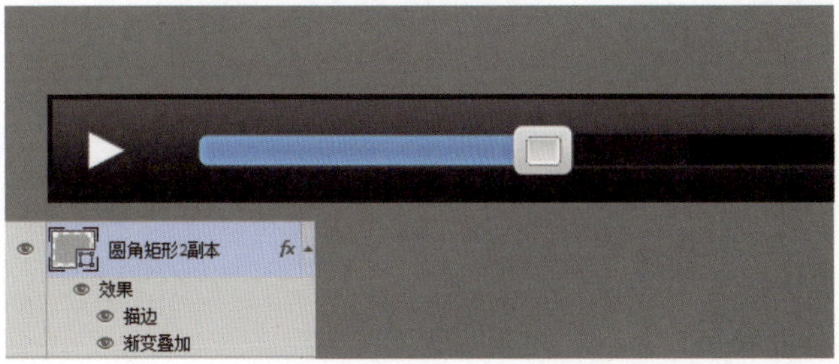

11 单击横排文字工具，设置前景色为白色，输入所需文字，使用快捷键Ctrl+T变换图像大小，并将其放至于画面合适的位置。

12 使用自定形状工具，绘制其播放器上的喇叭形状。继续使用圆角矩形工具，绘制声音大小条，并单击“添加图层样式”按钮，选择需要的选项制作样式。

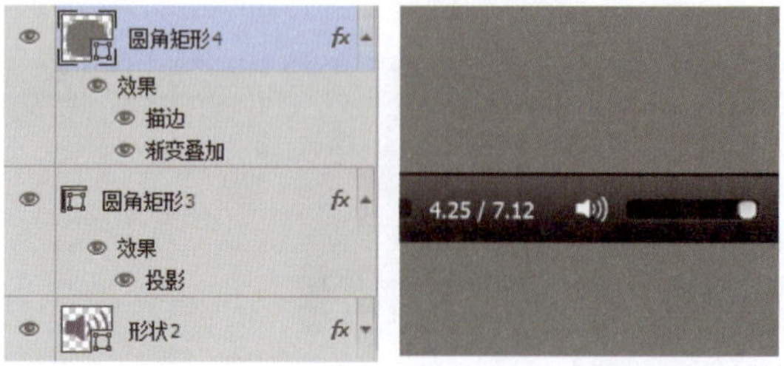

13 新建“图层1”，分别使用矩形选框工具和多边形套索工具，绘制播放器后方的元素，并将其填充为白色。

14 新建“图层2”， 使用矩形选框工具绘制播放器上的播放界面，并将其填充为白色。打开01.jpg文件。拖曳到当前文件图像中，生成“图层3”，创建其图层剪贴蒙版。

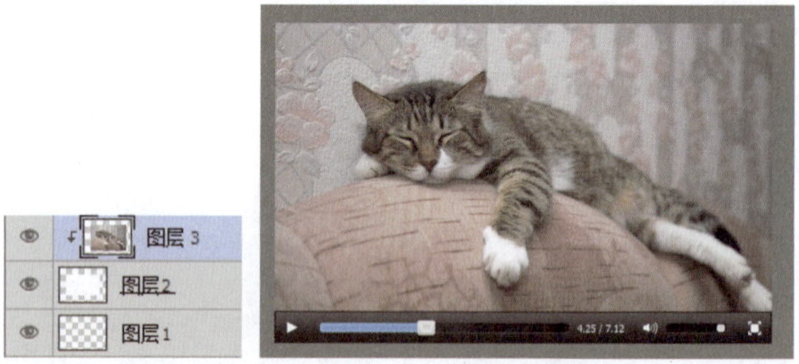

15 继续打开02.png文件。拖曳到当前文件图像中，生成“图层4”，制作播放样式。

16 单击自定形状工具，选择需要的形状制作播放器上的小图标。至此，本实例制作完成。

小编分享

自定义形状工具

自定义形状工具，以绘制出所需的正多边形。绘制时光标的起点为多边形的中心，而终点为多边形的一个顶点。使用自定义形状工具可以载入你所需要的图形绘制需要的形状。从而制作需要的画面图形效果。

3.3 图标的制作

图标的制作在移动 UI 界面设计中占有很主导的地位。图标是移动 UI 界面中不可或缺的一部份，下面将通过制作时间图标、相机图标、音乐图标、天气图标等一系列图标，为读者讲解移动 UI 界面设计中图标的应用与制作。

3.3.1 时间图标

使用 Photoshop 制作时间图标，通过各种形状工具的绘制并结合图层样式，制作出具有一定画面效果的时间图标。

使用 Photoshop 制作时间图标

01 执行“文件>新建”命令，在弹出的“新建”对话框中设置各项参数及选项，设置完成后单击“确定”按钮，新建空白图像文件。

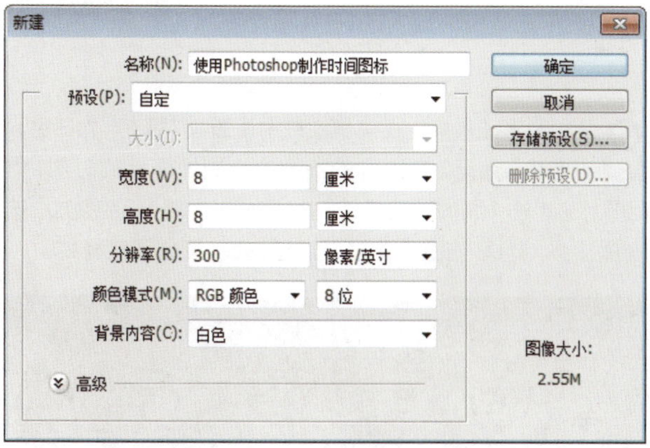

02 设置前景色为亮绿色（R204、G254、B153），按快捷键Alt+Delete，填充背景色为亮绿色。

03 使用椭圆工具，在其属性栏中设置其“填充”为黑色，“描边”为无，在画面中间绘制椭圆，得到“椭圆1”，单击“添加图层样式”按钮，选择“描边”选项并设置参数，制作图案样式。

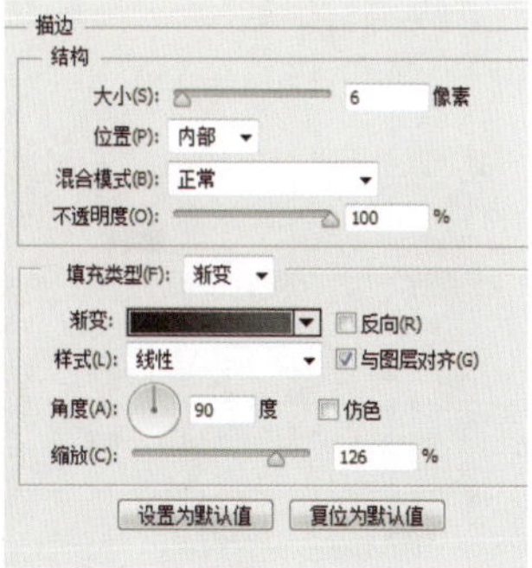

04 继续选择“椭圆1”，单击“添加图层样式”按钮，选择“渐变叠加”选项并设置参数，制作图案样式。制作时间图标的大体形状。

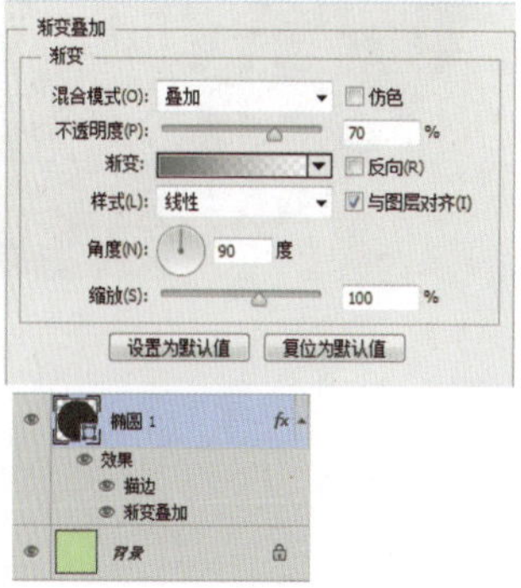

05 继续使用椭圆工具，在其属性栏中设置其“填充”为白色，“描边”为无。结合其形状属性栏的设置绘制，在其属性栏中选择其需要的形状。得到“椭圆2”。

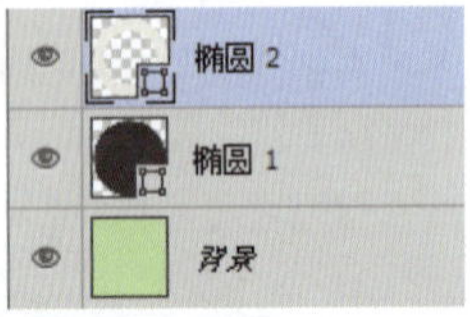

06 选择“椭圆2”，单击“添加图层样式”按钮，选择“描边”选项并设置参数，选择“内阴影”选项并设置参数，制作图案样式。制作时间图标的内部形状。

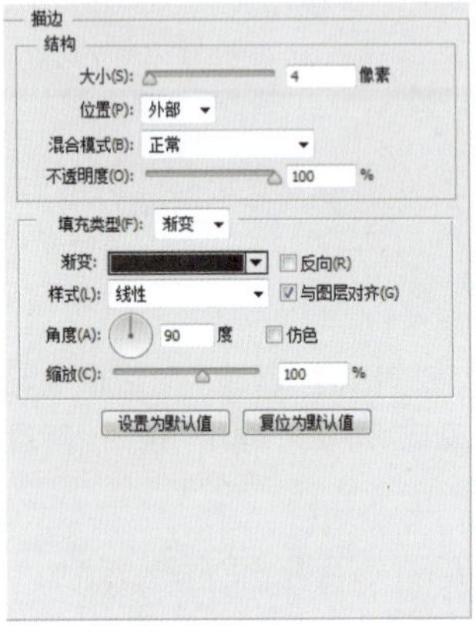

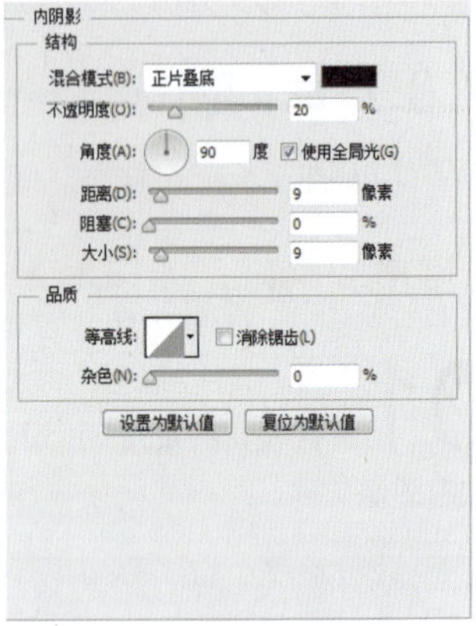

07 继续选择“椭圆2”，单击“添加图层样式”按钮，选择“渐变叠加”选项并设置参数，制作图案样式。制作时间图标的内部形状。

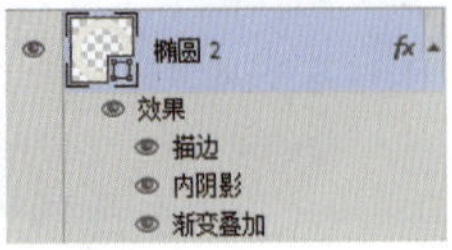

08 使用矩形工具，在其属性栏中设置其“填充”为白色，“描边”为无。在绘制的椭圆内绘制钟表上的时刻，得到“矩形1”，单击“添加图层样式”按钮，选择“渐变叠加”选项并设置参数，选择“投影”选项并设置参数，制作图案样式。

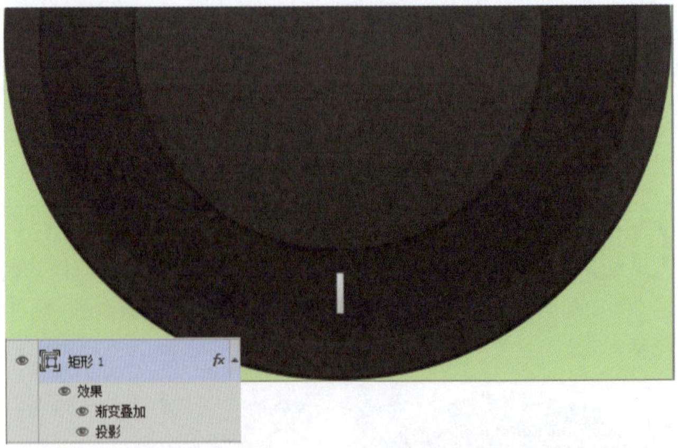

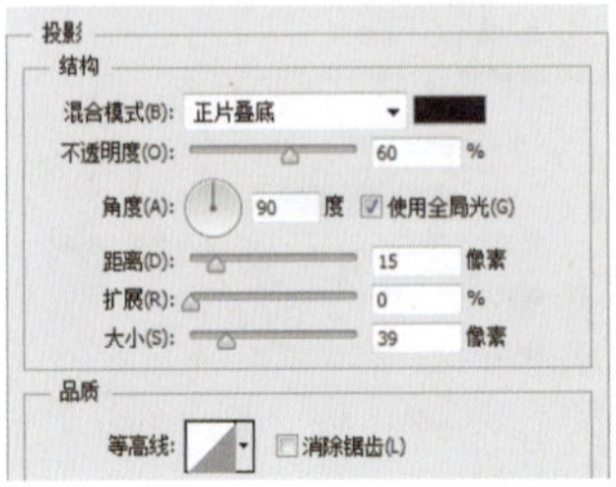

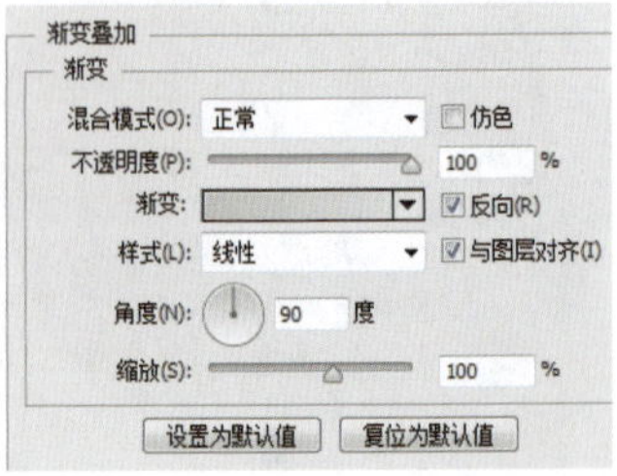

09 选择“矩形1”，连续按快捷键Ctrl+J复制得到“矩形1副本”，使用快捷键Ctrl+T变换图像方向，并将其放置于绘制的椭圆上方，将钟表图标上的时刻制作完整。

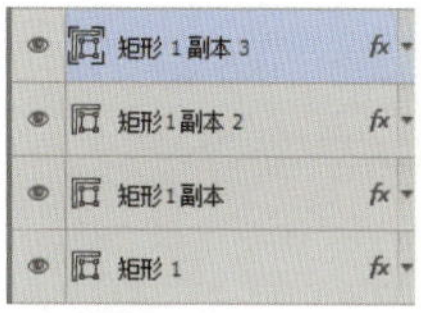

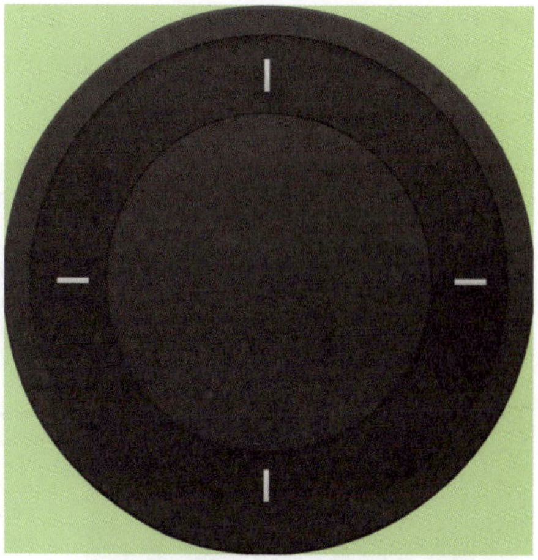

10 使用椭圆工具，在其属性栏中设置其“填充”为白色，“描边”为无。在绘制的钟表图标的中心绘制椭圆，并单击“添加图层样式”按钮，选择“投影”、“描边”、“渐变叠加”选项并设置参数，制作图案样式。

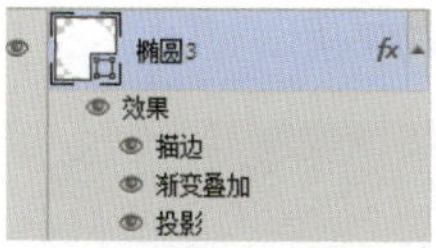

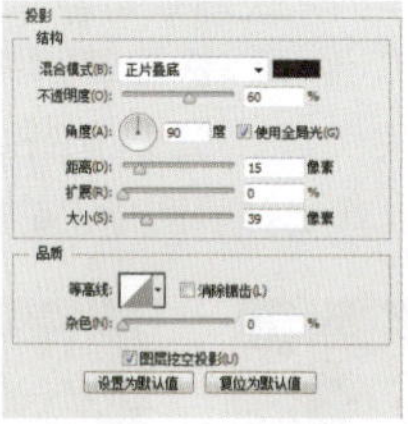

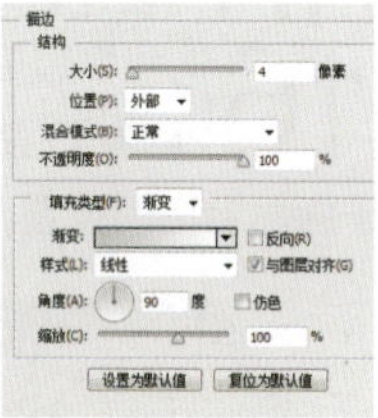

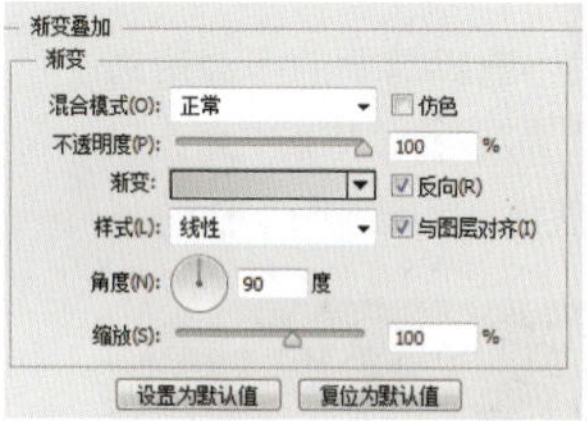

11 使用圆角矩形工具，在其属性栏中设置其“填充”为白色，“描边”为无。在绘制的钟表图标的中心绘制椭圆上绘制长条圆角矩形得到“圆角矩形1”，使用快捷键Ctrl+T变换图像的透视，制作出时针的造型。

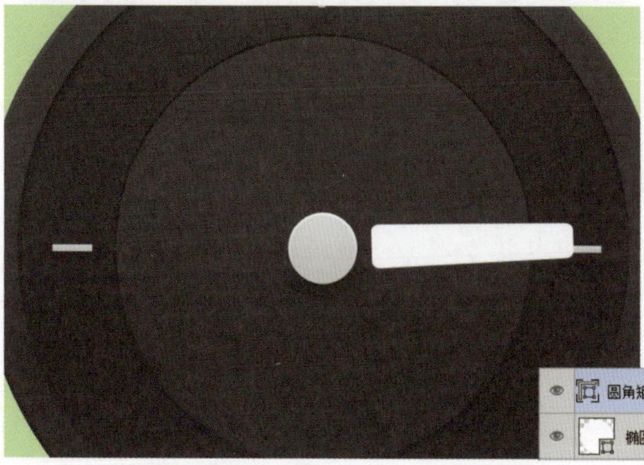

12 选择“圆角矩形1”，单击“添加图层样式”按钮，选择“描边”选项并设置参数，选择“投影”选项并设置参数，制作图案样式。

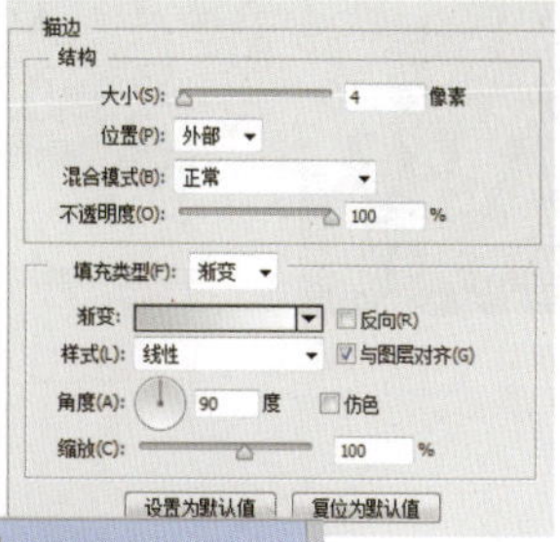

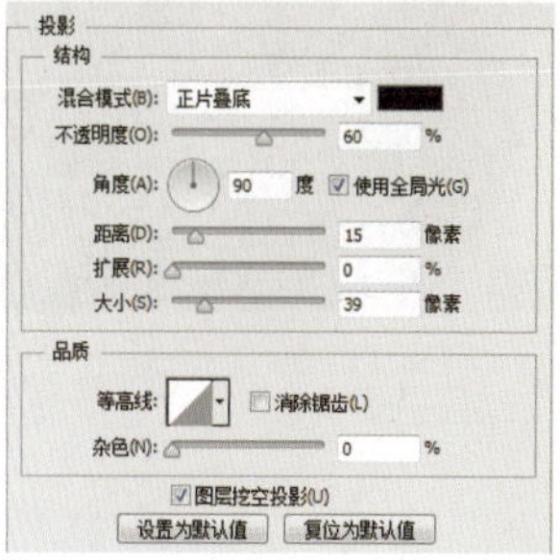

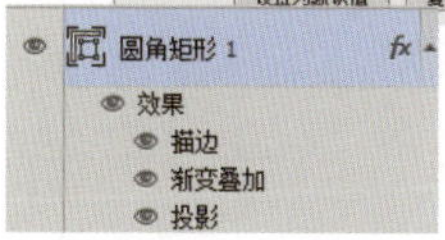

13 继续在制作的“圆角矩形1”，单击“添加图层样式”按钮 fx，选择“渐变叠加”选项并设置参数，制作图案样式。

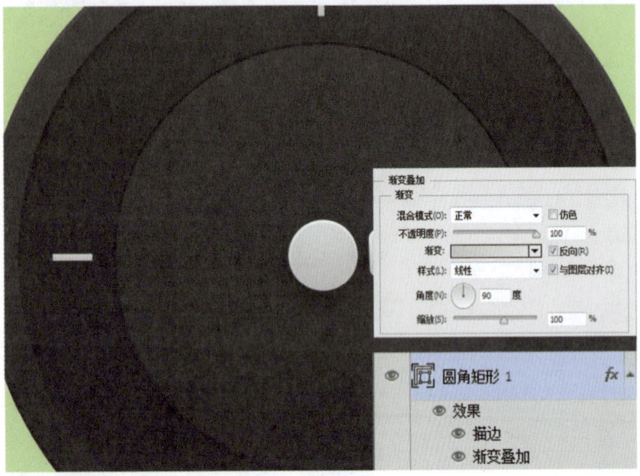

14 选择“圆角矩形1”，按快捷键Ctrl+J复制得到“圆角矩形1副本”， 使用快捷键Ctrl+T变换图像大小和方向，将其放置于画面合适的位置，制作时钟上的另一指针。

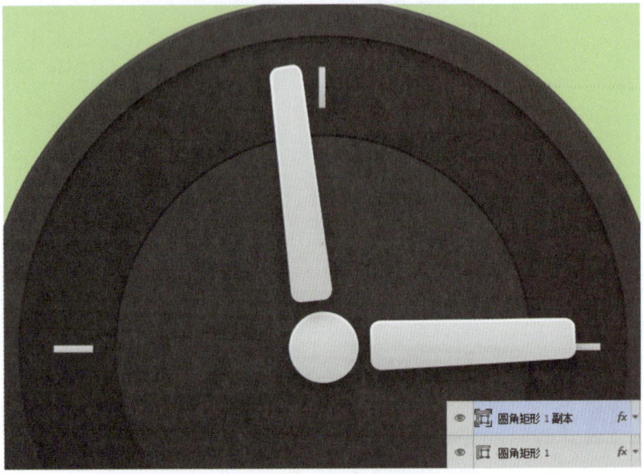

15 使用多边形工具，在其属性栏中选择需要的多边形边数，在其属性栏中设置其“填充”为灰色，“描边”为无。在绘制好的钟表图标上绘制多边形数字底色。得到“多边形1”。

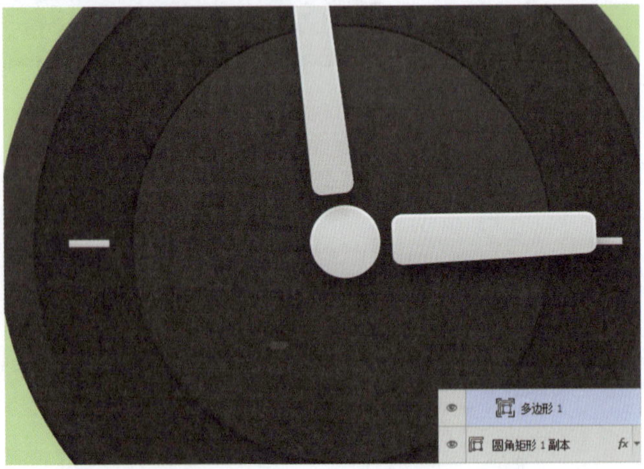

16 选择多边形1，连续按快捷键Ctrl+J复制得到多个“图层2副本”，使用快捷键Ctrl+T变换图像方向，并将其放至于画面合适的位置，制作出钟表图标上的数字底色。

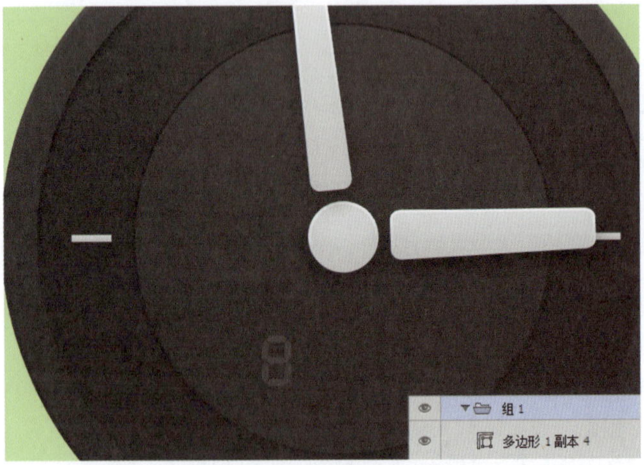

17 按住Shift键并选择“多边形1”到“多边形1副本4”， 按快捷键Ctrl+G新建“组1”。选择“组1”，连续按快捷键Ctrl+J复制得到多个“组1副本”，使用移动工具，将其依次向右轻移。制作出钟表图标上的数字底色。

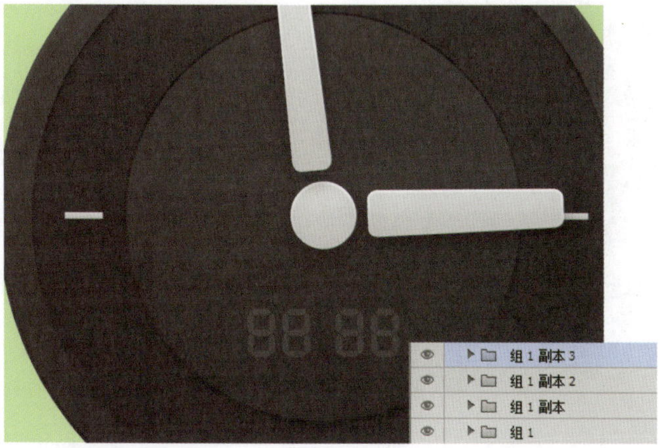

18 使用矩形工具，在其属性栏中设置其“填充”为灰色，“描边”为无，在制作出钟表图标上的数字底色中间绘制矩形，就像制作数字底色，得到“矩形1”，按快捷键Ctrl+J复制得到“矩形1副本”并将其移至画面合适的位置。将钟表图标上的数字底色制作完整。

19 按住Shift键并选择“组1”到“矩形1副本”， 按快捷键Ctrl+G新建“组2”。并将其重名名为“数字底色”， 单击“添加图层样式”按钮，选择“内阴影”选项并设置参数，制作图案样式。

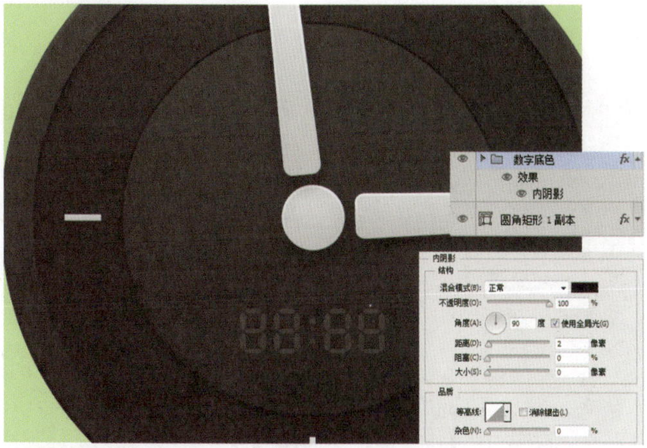

20 选择“组1”，按快捷键Ctrl+J复制得到“组1副本4”，将其展开，分别单击一些图层的“指示图层可见性”按钮，为后面制作钟表上的时间做准备，单击“添加图层样式”按钮，选择“内阴影”选项并设置参数，制作图案样式。

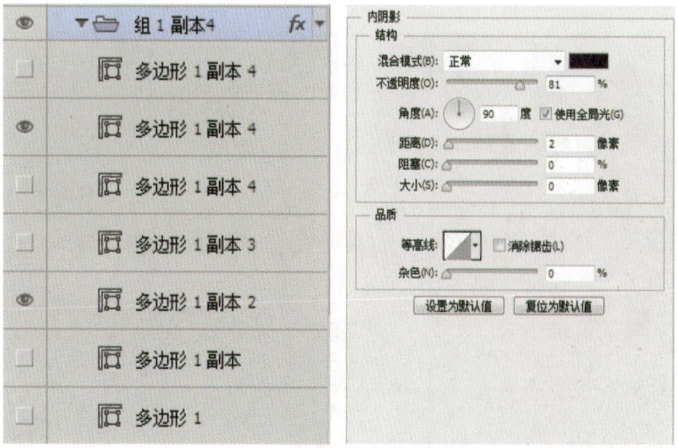

小编分享

内侧阴影的很多选项和投影是一样的，这里只做简单的介绍。前面的投影效果可以理解为一个光源照射平面对象的效果，而“内侧阴影”则可以理解为光源照射球体的效果。

21 继续在“组1副本4”上，单击“添加图层样式”按钮 fx.，选择“颜色叠加”选项并设置参数，选择“外发光”选项并设置参数，制作图案样式。

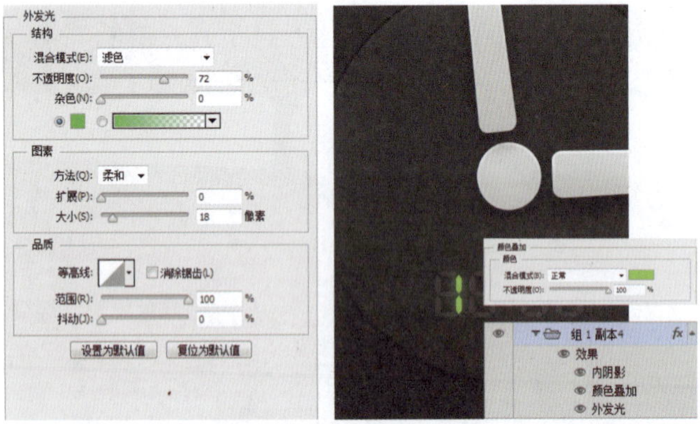

22 选择“组1”，按快捷键Ctrl+J复制得到“组1副本5”，将其移至图层上方，单击“添加图层样式”按钮 fx.，选择“内阴影”选项并设置参数，制选择“颜色叠加”选项并设置参数，选择“外发光”选项并设置参数，作图案样式。制作钟表图标上的数字时间。

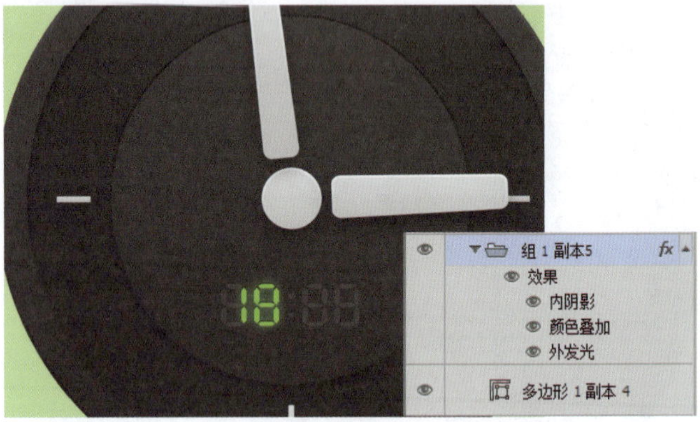

23 继续选择“组1”，按快捷键Ctrl+J复制得到“组1副本6”和“组1副本7”， 将其移至图层上方，分别单击一些图层的“指示图层可见性”按钮，为后面制作钟表上的时间做准备，单击“添加图层样式”按钮 fx.，选择“内阴影”、“颜色叠加”、“ 外发光”选项并设置参数，制作图案样式。制作钟表图标上的数字时间。

24 选择“矩形1”和“矩形1副本”，按快捷键Ctrl+J复制得到“矩形1副本2”和“矩形1副本3”，并分别单击“添加图层样式”按钮 fx.，选择“内阴影”、“颜色叠加”、“ 外发光”选项并设置参数，制作图案样式。将钟表图标上的数字时间发光样式制作完整。至此，本实例制作完整。

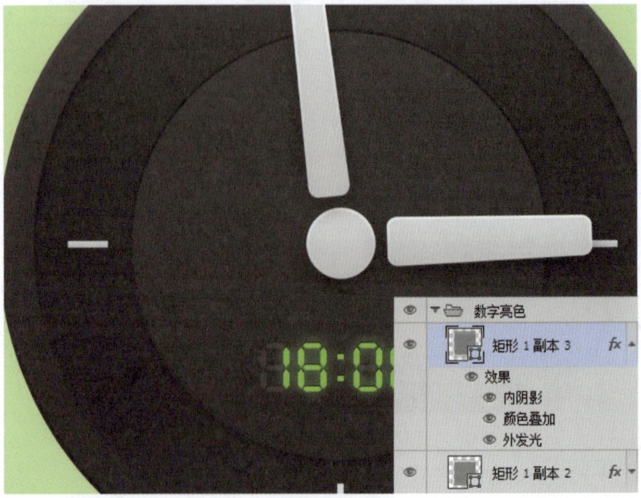

3.3.2 相机图标

使用 Photoshop 制作相机图标，下面小编制作的相机图标案例是具有扁平化的相机图标主要是利用各种形状工具，绘制相机图标并结合各种图层样式将相机图标制作完整

使用 Photoshop 制作相机图标

01 执行“文件>新建”命令，在弹出的“新建”对话框中设置各项参数及选项，设置完成后单击“确定”按钮，新建空白图像文件。

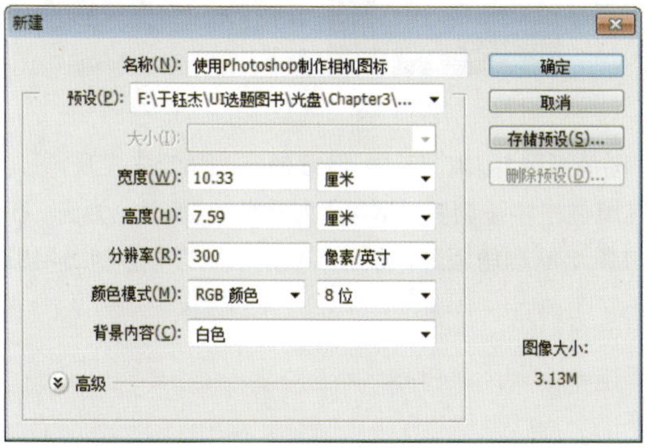

02 设置前景色为深紫色（R58、G35、B65），按快捷键Alt+Delete，填充背景色为深紫色。

03 单击圆角矩形工具，在画面中间绘制相机图标的大体形状得到“圆角矩形1”，单击“添加图层样式”按钮，选择“投影”选项并设置参数，制作图案样式。在其“图层”面板上设置其“填充”为0%。

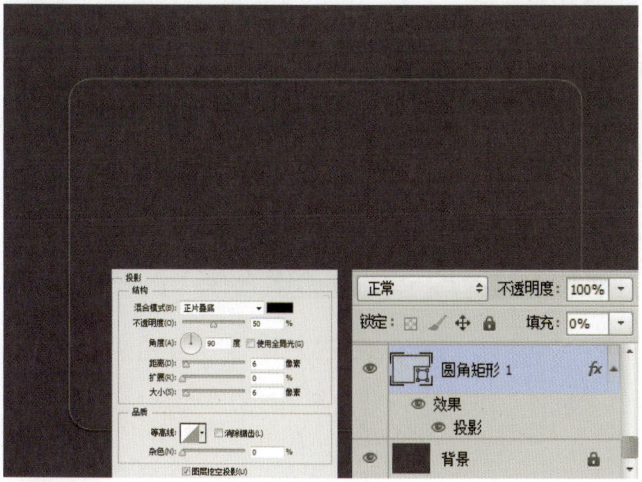

04 选择“圆角矩形1”，按快捷键Ctrl+J复制得到“圆角矩形1副本”，更改其“填充”为淡蓝色，结合矩形工具，结合其形状属性栏的设置绘制，在其属性栏中选择其需要的形状制作相机图标的背景图案颜色划分。

05 选择“圆角矩形1副本”，单击“添加图层样式”按钮，选择“描边”选项并设置参数，选择“内阴影”选项并设置参数，制作图案样式。

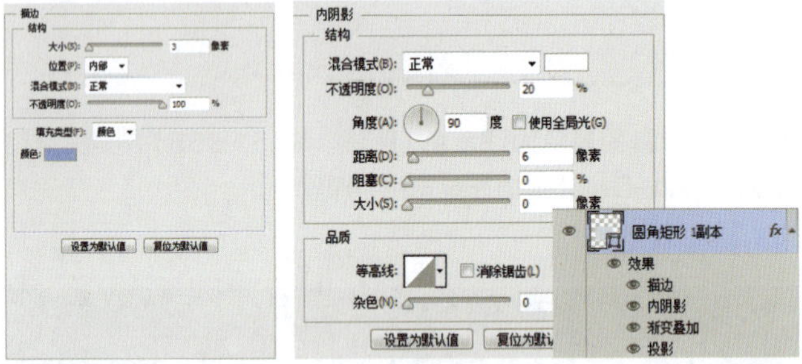

06 继续选择“圆角矩形1副本”，单击“添加图层样式”按钮，选择“投影”选项并设置参数，选择“渐变叠加”选项并设置参数，制作图案样式。

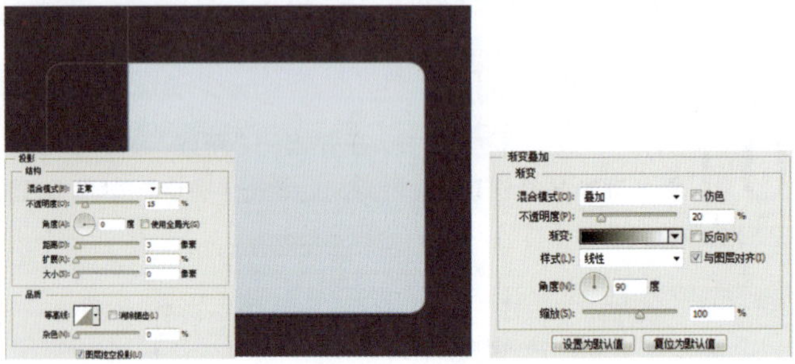

07 再次选择“圆角矩形1”，按快捷键Ctrl+J复制得到“圆角矩形1副本2”，将其移至图层上方，更改其“填充”为深黄色到黄色的线性渐变，结合矩形工具，结合其形状属性栏的设置绘制，在其属性栏中选择其需要的形状制作相机图标的背景图案颜色划分。单击“添加图层样式”按钮，选择“描边”、“内阴影”、“渐变叠加”选项并设置参数，制作图案样式。

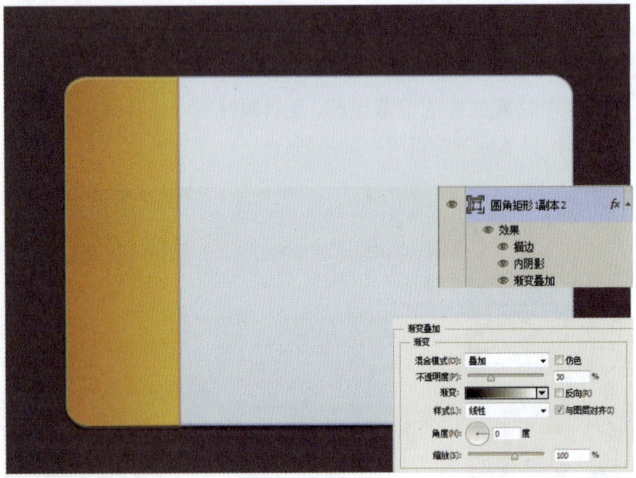

08 在“圆角矩形1副本”下方，继续使用圆角矩形工具，在其属性栏中设置其“填充”为黄色，“描边”为无，在其后适当的位置绘制圆角矩形，得到“圆角矩形2”，绘制出相机的大体形状。

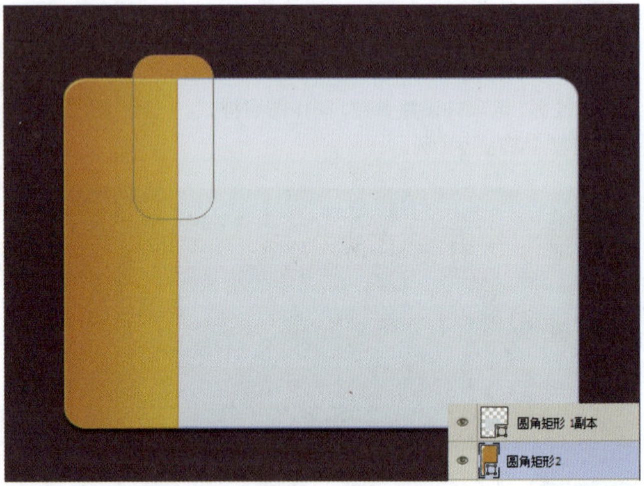

09 选择“圆角矩形2”，单击“添加图层样式”按钮 fx，选择“渐变叠加”选项并设置参数，选择“内阴影”选项并设置参数，制作图案样式。

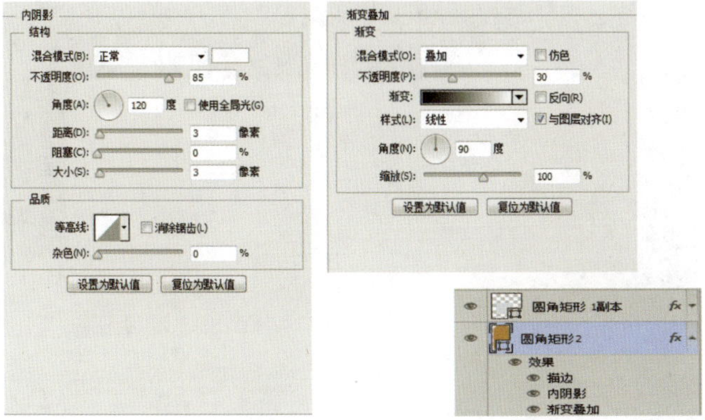

10 继续选择“圆角矩形1副本”，单击“添加图层样式”按钮 fx，选择“描边”选项并设置参数，并设置参数，制作图案样式。

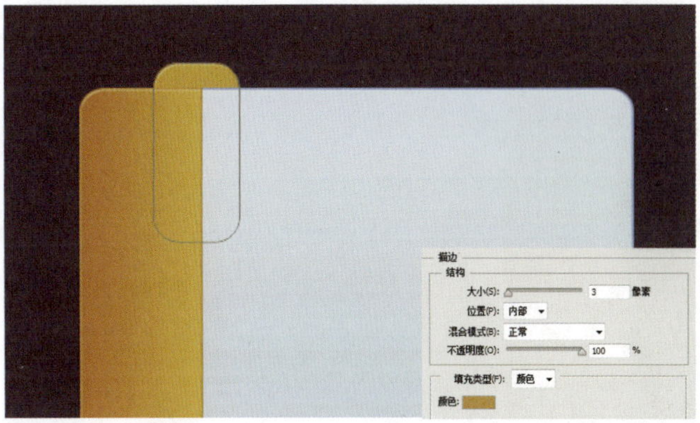

11 回到“圆角矩形1副本2”图层，继续使用圆角矩形工具，在其属性栏中设置其“填充”为紫色，“描边”为无。在画面上绘制的相机底图上绘制圆角矩形制作相机图标上的小物件图标，得到“圆角矩形3”。

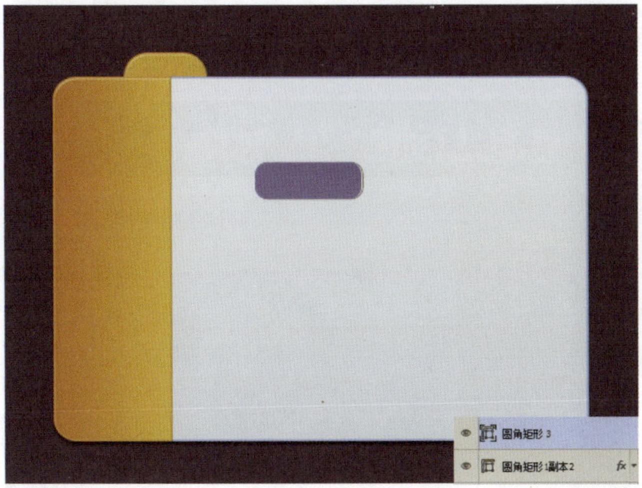

12 使用椭圆工具，在其属性栏中设置其“填充”为淡紫色，“描边”为无。在画面上绘制好的相机图标上绘制椭圆得到“椭圆1”，单击“添加图层样式”按钮 fx，选择“投影”选项并设置参数，选择“内阴影”选项并设置参数，制作图案样式。

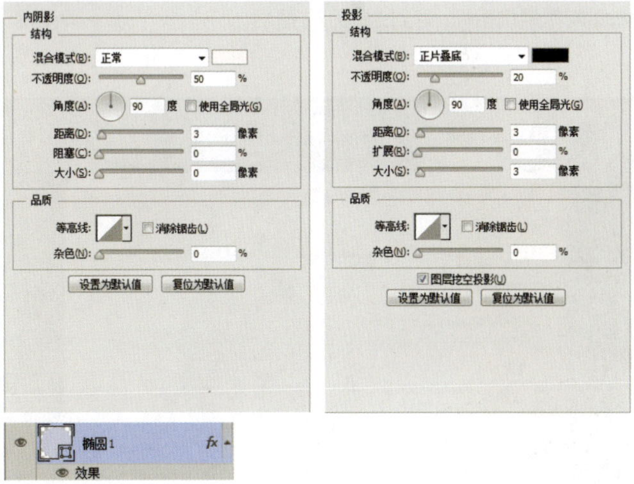

小编分享

路径描边

新建图层，单击画笔工具，选择尖角笔刷，设置“大小”，设置前景色。然后单击钢笔工具在图像上绘制曲线路径，绘制完成后单击鼠标右键，在弹出的菜单中选择“描边路径”选项，弹出“描边路径”对话框，设置“工具”为“画笔”，单击“确定”按钮，为路径添加描边，然后按快捷键Ctrl+H隐藏路径。

13 继续在“椭圆1”图层上，单击“添加图层样式”按钮 fx，选择“渐变叠加”选项并设置参数，制作图案样式。

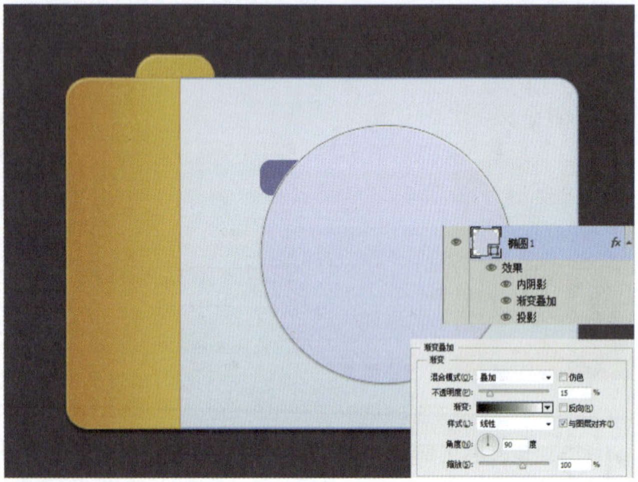

14 选择“椭圆1”，按快捷键Ctrl+J复制得到“椭圆1副本”，将其图层样式删除，单击“添加图层样式”按钮 fx，选择“内发光”选项并设置参数，制作图案样式。

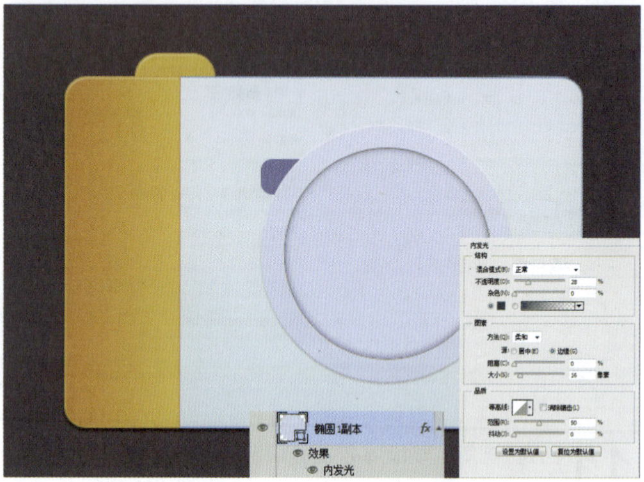

15 使用椭圆工具，在其属性栏中设置其“填充”为紫色，“描边”为无。在绘制好的椭圆上继续绘制适当大小的椭圆制作相机图标，得到“椭圆2”图层。

16 选择“椭圆1”，按快捷键Ctrl+J复制得到“椭圆1副本2”，将其移至图层上方，将其图层样式删除，单击“添加图层样式”按钮 fx，选择“内发光”选项并设置参数，制作图案样式。

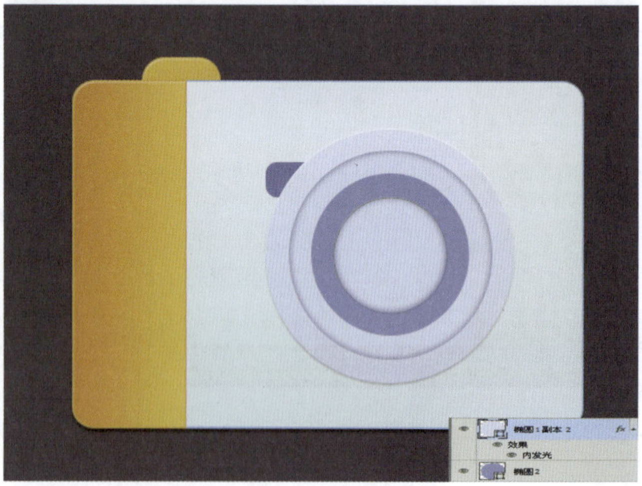

17 继续使用椭圆工具，在其属性栏中设置其“填充”为深紫色，“描边”为无。在绘制好的椭圆上继续绘制适当大小的椭圆制作相机图标，得到“椭圆3”图层。

18 选择“椭圆3”，单击“添加图层样式”按钮，选择“渐变叠加”选项并设置参数，制作图案样式。

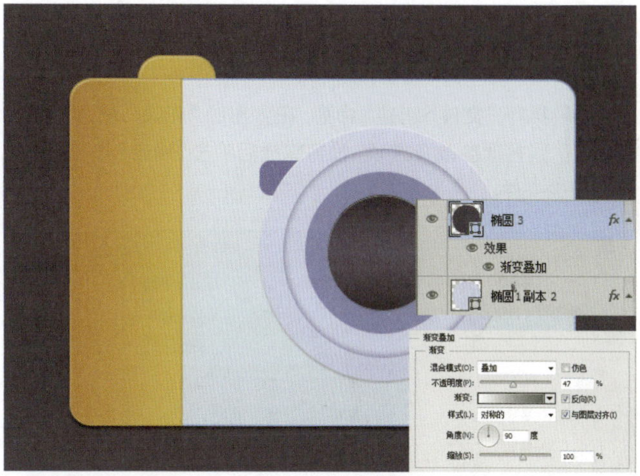

19 继续使用椭圆工具，在其属性栏中设置其“填充”为白色，“描边”为无。在绘制好的椭圆上继续绘制适当大小的椭圆制作相机图标，得到“椭圆4”。

20 选择“椭圆4”，按快捷键Ctrl+J复制得到“椭圆4副本”，使用移动工具，将其移至画面中相机图标上合适的位置。并设置其“不透明度”为53%。

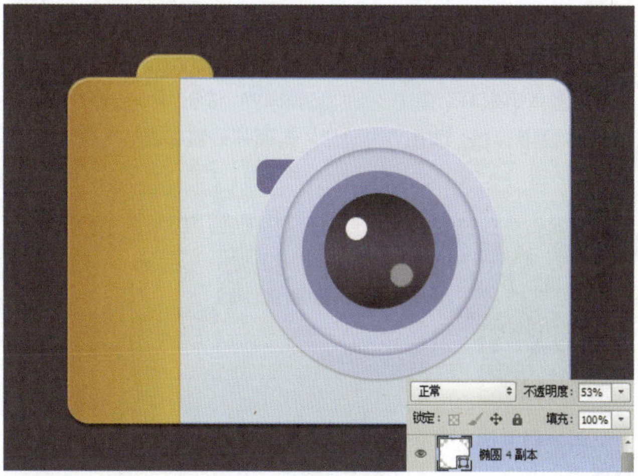

3.3.3 音乐图标

使用 Photoshop 制作时间图标。

使用 Photoshop 制作音乐图标

01 执行“文件>新建”命令，在弹出的“新建”对话框中设置各项参数及选项，设置完成后单击“确定”按钮，新建空白图像文件。

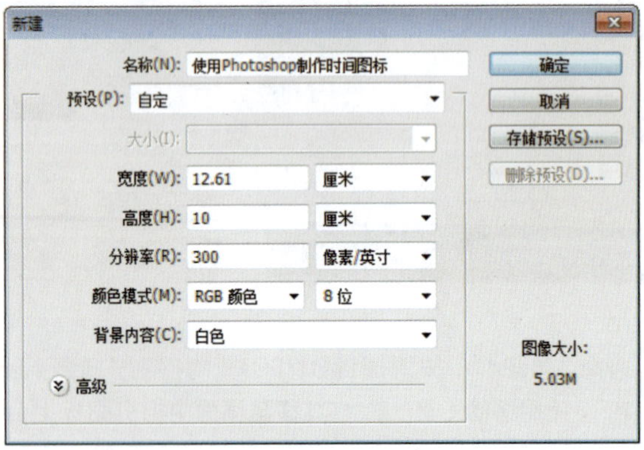

02 设置前景色为深蓝色（R51、G51、B102），按快捷键Alt+Delete，填充背景色为深蓝色。

03 单击圆角矩形工具，在其属性栏中设置其“填充”为亮灰色，“描边”为无，在画面中间绘制音乐图标的外形得到“圆角矩形1”，单击“添加图层样式”按钮，选择“描边”选项并设置参数，选择“内阴影”选项并设置参数，制作图案样式。

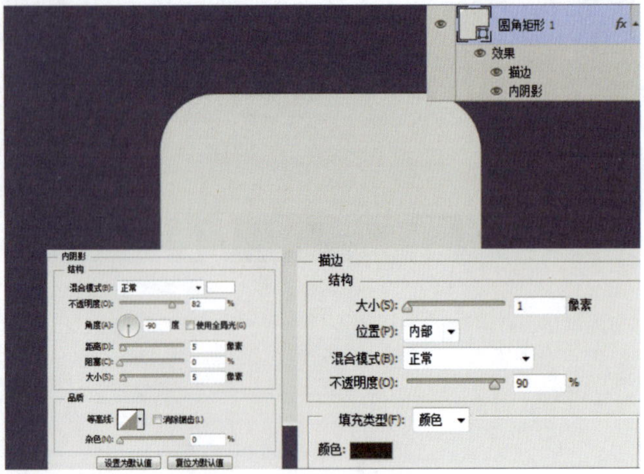

04 选择“圆角矩形1”，按快捷键Ctrl+J复制得到“圆角矩形1副本”，将其“描边”样式删除，单击“添加图层样式”按钮，选择“渐变叠加”选项并设置参数，制作图案样式。并使用矩形工具，结合其形状属性栏的设置绘制，在其属性栏中选择其需要的形状。

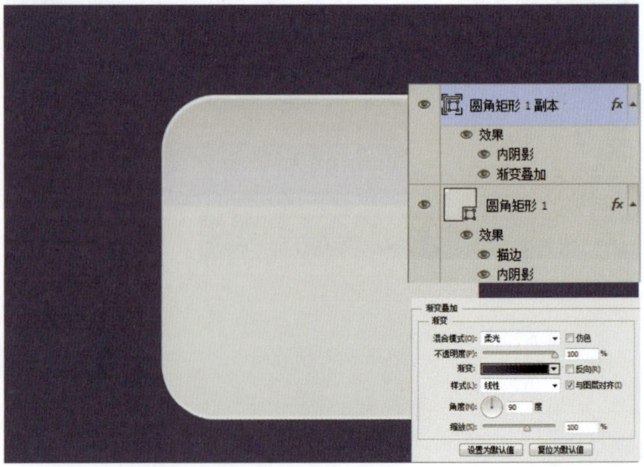

05 在“圆角矩形1”下方，新建“图层1”，设置前景色为黑色，单击画笔工具 选择柔角画笔并适当调整大小及透明度，在图层上绘制的“圆角矩形1”下方适当涂抹，执行“滤镜>模糊>动感模糊”命令，并在弹出的对话框中设置参数，制作其阴影效果。

06 回到“圆角矩形1副本”图层，使用椭圆工具 ，在其属性栏中设置其“填充”为黑色，“描边”为无，在绘制的圆角矩形上方绘制一定大小的椭圆，得到“椭圆1”， 单击“添加图层样式”按钮 ，选择“内阴影”选项并设置参数，选择“内发光”选项并设置参数，制作图案样式。

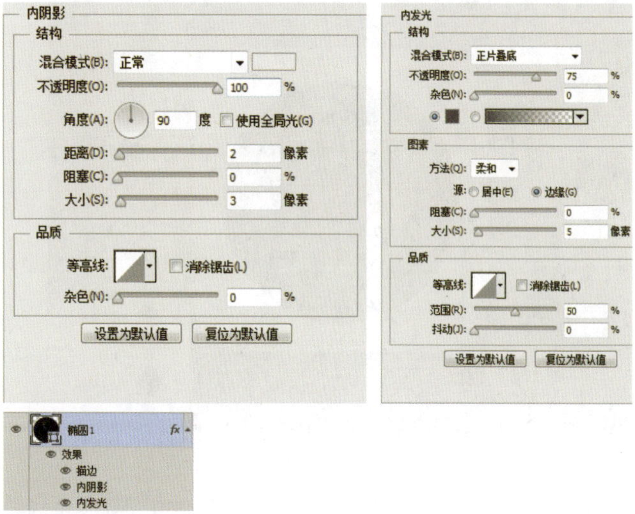

07 继续在“椭圆1”上，单击“添加图层样式”按钮 ，选择“描边”选项并设置参数，制作图案样式。

08 选择“椭圆1”，按快捷键Ctrl+J复制得到“椭圆1副本”，删除其图层样式，并单击“添加图层样式”按钮 ，选择“外发光管”选项并设置参数，制作图案样式。

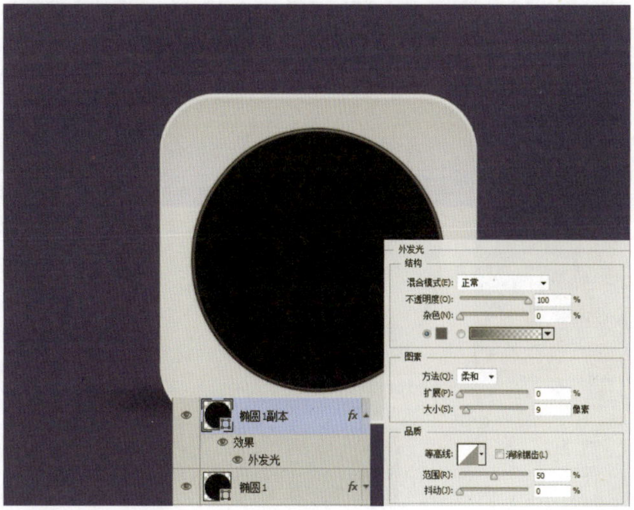

09 选择“椭圆1副本”，连续两次按快捷键Ctrl+J复制得到“椭圆1副本2”和“椭圆1副本3”， 依次选择图层使用快捷键Ctrl+T变换图像大小，制作其音乐播放器图标的层次感。

10 新建“图层2”，按住Ctrl键并单击鼠标左键选择“椭圆1副本3”，得到椭圆1副本3的选区，使用渐变工具，设置渐变颜色为白色到透明色的线性渐变，在其选择的选区内适当地拖出需要的渐变。然后按快捷键Ctrl+D取消选区。

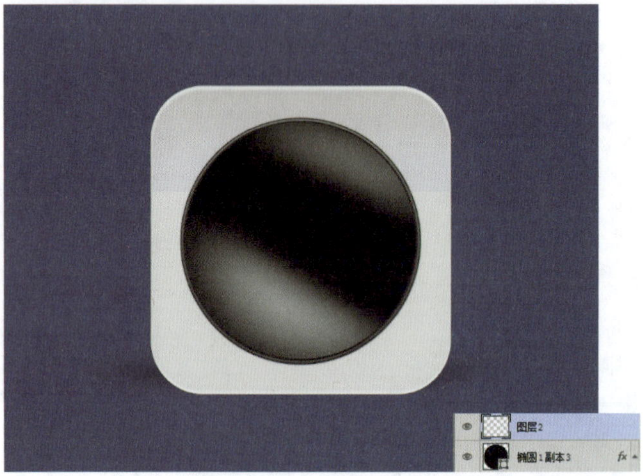

11 执行“文件>打开”命令，打开“纹理.png”文件。拖曳到当前文件图像中，生成“图层3”， 按住Ctrl键并单击鼠标左键选择“椭圆1副本3”，得到椭圆1副本3的选区，按快捷键Shift+Ctrl+I反选选中的选区，按快捷键Delete键将其不需要的部分删除，并设置“不透明度”为75%，制作其播放器上的纹样式。

12 单击钢笔工具，在其属性栏中设置其属性为“形状”，“填色”为灰色。在绘制好的大体图形上方绘制其播放样式，得到“形状1”， 单击“添加图层样式”按钮，选择“描边”选项并设置参数，选择“渐变叠加”选项并设置参数，制作图案样式。制作出其形状图案效果。

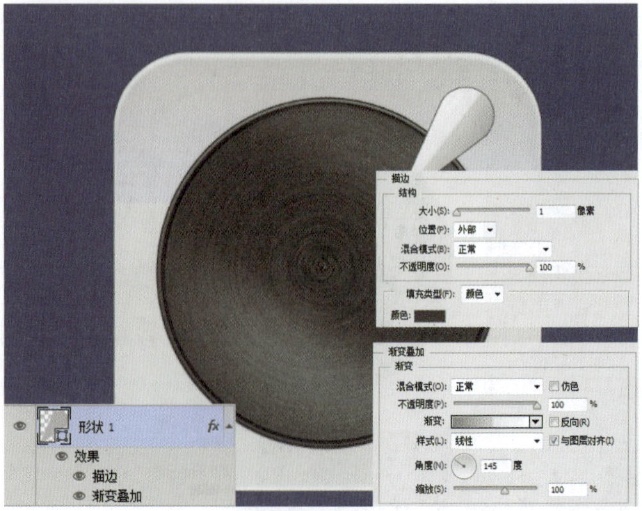

13 在其“形状1”下方，新建“图层4”，设置前景色为黑色，单击画笔工具 选择柔角画笔并适当调整大小及透明度在其“形状1”下方涂抹，制作其阴影效果。

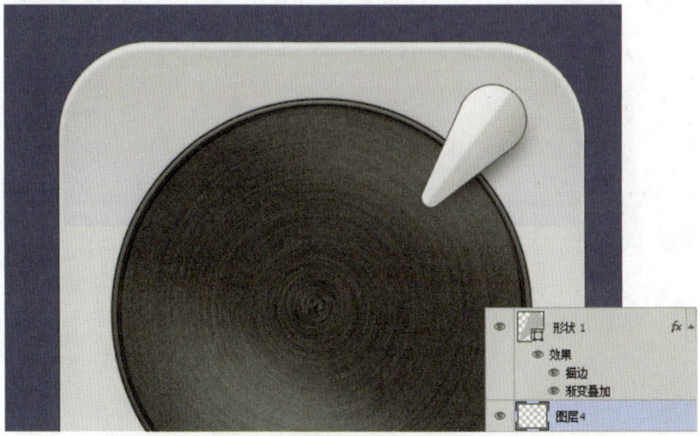

14 回到“形状1”图层，使用椭圆工具，在其属性栏中设置其“填充”为黑色，“描边”为无，在绘制的“形状1”上绘制椭圆得到“椭圆2”，单击“添加图层样式”按钮，选择“内阴影”、“投影”选项并设置参数，制作图案样式。

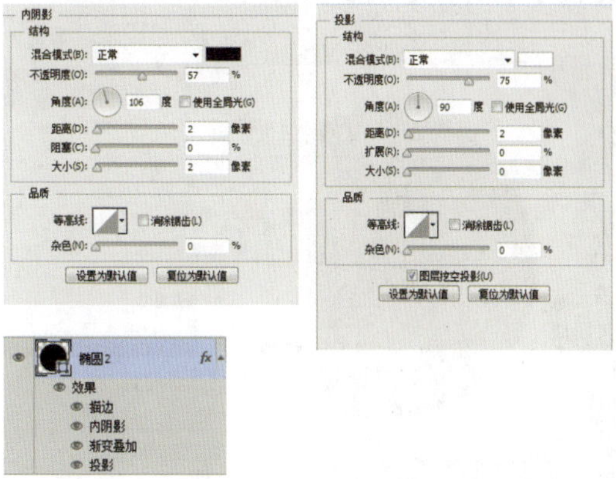

15 继续在“椭圆2”上单击“添加图层样式”按钮，选择“渐变叠加”选项并设置参数，选择“描边”选项并设置参数，制作图案样式。

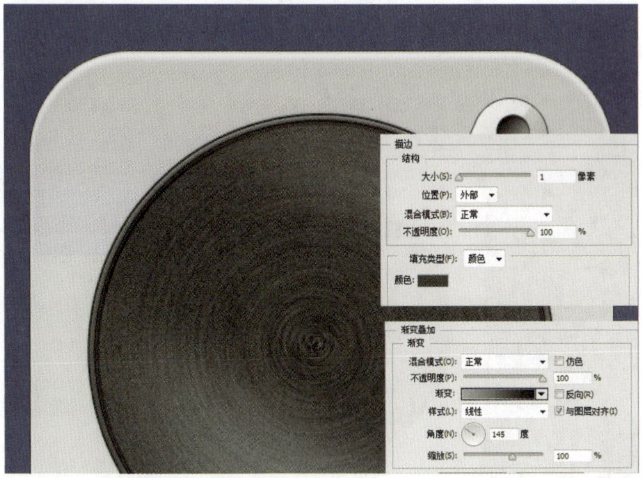

16 使用椭圆工具，在其属性栏中设置其“填充”为黄色，“描边”为无，在绘制的音乐图标上绘制椭圆得到“椭圆3”，单击“添加图层样式”按钮，选择“描边”选项并设置参数，选择“投影”选项并设置参数，制作图案样式。

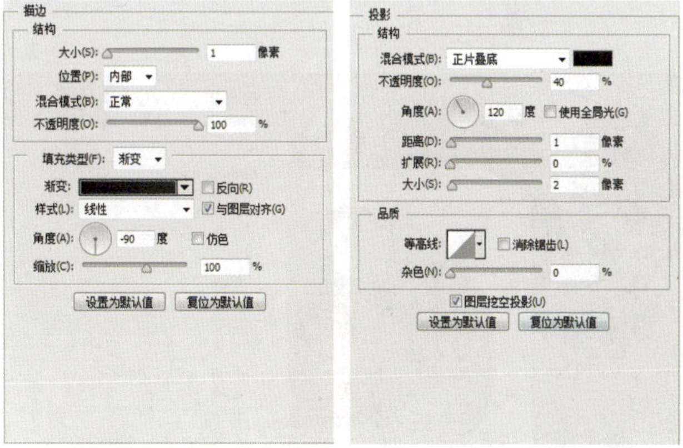

小编分享

任何物体背光部分皆会产生投影，在一个较光亮的面上还会折射出物体的倒影，比如水面、玻璃桌面、大理石地面等。给物体做上阴影会显得更加真实有立体感。

17 继续在“椭圆3”上单击“添加图层样式”按钮[fx]，选择“渐变叠加”选项并设置参数，制作图案样式。并设置混合模式为“正片叠底”。

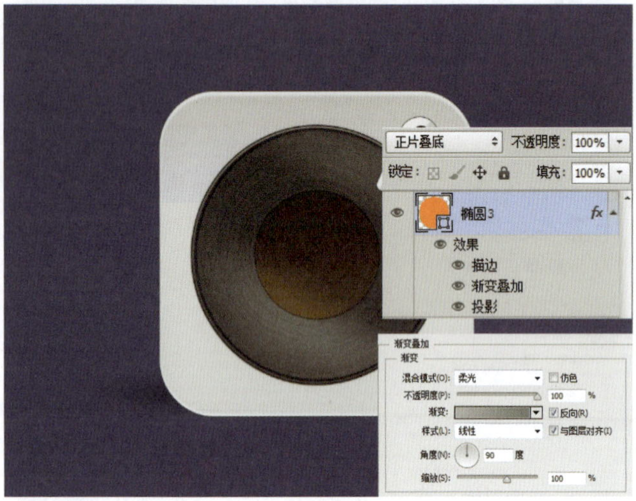

18 使用椭圆工具[◯]，在其属性栏中设置其“填充”为橘黄色，“描边”为无，在绘制的“椭圆3”上绘制椭圆得到“椭圆4”。

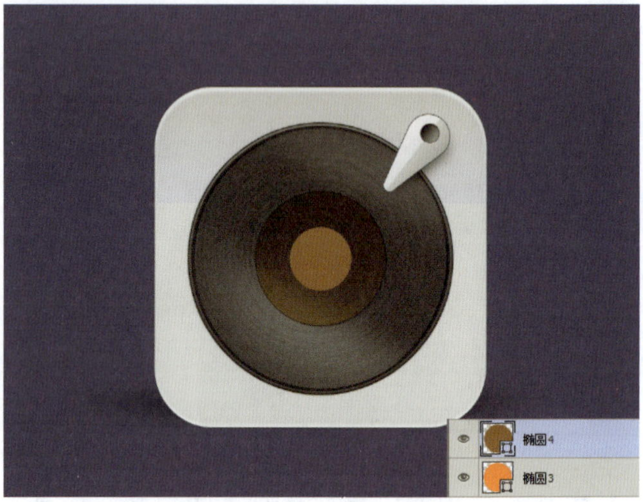

19 选择“椭圆4”上单击“添加图层样式”按钮[fx]，选择“外发光”选项并设置参数，选择“描边”选项并设置参数，制作图案样式。

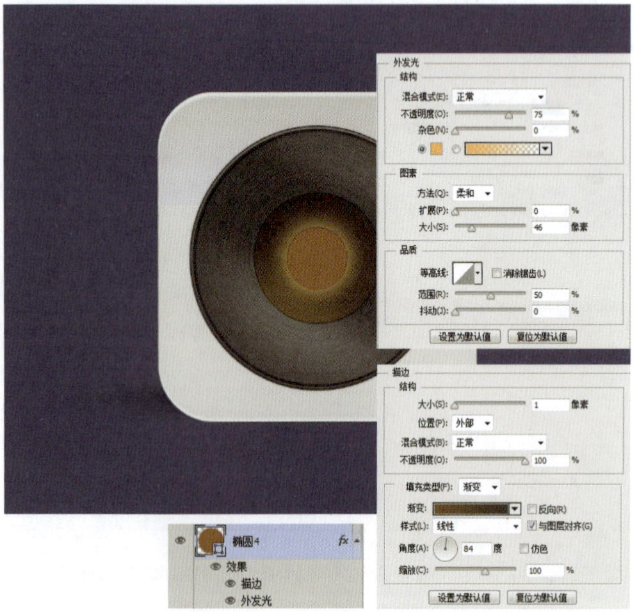

20 使用椭圆工具[◯]，在其属性栏中设置其“填充”为橘黄色，“描边”为无，在绘制的“椭圆4”上绘制椭圆得到“椭圆5”。 单击“添加图层样式”按钮[fx]，选择“外发光”选项并设置参数，制作图案样式。至此，本实例制作完成。

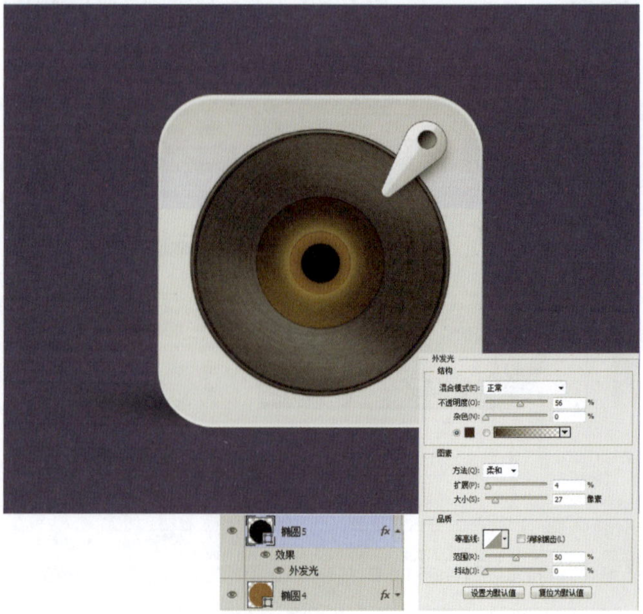

3.3.4 天气图标

使用 Photoshop 制作天气图标，画面上通过运用清新的背景，使天气图标的制作更加的具有清新效果，并结合各种形状工具的制作结合图层样式，将天气图标制作出来。

使用 Photoshop 制作天气图标

01 执行“文件>新建”命令，在弹出的“新建”对话框中设置各项参数及选项，设置完成后单击“确定”按钮，新建空白图像文件。

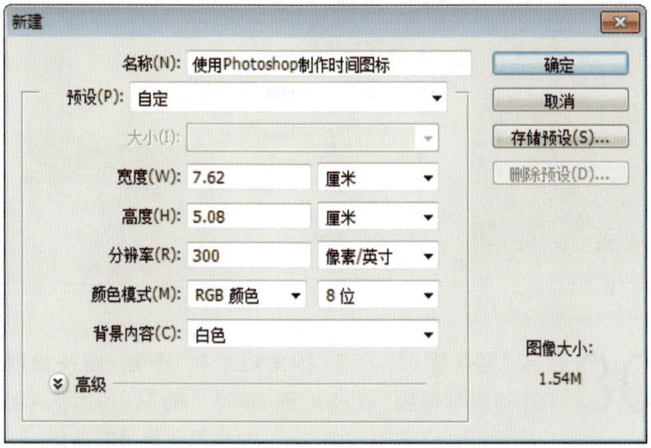

02 执行“文件>打开”命令，打开01.jpg文件。拖曳到当前文件图像中，生成“图层1”。

03 单击圆角矩形工具，在其属性栏中设置其“填充”为黑色，“描边”为无，在画面上绘制圆角矩形得到“圆角矩形1”，单击“添加图层样式”按钮，选择“斜面和浮雕”选项并设置参数，制作图案样式，并设置其“不透明度”为50%。制作天气图标的底部透明质感。

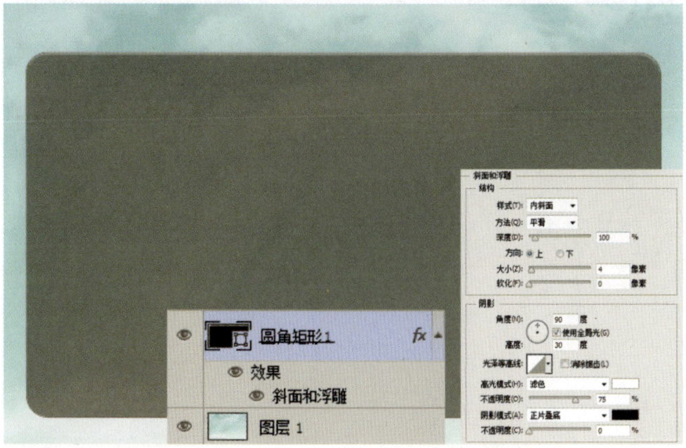

04 单击椭圆工具，在绘制的“圆角矩形1”上合适的位置绘制椭圆得到“椭圆1”并设置其“图层”面板上的“填充”为0%。单击“添加图层样式”按钮，选择“内发光”选项并设置参数，制作图案样式。按住Alt键并单击鼠标左键，创建其图层剪贴蒙版。

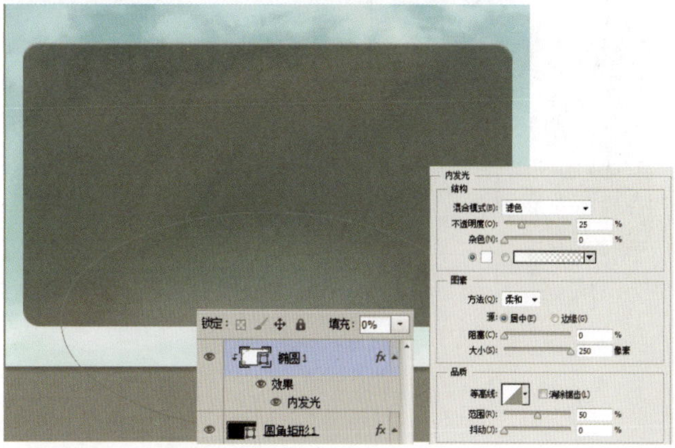

05 继续单击圆角矩形工具，在其属性栏中设置其“填充”为白色到透明色的线性渐变，“描边”为无，在刚才绘制好的天气图标上方绘制圆角矩形得到“圆角矩形2”，制作天气图标上的光影效果。按住Alt键并单击鼠标左键，创建其图层剪贴蒙版。

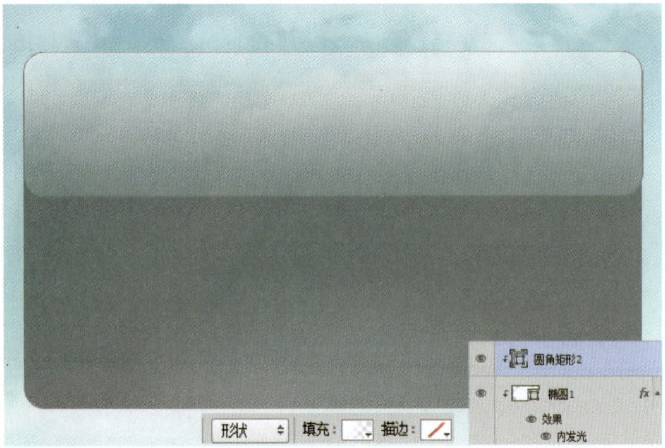

06 继续单击圆角矩形工具，在其属性栏中设置其“填充”为白色，“描边”为无，在刚才绘制好的天气图标右边绘制圆角矩形得到“圆角矩形3”， 单击“添加图层样式”按钮，选择“投影”选项并设置参数，制作图案样式，为后面制作天气时间做打底。

07 继续单击圆角矩形工具，在其属性栏中设置其“填充”为亮灰色，“描边”为无，在刚才绘制好的“圆角矩形3”图层上绘制圆角矩形得到“圆角矩形4”，单击“添加图层样式”按钮，选择“内阴影”选项并设置参数，制作图案样式，为后面制作天气时间做打底。

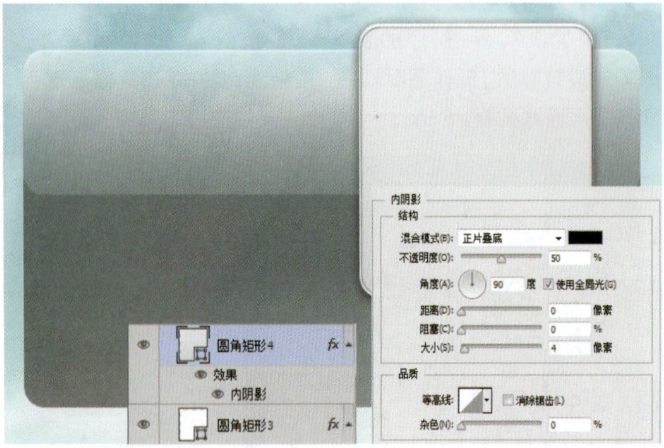

08 选择“圆角矩形3”和“圆角矩形4”图层，按快捷键Ctrl+J复制得到“圆角矩形3副本”和“圆角矩形4副本”，使用快捷键Ctrl+T变换图像大小。制作具有翻页的效果。

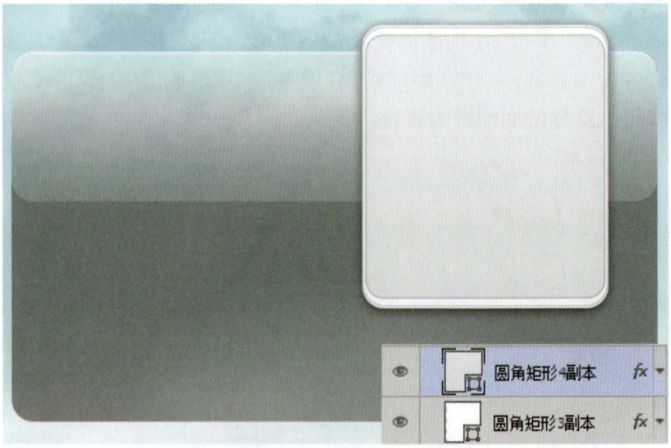

09 使用矩形工具▣，在其属性栏中设置其“填充”为亮灰色到白色的线性渐变，“描边”为无，在制作的具有翻页效果的图标上绘制其翻页的渐变效果，得到“矩形1”，并按住Alt键并单击鼠标左键，创建其图层剪贴蒙版。按快捷键Ctrl+J复制得到“矩形1副本”，将其向上适当地移动，制作翻页效果。

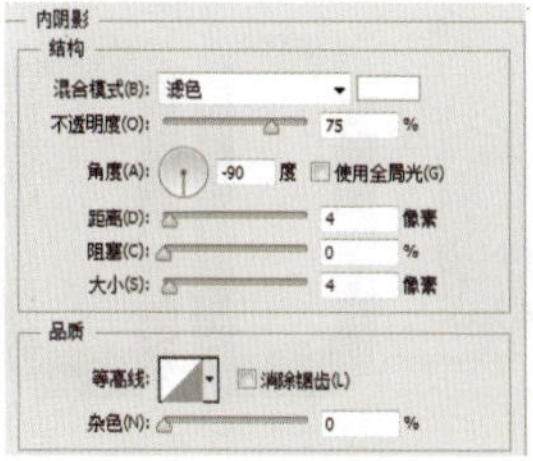

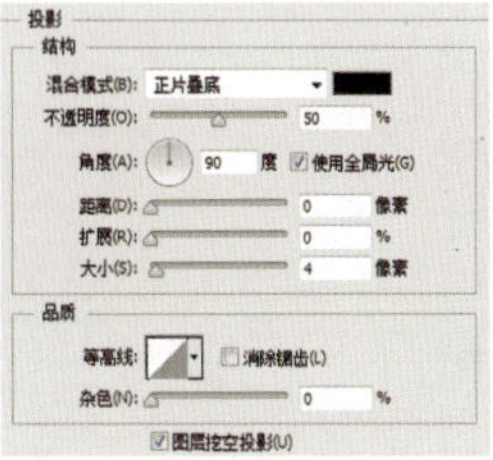

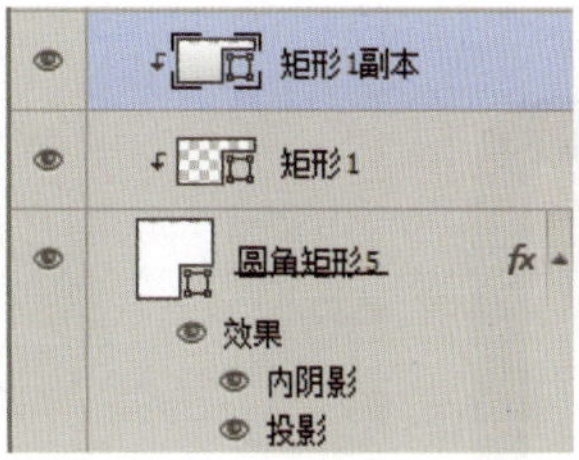

10 继续使用使用矩形工具▣，在其属性栏中设置其“填充”为亮灰色到白色的线性渐变，“描边”为无，在制作翻页效果的图标中间绘制矩形，制作中间的分隔线，得到“矩形2”。

11 继续使用使用矩形工具▣，在其属性栏中设置其“填充”为亮灰色，“描边”为无，在制作翻页效果的图标中间绘制矩形，制作中间的分隔线，得到“矩形3”。

12 按住Shift键并选择“圆角矩形3”到“矩形3”，按快捷键Ctrl+G新建“组1”。按快捷键Ctrl+J复制得到“组1副本”，并使用移动工具▸将其向右移动一定的距离，制作天气图标上面的时间按钮。

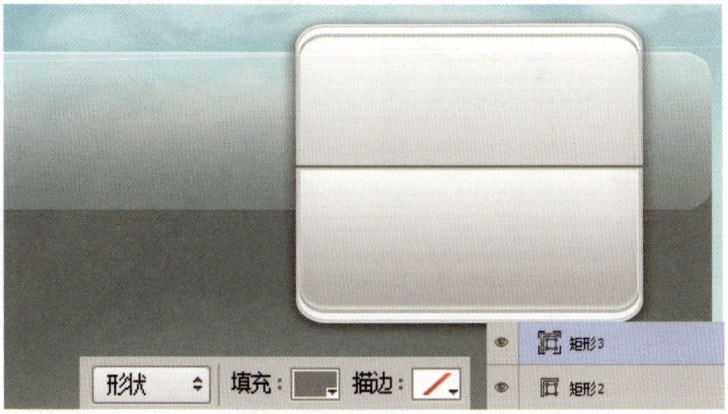

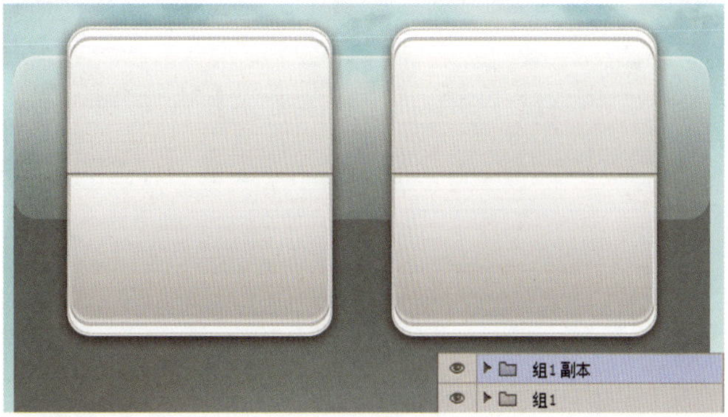

13 单击横排文字工具T，设置前景色为黑色，输入所需文字，双击文字图层，在其属性栏中设置文字的字体样式及大小，将其移至绘制的时间图标上。

14 在其文字图层上，单击“添加图层样式”按钮fx，选择“渐变叠加”选项并设置参数，制作图案样式。制作出其翻页的文字质感。

15 继续单击横排文字工具T，设置前景色为黑色，输入所需文字，双击文字图层，在其属性栏中设置文字的字体样式及大小，将其移至绘制的时间图标上。在其文字图层上，单击“添加图层样式”按钮fx，选择“渐变叠加”选项并设置参数，制作图案样式。制作出其翻页的文字质感。

16 继续单击横排文字工具T，设置前景色为白色，输入所需文字，双击文字图层，在其属性栏中设置文字的字体样式及大小，将其移至绘制的时间图标上。在其文字图层上，单击“添加图层样式”按钮fx，选择“投影”选项并设置参数，制作图案样式。制作出其翻页的文字质感。

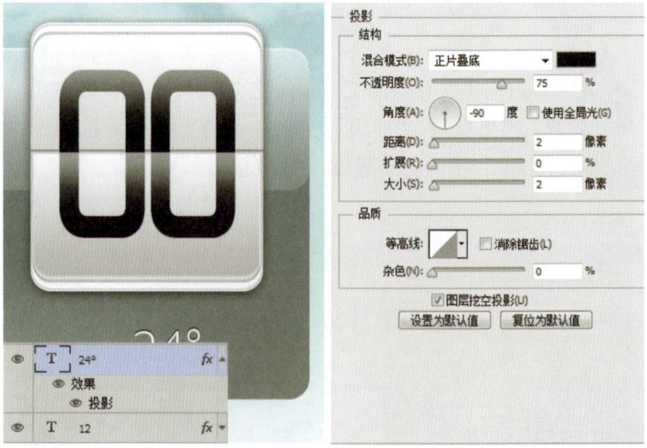

17 单击横排文字工具，设置前景色为白色，输入所需文字，双击文字图层，在其属性栏中设置文字的字体样式及大小，将其放置图画面右下方合适的位置。

18 在其文字图层上，单击“添加图层样式”按钮，选择“投影”选项并设置参数，制作图案样式。制作出天气的高低指数对应文字。

19 继续单击横排文字工具，设置前景色为白色，输入所需文字，双击文字图层，在其属性栏中设置文字的字体样式及大小，将其移至绘制的时间图标上。在其文字图层上，单击“添加图层样式”按钮，选择“投影”选项并设置参数，制作图案样式。将天气图标下面的提示文字制作完整。

20 执行“文件>打开”命令，打开“天气.png”文件。拖曳到当前文件图像中，生成“图层2”， 使用快捷键Ctrl+T变换图像大小，并将其放至于画面合适的位置将天气图标制作完整。至此，本实例制作完整。

小编分享

“渐变叠加”和“颜色叠加”的原理是完全一样的，只不过“虚拟”层的颜色是渐变的而不是平板一块。“渐变叠加”的选项中，混合模式以及不透明度和“颜色叠加”的设置方法完全一样。“渐变叠加”样式多出来的选项包括渐变、样式、缩放。

第4章

现在就开始移动手机之旅

通过前面的学习，相信大家对移动 UI 有了一个初步的了解，那么现在我们就通过制作移动手机 UI 的各种界面开始移动手机之旅吧！

·设 计 构 思·

手机界面的构成包含了很多，包括前面讲解的手机界面尺寸、手机界面设计软件、手机界面的分辨率等。一个既能满足用户需求又能体现设计创意的 UI 系统界面，才能更好地吸引用户使用。因此，做好前期设计构思更能有效地完成理想的设计作品。

1. 图标创意构思

为了吸引用户去使用 App 软件，我们必须设计出吸引用户眼球的图标。启动图标是每一个移动应用软件的关键组成部分。它能传达给你应用程序的基础信息，并能够给用户带来第一印象感受。它是一个非常重要的软件入口，能直接引导用户下载并使用应用程序。一个优秀的创意图标更能有效地引起用户的重视，点击应用软件。

设计来源于生活，我们生活中的点点滴滴都会是你移动手机图标设计的灵感源泉，比如我们美好一天的开始——早餐，将早餐设计成为我们的手机界面图标，会不会看到它们后心情就别样的好呢？下面我们来看一下 UI 设计师们将我们的早餐做成的手机 App 界面图标吧！

创意手机App图标

一个成功的图标设计离不开与之相匹配的应用软件界面，两者之间有着密不可分的关联。图标在其应用软件中就像家人和家庭的关系，图标是应用软件中最为重要的一分子。在其手机应用系统中更是占有具足轻重的作用。

因此我们需要注意一下几点：

（1）运用视觉隐喻的同时，需要保证图标可识别。

（2）分析同类 App 图标，整理设计思路注重图标创新。

（3）运用软件界面中的图形元素，体现图标设计的连续性。

（4）采用用户好奇的图形元素设计，抓住用户的好奇心。

（5）突出品牌，抓住用户眼球。

（6）设备测试预览图标的效果，微调色彩或亮度达到最佳效果。

2. 界面创意构思

手机用户界面是用户与手机系统、应用交互的窗口，手机界面的设计必须基于手机设备的物理特性和系统应用的特性进行合理的设计。手机界面设计是个复杂的有不同学科参与的工程，其中最重要的两点的就是产品本身的 UI 设计和用户体验设计，只有将这两者完美融合才能打造出优秀的作品。

手机界面设计分为手机操作系统界面设计和手机应用界面设计。

一般的手机操作系统都是指智能手机的操作系统，主要完成网络、流媒体等功能，一定程度上取代电脑成为网络终端。手机操作系统界面设计需要从整体风格到细节图标、元素的全面把握，另外还需要掌握一定嵌入式方面的技术知识。

解锁设计

手动触屏翻阅

手机应用作为手机第三方程序，已逐渐把用户带入使用本地客户端上网的时期。手机应用种类多样，其中一些应用软件功能类似，但都在设计与使用上有所差异，“良好的用户体验”已成为 App 竞争的标配。

手机应用界面展示

手机用户界面与用户是密切相关的，漂亮好用的用户界面可以给用户使用带来视觉上的享受和操作上的成就感。出色的手机界面设计没有量化衡量的标准，但却在用户使用中时时刻刻展现出它的魅力。随着手机市场及品牌的不断增多，一套完美用户体验的界面设计需要结合多方面影响因素展开，其中基础且重要的三个要素包括：界面风格要素、界面基本作用、界面尺寸发展。

（1）**界面风格要素**：从一些产品的设计风格中，我们可以看出设计风格受到不同的文化背景影响。包括使用规范的界面元素，如在字体、标签风格、颜色、术语、显示提示信息等方面。同时，相同风格的界面设计，使得用户对界面的理解也更容易，减少视觉的过度跳转，界面之间的切换会降低用户的焦虑度。所以说风格一致也是成功的关键。

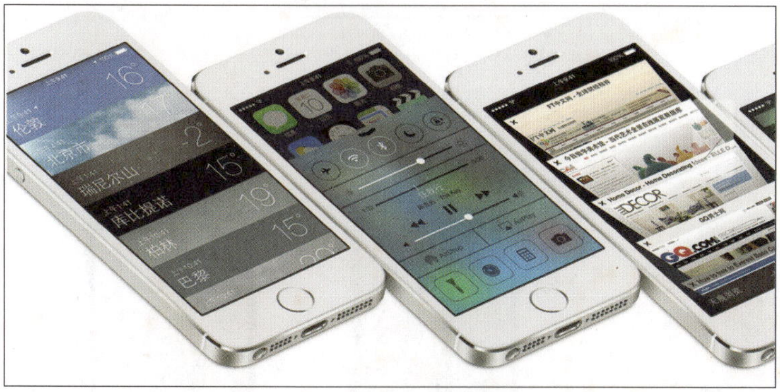

苹果iOS7界面

Windows手机界面

iPhone4S界面

安卓手机界面

（2）**界面基本作用**：界面设计的基本作用就是通过图形化的语言告诉用户如何使用这个应用的功能。手机界面设计应该非常明确地表示出对应功能的具体作用，这样用户能够在操作切换中节约出更多的时间，方便于用户的操作。

（3）**界面尺寸发展**：在屏幕比例方面，因为强调智能平台的使用，多种第三方软件、游戏和强大的影音功能成为了消费者热衷的产品特点，支持宽屏比例的分辨率模式获得了更多消费者的青睐。随着显示技术和显示载体的不断发展，界面设计也要跟随硬件的发展来改变，以便获得更好的设计效果，满足用户更高层次的视觉需求。

4.1 移动手机设置界面

设置界面主要包括时钟、联系人、锁屏、显示等主要系统设置，也是手机使用频率最高的界面之一，这部分的设计更显得重要，下面主要对这些界面的设计进行实战操作介绍。

实战1 手机时钟设置界面

设计思路：

本节中的实例是制作手机时钟设置界面。界面中背景的制作，主要是通过矩形工具，绘制界面的分区效果，使界面呈现出色调统一，简洁明了的显示效果。

● 设计规格：

尺寸规格：2213X1654（像素）
使用工具：自定形状工具、矩形工具、横排文字工具、矩形选框工具
源 文 件：Chapter 4/ Complete/手机时钟设置界面1.psd
Chapter 4/ Complete/手机时钟设置界面2.psd
视频地址：视频/Chapter 4/ 手机时钟设置界面1.swf
视频/Chapter 4/ 手机时钟设置界面2.swf

● 设计色彩分析：

将画面调整成为黄的色调，使其具有明媚阳光的整体感觉。

（R252、G124、B44）（R7、G114、B169）（R169、G243、B242）

方法1：手机时钟设置界面1

01 新建图层，填充颜色

新建“图层1”，设置前景色为蓝色（R7、G144、B169），按快捷键Alt+Delete填充颜色。

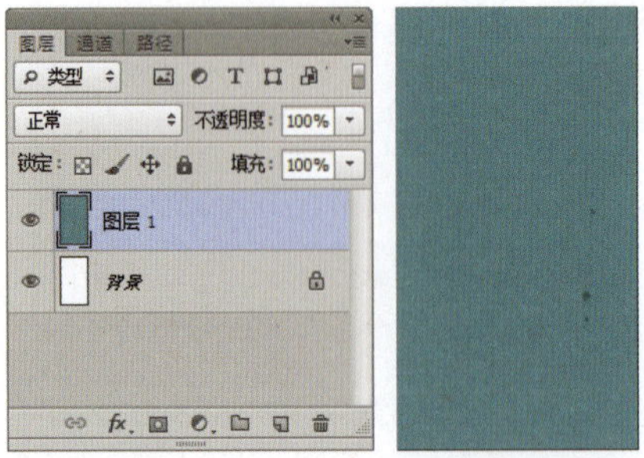

02 创建一个选区，并填充颜色为浅蓝色

新建“图层2”，单击矩形选框工具，在图像下方创建出一个矩形选区，设置前景色颜色为浅蓝色（R169、G243、B242），并填充选区。

03 创建矩形选区

新建“图层3”，单击矩形选框工具⬚，在图像上创建出一个矩形选区。

04 填充选区为淡灰色

设置前景色颜色为淡灰色（R237、G237、B239），按快捷键Alt+Delete填充颜色。

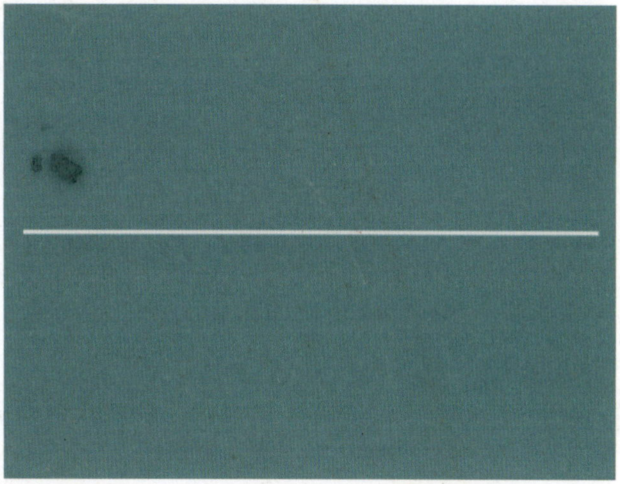

05 设置“图层3”的立体效果

选择“图层3”，单击添加图层样式按钮 fx.，在菜单中选择 “斜面和浮雕”，在弹出的对话框中设置各个选项的参数值。继续设置“内阴影”的图层样式参数值，以制作图层样式。

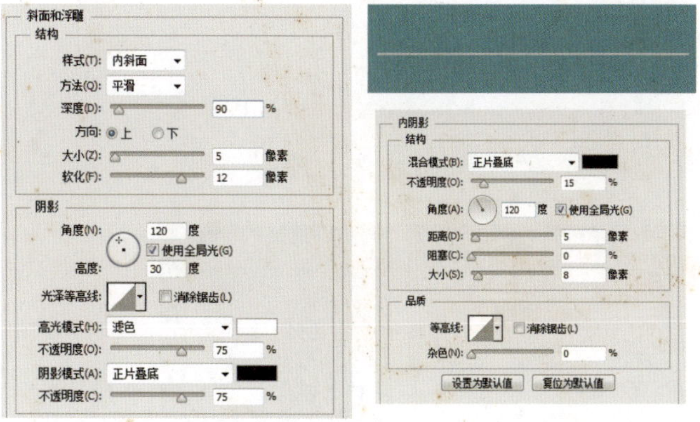

06 使用横排文字工具，在图像上添加文字信息

单击横排文字工具T，在字符面板中设置字体颜色（R252、G124、B44）与各项参数值，然后再图像上输入界面时间信息。

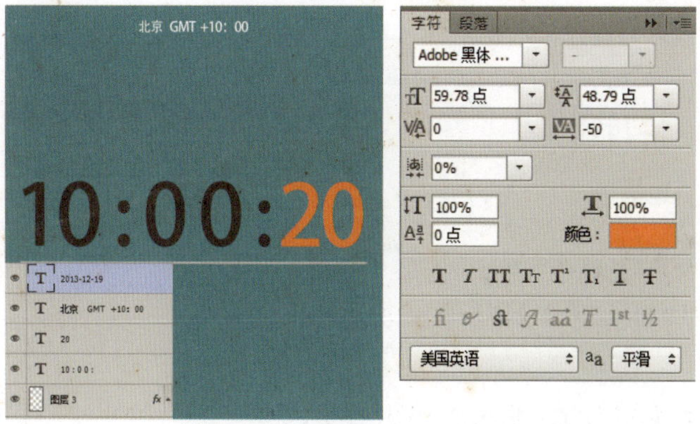

技巧点拨

图层样式

Photoshop　CS6中的图层样式非常丰富，图层样式多用于制作物体的立体感效果，主要包括混合选项，斜面和浮雕，光泽，描边，三种叠加，内阴影，外阴影，内发光与外发光，将这些图层样式进行巧妙的结合，可以帮助精确，快速的变换多中图像效果。

07 使用圆角矩形工具绘制形状，并添加立体效果

单击圆角矩形工具，在图像上两个色块交接区域绘制一个圆角矩形，并使用相同于“图层3”的方式为其添加“斜面和浮雕”、“内阴影”的图层样式。

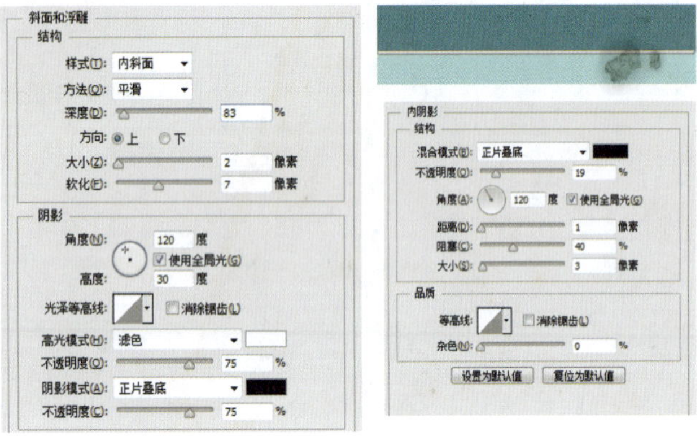

08 为画面添加文字信息，与按钮图标

继续使用横排文字工具，在字符面板中设置字体颜色为深红色（R121、G16、B16），然后在画面中输入文字信息。单击圆角矩形工具，在属性栏中设置各项参数值，然后在图像上绘制出按钮形状，并设置相应的图层样式参数值，调整出按钮的立体效果。

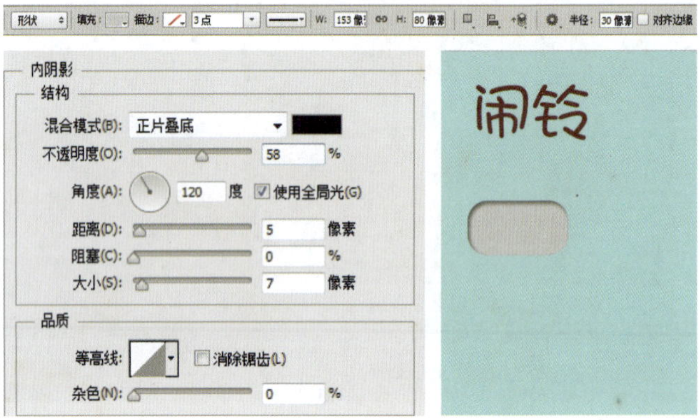

09 使用椭圆工具绘制出圆形开关按钮

单击椭圆工具，设置前景色为白色，在按钮形状上方绘制出按钮开关，并设置图层样式的参数值，添加其立体效果。

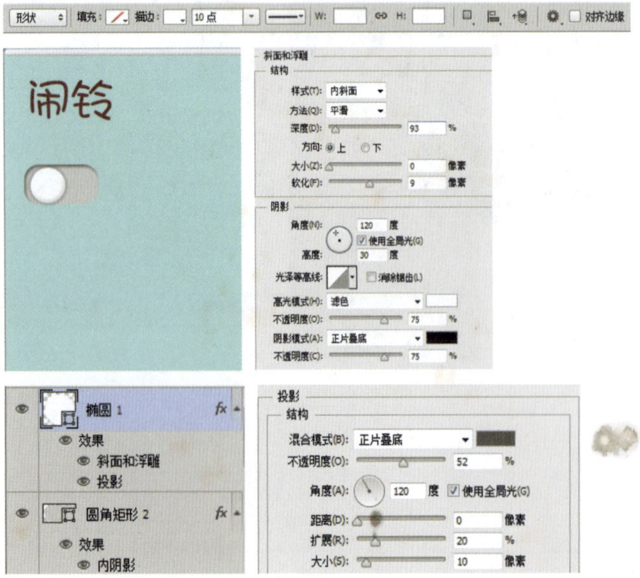

10 添加更多的按钮与文字完善界面

继续采用圆角矩形工具与自定形状工具，在属性栏中设置各项参数值，然后在图像上绘制出按钮形状，并结合图层样式添加按钮立体效果，最后结合文字工具添加相应文字信息。

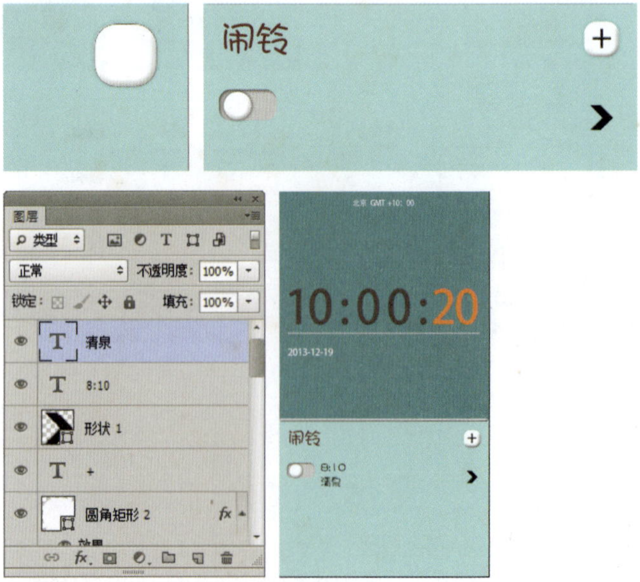

方法 2：手机时钟设置界面 2

01 新建图层，填充淡蓝色背景

新建“图层1”，并填充淡蓝色（R169、G243、B242），制作蓝色背景。继续新建“图层2”，单击矩形选框工具，在图像上方创建出一个矩形选区，并填充选区颜色为蓝色（R7、G144、B169），完成后按快捷键Ctrl+D取消选区。

02 使用圆角矩形工具绘制灰色按钮

单击圆角矩形工具，在属性栏中设置“填充”颜色设为灰色（R218、G218、B220），继续设置半径参数，在图像上方绘制出按钮形状。

03 为图标添加渐变与文字信息

新建“图层3”，结合渐变工具，从上到下填充白色到透明的线性渐变，完成后按快捷键Ctrl+D取消选区，结合横排文字工具，在图标中添加按钮文字信息，完成按钮的制作。

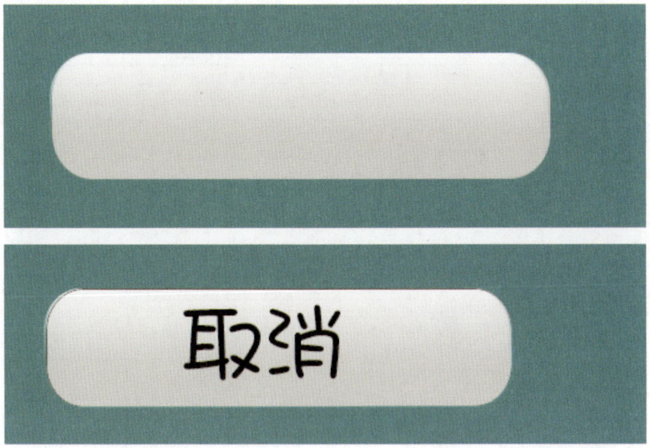

04 绘制右侧橙色按钮

复制整个圆角矩形按钮与文字，将其移动至界面右上角，并修改按钮颜色为橙色，修改文字信息与文字颜色为白色。

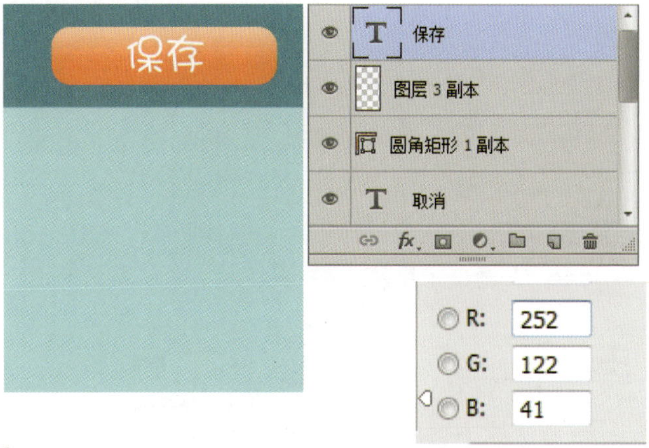

05 使用圆角矩形工具绘制形状，为其添加立体效果

使用圆角矩形工具，在图像上方绘制出形状，单击添加图层样式按钮fx.，在菜单中选择设置“内阴影”选项的图层样式参数值，制作出显示框的立体效果。

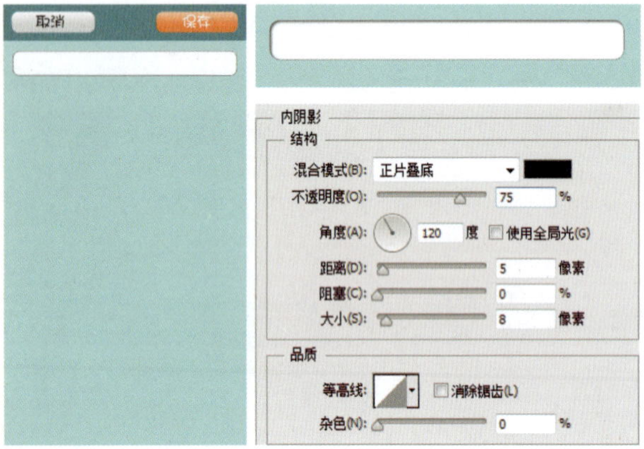

06 绘制椭圆图形

新建“图层4”，单击椭圆选框工具，按住Shift键在图像上创建正圆选区并填充浅灰色，保持选区单击鼠标右键，在弹出的快捷菜单中选择“变化选区”命令，从中心向内对选区进行缩放后删除选区内容，最后取消选区。

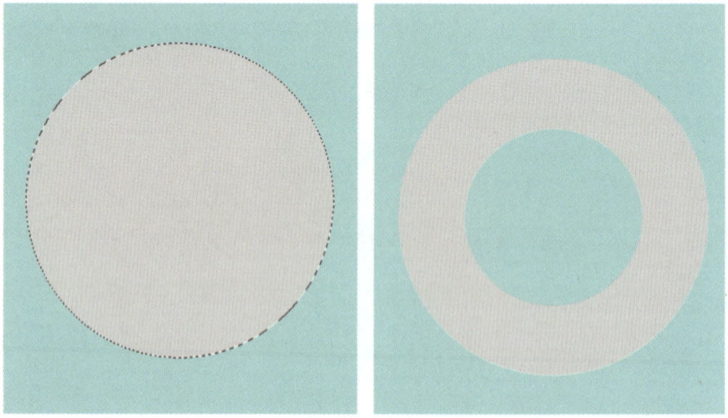

07 制作椭圆斜面厚度效果

双击“图层4”打开图层样式对话框，分别设置“斜面和浮雕”、“内阴影”、“外发光”面板参数，设置完成后单击“确定”按钮，制作椭圆斜面厚度效果。

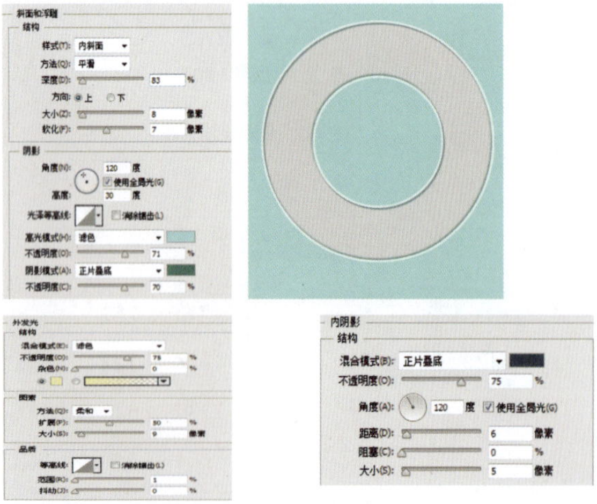

08 继续添加界面椭圆图标

单击椭圆工具，在属性栏中设置各项参数，在画面中绘制出一个圆形，结合图层样式为其添加立体水晶质感。最后采用相同的方式绘制更多的椭圆按钮与三角形按钮并结合文字工具输入闹钟时间，完善界面效果。至此，本实例制作完成。

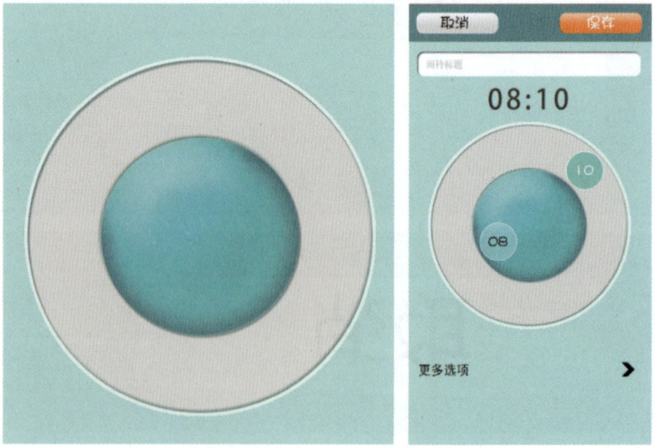

技巧点拨

1.利用圆角矩形工具，在属性栏中设置半径的参数值，可以简单地绘制出不同的圆角程度的矩形。

2.在制作过程中注意文件名的命名和分组，这样更加方便我们对图像文件的制作和管理。

实战 2　手机联系人设置界面

设计思路：

本节中的实例是制作手机联系人设置界面。界面中背景制作是通过使用形状工具所绘制的图形，制作出高雅色系的主题风格效果，并结合各种形状工具的运用制作出高雅色系的联系人设置界面。通过联系人设置界面的制作，读者可以明白色调在手机主题界面中的制作和应用。

● **设计规格：**

尺寸规格：960X640（像素）

使用工具：矩形工具、椭圆工具、横排文字工具、矩形选框工具

源 文 件：Chapter 4/ Complete/手机联系人设置界面1.psd

Chapter 4/ Complete/手机联系人设置界面2.psd

视频地址：视频/Chapter 4/ 手机联系人设置界面1.swf

视频/Chapter 4/ 手机联系人设置界面2.swf

● **设计色彩分析：**

将画面调整成为灰蓝色的色调，使其搭配出高雅色系的整体感觉。

（R17、G168、B171）（R230、G76、B101）（R31、G37、B61）

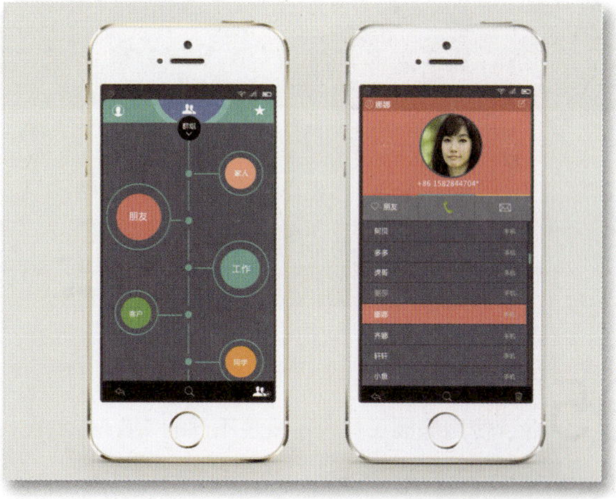

方法 1：手机联系人设置界面 1

01 使用圆角矩形工具

选择“背景”图层，设置前景色为灰蓝色（R31、G37、B61），按快捷键Alt+Delete填充颜色。新建“组1”，单击圆角矩形工具，设置“填充”为淡蓝色（R17、G168、B171），在图像上绘制形状。

02 创建一个选区，并填充颜色为浅蓝色

新建“图层1”，单击矩形选框工具，在图像下方创建出一个矩形选区，设置不同的前景色颜色，按快捷键Alt+Delete填充选区，完成后按快捷键Ctrl+D取消选区。

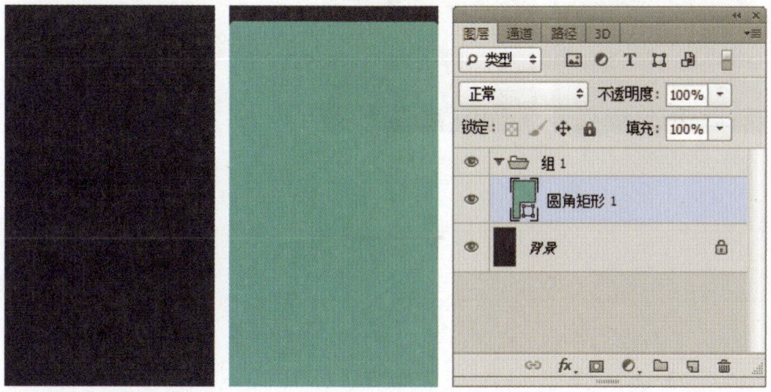

03 使用椭圆工具绘制圆形

单击椭圆工具，设置填充为白色，按住Shift键在界面上绘制出一个正圆，设置图层不透明度，按住快捷键Ctrl+Alt+G创建剪贴蒙版，调整椭圆的透明效果。

04 使用椭圆工具丰富界面效果

使用椭圆工具，设置“填充”颜色为蓝色（R52、G104、B175），住Shift键在界面上绘制出一个正圆形状。按住快捷键Ctrl+Alt+G创建剪贴蒙版，调整椭圆的透明效果。

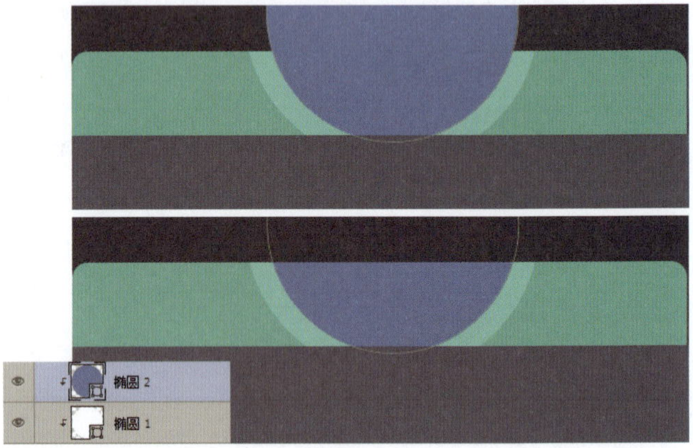

05 使用椭圆工具绘制节点

继续使用椭圆工具，设置不同的“填充”颜色，在界面上绘制出小的节点图形。

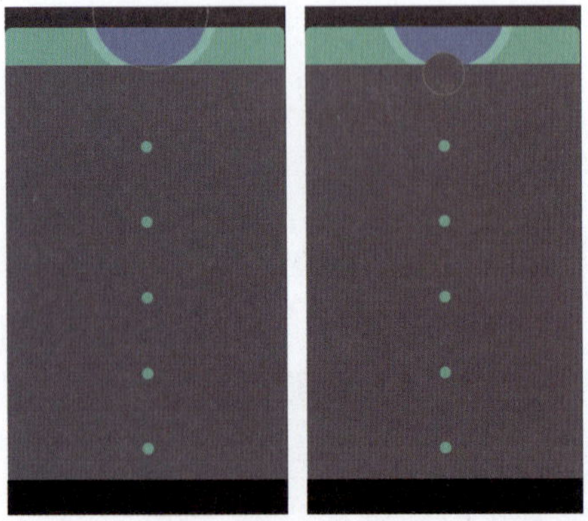

06 使用钢笔工具，绘制节点分支

选择“椭圆4”，按快捷键Ctrl+J复制得到其副本图层，并填充为黑色，单击钢笔工具，在属性栏中设置填充为无，描边为蓝色。按住Shift键在节点之间绘制出直线分支线条。

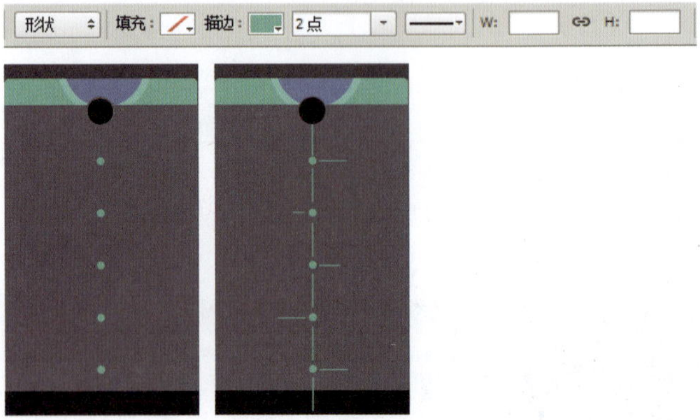

技巧点拨

图层混合模式

PhotoshopCS6中的图层混合模式非常丰富，包含溶解、变暗、正片叠底、颜色加深、线性加深、叠加、柔光、亮光、强光、线性光、点光、实色混合、差值、排除、色相、饱和度、颜色等设置，分别设置不同的混合模式，并结合图层蒙版，可以达到意料之外的合成效果。

07 绘制出圆形选项框

单击椭圆工具，在属性栏中设置填充为无，描边为蓝色，在界面上绘制出多个圆形的选项框。绘制完成后，选择“图层2”将其移置图层最上方。

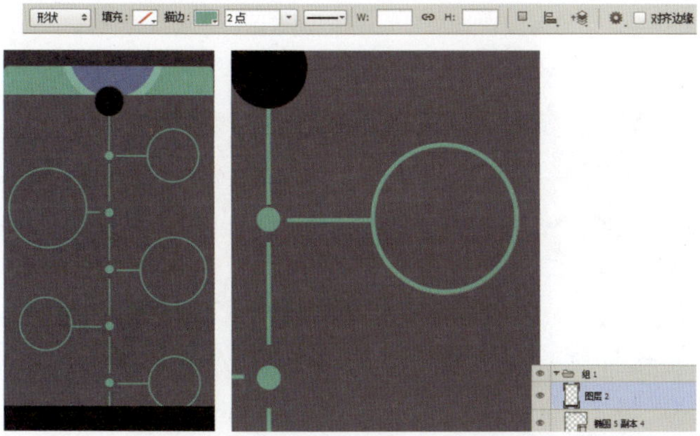

08 使用椭圆工具，绘制多彩圆形按钮

单击椭圆工具，在属性栏中设置填充颜色（R255、G154、B135），按住Shift键在刚才绘制的圆形选项框内绘制按钮，继续使用相同的方法绘制不同颜色的按钮图形。

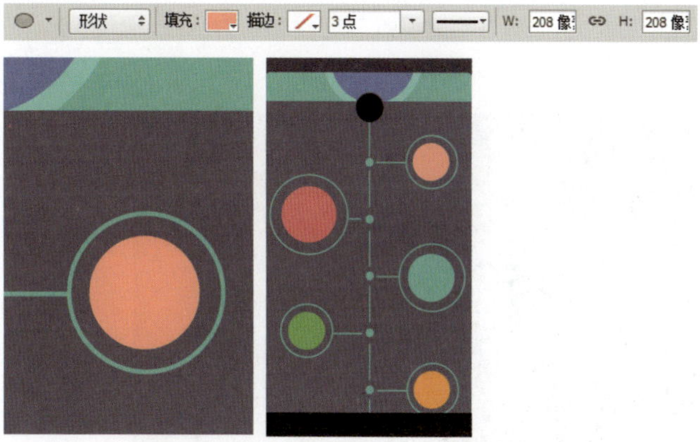

09 添加界面形状与文字

单击自定形状工具，设置填充颜色为白色，在界面中适当位置添加按钮形状图标，结合横排文字工具，在按钮上方添加文字信息。

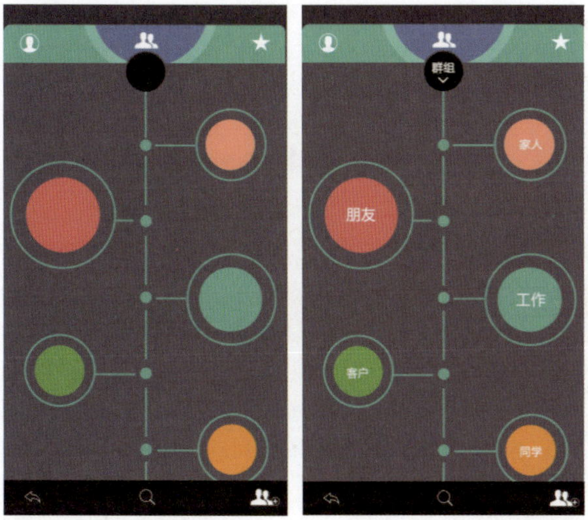

10 添加更多的图标完善界面

继续使用自定形状工具，在属性栏中设置各项参数值，然后在图像上绘制出按钮形状。完成手机联系人设置界面的制作。至此，本实例制作完成。

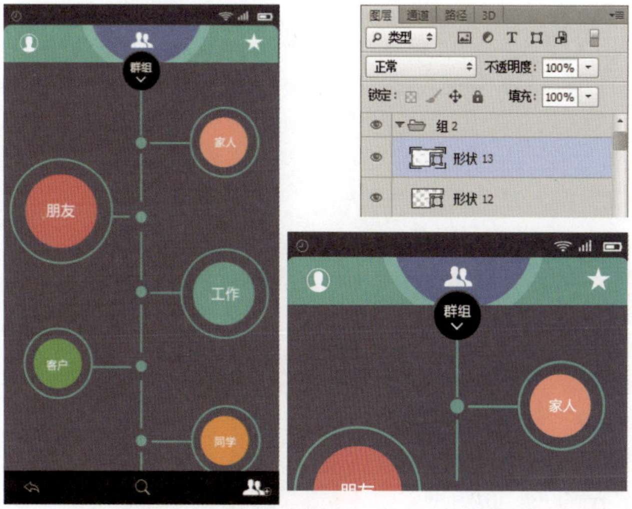

方法 2：手机联系人设置界面 2

01 制作灰蓝色的界面背景

选择“背景”图层，设置前景色为灰蓝色（R31、G37、B61），按快捷键Alt+Delete填充颜色。新建“组1”图层组，单击矩形工具，在属性栏中设置“填充”颜色为蓝色（R57、G66、B100）在界面下方绘制形状。

02 使用矩形选框工具绘制界面分区

新建“图层1”，单击矩形选框工具，设置前景色为黑色，在界面下方绘制出矩形选框，按快捷键Alt+Delete填充选区为黑色，完成后按快捷键Ctrl+D取消选区。继续新建图层，设置不同的前景色，在界面中创建选区并填充颜色。

03 使用椭圆工具绘制显示框

单击椭圆工具，按住Shift键在图像上方绘制出圆形显示框，选择“椭圆1“图层，按快捷键Ctrl+J复制得到“椭圆1副本”图层，将其填充为白色，按快捷键Ctrl+T，调整椭圆大小与位置。打开“人物.jpg”素材文件，拖曳到当前图像文件中，按快捷键Ctrl+Alt+G为其创建剪贴蒙版。

04 结合钢笔工具与矩形工具将界面进行分区

单击钢笔工具，在属性栏中设置填充为“无”，描边为灰蓝色，按住Shift键在界面上绘制出线条。单击矩形工具，设置填充颜色为红色，在界面上绘制出分界色块，按快捷键Ctrl+Alt+G为其创建剪贴蒙版，隐藏多余图像。

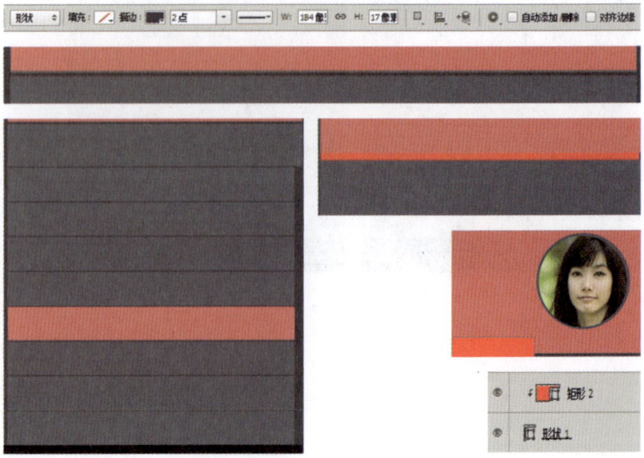

05 使用矩形工具，绘制按钮形状

选择“矩形2”图层，按快捷键Ctrl+J进行复制得到其副本图层，分别更改填充颜色，移动至画面合适位置。使用矩形工具▭，设置填充颜色为白色，在界面上绘制出按钮图标，并更改图层不透明度。

06 继续制作界面中按钮图标

选择“矩形3”图层，按快捷键Ctrl+J进行复制得到“矩形3”副本图层，并使用移动工具▸+，将其移动至画面合适位置。接着，单击钢笔工具✎，在属性栏中设置各项参数值，在界面右侧绘制滑动条。

07 添加界面中的文字信息与图标

单击横排文字工具T，设置前景色颜色，在界面中输入相应的联系人信息。单击钢笔工具✎，在属性栏中设置填充为绿色（R171、G190、B9），描边为无，选择路径操作为合并形状，在绘制的按钮形状上绘制来电图标。

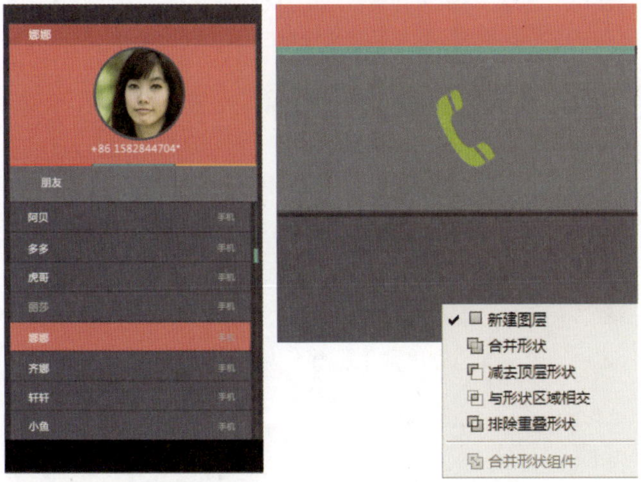

08 绘制按钮图标，完成界面制作

继续结合钢笔工具✎与自定形状工具在界面上绘制出按钮图标，并适当调整图层不透明度，使界面制作更完整。至此，本实例制作完成。

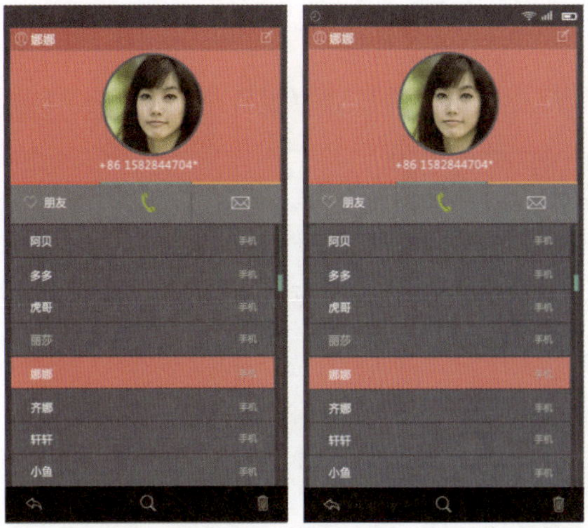

实战3 手机锁屏设置界面

设计思路：

本节中的实例是制作手机锁屏设置界面。界面中背景制作是通过使用渐变工具所涂抹出来的效果，制作出简洁清爽的主题风格效果，并结合各种形状工具制作出手机显示界面的应用界面。通过界面的制作，读者可以明白形状立体感的制作和应用。

● **设计规格：**

尺寸规格：540X960（像素）
使用工具：渐变工具、椭圆工具、多边形工具、横排文字工具
源 文 件：Chapter 4/ Complete/手机锁屏设置界面.psd
视频地址：视频/Chapter 4/ 手机锁屏设置界面.swf

● **设计色彩分析：**

将画面调整成为橘黄色的色调，使其具有简洁清爽感觉。

（R227、G129、B1）（R247、G241、B153）（R228、G186、B54）

01 使用渐变工具填充颜色

单击渐变工具，在属性栏中设置渐变样式，在“背景”图层上自上往下拉出橙色到亮黄色的渐变效果。

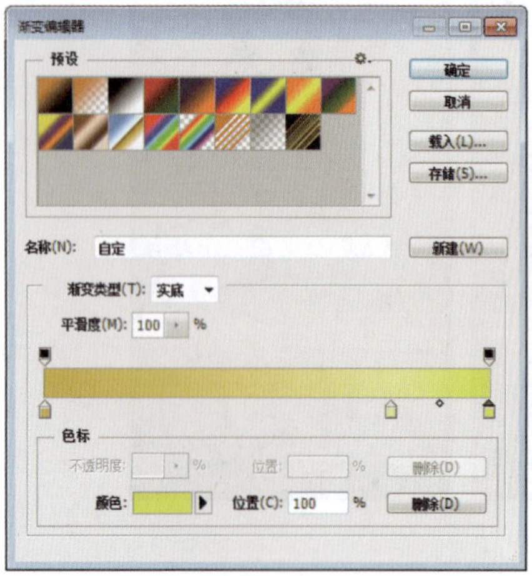

02 新建图层，绘制矩形菜单栏

新建“图层1”，单击矩形选框工具，在图像上方创建出矩形选框，并设置前景色颜色（R227、G129、B1），按快捷键Alt+Delete填充，完成后按快捷键Ctrl+D取消选区。

03 使用多边形工具绘制星星形状

单击多边形工具，在画面中单击鼠标，在弹出的对话框中设置各项参数值，在图像上绘制出一个星星形状。

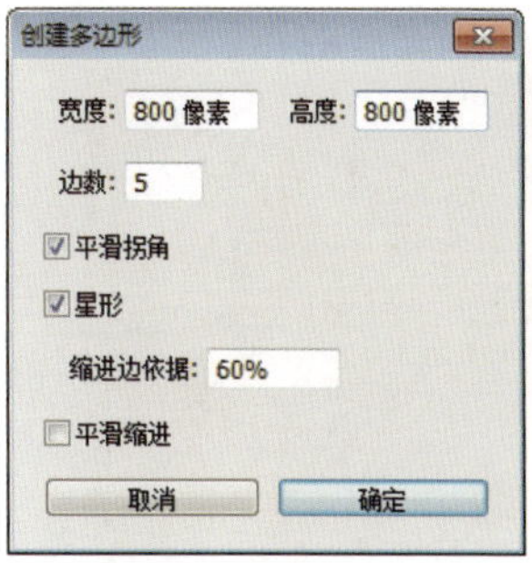

04 设置图层样式，为星星添加立体效果

单击“添加图层样式”按钮，在菜单中选择“斜面和浮雕”选项，在弹出的对话框中设置各项参数值。继续设置“内发光”的图层样式的参数值，为形状添加立体效果。

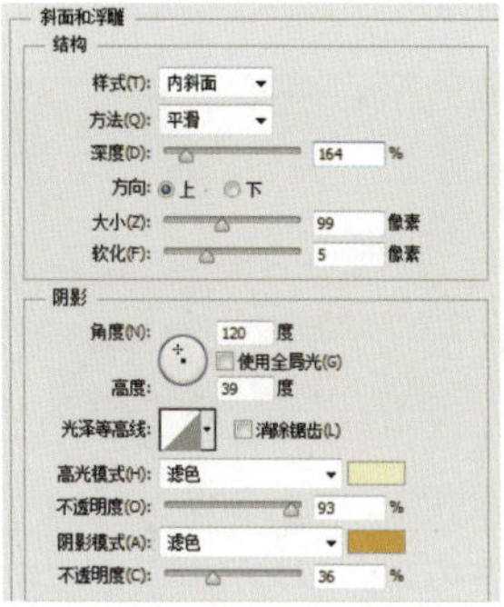

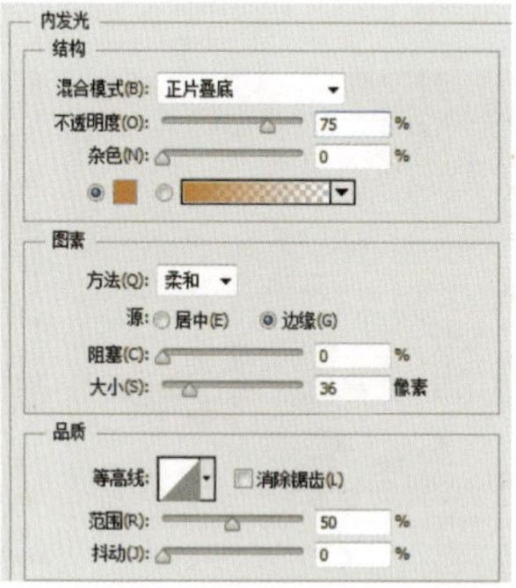

05 继续设置图层样式，添加立体效果

继续设置“颜色叠加”、“渐变叠加”的图层样式参数值，为形状添加立体效果。

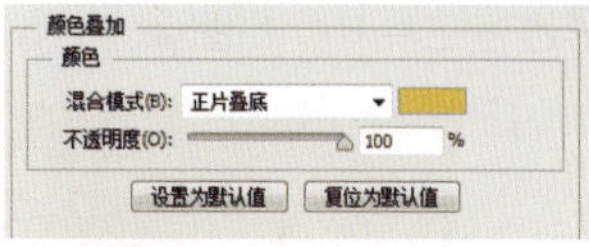

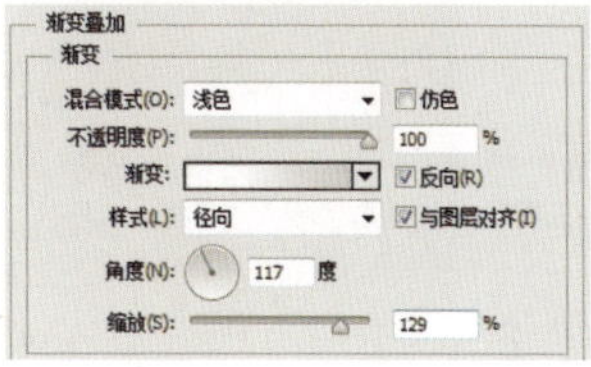

06 加深星星轮廓边缘

新建“图层2”，按住Ctrl键单击“多边形1”图层的缩略图，载入星星选区，设置前景色为橘红色（R227、G76、B1），按快捷键Alt+Delete填充颜色，完成后按快捷键Ctrl+D取消选区。

技巧点拨

制作立体水晶图标

制作物体的立体效果，可以通过设置“斜面和浮雕”、“内发光”、“颜色叠加”、“渐变叠加”的图层样式参数值，通过光影效果使平面物体变得有立体感。

07 调整图层混合模式，加强立体效果

调整图层混合模式为“叠加”，单击添加图层蒙版按钮，添加图层蒙版[icon]，结合画笔工具[icon]，擦除多余颜色效果，调整出星星形状的立体效果。

08 通过绘制纹理，为星星添加纹理效果

单击矩形工具[icon]，在星星形状上方绘制出橘红色的矩形色块，按住Ctrl键单击“多边形1”图层，载入星星选区，保持选区的同时，单击“添加图层蒙版”按钮[icon]，隐藏多余图像。设置图层混合模式与不透明度，调整纹理效果。

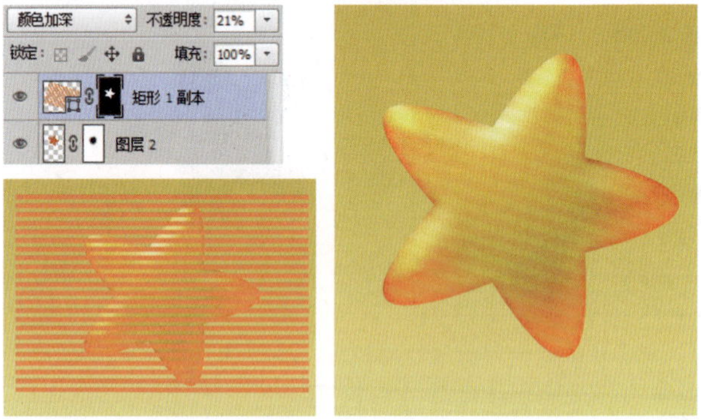

09 制作星星形状的投影效果

选择“多边形1”图层，按快捷键Ctrl+J复制得到“多边形1副本”图层，并调整图层顺序。右键单击选择清除图层样式选项，按快捷键Ctrl+T调整图像大小，在属性面板中设置羽化值，更改图层混合模式，是投影效果更自然。

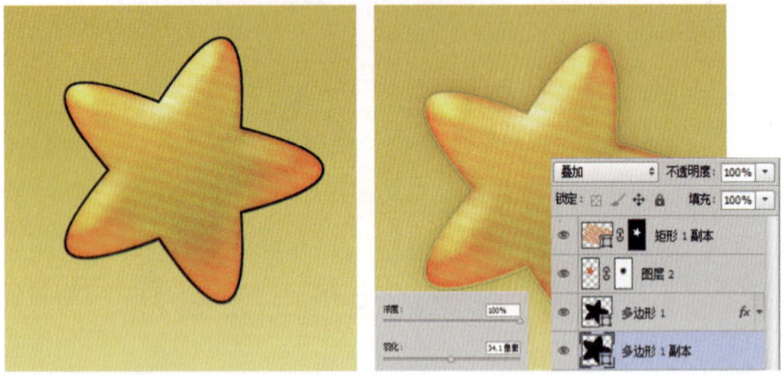

10 使用椭圆形工具在画面中绘制气泡形状

单击椭圆工具[icon]，设置填充颜色为黄色，按住Shift键在图像上绘制一个正圆，并调整图层顺序，结合渐变工具[icon]，设置渐变颜色为黄色到透明的渐变，添加图层蒙版，载入椭圆选区，在选区内自上往下拉出渐变效果。并更改图层混合模式。

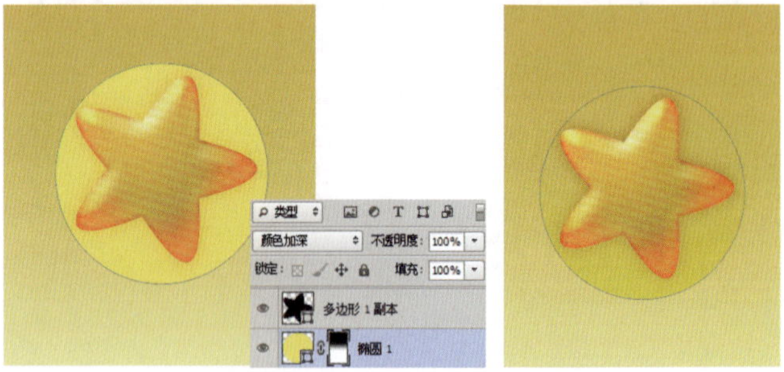

技巧点拨

投影

制作物体的投影效果，在绘制好物体的投影效果后，为了使投影看起来更加柔和自然，可以在属性面板中设置羽化参数值，来让投影虚化。使物体的投影效果与画面更加融合。

11 使用渐变工具，拖出高光效果

选择“椭圆1”图层并复制得到“椭圆1副本”图层，更换填充颜色，按快捷键Ctrl+T，应用垂直翻转命令，继续新建“图层3”，单击渐变工具，设置渐变颜色为白色到透明的渐变，在圆形下方拉出高光效果，并更改图层混合模式。

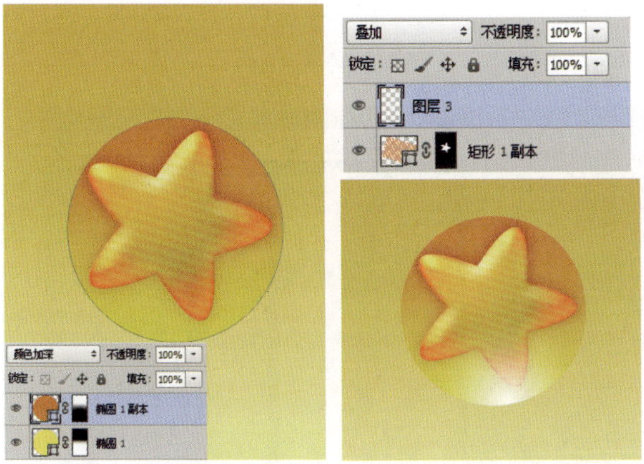

12 绘制高光，添加气泡阴影

继续结合形状工具，与渐变工具绘制出气泡的高光效果。在“椭圆 1”图层下方新建“图层9”，载入椭圆选区，设置渐变颜色为棕色到透明的渐变，在图层上拉出渐变效果，更改混合模式，应用自由变换命令调整阴影位置。

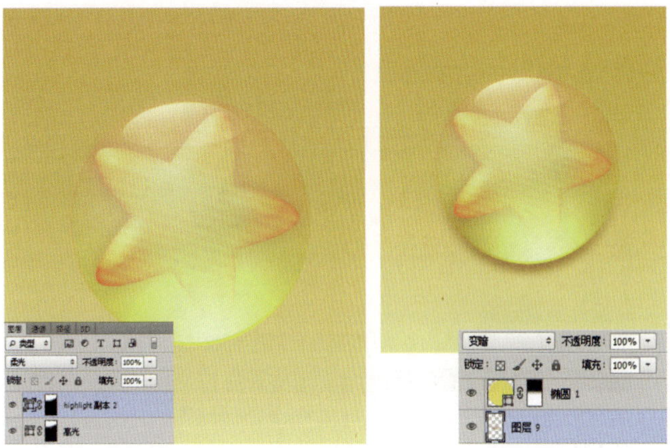

13 绘制形状，丰富画面效果

继续复制“多边形 1”图层，按快捷键Ctrl+T调整大小与位置，结合自定形状工具，绘制形状丰富画面锁屏效果。新建“图层11”，使用画笔工具，在图像下方涂抹出绿色光晕效果。

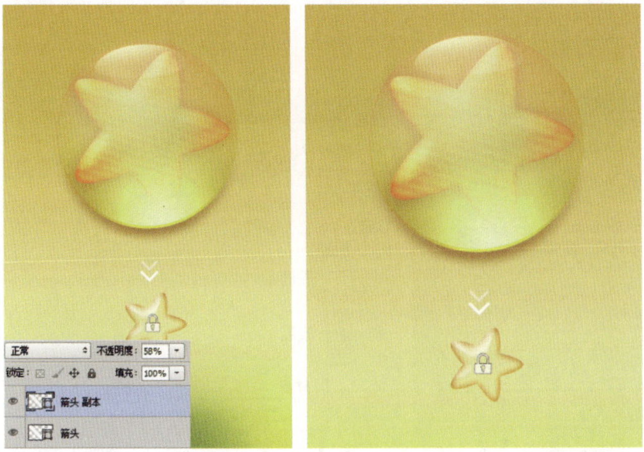

14 为画面添加文字信息与符号

单击横排文字工具，设置前景色为白色，在画面上添加文字信息，结合形状工具，在界面菜单栏中绘制出形状图标。选择“图层10”，在其上方创建出“曲线”调整图层与蒙版，加强星星与气泡之间的对比度。至此，本实例制作完成。

设计小结

1.利用多边形工具，在属性栏中设置边数与缩进的参数值，可以简单绘制出不同的形状。

2.在制作过程中注意文件名的命名和分组，这样更加方便于我们对图像文件的制作和管理。

实战 4 手机显示设置界面

设计思路：

本节中的实例是制作手机显示设置界面。界面中背景制作是通过使用画笔工具所涂抹出来的效果，制作出色彩绚丽的主题风格效果，并结合各种形状工具制作出手机显示界面的应用界面。通过界面的制作，读者可以明白调色在手机主题界面中的制作和应用。

● **设计规格：**

尺寸规格：1150X2046（像素）
使用工具：画笔工具、圆角矩形工具、横排文字工具、自定形状工具
源 文 件：Chapter 4/ Complete/手机显示设置界面.psd
视频地址：视频/Chapter 4/ 手机显示设置界面.swf

● **设计色彩分析：**

将画面调整成为紫红色的色调，使其具有色彩丰富的整体感觉。

（R68、G151、B48）（R102、G102、B138）（R139、G90、B160）

01 新建图层，填充颜色

新建“图层1”，设置前景色为紫色（R139、G90、B169），按快捷键Alt+Delete填充颜色。

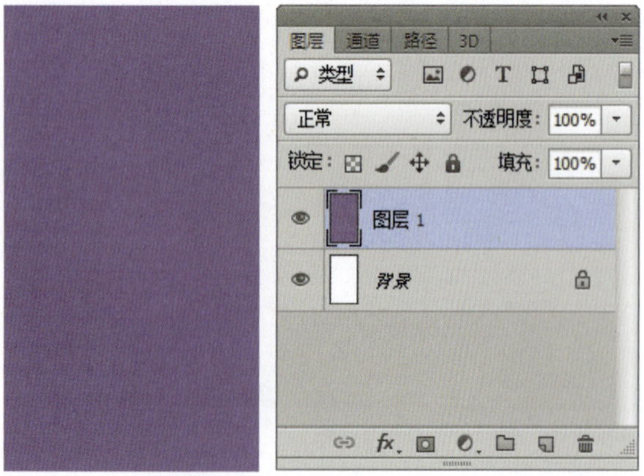

02 使用画笔工具涂抹淡紫色

新建“图层2”， 单击画笔工具，设置画笔笔触为柔角画笔，并调整画笔大小与不透明值。设置前景色颜色为淡紫色（R234、G223、B236），在图像上进行涂抹。

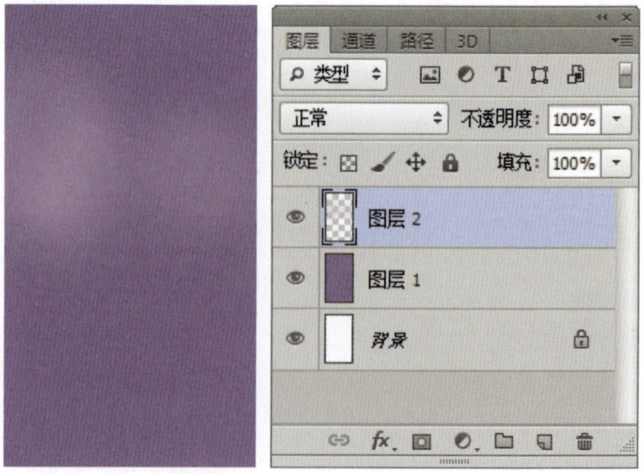

03 继续涂抹出蓝色与绿色的背景晕染效果

新建“图层3”，单击画笔工具，适当调整其大小与不透明度在图像上继续涂抹出蓝紫色与绿色的色块晕染模糊效果，制作出多彩的界面背景。

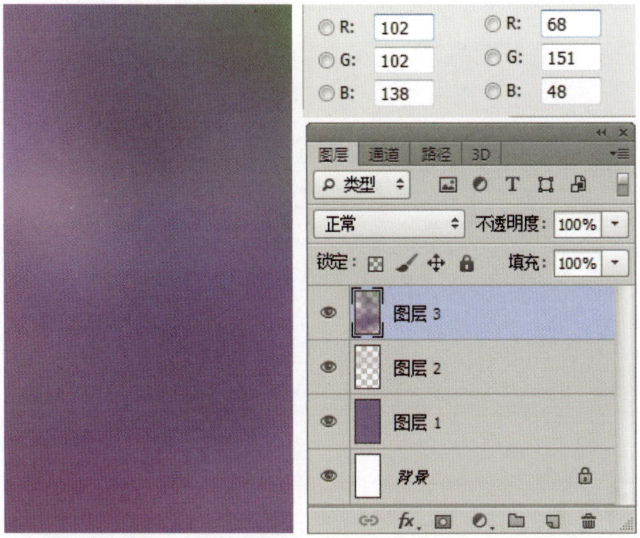

04 制作出光线效果，丰富界面背景

新建“图层4”，单击画笔工具，设置画笔笔触为硬角画笔，并调整画笔大小与不透明值。设置前景色颜色为白色，在图像上绘制出白色的光线。设置图层混合模式与不透明度。

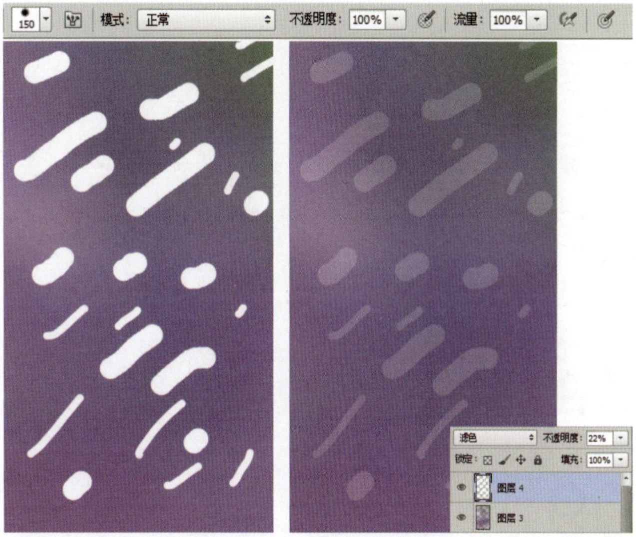

05 应用动感模糊滤镜，制作光线的模糊效果。

选择“图层 4”，单击鼠标右键，在菜单中选择转换为智能对象选项，并执行“滤镜>模糊>动感模糊”命令，在弹出的对话框中设置参数值，制作图像模糊效果。

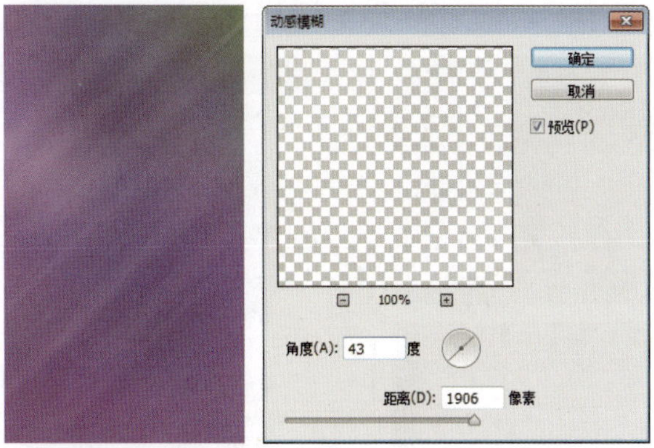

06 结合图层蒙版隐藏部分图像效果

调整图层混合模式为“滤色”与“不透明度”值为22%，调整纹理效果。单击“添加图层蒙版”按钮，结合画笔工具隐藏多余图像，使光线效果与背景的融合更加自然。

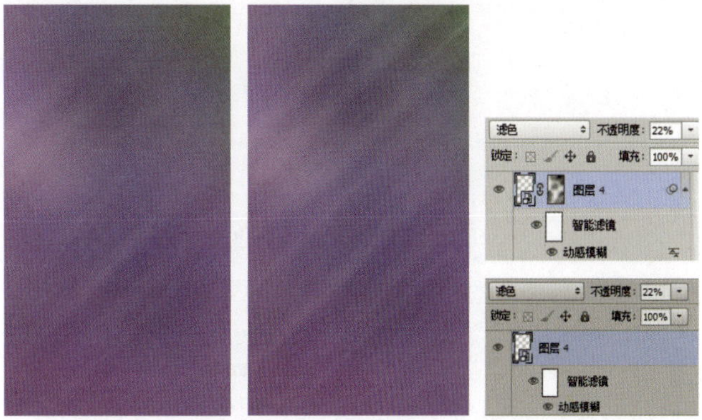

技巧点拨

画笔工具

Photoshop CS6中的画笔工具，在属性栏的画笔预设选取器中设置不同的画笔笔触与各项参数值，可以在画面中绘制出不同样式的笔触形态。

07 使用圆角矩形工具绘制形状

单击圆角矩形工具，设置填充为白色在图像上绘制出白色的圆角矩形。设置图层不透明度，制作出透明效果。按快捷键Ctrl+J复制得到“圆角矩形 1 副本”图层，使用移动工具，放置于画面合适位置。

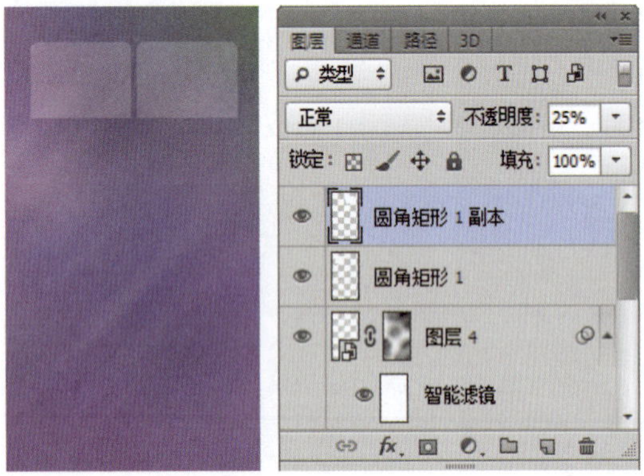

08 结合图层蒙版与矩形选框工具为其添加翻页效果

选择圆角矩形及其副本图层，按快捷键Ctrl+J进行复制，按快捷键Ctrl+E将其合并，得到“圆角矩形1副本2”图层，结合矩形选框工具，在所绘制的形状上创建选区，单击“添加图层蒙版”按钮，隐藏选区内图像。

09 使用渐变工具制作出立体效果

单击渐变工具，设置渐变样式为白色到透明的渐变，按住Ctrl键单击图层蒙版，载入其选区，在选区内自下往上拉出渐变效果，复制“圆角矩形 1”图层，得到“圆角矩形1副本3”图层，并按快捷键Ctrl+T变换其大小与方位。并调整图层不透明度。并为其添加投影图层样式。按快捷键Ctrl+J复制得到“圆角矩形1副本4”图层，将其调整至画面合适位置。

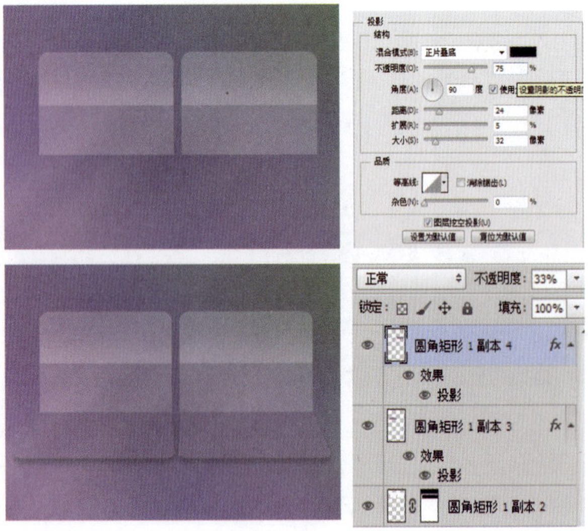

10 使用椭圆形工具在画面中绘制形状

选择所有圆角矩形图层，按快捷键Ctrl+G新建“组1”，结合图层蒙版与画笔工具制作出镂空图像效果。选择“组1”图层组，按快捷键Ctrl+J复制得到“组1副本”，继续按快捷键Ctrl+E合并图层组得到“组1 副本”图层，并调整图层不透明度。结合椭圆工具，在属性栏中设置“填充”为无，“描边”为白色。在图像上绘制形状。

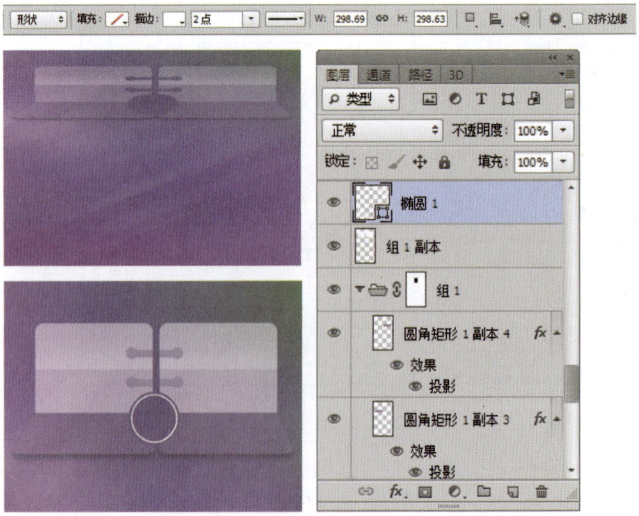

11 使用画笔工具绘制形状，并添加文字信息

新建“图层5”，单击自定画笔工具，在属性栏中设置画笔笔触、大小与不透明度。在图像上绘制出形状。并设置图层不透明度，为其添加投影的图层样式，增强画面的立体效果。单击横排文字工具，在界面上输入时间，天气的文字信息。

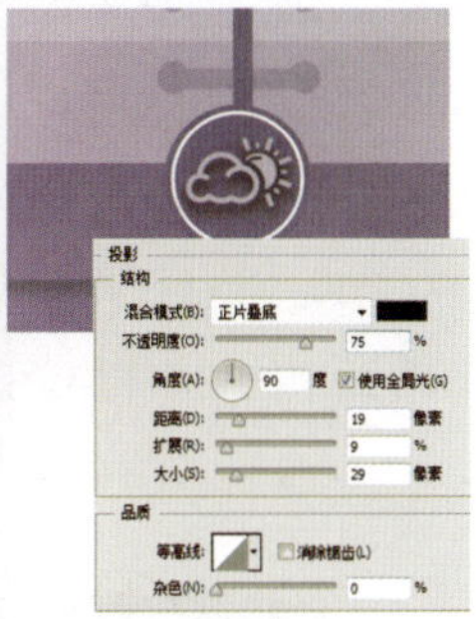

12 新建图层，创建矩形选区，并填充渐变

新建“图层6”，单击矩形选框工具，在画面下方创建一个矩形选区，然后单击渐变工具，在属性栏中设置渐变样式为白色到透明的渐变，在选区内拖出渐变效果，并设置图层不透明度值，完成后按快捷键Ctrl+D取消选区。

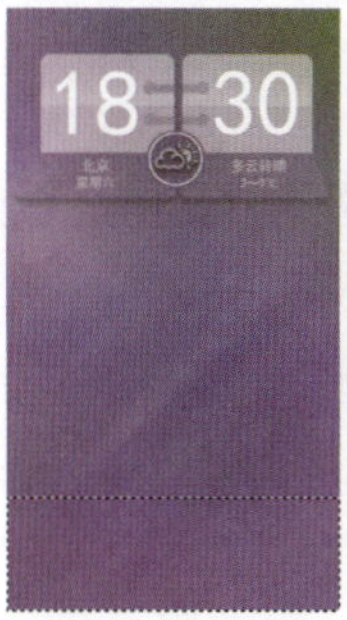

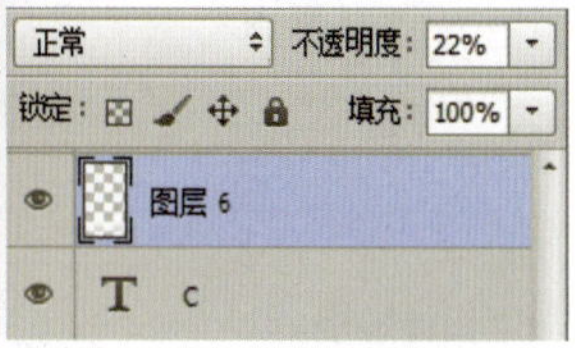

13 使用圆角矩形工具，与画笔工具绘制按钮

单击圆角矩形工具，设置前景色颜色，在图像上绘制出按钮形状，新建“图层7”，单击画笔工具，设置前景色为白色，按住Shift键在图像上绘制出线条，结合椭圆工具与钢笔工具，绘制出地图上的指标效果。新建“图层8”，结合钢笔工具渐变工具，制作出指标的阴影，完善地图的制作。按住Shift键选择“圆角矩形 2”到“椭圆 2”，按快捷键Ctrl+G新建“组1”，并将其重命名为“地图”。

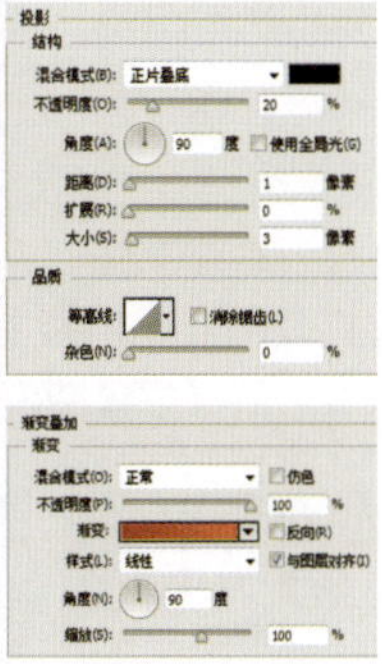

14 继续使用绘制按钮，完善界面的制作

使用相同的方法，设置不同的前景色，使用圆角矩形工具在图像上绘制按钮形状，结合钢笔工具，在圆角矩形上方绘制出相应的形状。绘制完成后，单击横排文字工具，在界面上添加相应的文字信息，完善界面的制作。

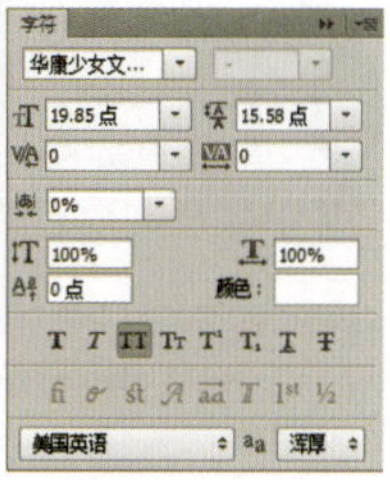

设计小结

1.利用画笔工具工具，设置不同的画笔笔刷，可以画出不同的笔触效果，更改图层混合模式可以是图像效果更多样。

2.在制作过程中注意文件名的命名和分组，这样更加方便于我们对图像文件的制作和管理。

4.2 移动手机主题界面

手机主题界面是用户根据个人喜好，下载一些个人比较喜欢的主题程序，来设置手机的待机图片、屏幕保护以及图标按钮等内容，实现手机个性化特征。

实战1 小清新风格手机主题

设计思路：

本节中的实例是制作小清新风格手机主题界面。实战1是制作小清新风格手机主题界面的锁屏界面。界面中背景的制作是通过对打开的素材图片进行一系列的调色，制作出小清新的主题风格效果，并结合各种形状工具的运用制作出小清新风格手机主题界面的锁屏界面。通过界面的制作读者可以明白调色在手机主题界面中的制作和应用。

● **设计规格：**

尺寸规格：867X1535（像素）
使用工具：自定形状工具、矩形工具、椭圆工具、横排文字工具、矩形选框工具、钢笔工具
源 文 件：Chapter 4/ Complete/小清新风格手机主题锁屏界面1.psd
Chapter 4/ Complete/小清新风格手机主题应用界面2.psd
视频地址：视频/Chapter 4/ 小清新风格手机主题锁屏界面1.swf
视频/Chapter 4/ 小清新风格手机主题应用界面2.swf

● **设计色彩分析：**

将画面调整成为亮蓝色的色调，使其具有小清新的整体感觉。

（R25、G25、B37）（R130、G203、B214）（R31、G103、B113）

方法1：小清新风格手机主题锁屏界面1

01 新建空白图像文件

执行“文件>新建”命令，在弹出的“新建”对话框中设置各项参数及选项完成后单击“确定”按钮，新建空白图像文件。

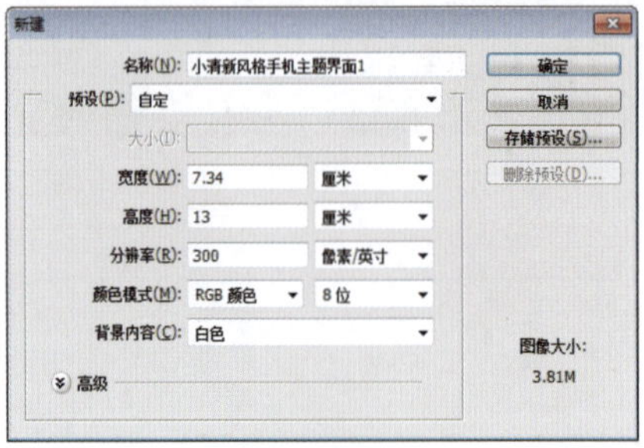

02 打开素材文件

打开01.jpg文件。拖曳到当前文件图像中生成“图层1”。使用快捷键Ctrl+T变换图像大小，并将其放至于画面合适位置。

03 创建“渐变填充”，调整图像色调

单击“创建新的填充或调整图层”按钮，在弹出的菜单中选择“渐变填充”选项并设置各项参数，完成后单击“确定”按钮，调整画面的色调。

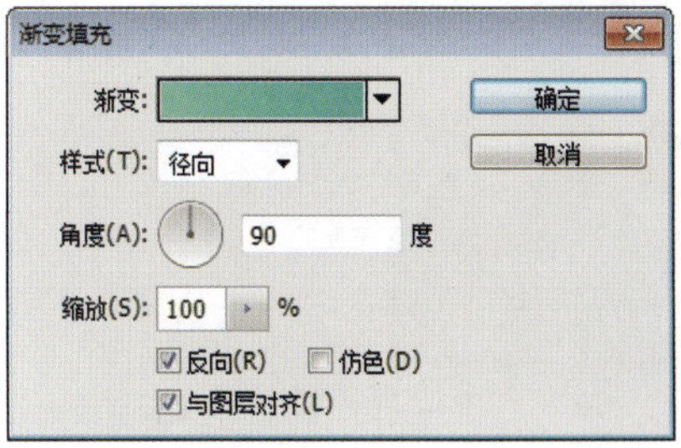

04 调整其混合模式和“不透明度”

选择创建的“渐变填充1”图层，设置混合模式为“叠加”、“不透明度”为45%。

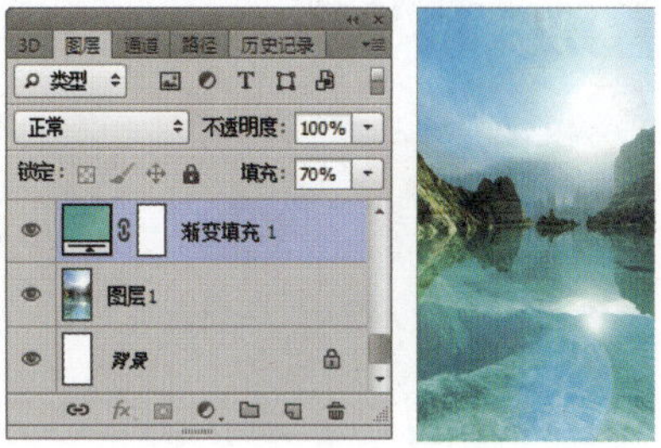

05 新建图层，绘制渐变并设置其混合模式

新建“图层2”，使用渐变工具，设置渐变颜色为深蓝色到透明色的线性渐变，并在画面上从上到下拖出渐变，并设置混合模式为“柔光”。

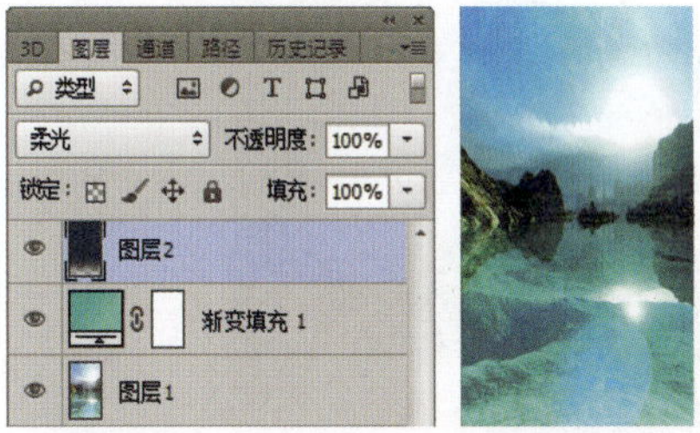

06 盖印图层，设置混合模式并添加蒙版透出渐变

按快捷键Shift+Ctrl+Alt+E盖印图层得到“图层3”，设置混合模式为“滤色”、“不透明度”为45%。单击“添加图层蒙版”按钮，使用渐变工具，设置渐变颜色为黑色到透明色的线性渐变，并在蒙版上从上到下拖出渐变。

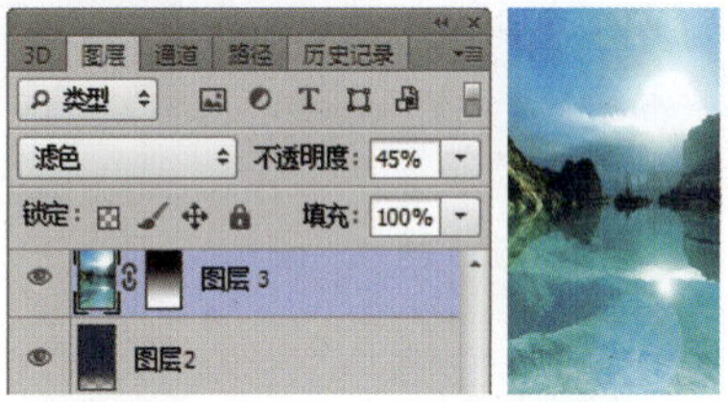

07 打开素材文件并进行合适的设置

打开02.jpg文件。拖曳到当前文件图像中，生成“图层4”，使用魔棒工具将其白色的背景选择，单击“添加图层蒙版”按钮，将其水的效果抠出。设置混合模式为“明度”，在其“图层”面板中设置其“填充”为55%。

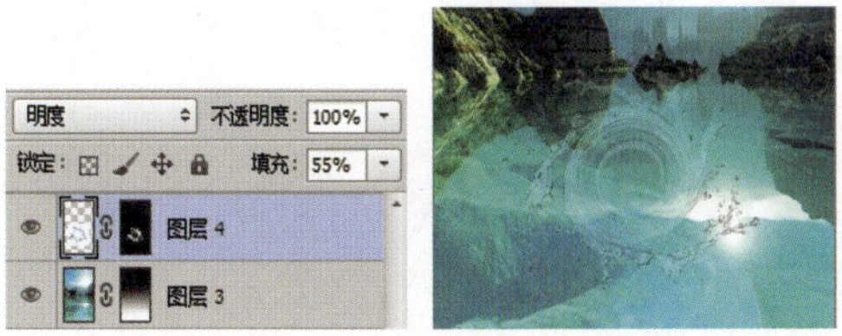

08 继续打开素材文件并进行合适的设置

打开03.png、04.png文件，拖曳到当前文件图像中，生成“图层5”、“图层6”，使用快捷键Ctrl+T变换图像大小，并将其放至于画面合适的位置。选择“图层5”，设置混合模式为“叠加”、在其“图层”面板中设置其“填充”为56%。

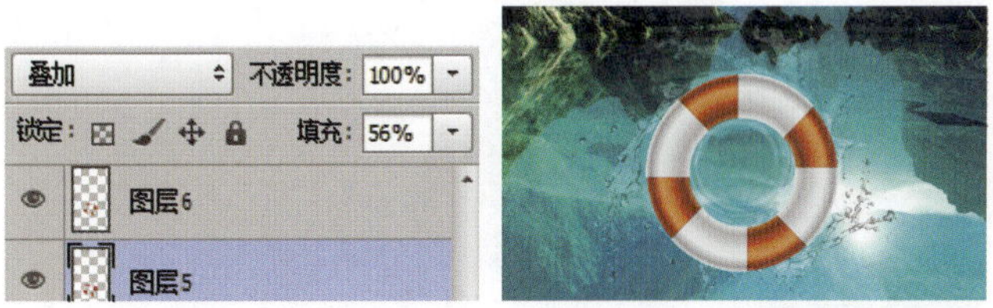

09 使用椭圆工具绘制椭圆解锁的样式

使用椭圆工具，按住Shift键在画面上连续绘制从大到小的椭圆，制作出画面中解锁的样式，得到“椭圆1”图层。

10 使用钢笔工具绘制三角形图案

单击钢笔工具，在其属性栏中设置其属性为“形状”，“填色”为白色，在画面中绘制下拉的箭头。得到“形状1”图层。

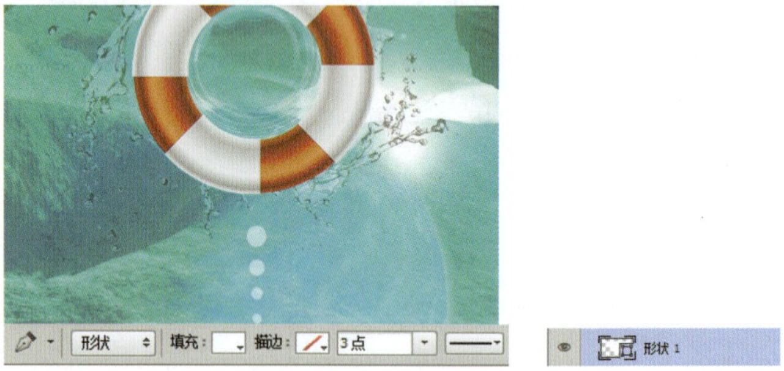

11 新建“组1”并设置其“投影”样式

按住Shift键并选择“椭圆1”和“形状1”，按快捷键Ctrl+G新建“组1”， 单击“添加图层样式”按钮，选择“投影”选项并设置参数，制作图案样式。

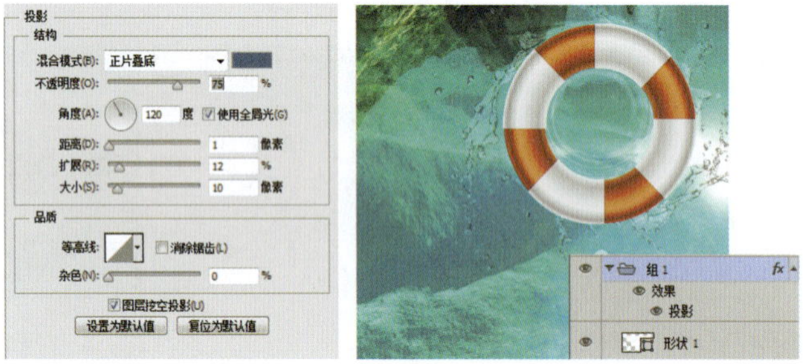

12 使用矩形工具绘制矩形并设置其“不透明度”

单击矩形工具，设置前景色为黑色，在画面上方合适的位置绘制矩形，并设置其“不透明度”为35%。

13 制作界面上的时间文字

单击横排文字工具，设置前景色为白色，输入所需文字，双击文字图层，在其属性栏中设置文字的字体样式及大小，并将其放置于画面上方合适的位置。

14 将输入的文字编组，设置其“投影”样式

选择所有文字图层，按快捷键Ctrl+G新建“组2”， 单击“添加图层样式”按钮，选择“投影”选项并设置参数，制作图案样式。

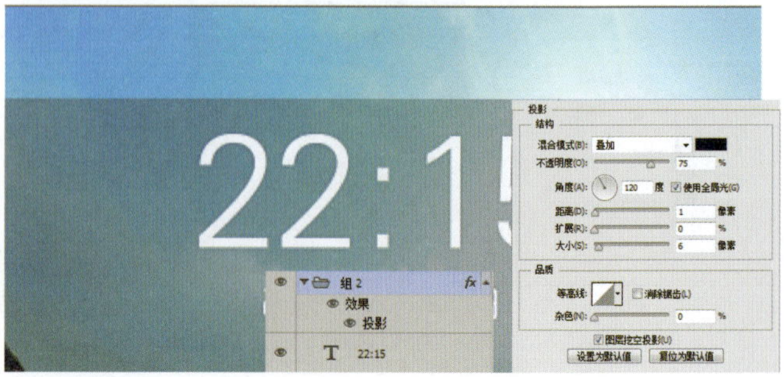

160

15 新建图层使用渐变工具制作上方的渐变样式

新建“图层7”，并使用渐变工具，设置渐变颜色为深蓝色到透明色的线性渐变，并在画面上方处拖出渐变。

16 新建图层使用矩形选框工具绘制小图标

新建“图层8”，使用矩形选框工具，在画面上方绘制信号图案，并将其填充为白色，按快捷键Ctrl+D取消选区。

17 选择绘制的小图标制作制作需要图层样式

选择“图层8”，单击“添加图层样式”按钮，选择 “渐变叠加”与“投影” 选项并设置参数，制作图案样式。

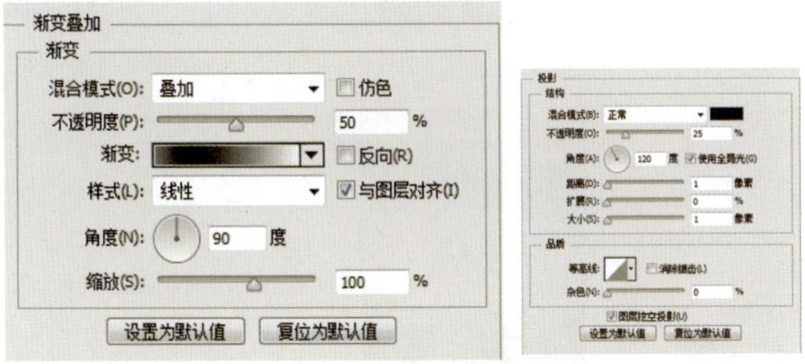

18 设置“填充”参数值

设置完成后单击“确定”按钮，并设置“填充”参数为70%，增强图标透明水晶质感。

19 使用路径工具绘制界面上的小图标

单击钢笔工具，并在属性栏上设置“路径操作”按钮，在画面上方绘制需要的形状，生成“形状2”，制作手机上方的电磁容量小图标。完成后拷贝“图层8”的图层样式，并粘贴至“形状2”中。

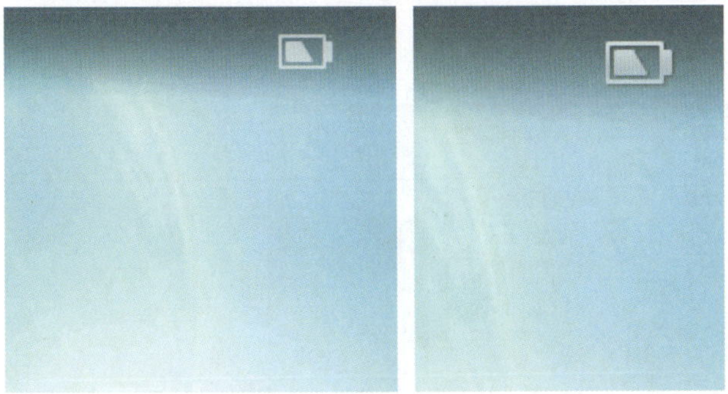

20 选择绘制的小图标制作制作需要图层样式

继续采用相同的方式在界面右上角绘制小图标，生成“形状3”，完成后并拷贝“形状2”的图层样式至“形状3”。最后按快捷键Shift+Ctrl+Alt+E盖印图层得到“图层9”。

方法 2：小清新风格手机主题应用界面 2

01 新建空白图像文件

执行“文件>新建”命令，在弹出的“新建”对话框中设置各项参数及选项，设置完成后单击“确定”按钮，新建空白图像文件。

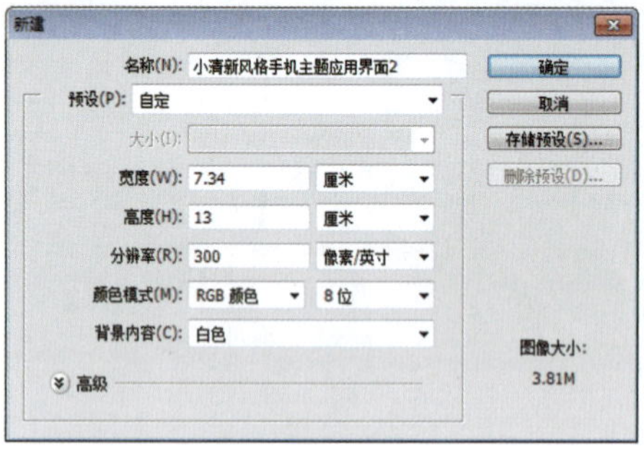

02 使用前面制作界面相同的方法制作画面的背景

使用和前面制作小清新风格手机主题界面1相同的方法打开素材图片文件，调整界面色调，制作画面的背景。

03 盖印图层，将其转换为智能对象图层

按快捷键Shift+Ctrl+Alt+E盖印图层得到“图层4”，单击鼠标右键选择“转化为智能对象”选项，转换为智能对象图层。执行“滤镜>模糊>高斯模糊”命令，并在弹出的对话框中设置参数。

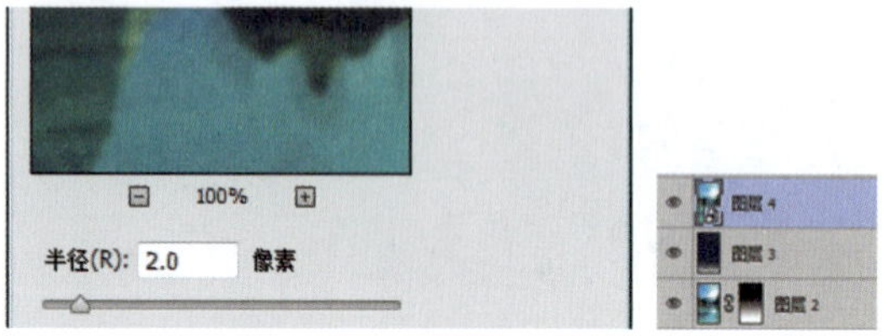

04 在其智能滤镜蒙版上使用渐变工具编辑

完成后单击“确定”按钮，在其蒙版上使用渐变工具，设置渐变颜色为黑色到透明色的线性渐变，在下方适当地拖出渐变。

05 新建图层适当涂抹制作背景光感

新建“图层5”，单击画笔工具，设置前景色为黑色，选择柔角画笔并适当调整大小及透明度，在画面上适当涂抹，设置混合模式为“正片叠底”。

06 制作制作界面上的时间

使用和前面制作小清新风格手机主题界面1制作文字相同的方法，使用横排文字工具，输入所需文字并新建“组1”，选择“投影”选项并设置参数，制作图案样式并新建图层在上方拖出需要的渐变。

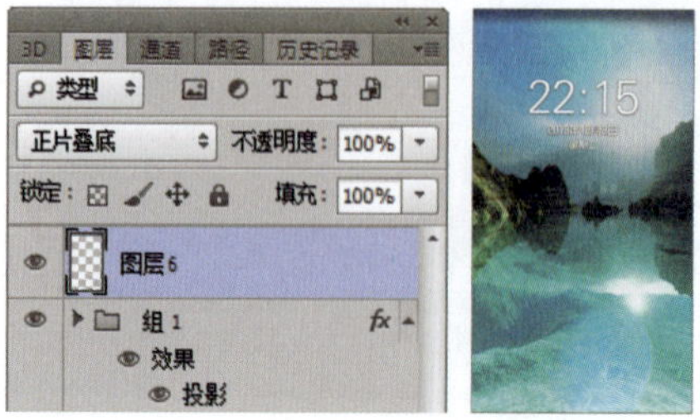

07 制作界面渐变效果

新建“图层7”，继续使用渐变工具，在画面上从上到下拖出需要的渐变，并设置混合模式为“正片叠底”、“不透明度”为15%。

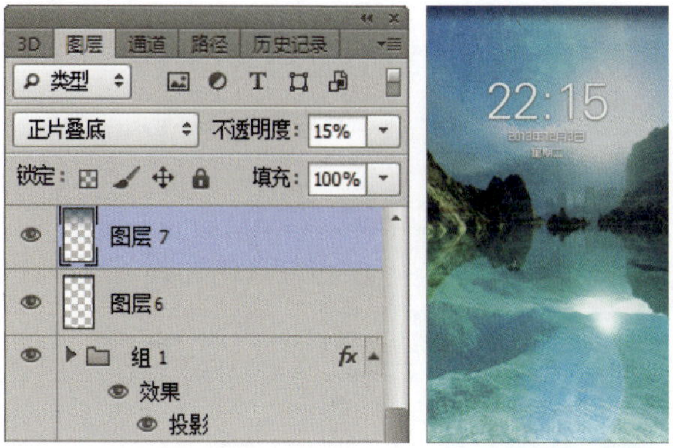

08 使用和前面制作界面相同的方法制作界面上的小图标

使用和前面制作小清新风格手机主题界面1制作手机界面上方小图标相同的方法，将手机界面上方小图标制作完成。

09 将制作好的图标拖拽到当前文件图像中

打开“小清新风格手机主题界面.ai”文件使用选择工具，将其拖曳到当前文件图像中，生成“矢量智能对象”，使用快捷键Ctrl+T变换图像大小，将其放至于画面合适的位置，并使用相同方式制作图标。

10 制作图标图层样式效果

将其所有图标选择，按快捷键Ctrl+G新建“组2”，单击“添加图层样式”按钮，选择“外发光”、“投影”选项并设置参数，制作图案样式。

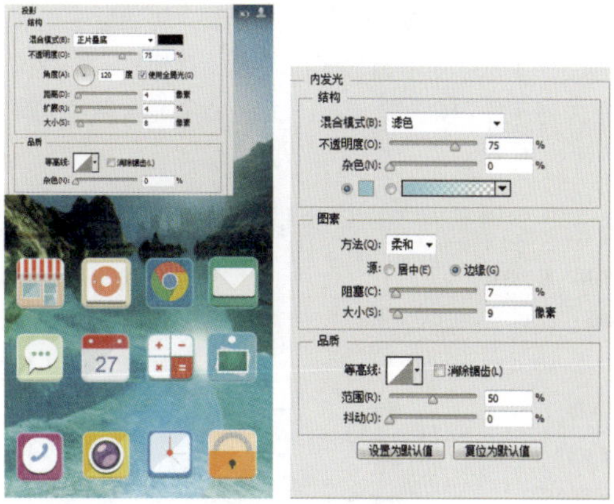

技巧点拨

图形拼合

所有的物体几乎都是由几何图形构成的，所以图形拼合完全可以应用几何图形进行拼合，从而得到想要的图案。在颜色方面也可以进行设置，在拼合时尽量使用相同的颜色。这样拼合的图形才能更加真实。

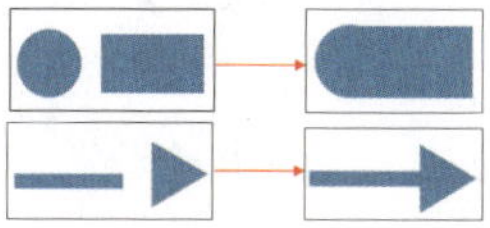

11 输入文字并制作其图层样式

单击横排文字工具[T]，输入所需文字，将其合并为“组3”，单击“添加图层样式”按钮[fx]，选择“外发光”选项并设置参数，制作图案样式。

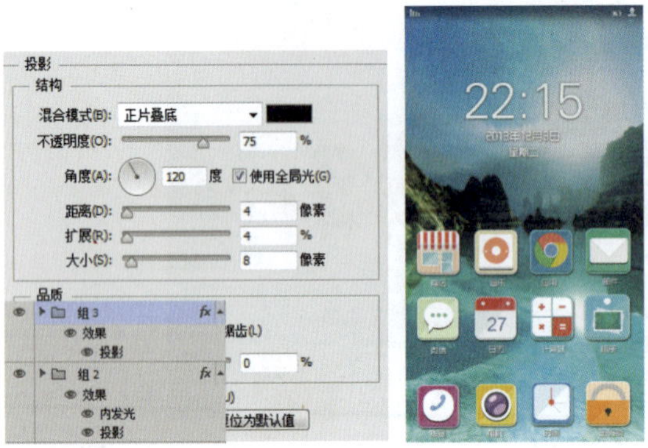

12 绘制界面上的小组件

新建“图层9”结合画笔工具[ ]与橡皮擦工具在画面中下方绘制需要的椭圆，单击“添加图层样式”按钮[fx]，选择“外发光”、“内发光”选项并设置参数，制作翻页图案样式。最后盖印图层得到“图层10”。

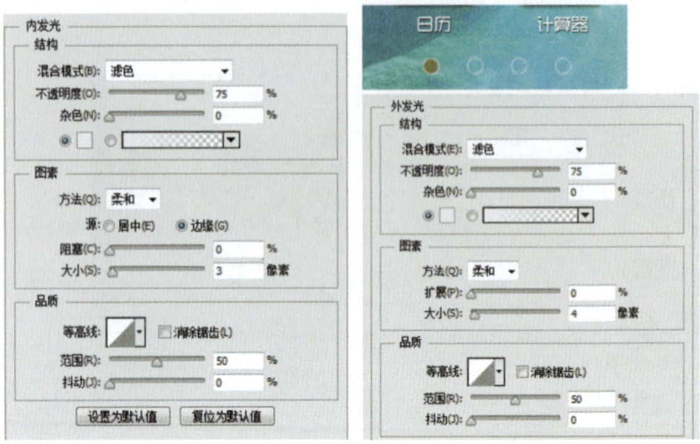

技巧点拨

绘制多个相同大小的椭圆

在Photoshop中绘制椭圆的方式有很多种，可以通过椭圆选框工具[ ]，在属性栏上单击“样式”选项，设置“固定比例”与“固定大小”选项，完成相同椭圆选区绘制。需要注意的是，这样的选区创建位置不能准确控制，需要通过绘制完成后单独调整图层的对齐方式实现。

13 新建效果展示文件

执行“文件>新建”命令，在弹出的“新建”对话框中设置各项参数及选项，设置完成后单击“确定”按钮，新建空白图像文件。设置前景色为亮灰色，按快捷键Alt+Delete填充背景色为亮灰色。

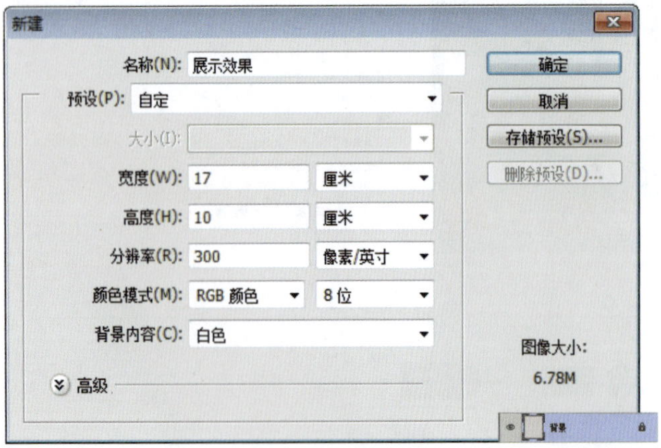

14 打开手机素材模板文件

执行“文件>打开”命令，打开“手机.png”文件，单击移动工具将素材拖动至当前图像文件中，并重命名图层为“手机”，放置画面左侧位置。

15 添加手机界面效果

打开“小清新风格手机主题锁屏界面1.psd”文件，将之前盖印的最上方图层移动至当前图像文件中，结合自由变换命令调整图像的大小至手机界面位置。完成后单击钢笔工具，在图像上绘制白色形状。

16 添加手机白色反光

双击“形状1”图层，打开图层样式对话框设置“渐变叠加”面板参数值，设置完成后单击“确定”按钮，在“图层”面板中设置“填充”为60%，制作手机反光效果。

17 复制手机模板

复制制作好的手机展示效果至画面右侧，删除“图层1”。

18 制作应用界面展示效果

然后打开“小清新风格手机主题应用界面2.psd”文件，将之前盖印的最上方图层移动至当前图像文件中，结合自由变换命令调整图像的大小至手机界面位置。至此，本实例制作完成。

设计小结

1.利用自定形状工具，可以方便地将需要的简单的小图标绘制出来。

2.在制作过程中注意文件名的命名和分组，这样更加方便于我们对图像文件的制作和管理。

实战 2 女性风格手机主题界面

设计思路：

本节中的实例是制作女性风格手机主题界面。界面中背景制作是通过使用画笔工具所涂抹出来的效果，制作出简单时尚的矢量画风主题效果，并结合各种形状工具的制作出手机显示界面的应用图标。通过界面的制作读者可以明白界面中主题风格的应用。

● **设计规格：**

尺寸规格：1080X1920（像素）
使用工具：画笔工具、钢笔工具、椭圆工具、矩形工具、自定形状工具、横排文字工具
源 文 件：Chapter 4/ Complete/女性风格手机主题界面.psd
视频地址：视频/Chapter 4/ 女性风格手机主题界面.swf

● **设计色彩分析：**

将画面调整成为偏红色的色调，使其突出女性风格主题的感觉。

（R245、G242、B224）（R140、G7、B9）（R229、G194、B196）

01 制作界面背景

新建一个空白图像文件，设置前景色为米黄色，按快捷键Alt+Delete填充图层，新建“图层1”，单击画笔工具，在属性栏中设置画笔参数，在界面中涂抹红色。

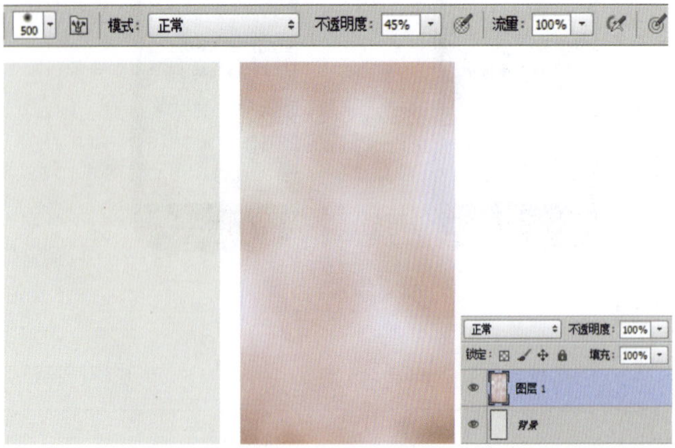

02 绘制圆形图标

新建“图层2”，单击椭圆选框工具，在界面上创建选区，并设置前景色为米黄色，按快捷键Alt+Delete填充选区，继续设置不同的前景色，在界面中绘制出圆形图标。

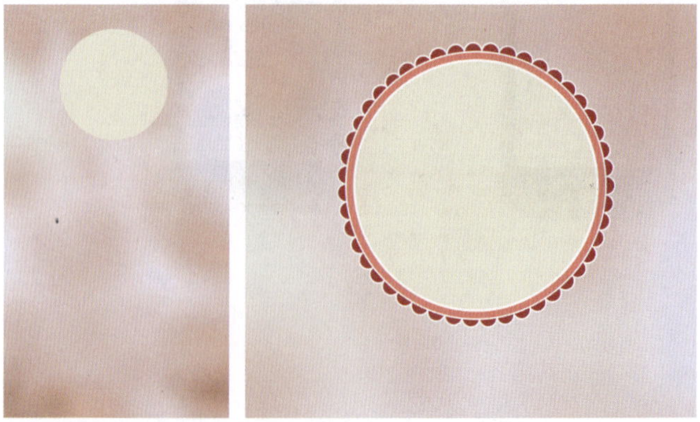

03 利用钢笔工具绘制人物轮廓

新建“图层3， 单击钢笔工具，在属性栏中设置工具模式为“路径”，在圆形图标内绘制出人物轮廓，完成后按快捷键Ctrl+Enter将路径转换为选区，设置前景色为深红色，按快捷键Alt+Delete填充选区。

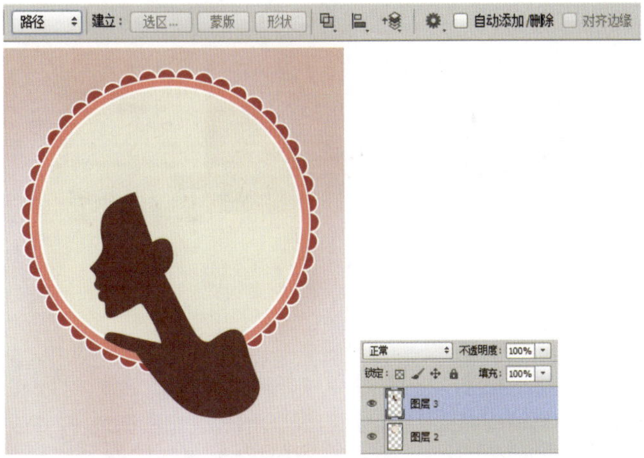

04 绘制人物嘴唇与头发

继续新建“图层4”、“图层5”，设置不同的前景色，在人物形状上继续绘制人物嘴唇与头发。丰富矢量人物的表现效果，完成后按住Shift键选择“图层3”到“图层5”，按快捷键Ctrl+G新建“组1”。

05 结合魔棒工具与图层蒙版隐藏多余图像

单击魔棒工具，在属性栏中设置“容差”值，选择“图层2”，在米黄色圆形上单击，创建选区，回到“组1”图层组，单击的“添加图层蒙版”按钮，隐藏多余人物图像。

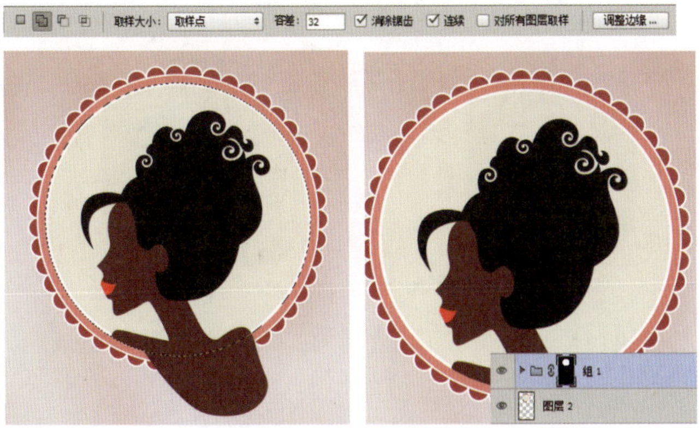

06 利用圆角矩形工具，绘制应用图标

单击圆角矩形工具，在属性栏中设置工具模式为“形状”，继续设置“填充”颜色，与描边的各项参数值，才界面左下方绘制出图标轮廓。结合钢笔工具，在图标上继续绘制形状。

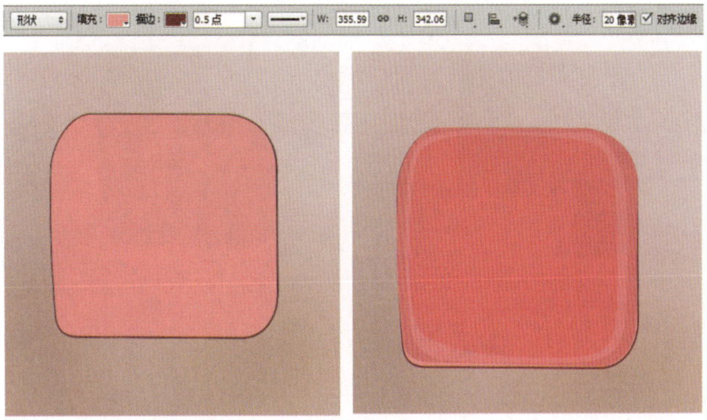

技巧点拨

绘制圆角图标

在Photoshop中绘制圆角矩形，可以通过圆角矩形工具，在属性栏中设置半径参数值的大小，参数值越大则画出的矩形四角更为圆滑，参数值越小，矩形的四角更尖锐。这样，便能画出不同圆角弧度的矩形。

07 绘制出图标的光滑质感

单击钢笔工具，在属性栏中设置填充颜色，在应用图标上绘制出亮部区域，并设置图层混合模式为“滤色”，更改不透明度值，加强按钮的光滑质感效果。

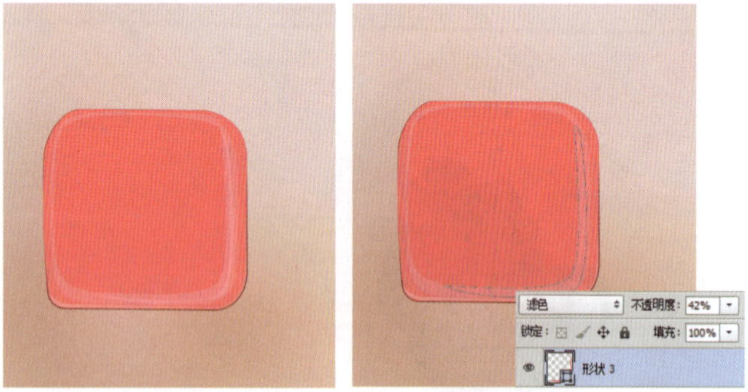

08 利用图层样式，添加图标的立体感

继续使用相同方法，单击钢笔工具，设置不同填充颜色，完善按钮图标，选择“形状4”，单击“添加图层样式”按钮，在菜单中选择“渐变叠加”，在对话框中设置各项参数值。

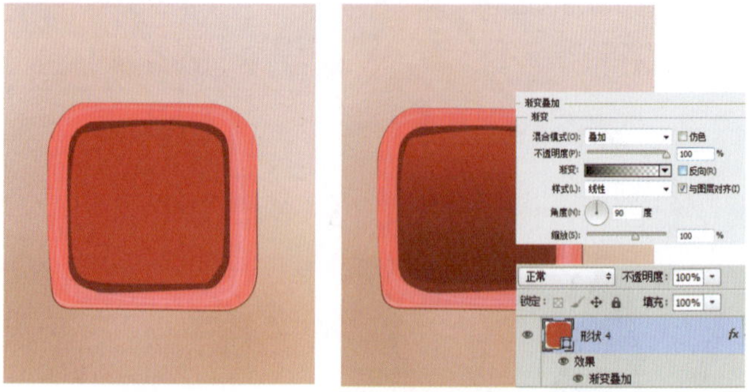

09 绘制图标的高光，加强光滑质感

使用钢笔工具，在图标上方绘制色块，并更改不透明度值，选择“形状1”到“形状5”按快捷键Ctrl+Alt+G为其创建剪贴蒙版，新建“图层6”，单击画笔工具，再属性栏中设置笔刷为“硬角画笔”，设置前景色为白色，在图标上方绘制高光。完成后按住Shift键选择“形状1”到“图层6”按快捷键Ctrl+G新建“组2”。

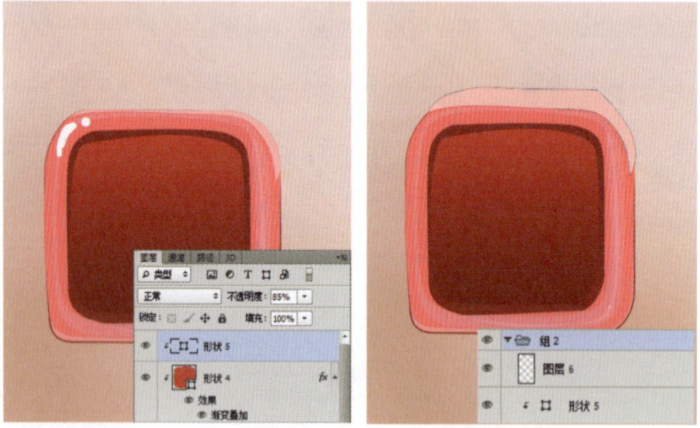

10 添加素材文件，完成图标的制作

执行“文件>打开”命令，打开“手表.png”素材文件，将其拖曳到当前图像文件中，按快捷键Ctrl+T调整图像大小，并放置于所绘制好的按钮图标上，完成图标的制作。选择“组2”，按快捷键Ctrl+J复制得到“组2副本”，按快捷键Ctrl+E进行合并，得到“组2副本”图层，放置于合适位置，打开“口红.png”文件，放置于按钮上方。

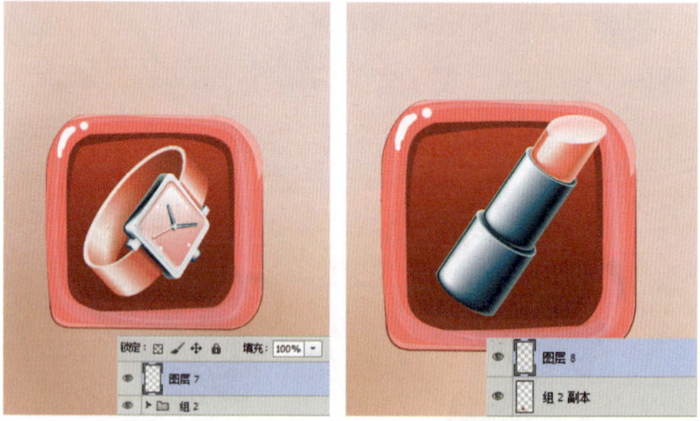

技巧点拨

钢笔工具

利用钢笔工具在界面中绘制一条路径后，点选调整路径上的一个点后，按“Alt”键，再单击鼠标左键一下，这时其中一根“调节线”将会消失，再单击下一个路径点时就会不受影响了。

11 继续添加界面应用图标

使用相同方法，选择“组2副本”图层，按快捷键Ctrl+J复制，并将其放置于界面合适位置，打开“日历.png”、“记事本.png”、“信息.png”、“电话.png”素材文件，放置于界面的合适位置。

12 结合钢笔工具，完善图标制作

复制“组2副本”图层，打开“高跟鞋.png”素材文件，单击钢笔工具，在图标上绘制出地图指针与道路形状，丰富图标效果。复制“图层3”到“图层5”，将其放置于按钮图标上方，结合图层蒙版隐藏图标以外图像，并更换皮肤颜色。

13 添加翻页按钮图标，并添加文字信息

打开“饼干.png”素材文件，并为其添加“投影”的图层样式，选择“图层15”，按快捷键Ctrl+J复制，并放置到界面中合适位置，并更改填充颜色为灰色，并更改图层不透明度。制作翻页图标效果。单击横排文字工具，在界面中添加文字信息。

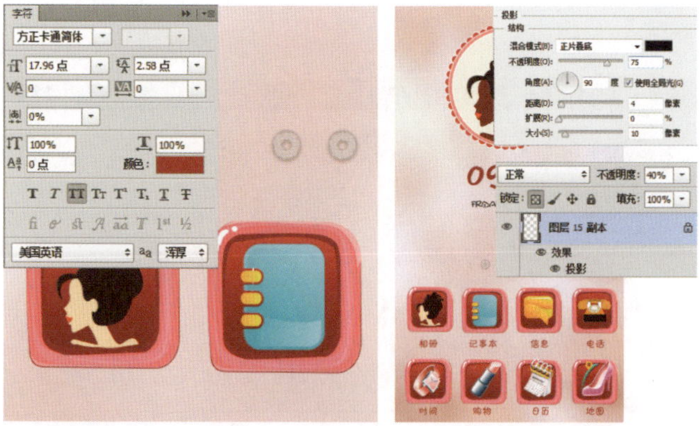

14 绘制菜单栏，并添加图标

单击矩形工具，在界面上方绘制黑色菜单栏，结合形状工具，在界面菜单栏中绘制出形状图标，完成界面的制作。至此，本实例制作完成。

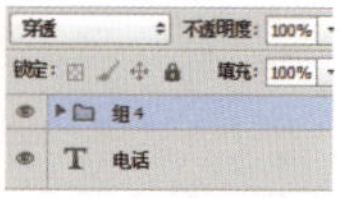

设计小结

1.利用自定形状工具，在属性栏中选择不同的形状，并设置参数值，可绘制多种矢量图形形状。

2.在制作过程中注意文件名的命名和分组，这样更加方便于我们对图像文件的制作和管理。

实战 3 可爱风格手机主题界面

设计思路：

本节中的实例是制作可爱风格手机主题界面。界面中背景制作是通过使用椭圆工具所绘制出来的圆点效果，制作出可爱的主题效果，并结合各种形状工具制作出手机显示界面的应用图标。通过界面的制作，读者可以明白界面中配色的应用。

● **设计规格：**

尺寸规格：1136X640（像素）
使用工具：矩形工具、椭圆工具、钢笔工具、自定形状工具、横排文字工具
源 文 件：Chapter 4/ Complete/可爱风格手机主题界面.psd
视频地址：视频/Chapter 4/可爱风格手机主题界面.swf

● **设计色彩分析：**

将画面调整成为粉红色的色调，使其层现可爱风格主题的感觉。

（R239、G135、B134）（R239、G52、B52）（R245、G171、B172）

01 制作界面背景

新建一个空白图像文件，设置前景色为粉红色，按快捷键Alt+Delete填充图层，单击椭圆工具，在属性栏中设置填充颜色，在界面中绘制椭圆，丰富背景效果。

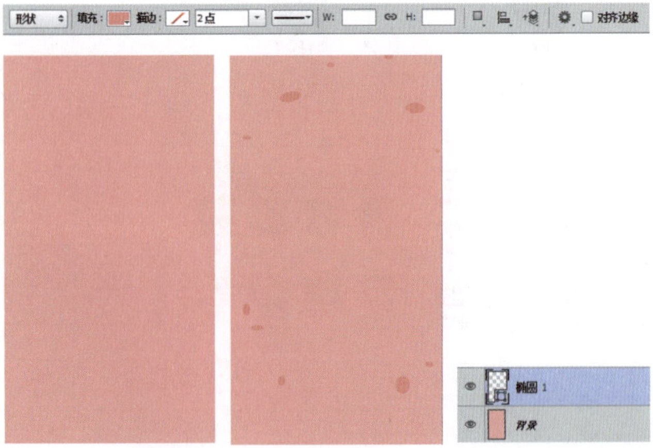

02 制作立体卡通眼睛

新建“图层1”，单击椭圆选框工具，在界面上创建选区，并填充为白色，单击渐变工具，在属性栏中设置渐变颜色为粉红色到白色的径向渐变，在选区内拉出渐变效果，制作立体眼球。

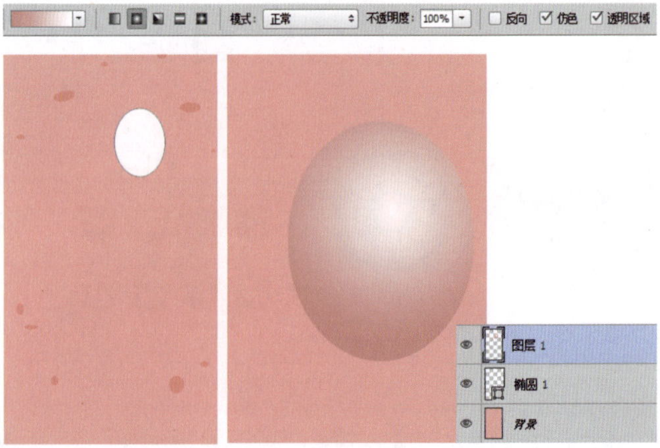

03 添加图层样式，加强眼睛立体效果

单击“添加图层样式”按钮 fx，在菜单中选择“内阴影”选项，在对话框中设置各项参数值。继续勾选“光泽”复选框，并在其相对应的属性面板中设置参数值。

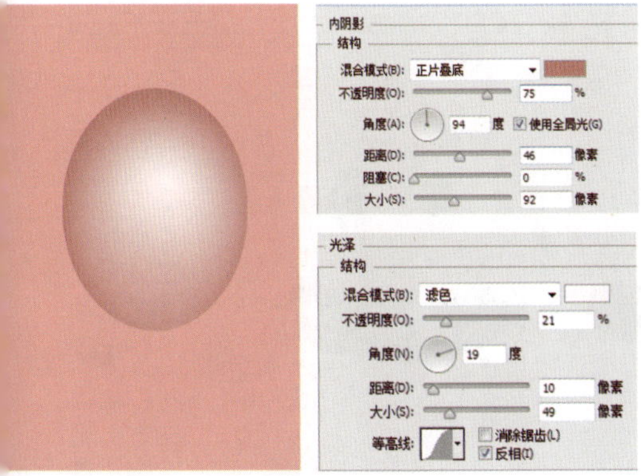

04 绘制出眼球，完成卡通眼睛制作

选择“图层1”，按快捷键Ctrl+J复制得到其副本图层，并将其填充颜色为黑色，按快捷键Ctrl+T调整大小，右键单击选择“转换为智能对象”命令，执行“滤镜>模糊>高斯模糊”命令，在对话框中设置各项参数值。

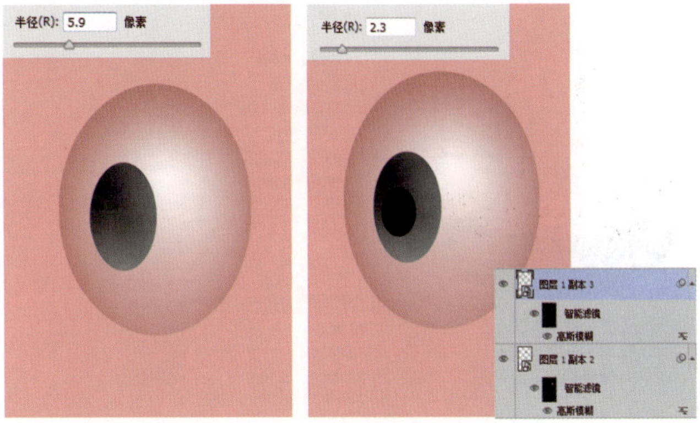

05 制作眼球的投影效果

新建“图层 2”，使用椭圆选区工具，在“图层1”的下方创建出椭圆选区，并填充为粉红色，在属性面板中设置羽化参数值，然后右键单击，将其转换为智能对象，执行“滤镜>模糊>高斯模糊”命令，在对话框中设置各项参数值，并设置图层混合模式与不透明度。

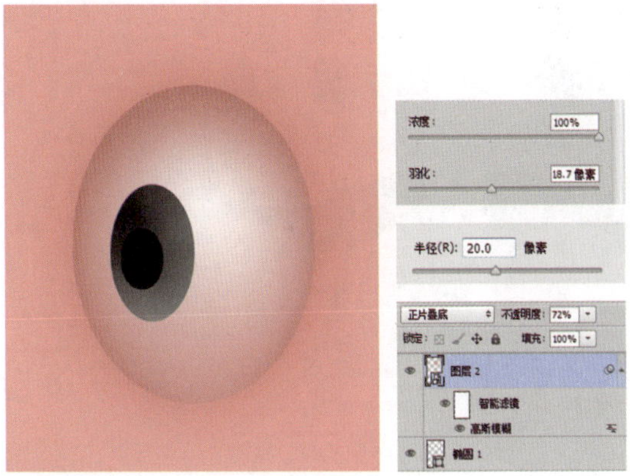

06 利用钢笔工具绘制嘴巴的外形

按住Shift键选择“图层2”到“图层1副本3”图层，按快捷键Ctrl+G新建“组1”，按快捷键Ctrl+J复制得到“组1副本”图层，按快捷键Ctrl+E合并得到“组1副本”图层。按快捷键Ctrl+T，应用水平翻转命令，将其放置于画面合适位置。单击钢笔工具，在界面中绘制嘴巴外形。

技巧点拨

渐变工具

渐变工具是一款运用非常广泛的工具。它可以把较多的颜色混合在一起，邻近的颜色间相互形成过渡，这款工具使用起来并不难，在属性栏设置好渐变方式，如线性、放射、角度、对称、菱形等，然后选择好起点，单击鼠标左键并拖动到终点松开，即可拖曳出想要的渐变色。

07 添加图层样式，加强立体效果

单击“添加图层样式”按钮fx，在菜单中选择“斜面和浮雕”选项，在对话框中设置各项参数值。继续勾选“阴影”复选框，并在其相对应的属性面板中设置参数值。完成后单击“确定”按钮，添加嘴巴的厚度。

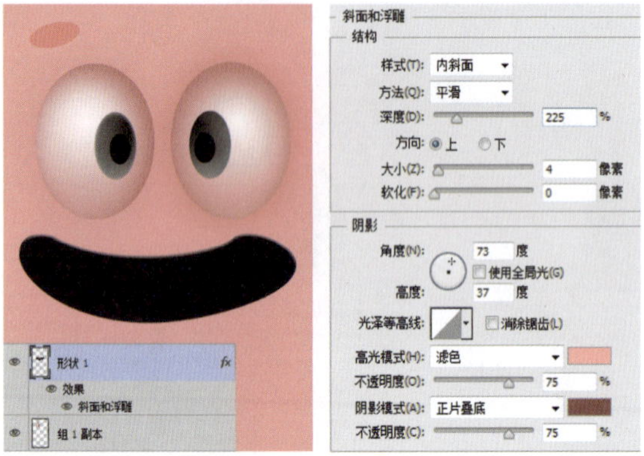

08 利用钢笔工具，绘制牙齿形状

单击渐变工具，在属性栏中设置渐变颜色为红色到透明的渐变，新建“图层4”，单击矩形选区工具，在界面上创建选区，并填充选区为白色，单击“添加图层样式”按钮fx，在菜单中选择“投影”选项，在对话框中设置参数值，添加立体效果。

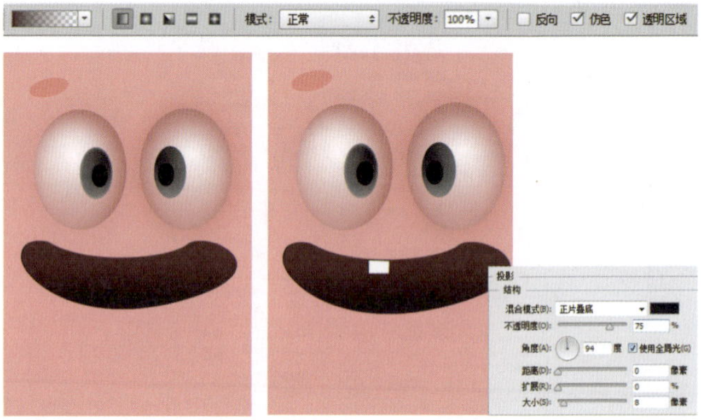

09 继续添加牙齿形状

选择“图层4”，按快捷键Ctrl+J复制得到“图层 4副本”图层，右键单击，在菜单中选择“清除图层样式”选项，并将其移至适当位置，丰富牙齿形状。继续复制牙齿形状并放置于合适位置。

10 绘制舌头形状，丰富卡通形象的制作

单击钢笔工具，在嘴巴上方绘制出舌头的形状，单击“添加图层样式”按钮fx，在菜单中选择“斜面和浮雕”选项，在对话框中设置各项参数值。继续勾选“阴影”、“内阴影”复选框，并在其相对应的属性面板中设置参数值。添加舌头的厚度。

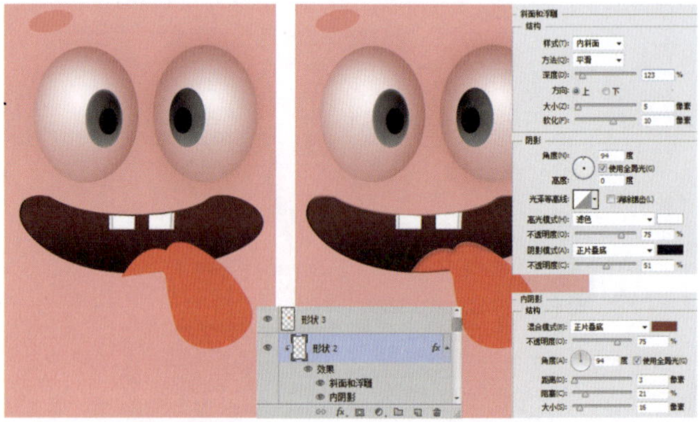

技巧点拨

斜面和浮雕图层样式

图层样式中的斜面和浮雕选项它包括内斜面、外斜面、浮雕、枕形浮雕与描边浮雕，它们的参数选项都是一样的，制作出的效果却有很大的差异。

11 绘制卡通眉毛

单击击钢笔工具，设置填充颜色为巧克力色（R90、G63、B62），在眼睛上方绘制出眉毛形状，完成后将其复制得到其副本图层，按快捷键Ctrl+T将其放置于界面合适位置。选择“形状1”到“形状2副本”图层，按快捷键Ctrl+G新建“组3”。

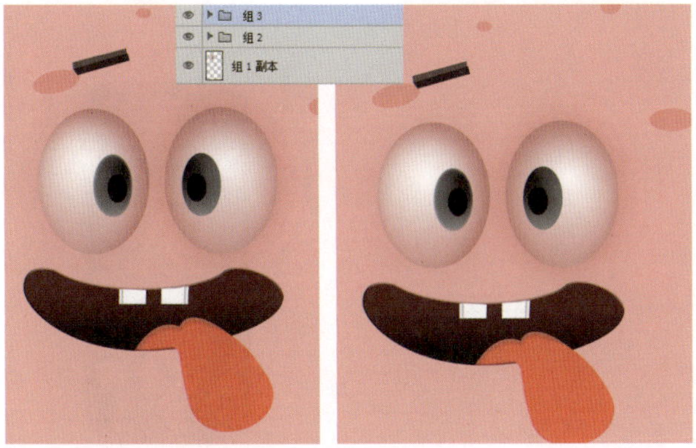

12 使用椭圆工具绘制按钮图标

单击椭圆工具，在属性栏中设置填充颜色为粉红色（R223、G50、B95），按住Shift键在界面左下方绘制出正圆形状，单击“添加图层样式”按钮，在菜单中选择“投影”选项，在对话框中设置各项参数值。继续使用相同方法，绘制正圆形状，完成按钮图标的制作。

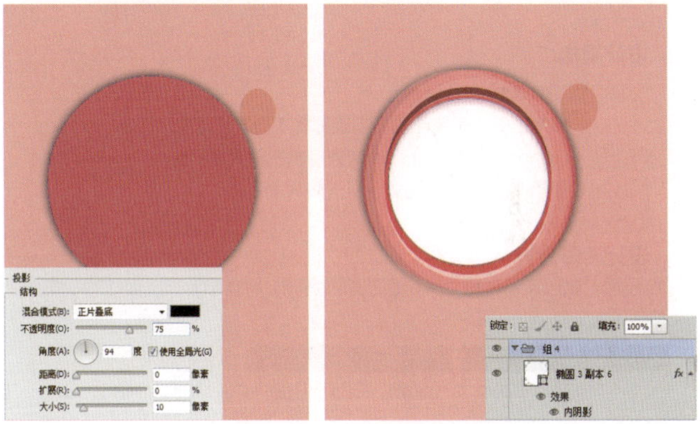

13 使用钢笔工具，绘制应用图标

单击钢笔工具与自定形状工具，在图标内绘制出时钟指针形状，选择“组4”图层组，按快捷键Ctrl+J复制，并合并图层组，更换图标颜色。绘制应用图标形状。单击横排文字工具，在图像中输入文字信息。

14 绘制菜单栏，并添加图标

单击矩形工具，在界面上方绘制黑色菜单栏，结合形状工具，在界面菜单栏中绘制出形状图标。单击“创建新的填充或调整图层”按钮，在菜单中选择“色相/饱和度”选项，在属性面板中设置各项参数值，调整界面饱和度。至此，本实例制作完成。

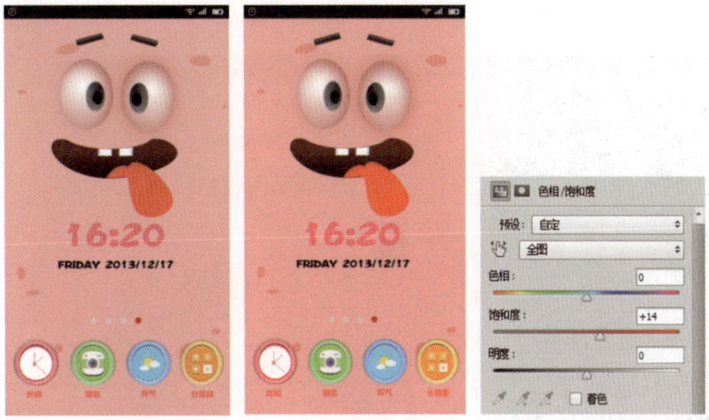

设计小结

1.利用渐变工具，在属性栏中设置渐变颜色与渐变样式，可调整出图像的立体感。
2.在制作过程中注意文件名的命名和分组，这样更加方便于我们对图像文件的制作和管理。

实战4 特效手机主题界面

设计思路：

本节中的实例是制作特效手机主题界面。界面中背景制作主要是通过对素材图片进行调色，将背景处理为暗沉的深色调，突出火焰的特效感觉。

● **设计规格：**

尺寸规格：1920X1080（像素）
使用工具：钢笔工具、画笔工具、自定形状工具、横排文字工具
源 文 件：Chapter 4/ Complete/特效手机主题界面.psd
视频地址：视频/Chapter 4/特效手机主题界面.swf

● **设计色彩分析：**

将画面背景色调色调整为偏黑色的暗沉色调，将火焰调整成偏红的视觉感受感觉，通过色彩对比使界面呈现出浓重的火焰质感。

（R1、G23、B29） （R40、G55、B96） （R255、G186、B91）

01 填充深蓝色背景

新建一个空白图像文件，选择“背景”图层，设置前景色为深蓝色（R1、G23、B29），按快捷键Alt+Delete填充图层。

02 制作界面背景

执行“文件>打开”命令，打开“场景.jpg”文件。拖曳到当前文件图像中生成“图层1”。单击添加图层蒙版按钮，添加图层蒙版，单击渐变工具，设置渐变颜色为深蓝色到透明的线性渐变，在蒙版中自上往下拉出渐变效果，使素材图片与背景相融合。

03 调整图像色调

单击“创建新的填充或调整图层”按钮，在弹出的菜单中选择“照片滤镜”选项并设置参数，单击“此调整影响下面的所有图层”按钮为其创建剪贴蒙版，继续创建出“色相/饱和度”与“曲线”调整图层。设置各项参数值，调整图像色调。

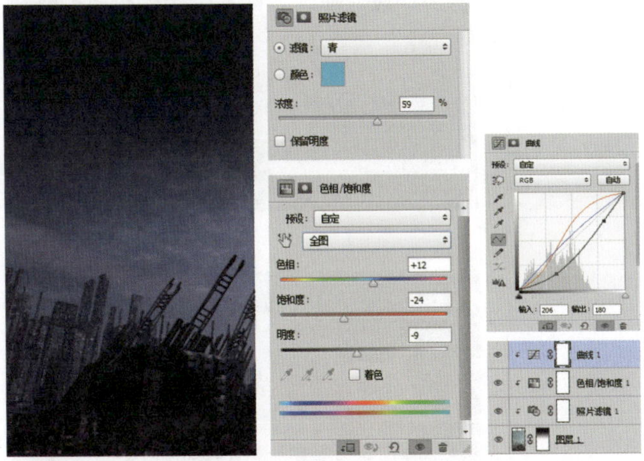

04 填充颜色，使图像整体色调统一

单击“创建新图层”按钮，新建“图层2”，设置前景色为黑色，按快捷键Alt+Delete填充图层，并更改图层混合模式为“柔光”，设置图层不透明度，使界面的整体色调达到统一。

05 利用通道抠取图像

打开“转盘.jpg”图像文件，切换至通道面板中，选择“蓝”通道，将其拖曳到“创建新图层”按钮上，生成“蓝 副本”通道，按快捷键Ctrl+L，在弹出的“色阶”对话框中设置参数值，调出图像的明暗对比。

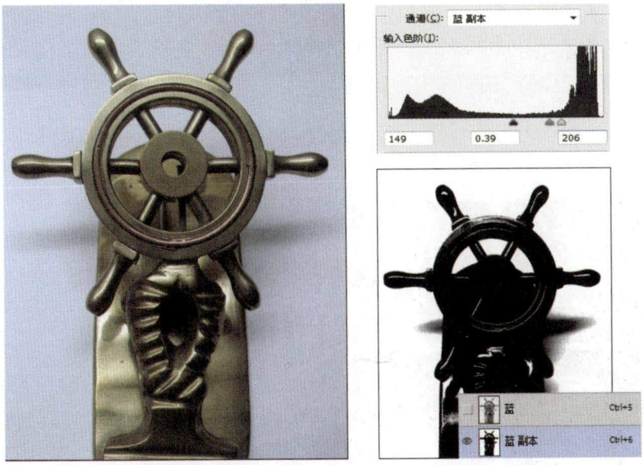

06 结合画笔工具抠取图像

单击画笔工具，设置前景色为黑色，调整画笔笔触为尖角画笔，设置画笔大小，在转盘图像上进行涂抹，加强图像的明暗对比。按住Ctrl键单击“蓝 副本”通道的缩略图，载入选区，反选选区，删除多余背景图像。结合图层蒙版与钢笔工具删除多余图像。

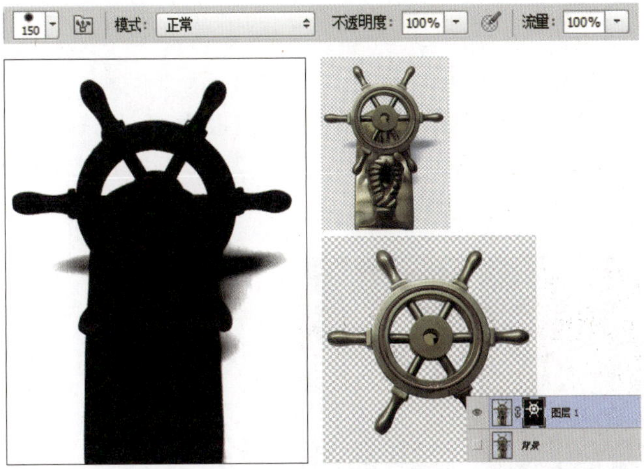

07 设置图层样式，添加图像的燃烧效果

将抠取出来的图像移动到当前图像文件中，放置于界面中合适位置，按快捷键Ctrl+J复制得到其副本图层，单击“添加图层样式”按钮fx，在菜单中选择“斜面和浮雕”选项，在对话框中设置参数值，继续设置其他图层样式的参数值。

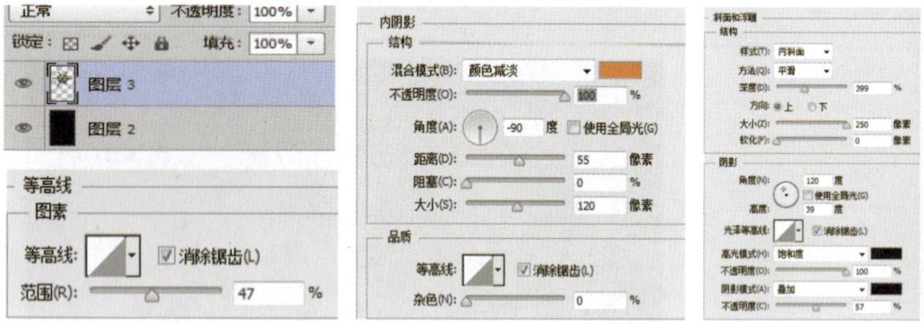

08 加强图像的燃烧效果

在图层样式对话框中，继续设置“内发光”与“图案叠加”选项的参数值，加强图像的燃烧效果。执行“文件>打开”命令，打开“火焰.jpg”文件，将其移动到当前图像文件中，生成“图层4”，调整图层顺序与混合模式。

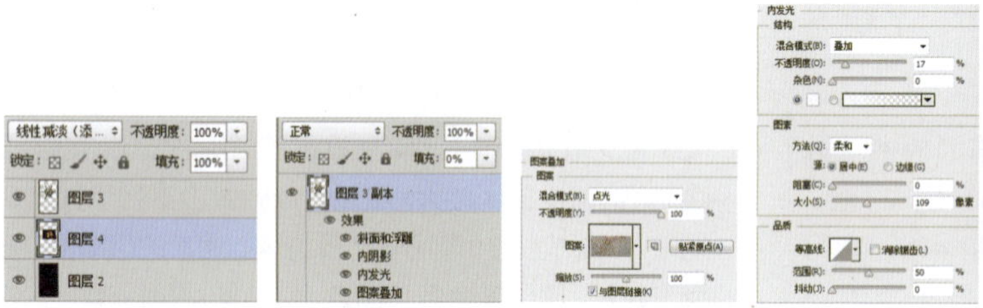

09 涂抹颜色，加强燃烧效果

新建“图层5”，设置前景色为黄色（R232、G93、B45），按住Ctrl键单击“图层3”的图层缩略图，载入图像选区。单击画笔工具，在属性栏中设置画笔笔触与大小，在选区内涂抹颜色，并更改图层混合模式为“亮光”，加强燃烧效果。

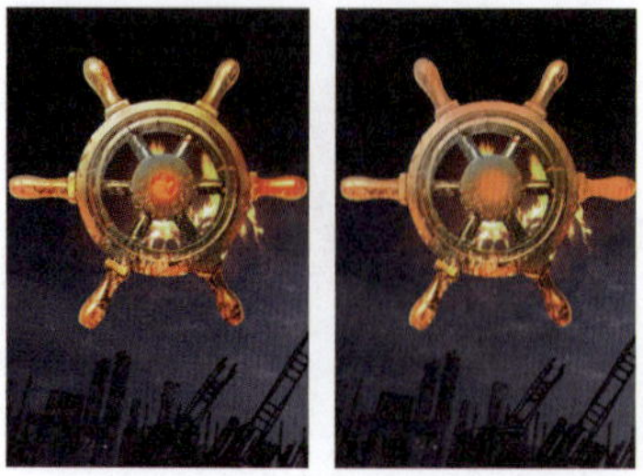

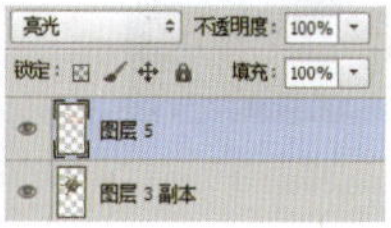

10 涂抹不同颜色，加强燃烧的效果

新建“图层6”设置前景色为（R255、G236、B88），使用画笔工具在图像上涂抹颜色，并更改图层混合模式，新建“图层7”，设置前景色为红色（R61、G13、B13），继续在界面上涂抹颜色，并更改图层混合模式，加强天空中的燃烧晕染效果。

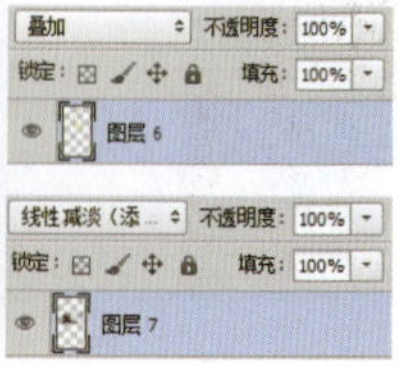

11 添加火焰素材，制作火焰燃烧效果

选择“图层4”，按快捷键Ctrl+J复制得到“图层4 副本”图层，并将其放置于转盘图像的四周，并按快捷键Ctrl+T调整图像的大小与位置，继续打开“火焰1.jpg”、“火焰3.png”素材文件，将其移动至合适位置，制作火焰燃烧效果。

12 打开素材文件，添加燃烧光点

打开“火焰2.png”素材文件，将其拖曳到当前图像中，复制并放置于界面中的合适位置，单击“添加图层样式按钮”fx，设置外发光选项的参数值，完成后设置图层不透明度，结合图层蒙版与画笔工具隐藏部分图像。

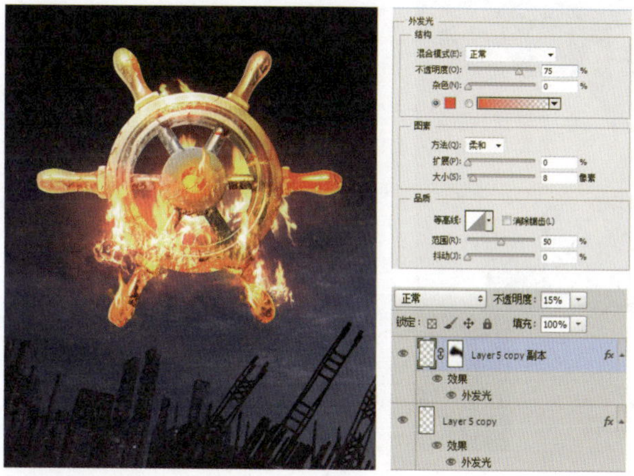

13 制作烟雾效果

新建“图层10”，单击画笔工具，设置前景色为白色，在属性栏中载入“烟雾.abr”画笔，选择适当的烟雾笔刷与大小，在界面上单击制作出烟雾效果。完成后更改图层不透明度，使绘制的烟雾效果与燃烧画面相融合。

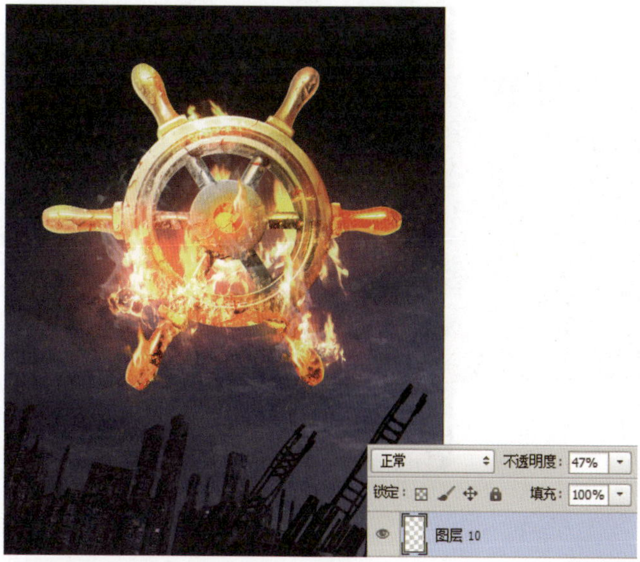

14 添加火焰标题文字

单击横排文字工具T，在字符面板中设置字体、字号与颜色，在界面上方输入文字信息。单击“添加图层样式”按钮fx，在菜单中选择“斜面和浮雕”选项，在对话框中设置参数值，继续设置其他图层样式的参数值。

15 设置图层样式，添加文字的质感效果

在图层样式对话框中继续设置“颜色叠加”、“渐变叠加”、“投影”选项的参数值。完成后单击“确定”按钮，应用所设置的图层样式，并设置图层“填充”值，添加文字的立体质感效果。

16 复制文字图层，加强文字的质感效果

选择文字图层，按快捷键Ctrl+J复制得到其副本图层，双击所对应的图层样式，在弹出的对话框中更改各项参数值，加强文字的质感效果。

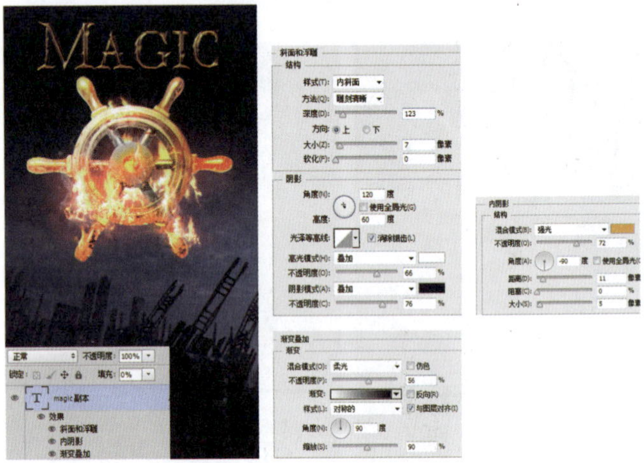

17 制作火焰燃烧的应用图标

单击钢笔工具，在属性栏中设置工具模式为形状，填充颜色为黄色(R252、G231、B1)，在界面的右下方绘制出来电图标，使用相同方法设置图层样式，添加图标的燃烧效果。

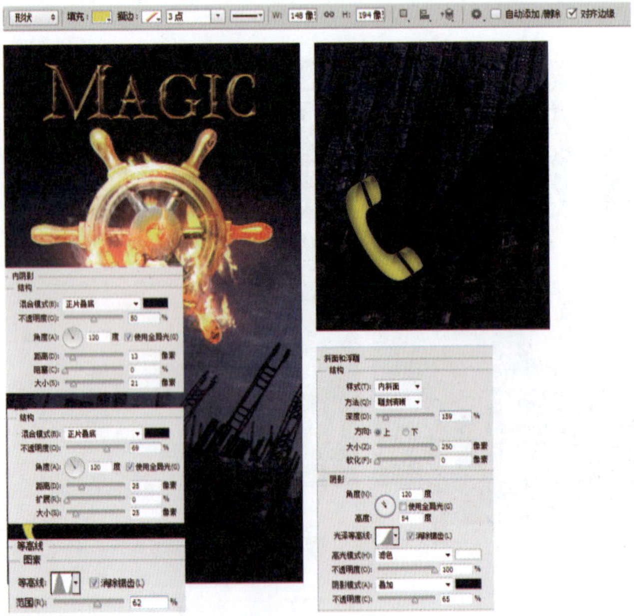

18 继续设置图层样式，添加图标的燃烧纹理

选择“形状1”，按快捷键Ctrl+J复制得到“形状1副本”图层，双击图层样式，弹出图层样式对话框，在对话框中更改各个选项的参数值，并设置图层混合模式，加强图标的立体燃烧效果。

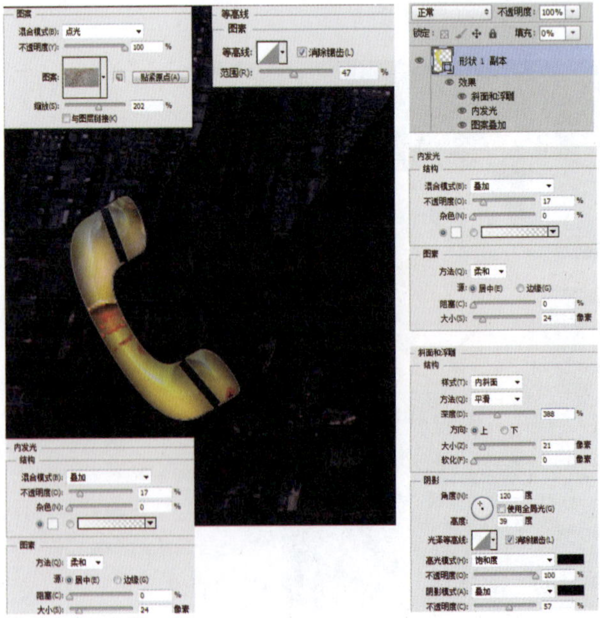

19 添加火焰素材，加强燃烧效果

选择“图层4”，按快捷键Ctrl+J得到其副本图层，并使用移动工具，将其调整至画面的合适位置，继将“火焰1.jpg”素材文件拖曳到当前图像文件中，放置于来电图标的下方，制作燃烧效果。

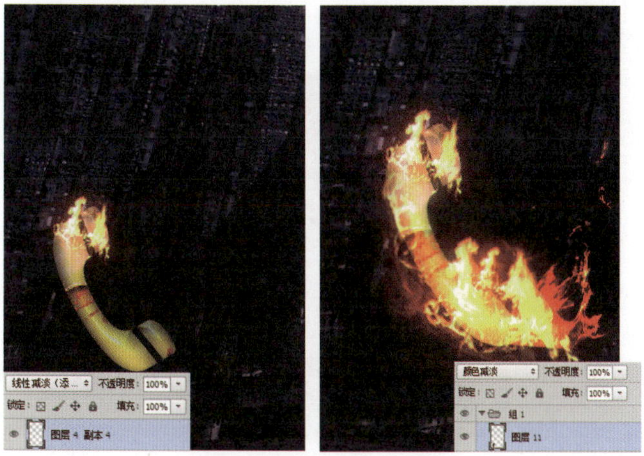

20 绘制闹铃图标，并添加燃烧效果

单击钢笔工具，在属性栏中设置工具模式为形状，填充颜色为黄色(R252、G231、B1)，在界面下方绘制出闹铃图标，拷贝“形状1”及“形状1副本”的图层样式粘贴至闹铃形状中。制作燃烧效果。

21 添加火焰效果，完善图标制作

使用相同方法，复制火焰图层，按快捷键Ctrl+T调整大小与位置，加强闹铃图标的燃烧效果。结合钢笔工具，与图层样式继续制作出其他图标。完善界面的制作。

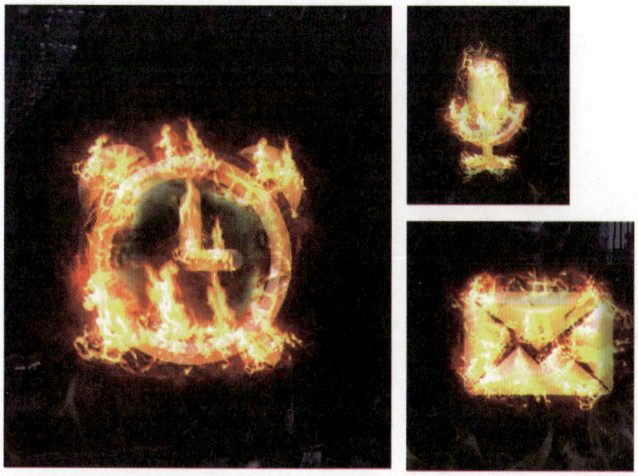

22 添加界面形状，完成界面制作

选择“图层8”，按快捷键Ctrl+J复制得到其副本图层，按快捷键Ctrl+T应用水平翻转命令，制作出界面滑动形状，完成特效手机界面的制作。至此，本实例制作完成。

设计小结

利用图层样式，设置“纹理”与“图案叠加”效果的参数值可以调整出特殊质感与立体效果。

实战5 手绘风格手机主题界面

设计思路：

本节中的实例是制作手绘风格手机主题界面，画面中整成为淡黄色的色调，使其具有温馨手绘的整体感觉。并结合画笔工具、钢笔工具和多种形状工具将手绘风格手机主题锁屏界面和手绘风格手机主题界面制作完整。

● **设计规格：**

尺寸规格：945X1535（像素）

使用工具：矩形工具、椭圆工具、横排文字工具、画笔工具、钢笔工具

源 文 件：Chapter 4/ Complete/手绘风格手机主题锁屏界面.psd
Chapter 4/ Complete/手绘风格手机主题界面.psd

视频地址：视频/Chapter 4/手绘风格手机主题锁屏界面.swf
视频/Chapter 4/手绘风格手机主题界面.swf

● **设计色彩分析：**

将画面调整成为淡黄色的色调，使其具有温馨手绘的整体感觉。

（R37、G31、B0） （R235、G107、B0）（R249、G216、B137）

方法1：手绘风格手机主题锁屏界面

01 新建空白图像文件

执行“文件>新建”命令，在弹出的“新建”对话框中设置各项参数及选项完成后单击“确定”按钮，新建空白图像文件。

02 新建“图层1”，设置前景色为淡黄色，按快捷键Alt+Delete，填充背景色为淡黄色。打开“网状.png”文件。拖曳到当前文件图像中，生成“图层2”，设置其“不透明度”为22%。

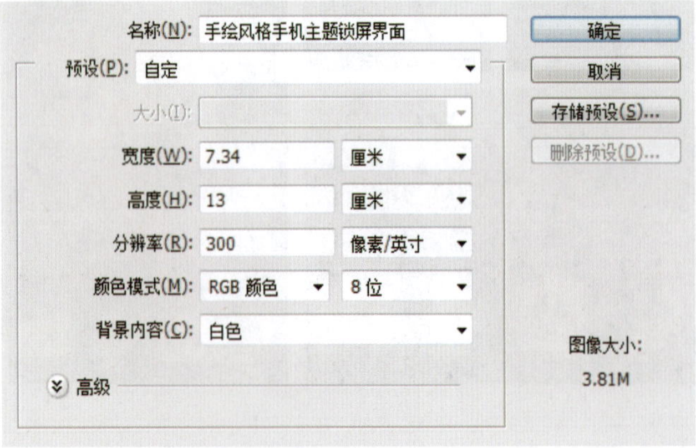

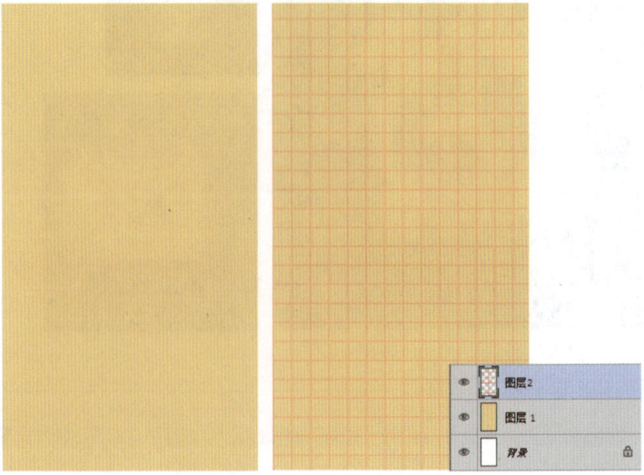

03 打开“图片.png”文件，拖曳到当前文件图像中，生成“图层3”，使用快捷键Ctrl+T变换图像大小，并将其放至于画面上方合适的位置。

04 单击“图层3”的“指示图层可见性”按钮，关闭“图层3”的可见性，打开“画框.png”文件。拖曳到当前文件图像中，生成“图层4”，使用快捷键Ctrl+T变换图像大小，并将其放至于画面上方合适的位置。单击“添加图层样式”按钮，选择“内发光”选项并设置参数，制作图案样式。

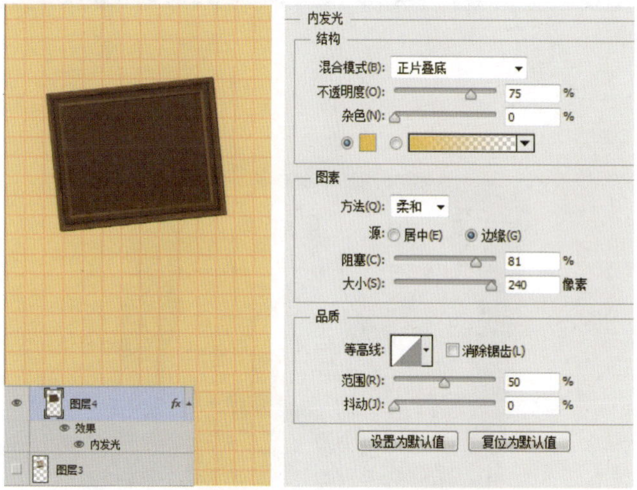

05 新建“图层5”，使用矩形选框工具，在画框上绘制矩形选区并将其填色，使用快捷键Ctrl+T变换图像方向，选择“图层3”，按快捷键Ctrl+J复制得到“图层2副本”　将其移至图层上方，打开“图层3副本”的可见性，使用快捷键Ctrl+T变换图像方向，并创建其图层剪贴蒙版。

06 按住Shift键并选择“图层4”到“图层3副本”，　按快捷键Ctrl+G新建“组1”。单击“添加图层样式”按钮，选择“投影”选项并设置参数，制作图案样式。

07 新建“图层6”，使用矩形选框工具[]，在界面上方绘制矩形提示条，设置前景色为深棕色，按快捷键Alt+Delete，填充选区为深棕色，然后按快捷键Ctrl+D取消选区。制作界面上方的矩形提示条。

08 分别使用矩形工具[]和钢笔工具[]，在其属性栏中设置其“填充”为粉色，“描边”为无，结合其形状属性栏的设置绘制，在其属性栏中选择其需要的形状，在画面上绘制需要的图形，并将其放置于矩形提示条上方合适的位置。

09 单击横排文字工具[T]，设置前景色为粉色，输入所需文字，双击文字图层，在其属性栏中设置文字的字体样式及大小，并将其放置于矩形提示条上方合适的位置。

10 新建“图层7”，设置前景色为红棕色，单击画笔工具[]选择尖角画笔并适当调整大小及透明度，在图层上绘制需要的效果。打开“画笔.png”文件，拖曳到当前文件图像中，生成“图层8”，将其放至于画面上方合适的位置。选择“图层7”和“图层8”，将其合并为“组2”，创建其“投影”图层样式，最后在其下面输入需要的文字。至此，本实例制作完成。

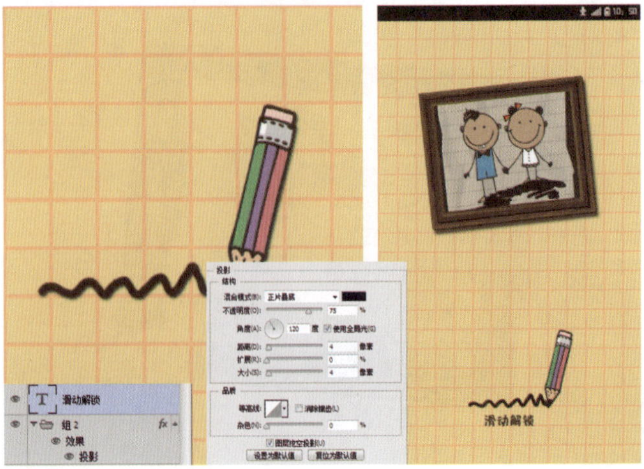

方法 2：手绘风格手机主题界面

01 新建空白图像文件

执行“文件>新建”命令，在弹出的“新建”对话框中设置各项参数及选项完成后单击“确定”按钮，新建空白图像文件。

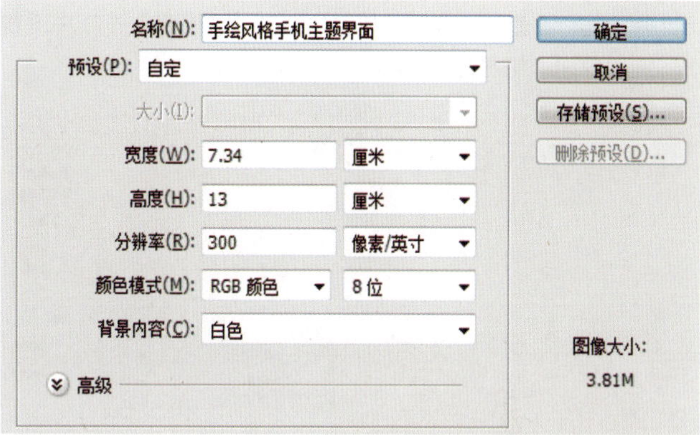

02

使用和前面制作中国风手机主题锁屏界面制作背景和上面的矩形界面以及图形和文字提醒相同的方法制作。

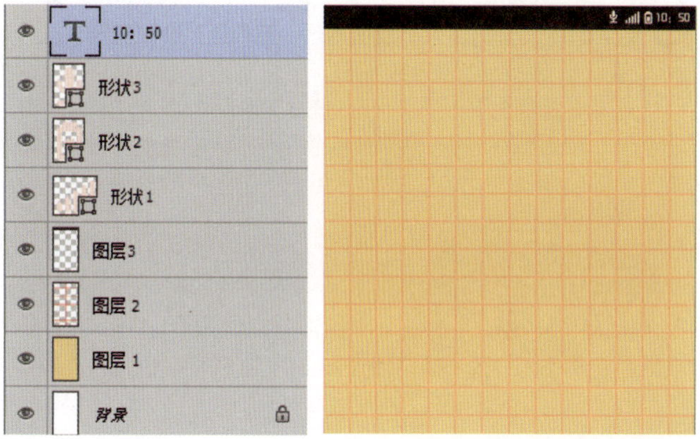

03

新建“图层4”，分别使用画笔工具和钢笔工具，结合其形状属性栏的设置绘制，在其属性栏中选择其需要的形状，在画面上绘制需要的图形。单击“添加图层样式”按钮，选择“投影”选项并设置参数，制作图案样式。制作界面上的对话框效果。

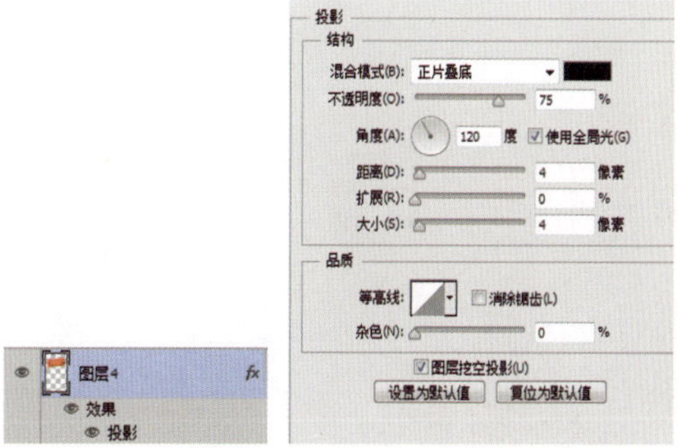

04 新建“图层5”，设置需要的前景色，单击画笔工具 选择需要的画笔并适当调整大小及透明度，在图层上绘制云朵的图案，制作手绘云朵天气提示，并单击“添加图层样式”按钮，选择“投影”选项并设置参数，制作图案样式。制作界面上的对话框上的天气提示图案效果。

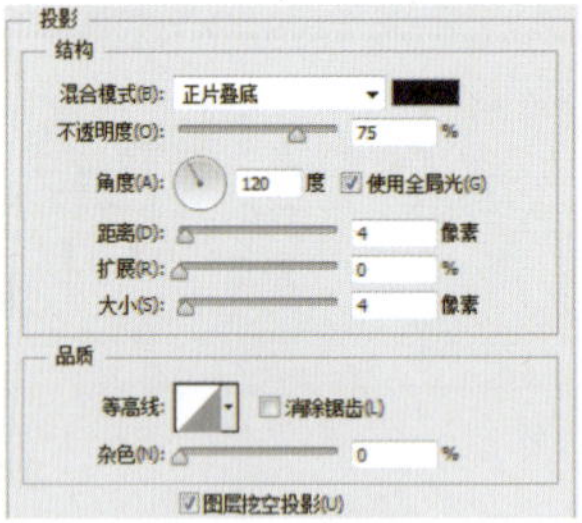

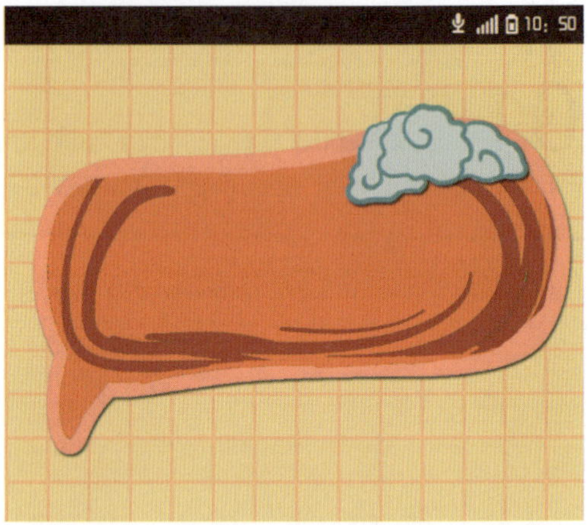

05 新建“图层6”，设置前景色为白色，继续使用画笔工具 选择需要的画笔并适当调整大小及透明度，在图层上绘制需要的文字提示。

06 继续使用相同的方法，新建“图层7”，设置前景色为白色，继续使用画笔工具 选择需要的画笔并适当调整大小及透明度，在图层上绘制需要的文字提示。制作出画面中的手绘质感。

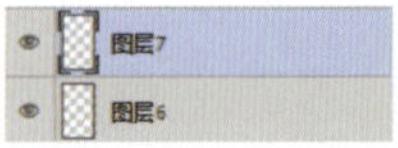

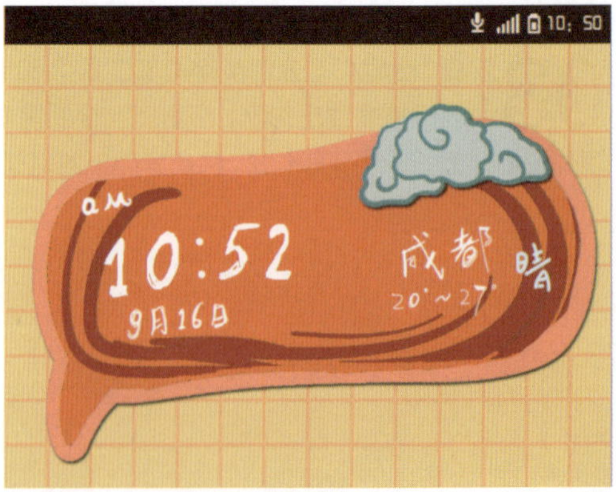

07 依次打开“手绘图标.png”到“手绘图标4.png”文件。拖曳到当前文件图像中，生成“图层8”到“图层11”，依次使用快捷键Ctrl+T变换图像大小，并将其放至于画面合适的位置。

08 依次打开“手绘图标5.png”到“手绘图标12png”文件。拖曳到当前文件图像中，生成“图层12”到“图层19”，依次使用快捷键Ctrl+T变换图像大小，并将其放至于画面合适的位置。

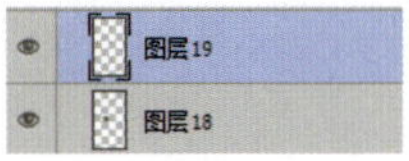

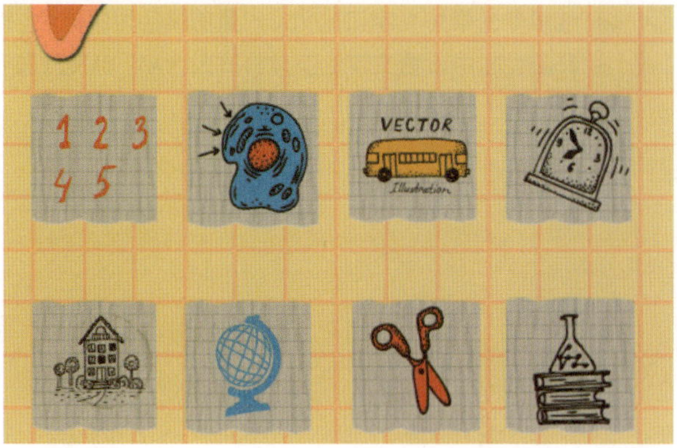

09 按住Shift键并选择“图层8”到“图层19”，按快捷键Ctrl+G新建“组1”。 单击“添加图层样式”按钮fx，选择“投影”选项并设置参数，制作图案样式。制作其手绘图标上的投影效果。

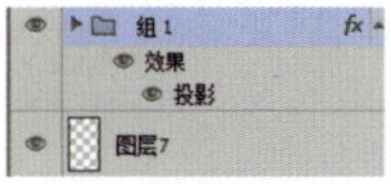

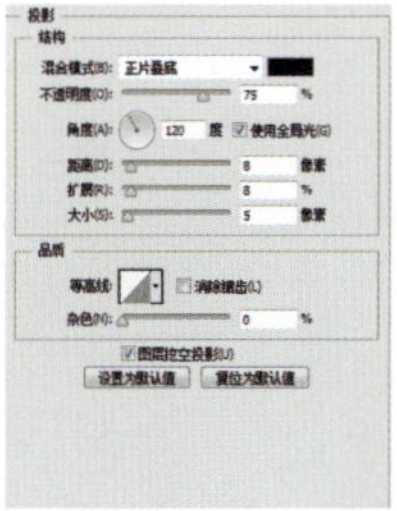

10 单击横排文字工具T，设置前景色为深棕色，输入所需文字，双击文字图层，在其属性栏中设置文字的字体样式及大小，将其放置于手绘图标大小合适的位置。

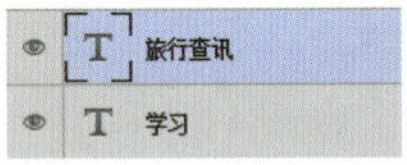

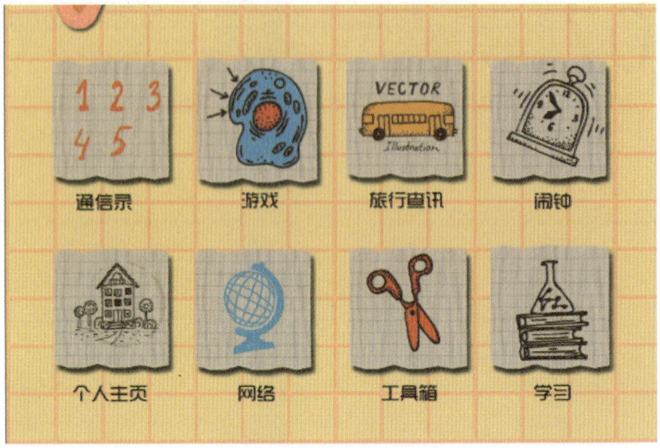

11 继续单击横排文字工具T，设置前景色为深棕色，输入所需文字，双击文字图层，在其属性栏中设置文字的字体样式及大小，将其放置于手绘图标大小合适的位置。

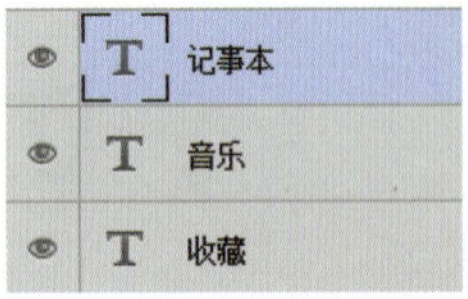

12 新建“图层6”，继续使用画笔工具 选择需要的画笔并适当调整大小及透明度，在图层上绘制需要的翻页效果。至此，本实例制作完成。

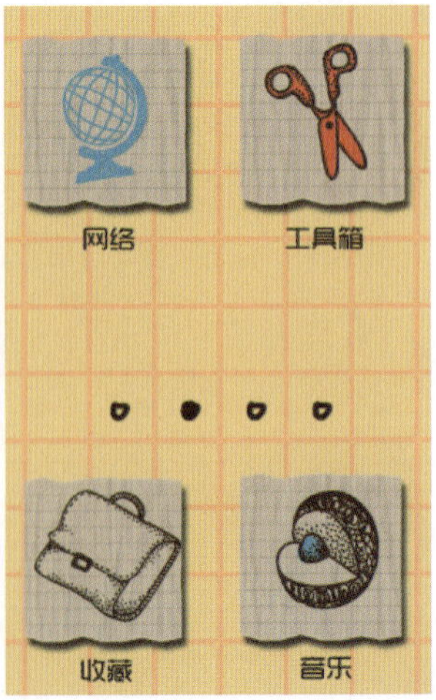

设计小结

1. 用画笔工具 选择需要的画笔并适当调整大小及透明度，在画面上绘制需要的手绘效果。
2. 单击横排文字工具T，设置需要前景色，输入所需文字，双击文字图层，在其属性栏中设置文字的字体样式及大小。

4.3 移动手机应用界面

移动手机应用界面设计过程中需要注意应用设置的图标摆放以及和应用之间的承上启下的关系，下面小编将通过手机照片应用界面、手机音乐应用界面、手机游戏应用界面来为大家详细地讲解移动手机应用界面的制作与表现。

实战 1　手机照片应用界面

设计思路：

本节中的实例是制作手机音乐应用界面。界面中背景制作是结合星光画笔工具所绘制出的星光效果，界面中图标的制作是利用椭圆工具与其他各种形状工具所绘制出来的按钮图形，结合图层样式制作出来的立体效果。

● **设计规格：**

尺寸规格：1920X1080（像素）
使用工具：矩形工具、画笔工具、圆角矩形工具、钢笔工具、自定形状工具、横排文字工具
源 文 件：Chapter 4/ Complete/手机照片应用界面1.psd
Chapter 4/ Complete/手机照片应用界面2.psd
视频地址：视频/Chapter 4/手机照片应用界面1.swf
视频/Chapter 4/手机照片应用界面2.swf

● **设计色彩分析：**

将界面色调整成暖色系的色调，呈现出偏文艺的应用界面。

（R235、G104、B119）（R158、G94、B51）（R236、G231、B231）

方法 1：手机照片应用界面 1

01 制作文艺底纹背景

新建一个空白图像文件，新建“图层1”，设置前景色为淡黄色（R242、G242、B240），按快捷键Alt+Delete填充颜色，单击“添加图层样式”按钮，在菜单中选择“图案叠加”选项，在弹出的对话框中设置参数值，制作底纹效果。

02 加深四周，突出界面中心

新建“图层2”，单击画笔工具，在属性栏中设置画笔，设置前景色为灰色（R73、G71、B70），在界面四周涂抹颜色，完成后右键单击该图层，选择“转换为智能对象”，更改图层混合模式，执行“滤镜>模糊>高斯模糊”命令，在对话框中设置各项参数值。

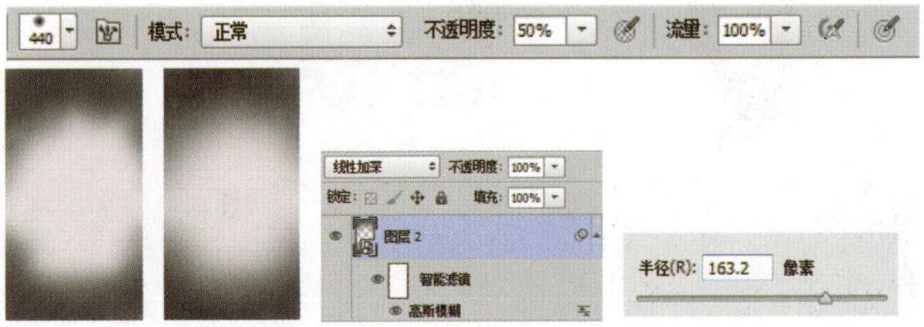

03 绘制状态栏与相片纸

单击矩形工具，在属性栏中设置“填充”为黑色，在界面上方绘制出状态栏，继续在界面中绘制出相片纸外形，在属性栏中更改“填充”为白色。

04 制作出镂空相纸形状

单击属性栏中路径操作按钮，在菜单中选择“减去顶层形状”选项，在相片纸上方绘制矩形，制作出镂空相纸形状，单击“添加图层样式”按钮，设置“投影”选项的参数值，制作出相纸的厚度。

05 在相纸中加入相片

执行“文件>打开”命令，打开“人物3.jpg”图像文件，将其拖曳到当前图像文件中，生成“图层3”，单击魔棒工具，选择“矩形2”图层，在镂空区域单击，载入其选区，回到“图层3”，单击“添加图层蒙版”按钮，隐藏选区以外图像。

06 在界面中添加纸片相机

选择“矩形2”图层，按快捷键Ctrl+J复制得到其副本图层，按快捷键Ctrl+T变换方向位置，打开“夕阳.jpg”、“静物.jpg”素材文件，结合图层蒙版隐藏多余图像，打开“相机.png”素材文件，将其放置于界面中合适位置，并添加“投影”的图层样式，加强厚度表现。

07 调整出相机的立体感

按下Ctrl键单击“图层6”的图层缩略图，载入其选区，单击矩形选框工具，减选相机右侧，按快捷键Ctrl+J复制得到相机左侧，生成“图层7”，单击“创建新的填充或调整图层”按钮，在菜单中选择“曲线”选项，在属性面板中添加节点设置参数值，“新调整影响下面的所有图层”按钮。

08 打开素材文件，放置于界面合适位置

打开“镜头.png”、“书.jpg”素材文件，分别将其拖曳到当前图像文件中生成“图层8”、“图层9”，并将“图层9”的图层顺序调整至“图层6”下方。打开“木纹1.png”文件，放置于界面下方，利用矩形工具，在书籍下方绘制矩形，打开“木纹2.jpg”文件，按快捷键Ctrl+Alt+G为其创建剪贴蒙版。

09 统一木纹色调，绘制高光

选择“图层10”到“图层11”，按快捷键Ctrl+G新建“组1”。 单击“创建新的填充或调整图层”按钮，创建出“曲线”调整图层，在属性面板中设置参数值，单击“新调整影响下面的所有图层”按钮，单击钢笔工具，在桌子横竖面交接处绘制白色高光，在属性面板中设置“羽化”参数值，设置图层混合模式为“叠加”。

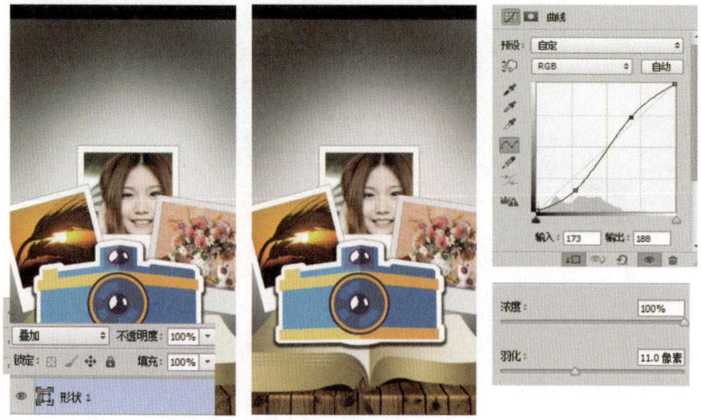

10 绘制图标，与立体吊链

单击圆角矩形工具，在属性栏中设置各项参数值，在界面下方绘制图标，结合横排文字工具，添加文字信息。新建“图层12”，单击画笔工具，在属性栏中设置参数值，按住Shift键在界面上方绘制直线。双击该图层，在对话框中设置“斜面和浮雕”、“内阴影”选项的参数值。制作出立体效果。

11 添加标题文字

单击横排文字工具[T]，在界面上方输入文字信息，并添加“内阴影”的图层样式。按住Ctrl键单击该图层，载入文字选区，执行“选择>修改>扩展”命令，在对话框中设置参数值，完成后单击“确定”按钮，新建“图层13”，填充选区为白色，按快捷键Ctrl+D取消选区。双击该图层，在图层样式对话框中设置各项参数值。调整图层顺序。

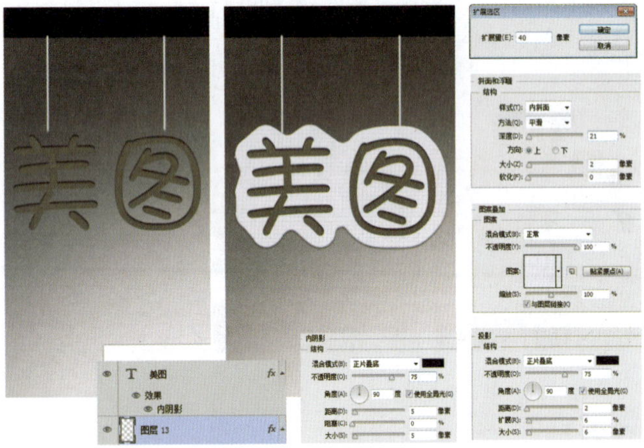

12 添加心形纸片形状与符号

单击自定形状工具[ ]，在属性栏中设置各项参数，在界面中绘制形状，按快捷键Ctrl+J复制“形状2”得到其副本图层，更换填充颜色，应用自由变换命令调整大小。继续复制得到“形状2副本3”图层，按快捷键Ctrl+T，按下Ctrl键拖动描点，设置图层“不透明度”，制作立体效果。单击钢笔工具[ ]，在状态栏中绘制形状。至此，本实例制作完成。

方法 2：手机照片应用界面 2

01 制作灰色界面与纸纹标题栏

新建一个空白图像文件，设置前景色为灰色（R228、G228、B228），按快捷键Alt+Delete填充“背景”图层。执行“文件>打开”命令，打开“纸纹1.png”素材文件，将其拖曳到当前图像文件中，生成“图层1”，单击“添加图层样式”按钮[fx]，设置“图案叠加”选项的参数值。

02 制作相片纸

打开“纸纹2.png”文件，将其放置于界面下方，为其添加图层样式。单击矩形工具[ ]，在属性栏中设置“填充”，在界面中绘制形状，完成后结合“减去顶层形状”工具，制作出镂空相纸形状。按快捷键Ctrl+J复制得到其副本图层，更改填充颜色，调整图层顺序。选择相纸图层，按快捷键Ctrl+G新建“组1”。

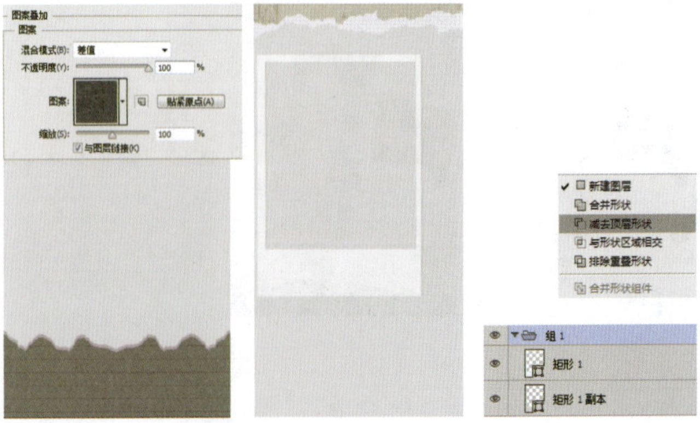

03 制作出更多的相纸，并添加照片素材

选择“组1”图层组，按快捷键Ctrl+J复制得到其副本图层，并按快捷键Ctrl+E将其合并。按快捷键Ctrl+T变换其大小，将其放置于界面合适位置，适当调整图层顺序。打开“装饰.jpg”素材文件，将其放置于界面合适位置，结合魔棒工具与图层蒙版，隐藏多余图像。

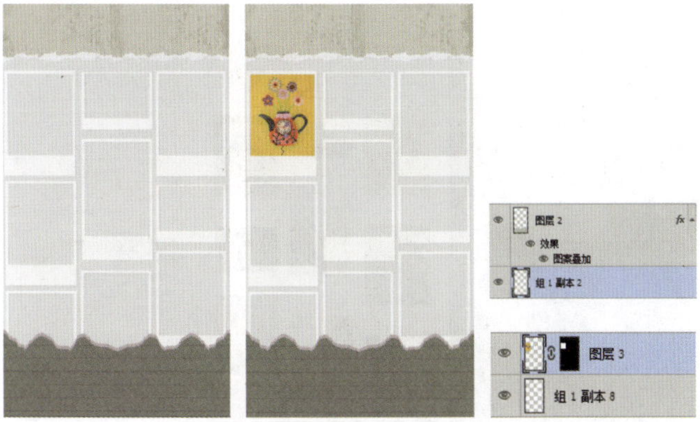

04 添加素材完成相片纸的制作，添加文字信息

使用相同方式，继续打开“花卉.jpg”、“船只.jpg”等素材文件，结合魔棒工具与图层蒙版隐藏多余图像。并适当调整图层顺序。单击横排文字工具，在相片纸上方输入文字信息，在字符面板中设置字体、字号与颜色。

05 绘制图标，添加按钮

打开“返回.png”文件，将其放置于界面上方合适位置，单击钢笔工具，在属性栏中设置“填充”颜色，在界面上方绘制图标形状。单击“添加图层样式”按钮，设置“图案叠加”选项的参数值。完成后更改图层混合模式与“不透明度”值。按快捷键Ctrl+J复制得到其副本图层，右键单击，选择“清除图层样式”选项，在属性栏中设置各项参数值。

06 继续绘制按钮图标，丰富界面

打开“收藏.png”素材文件，将其拖曳到当前图像文件中，放置于界面上方绘制的图标内，结合横排文字工具添加文字信息。单击自定形状工具，在属性栏中设置各项参数，在界面中绘制形状，按快捷键Ctrl+J复制“形状2”得到其副本图层，更换填充颜色。按快捷键Ctrl+T变换图像大小与位置。

07 继续绘制图标

选择“组2”，按快捷键Ctrl+J复制得到其副本图层，按快捷键Ctrl+E合并得到其图层，并使用移动工具，将其放置于合适位置，结合自由变换命令调整大小。打开“镜头.png”文件，将其拖曳到当前图像文件中，生成“图层14”，单击矩形工具，在镜头旁绘制矩形，单击“添加图层样式”按钮，设置“内阴影”选项的参数值。调整图层顺序。

08 绘制按钮，利用图层样式加强立体感

单击圆角矩形工具，在矩形上方绘制形状，单击“添加图层样式”按钮，设置“斜面和浮雕”选项的参数值。并调整图层顺序。单击钢笔工具，在按钮上方绘制按键，并设置“投影”选项的图层样式参数值。结合自定形状工具绘制气泡对话框结合横排文字工具添加文字信息。

09 继续添加更多图标

单击钢笔工具，在属性栏中设置不同的“填充”颜色，在界面下方绘制出图标，打开“相机2.png”、“分享.png”素材文件，分别将其放置于绘制的图标内，结合画笔工具、横排文字工具完成更多按钮图标的制作。

10 绘制出状态栏中的显示图标

单击钢笔工具，在属性栏中设置“填充”为白色，在界面上方的状态栏中绘制形状，完成后按住Shift键选择“形状10”到“形状13”，按快捷键Ctrl+G新建“组2”。至此，本实例制作完成。

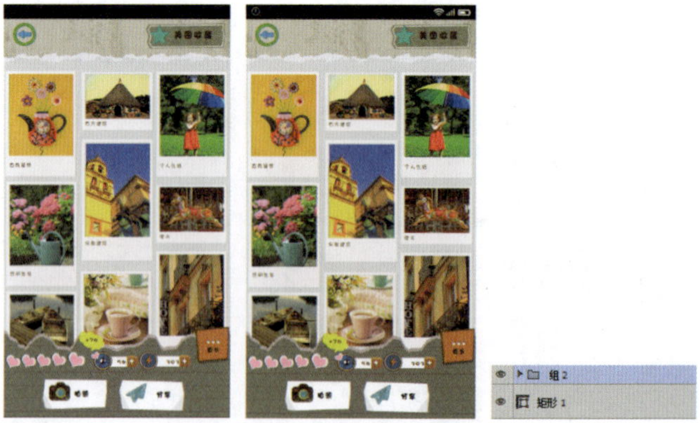

设计小结

1. 利用魔棒工具在图像上创建选区单击添加图层蒙版按钮即可隐藏选区内的图像。
2. 在制作过程中注意文件名的命名和分组，这样更加方便于我们对图像文件的制作和管理。

实战 2　手机音乐应用界面

设计思路：

本节中的实例是制作手机音乐应用界面。界面中背景制作是结合星光画笔工具所绘制出的星光效果，界面中图标的制作是利用椭圆工具与其他各种形状工具所绘制出来的按钮图形，结合图层样式制作出来的立体效果。

● 设计规格：

尺寸规格：1136X640（像素）
使用工具：画笔工具、椭圆工具、钢笔工具、矩形工具、椭圆选框工具、矩形选框工具、横排文字工具
源 文 件：Chapter 4/ Complete/手机音乐应用界面1.psd
Chapter 4/ Complete/手机音乐应用界面2.psd
视频地址：视频/Chapter 4/手机音乐应用界面1.swf
视频/Chapter 4/手机音乐应用界面2.swf

● 设计色彩分析：

将画面色调整成蓝色系的色调，是界面呈现出较强的现代感设计。

（R72、G185、B196）（R254、G241、B239）（R11、G65、B124）

方法 1：手机音乐应用界面 1

01 制作纸纹界面背景

新建一个空白图像文件，设置前景色为深蓝色（R9、G69、B129），按快捷键Alt+Delete填充“背景”图层，执行“文件>打开”命令，打开“纸纹.jpg”图像文件，将其拖曳至当前图像文件中，将图层重名名为“纸纹”。

02 制作星光背景

新建“图层1”，单击画笔工具，在属性栏中载入“星光.abr”笔刷，并在画笔预设选取器中选择合适的星光画笔，设置前景色颜色为蓝色（R78、G197、B206），在界面中间涂抹星光效果，完成后更改“图层1”的混合模式与不透明度。

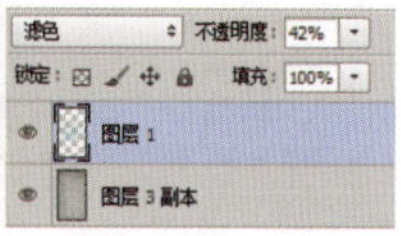

03 涂抹亮光，加强星光效果

单击“创建新图层”按钮，新建“图层2”，在画笔属性栏中设置笔刷为“柔角”画笔，调整画笔大小，设置前景色为白色，在星光中间涂抹亮光区域，完成后设置“图层2”的图层混合模式与不透明度。

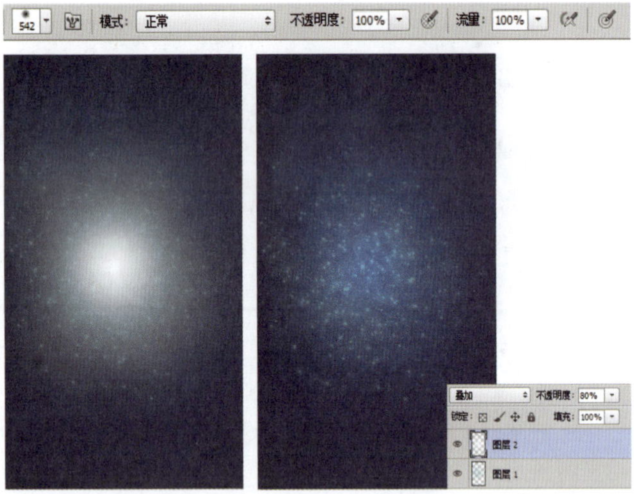

04 使用椭圆工具绘制图标

新建“图层3”，单击矩形选框工具在界面上方绘制一个蓝色矩形，并设置图层“不透明度”值，制作透明的状态栏效果。单击椭圆工具，在属性栏中设置填充为白色，按住Shift键在界面上方绘制一个正圆，在属性栏中单击“路径操作”按钮，在菜单中选择“减去顶层形状”选项，继续在正圆内绘制形状。

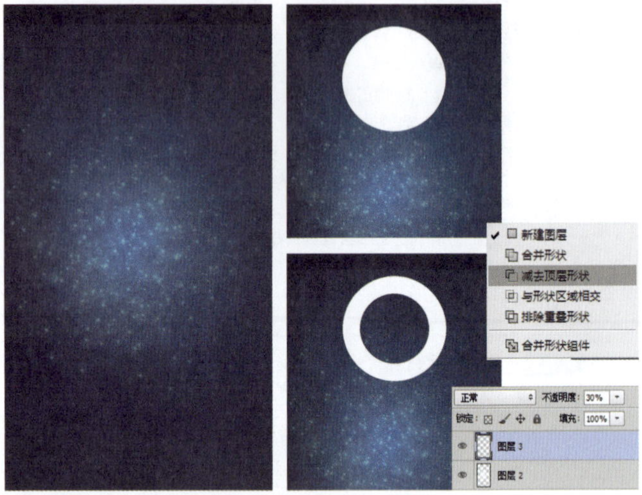

05 利用图层样式，添加立体效果

单击“添加图层样式”按钮，在菜单栏中选择“内阴影”选项，在弹出的对话框中设置各项参数值，继续在对话框左侧勾选“内发光”、“渐变叠加”、“投影”选项的参数值，完成后单击“确定”按钮，应用图层样式。

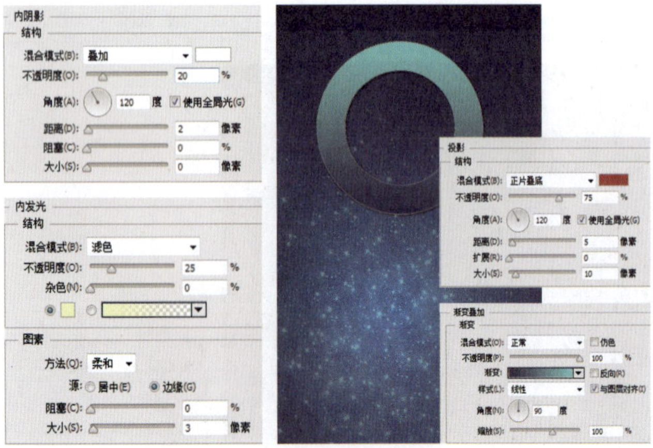

06 加强图标立体感

新建“图层4”，单击椭圆选框工具，在界面中绘制圆形，并填充颜色为蓝色，完成后按快捷键Ctrl+D取消选区。并单击“添加图层样式”按钮，设置“内阴影”选项的参数值，在图层面板中设置“填充”值，加强图标立体感。继续使用相同方式绘制一个白色的圆形，并将图层重命名为“白圈”。

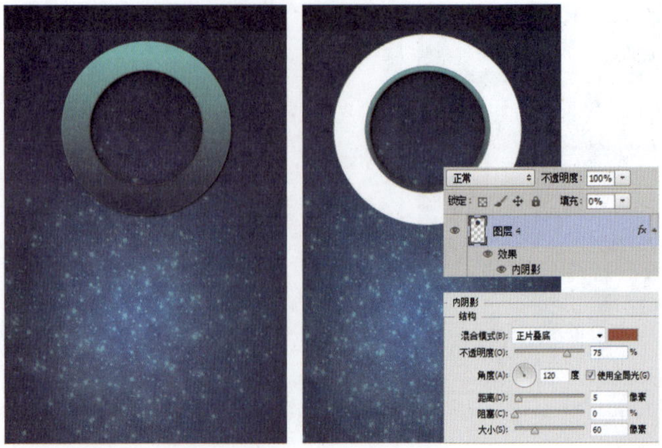

07 绘制正圆缺口形状

单击矩形工具，在属性栏中单击“路径操作”按钮，在菜单中选择“减去顶层形状”选项，在圆形左上角绘制缺口形状并结合多边形工具绘制五边形，完善缺口制作。

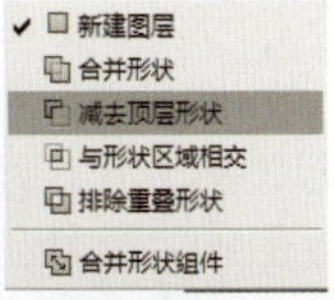

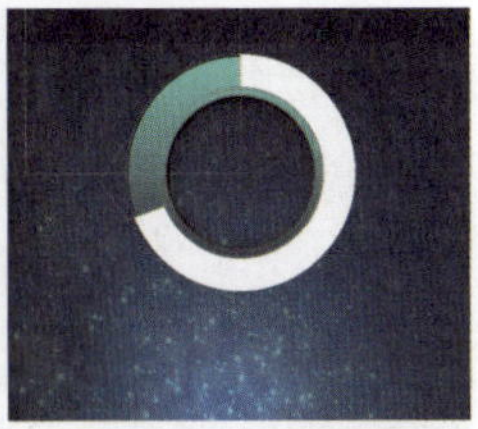

08 利用图层样式添加立体效果

单击“添加图层样式”按钮，在菜单中选择“内阴影”选项，在对话框中，设置各项参数值。继续设置“内发光”、“渐变叠加”、“投影”选项的参数值，添加立体效果。

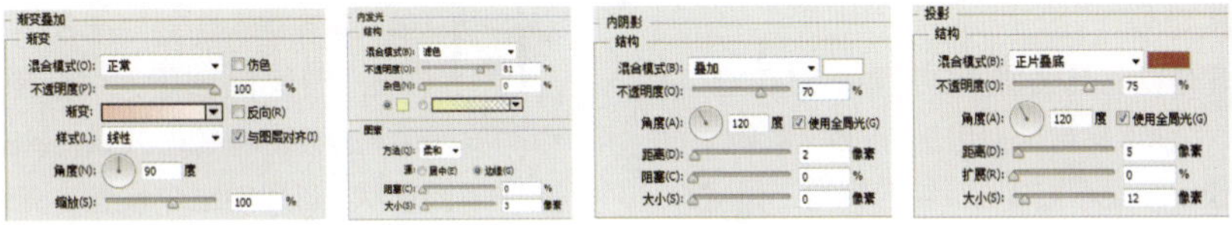

09 添加图形与文字完成图标的制作

选择“白圈”图层，按快捷键Ctrl+J复制得到“白圈 副本”图层，按快捷键Ctrl+T应用变换图像方位，单击横排文字工具，在图标内输入文字信息，在“字符”面板中设置字体、字号与颜色。并为其添加“投影”的图层样式。

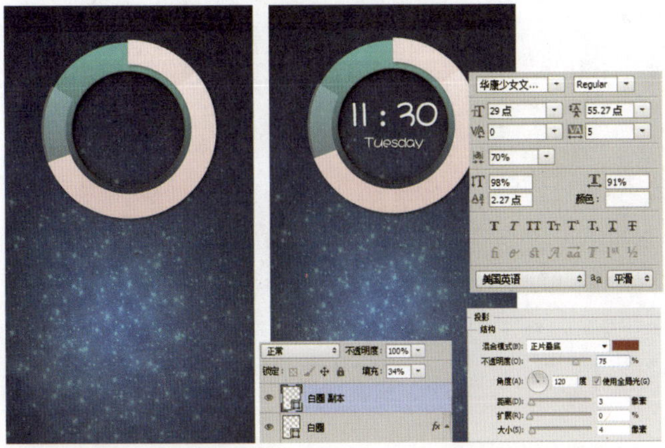

10 绘制音乐播放图标

单击椭圆工具，在属性栏中设置“填充”为蓝色（R5、G102、B251），按住Shift键在界面下方绘制正圆，完成后单击矩形选框工具，在正圆上方创建选区，按Delete键删除选区内图像，是图标具有上平下圆的形态。

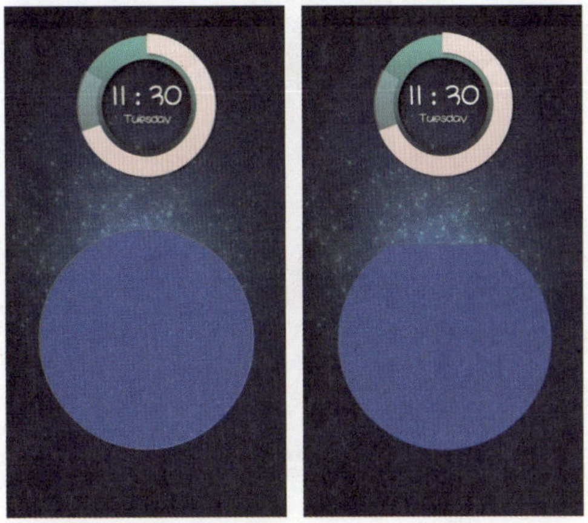

11 结合图层蒙版制作出镂空图标

单击椭圆选框工具，在绘制的形状按住Shift键绘制出一个正圆选区，单击“添加图层蒙版”按钮，隐藏选区内图像，制作出图标的镂空效果。

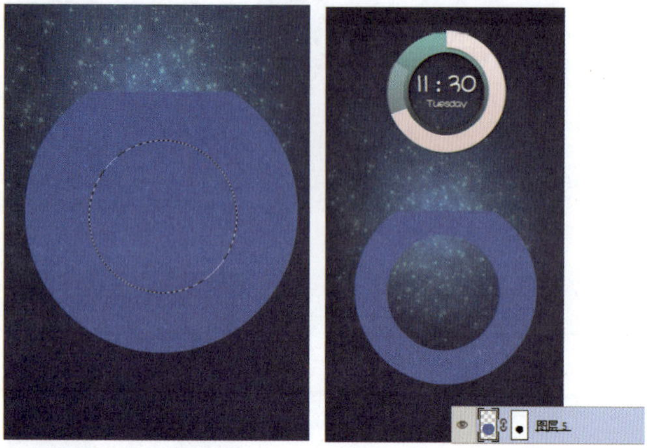

12 利用图层样式，添加立体效果

单击“添加图层样式”按钮,在菜单中选择“斜面和浮雕”选项，在对话框中，设置各项参数值。继续设置“内阴影”、“光泽”选项的参数值，添加图标的立体效果。

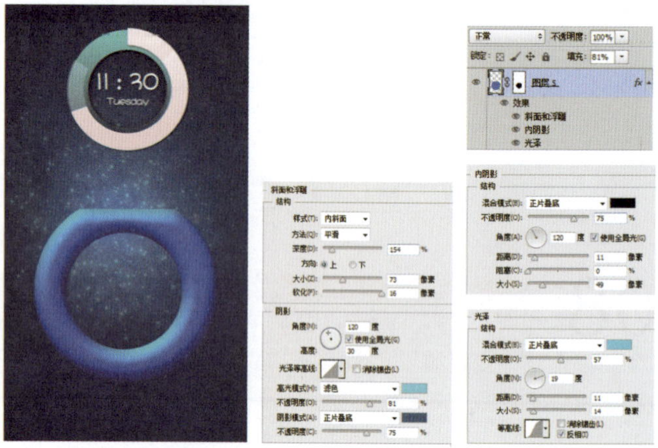

13 调整图标的明暗效果

单击“创建新的填充或调整图层”按钮，创建出“曲线”调整图层，在属性面板中设置参数值，单击“新调整影响下面的所有图层”按钮，创建出图层剪贴蒙版。结合钢笔工具，在属性栏中设置“填充”为白色，在图标上方绘制出高光形状，在属性面板中设置羽化参数值，模糊边缘效果。

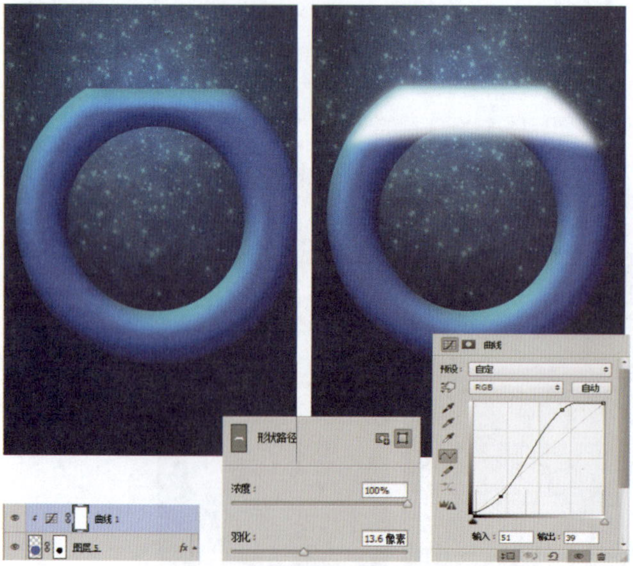

14 结合钢笔工具绘制高光形状

设置“形状1”图层的混合模式为“叠加”，更改图层不透明度，制作出透明的高光效果。单击椭圆工具，在图标上方绘制瓶口形状，在属性栏中设置“填充”为深蓝色到浅蓝色的线性渐变。单击钢笔工具，在瓶口边缘绘制出高光，并更改图层“不透明度”值。

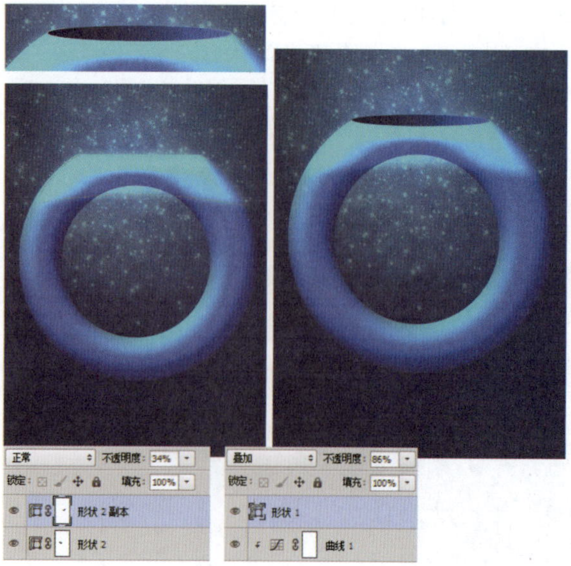

15 绘制星光效果与播放图标

新建“图层6”，单击画笔工具，在属性栏中选择合适的星光笔刷，并调整画笔大小，设置前景色颜色为蓝色（R13、G230、B242），在瓶口上方绘制星光效果。新建“图层7”，单击椭圆选框工具，按住Shift键绘制圆形选区，设置前景色为灰色，按快捷键Alt+Delete填充选区。

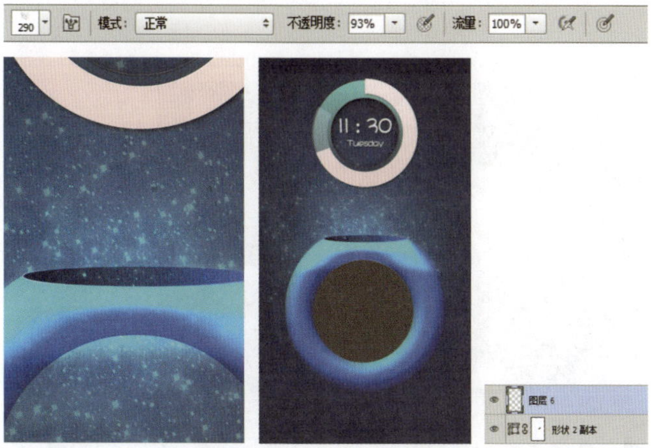

16 添加图标立体感

新建“图层8”，使用相同方式绘制出正圆，单击“添加图层样式”按钮，在菜单中选择“斜面和浮雕”选项，在对话框中设置各项参数值，继续设置“阴影”、“投影”选项的参数值，添加图标立体感。

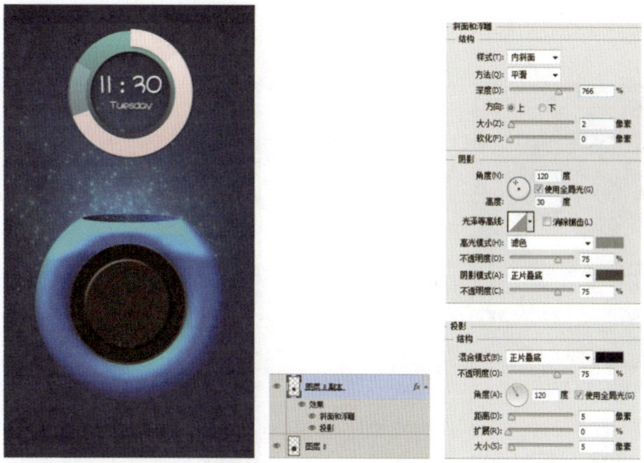

17 添加素材文件，绘制高光效果

新建“图层9”，使用椭圆选框工具，在图标内部绘制一个正圆，并设置“投影”的图层样式，打开“人物2.jpg”素材文件，将其拖曳到当前图像文件中，生成“图层10”，并按快捷键Ctrl+Alt+G为其创建剪贴蒙版。

18 增强图标的质感效果

新建“图层11”，单击椭圆选框工具，在播放图标下方绘制圆形，并结合渐变工具，拉出渐变效果，设置“填充”值。继续新建图层绘制高光区域，打开“高光.png”素材文件，将其拖曳到当前图像文件中，结合图层蒙版与画笔工具，隐藏部分图像效果。更改图层混合模式增强质感效果。

19 添加素材文件，绘制高光效果

结合椭圆工具与多边形工具，在属性栏中设置各项参数值，在播放界面右侧绘制出切换图标。单击“添加图层样式”按钮，在菜单中选择“斜面和浮雕”选项，在对话框中设置各项参数值，继续设置“内阴影”、“投影”、“渐变叠加”选项的参数值，加强图标立体感。

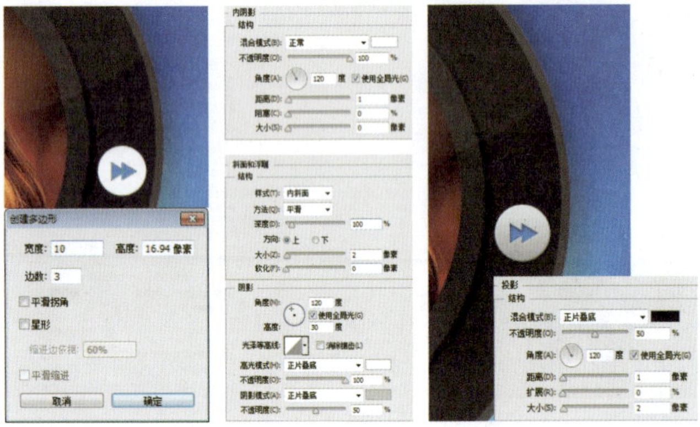

20 完善切换按钮的制作，绘制气泡按钮

按住Shift键选择“椭圆2”到“形状3”，按快捷键Ctrl+G新建“组1”，按快捷键Ctrl+J复制得到副本图层，结合自由变换命令调整位置，新建“图层16”，结合椭圆选框工具，绘制蓝色正圆，更改图层“不透明度”，新建“图层17”，绘制一个白色椭圆高光，结合图层蒙版与渐变工具，隐藏部分图像效果，按快捷键Ctrl+J复制得到其副本图层，结合自由变换命令调整高光位置。

21 结合钢笔工具与图层样式绘制立体形状

单击钢笔工具，在气泡图标上绘制出应用图标，并设置“渐变叠加”、“投影”图层样式的参数值，加强图标立体感。单击椭圆工具，绘制出气泡图标周围的光晕效果，更改图层“不透明度”值，新建“图层18”，单击画笔工具，设置前景色为白色，在瓶口上方涂抹出亮光效果。

22 绘制音阶，完成界面制作

单击矩形工具，在界面下方绘制白色矩形，在属性栏中单击“路径操作”按钮，在菜单中选择“合并形状”选项，继续在“矩形1”内绘制矩形，绘制音阶。使用相同方式，结合钢笔工具与横排文字工具，绘制出状态栏中的显示图标与曲目信息。

方法 2：手机音乐应用界面 2

01 打开素材文件，制作界面背景

执行“文件>打开”命令，打开“人物2.jpg”素材文件，将其拖曳到当前图像文件中，生成“图层1”，单击创建新图层按钮，新建“图层2”，单击矩形选框工具，在界面上方创建矩形选区，制作界面状态栏。

02 利用矩形工具将界面进行分区

设置前景色为黑色，保持选区的同时，按快捷键Alt+Delete填充选区为黑色，完成后按快捷键Ctrl+D取消选区。单击矩形工具，在属性栏中设置“填充”为灰色（R232、G234、B235），在界面上方绘制出矩形色块。

03 制作透明的界面分区效果

选择“矩形1”图层，设置图层“不透明度”为80%，以制作透明的界面分割效果，按快捷键Ctrl+J复制得到“矩形1副本”图层，按快捷键Ctrl+T，调整矩形大小与位置。

04 绘制歌曲进度显示条

单击圆角矩形工具，在属性栏中设置“填充”与“半径”参数，在界面下方的灰色分区内绘制出圆角矩形，按快捷键Ctrl+J复制得到其副本图层，单击“添加图层样式”按钮，在菜单中选择“颜色叠加”选项，在对话框中设置各项参数值，继续设置 “渐变叠加”选项的参数值。

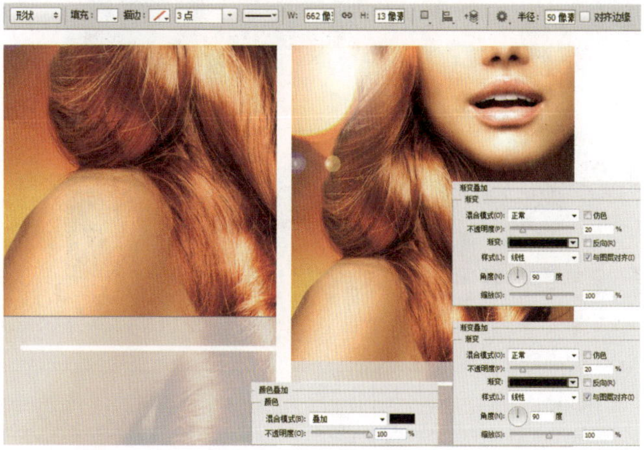

05 使用钢笔工具绘制音量按钮

单击椭圆工具，在进度条上方绘制圆形按钮，并为其添加“外发光”的图层样式，单击钢笔工具，设置“填充”为黑色，在进度条的右侧绘制音量按钮。在属性栏中单击路径操作按钮，在菜单中选择“合并形状”，更改属性栏中的参数值。绘制出音量的声波，完成音量按钮的制作。

06 绘制收藏图标

选择“圆角矩形1副本”图层，右键单击该图层，在菜单中选择“拷贝图层样式”选项，将其粘贴至“形状1”图层中，单击钢笔工具，在属性栏中设置“填充”为黄色（R193、G118、B92），在进度条下方绘制收藏按钮图标，并设置 “渐变叠加”、“投影”选项的图层样式参数值。添加图标立体效果。

07 绘制更多的图标，制作滚动显示歌词

继续使用钢笔工具，在属性栏中设置不同的“填充”颜色，在界面上绘制出更多的图标，单击横排文字工具，在界面中输入歌词信息，按快捷键Ctrl+J复制得到其副本图层，填充为蓝色，单击矩形选框工具，在文字图层上创建选区，单击添加图层蒙版按钮，隐藏选区以外图像。

08 继续添加文字信息与显示图标

单击横排文字工具，在进度条下方输入播放时间，单击“添加图层样式”按钮，在菜单中选择“投影”选项，在对话框中设置各项参数值，添加字体的立体感，单击钢笔工具，在状态栏中绘制显示图标。至此，本实例制作完成。

设计小结

1.利用椭圆工具，在属性栏中设置路径操作为合并形状，可以在一个图层内画出更多的圆形。

2.在制作过程中注意文件名的命名和分组，这样更加方便于我们对图像文件的制作和管理。

实战 3　手机游戏应用界面

设计思路：

本节中的实例是制作手机游戏应用界面。界面中背景制作是结合钢笔工具与画笔工具所绘制出卡通形状效果，界面中图标的制作是结合钢笔与其他各种形状工具所绘制出来的按钮图形，使界面层现出轻松活泼的效果。

● **设计规格：**

尺寸规格：1136X640（像素）
使用工具：钢笔工具、画笔工具、圆角矩形工具、自定形状工具、渐变工具、横排文字工具
源 文 件：Chapter 4/ Complete/手机游戏应用界面1.psd
Chapter 4/ Complete/手机游戏应用界面2.psd
视频地址：视频/Chapter 4/手机游戏应用界面1.swf
视频/Chapter 4/手机游戏应用界面2.swf

● **设计色彩分析：**

将画面色调整成偏绿色系的色调，使界面呈现出清新自然的绿色调。

（R64、G167、B182）（R236、G197、B50）（R176、G195、B17）

方法 1：手机游戏应用界面 1

01 制作底纹界面背景

新建一个空白图像文件，单击渐变工具，在属性栏中设置渐变颜色为蓝色到米白色的线性渐变，在界面中拉出渐变效果。单击“添加图层样式”按钮，在菜单中选择“图案叠加”选项，在对话框中设置参数值，制作底纹背景。

02 绘制山丘

单击钢笔工具，在属性栏中设置工具模式为“路径”，在界面下方绘制出山丘形状，按快捷键Ctrl+Enter将路径转换为选区，新建“图层2”，在选区内拉出渐变效果。按快捷键Ctrl+D取消选区。并载入“图案pat”图案素材，为其添加“图案叠加”图层样式。

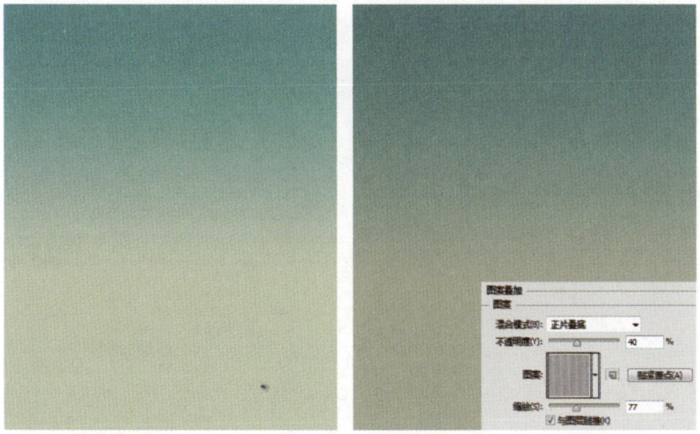

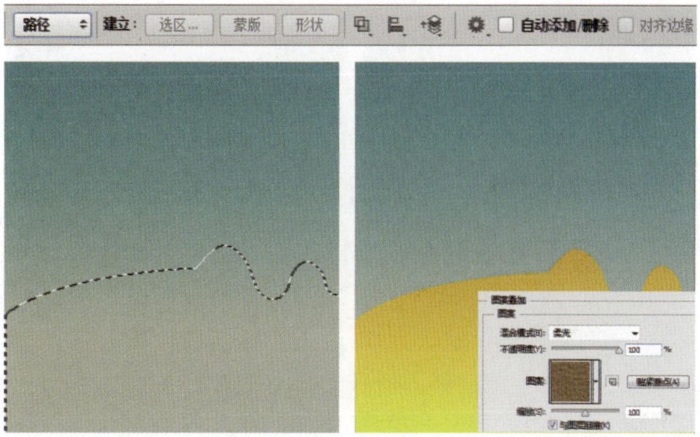

03 添加纸纹纹理，绘制绵羊外形

执行“文件>打开”命令，打开“纸纹2.jpg”素材文件，将其拖曳到当前图像文件中，设置图层混合模式为“正片叠底”。使纸纹与界面相融合。单击钢笔工具，在属性栏中设置“填充”为白色。在界面上方绘制绵羊外形。

04 使用钢笔工具绘制绵羊脸部轮廓

新建“图层4”，在属性栏中设置工具模式为“路径”，在界面上方绘制绵羊脸部轮廓。按快捷键Ctrl+Enter将其转换为选区，并使用渐变工具拉出渐变效果，完成后按快捷键Ctrl+D取消选区，继续使用相同方式完成绵羊脸部的绘制。

05 绘制绵羊暗部区域，添加标题文字

在“形状1”图层上方新建“图层12”，单击画笔工具，设置前景色为灰色（R221、G217、B216），在绵羊身体下方绘制暗部，按快捷键Ctrl+Alt+G为其创建剪贴蒙版，单击横排文字工具，在界面上输入标题文字，单击“创建文字变形”按钮，在对话框中设置各项参数值。

06 为文字添加图层样式

单击“添加图层样式”按钮，在菜单中选择“描边”选项，在对话框中设置参数值，为文字添加深色描边，继续勾选“渐变叠加”选项复选框，在其对应的属性面板中设置各项参数值，完成后单击“确定”按钮，应用设置的图层样式。结合钢笔工具，在属性栏中设置参数值，在界面上绘制形状。

07 继续添加标题文字，绘制道路形状

单击横排文字工具[T]，在界面上输入标题文字，单击“添加图层样式”按钮[fx]，设置“描边”、“渐变叠加”选项的参数值，单击钢笔工具[钢笔]，在属性栏中设置参数值，在界面中绘制道路形状。并设置图层“不透明度”值。

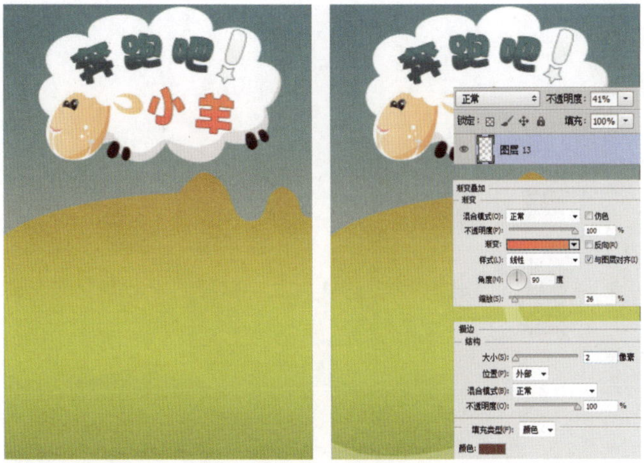

08 绘制指示路牌轮廓

新建“图层14”，单击钢笔工具[钢笔]，在属性栏中设置工具模式为“路径”，在界面下方绘制指示路牌轮廓，将其转换为选区后填充棕红色（R62、G32、B24），完成后按快捷键Ctrl+D取消选区。在属性栏中更改工具模式为“形状”，设置填充颜色，绘制形状。

09 绘制形状，绘制色彩丰富的路牌

选择“形状5”图层，按快捷键Ctrl+J复制得到其副本图层，更改“填充”颜色，按快捷键Ctrl+T调整形状大小。结合钢笔工具[钢笔]，在属性栏中设置路径操作为“减去顶层形状”选项，将图像分割为双色块。在“形状5副本”上方新建“图层15”，单击画笔工具[画笔]，在蓝色色块上绘制白色线条，完成后为其创建剪贴蒙版，并调整图层“不透明度”。

10 结合钢笔工具与文字工具完成路牌制作

使用相同方式，单击钢笔工具[钢笔]，设置不同“填充”颜色，绘制出多彩路牌，单击横排文字工具[T]，在路牌上方输入文字信息，结合钢笔工具，在属性栏中设置不同的“填充”颜色，在文字后方绘制相应图标形状。

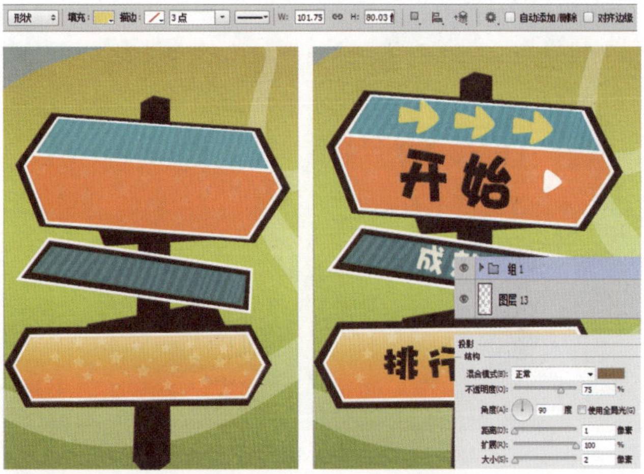

11 绘制房屋外形

按住Shift键选择“图层14”到“形状10”按快捷键Ctrl+G新建“组1”， 单击钢笔工具，在指路盘下方绘制出深色阴影，并设置图层不透明度值。单击矩形工具，在属性栏中设置“填充”为米黄色（R79、G92、B10），并为其添加“图案叠加”的图层样式。

12 继续绘制形状，完成房屋绘制

继续使用矩形工具，在属性栏中设置路径操作为“合并形状”选项，绘制出房屋的窗户，继续结合钢笔工具绘制房屋的屋顶与大门形状、房屋的砖瓦形状，完成房屋的绘制。

13 绘制商店招牌

单击钢笔工具，在属性栏中设置不同“填充”、“描边”颜色，绘制出商店招牌。结合横排文字工具，添加文字信息。按住Shift键选择“矩形1”到“商店”文字图层，按快捷键Ctrl+G新建“组2”。继续使用相同方法，绘制出山坡上方的房屋图形。

14 添加界面装饰，丰富界面效果

打开“彩虹.png”素材文件，将其移至界面合适位置，结合钢笔工具，绘制草丛形状。单击画笔工具，新建图层，在界面中绘制栅栏形状。打开“花朵.png”、“树木.png”素材文件，按快捷键Ctrl+T调整形状大小与位置。

15 绘制云朵与星光，添加按钮图标

使用钢笔工具，在天空区域绘制云朵形状，单击自定形状工具，在属性栏中设置形状为星星，在天空中绘制星星形状，并添加“外发光”的图层样式。单击圆角矩形工具，在属性栏中设置各项参数值，在界面下方绘制按钮形状。

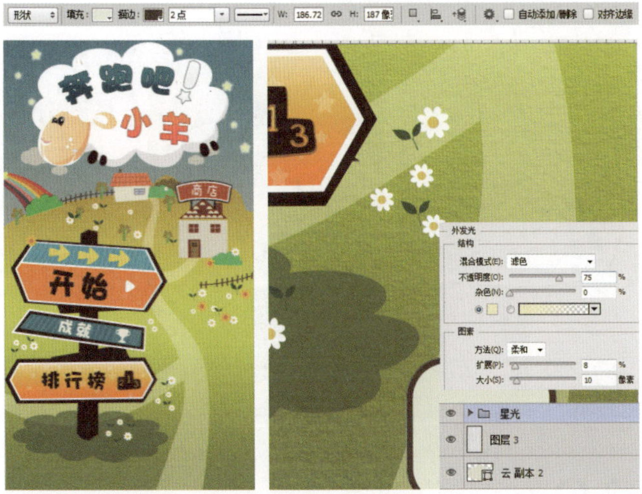

16 继续绘制按钮图标，完成界面制作

选择“圆角矩形1”，按快捷键Ctrl+J复制得到其副本图层，在属性栏中设置“描边”参数值，继续使用钢笔工具，在图标内绘制按钮形状。使用相同方式绘制出音量图标。至此，本实例制作完成。

方法 2：手机游戏应用界面 2

01 填充黄绿色背景，利用画笔工具绘制光斑

新建一个空白图像文件，新建“图层1”，设置前景色为黄绿色（R176、G195、B17），单击画笔工具，设置前景色为黄色（R207、G214、B24）在属性栏中设置画笔笔触为“柔角画笔”，调整画笔大小与不透明度值，在界面上绘制光斑效果。

02 为界面背景添加纹理效果

选择“图层1”，单击“添加图层样式”按钮，设置“图案叠加”选项的参数值，完成后单击“确定”按钮，以应用所设置的图层样式，执行“文件>打开”命令，打开“纸纹2.jpg”文件，将其拖曳到当前图像文件中，设置图层混合模式为“正片叠底”。

03 绘制显示应用关卡显示牌

单击钢笔工具，在属性栏中设置“填充”颜色，在界面下方绘制出显示牌的大体形状，选择“形状2”，按快捷键Ctrl+J复制得到“形状2副本”图层，在属性栏中更改“填充”、“描边”参数值。按快捷键Ctrl+T调整形状大小。

04 在显示牌中添加星型暗纹形状

单击自定形状工具，在属性栏中设置各项参数值，在界面中绘制一个星星形状，单击属性栏中的“路径操作”按钮，在菜单中选择“合并形状”选项。继续绘制更多的星星，并设置图层“不透明度”值，按快捷键Ctrl+Alt+G为其创建剪贴蒙版，使用相同方法利用椭圆工具绘制透明椭圆形状。

05 继续绘制形状，完善显示牌的制作

选择“椭圆1”图层，按快捷键Ctrl+J复制得到其副本图层，为其创建剪贴蒙版并调整至显示牌下方，继续使用椭圆工具，按住Shift键绘制正圆。单击圆角矩形工具，在属性栏中设置各项参数值，在显示牌内绘制矩形形状。并设置“图案叠加”的图层样式，设置图层不透明度。

06 绘制虚线边框

复制“圆角矩形1”图层，按快捷键Ctrl+J复制得到其副本图层，右键单击该图层，在菜单中选择清除图层样式选项，并调整图层混合模式与不透明度值。继续复制得到“圆角矩形2”图层，在属性栏中更改“填充”、“描边”的参数值。并按快捷键Ctrl+T调整虚线边框大小。

技巧点拨

设置属性选项绘制形状

使用形状工具在一个形状图层内绘制多个形状时，在属性栏中的路径操作按钮中选择合并形状选项，可达到在一个形状图层内绘制出多个独立形状。

07 利用物体投影，制作出立体小鸟

单击自定形状工具，在属性栏中设置各项参数值，在界面中绘制一个小鸟形状，按快捷键Ctrl+T应用水平翻转命令，调整方向与大小。复制“形状4”得到其副本图层，在属性栏中更改“填充”为棕红色，并调整其图层顺序，按快捷键Ctrl+T，按住Ctrl键拖动四周描点，变换小鸟形状，完成后按下Enter键确认变换，制作出投影效果。

08 在显示牌中添加图标与文字信息

单击横排文字工具，在显示牌上方输入文字信息，单击“添加图层样式”按钮，设置“描边”选项的参数值，为文字添加描边效果。打开“绵羊.png”文件，将其拖曳到当前图像文件中，生成“图层3”，复制得到其副本图层，应用自由变换命令，调整图像大小。继续打开“金币.png”素材文件，放置于显示牌合适位置。

09 绘制显示牌投影与指标形状

单击钢笔工具，在属性栏中设置“填充”、“描边”选项的参数值，在显示牌右方绘制出箭头形状。单击自定形状工具，在属性栏中设置“填充”颜色，与“形状”，在“图层2”上方绘制出投影形状。按快捷键Ctrl+T应用自由变换命令，调整出投影的透视效果。完成后设置图层“不透明度”值。

10 绘制分页显示图标

单击椭圆工具，在属性栏中设置“填充”、“描边”选项的参数值，按住Shift键在界面下方绘制正圆，完成后复制“椭圆3”得到其副本图层，使用移动工具，将其放置于界面合适位置。单击“添加图层样式”按钮，设置“外发光”、“内阴影”选项的参数值，选择“椭圆3”及其副本图层，按快捷键Ctrl+G新建“组1”。

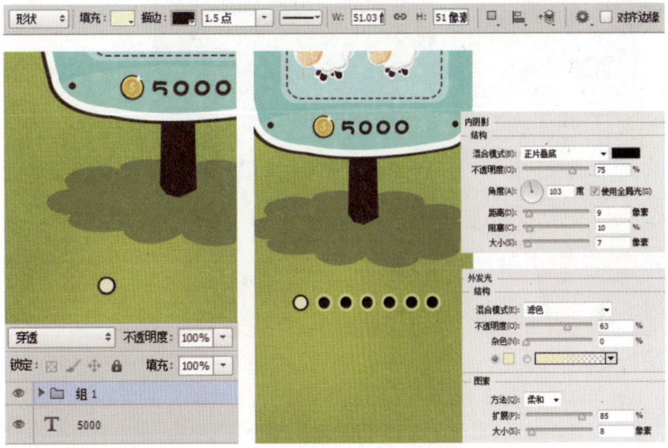

11 绘制河流形状

单击钢笔工具，在属性栏中设置“填充”颜色，在界面上方绘制小河与堤岸形状，选择“形状7”河流形状，单击“添加图层样式”按钮，设置“内发光”选项的参数值，新建“图层5”，单击画笔工具，在属性栏中设置画笔笔触与画笔大小，在河流上绘制圆点形状。完成河流的制作。

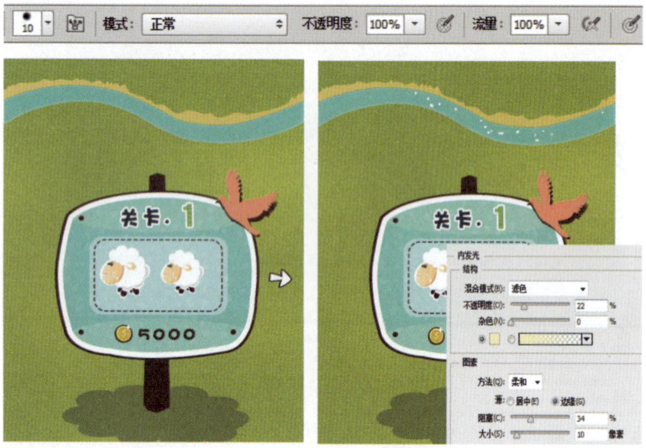

12 使用画笔工具绘制小桥

单击钢笔工具，在属性栏中设置“填充”为棕红色（R181、G95、B12）在河流出绘制小桥扶手形状，单画笔工具，在属性栏中设置画笔笔触与大小，新建“图层6”，设置前景色为黄色（R197、G127、B7），按住Shift键在扶手中间绘制阶梯形状。完成后复制所绘制好的小桥形状，放置于界面合适位置。

13 结合钢笔工具与文字工具绘制图标

继续使用钢笔工具，在属性栏中设置不同的“填充”颜色，在界面上绘制出返回图标，单击横排文字工具，在界面中输入文字信息。继续使用相同方式绘制出右侧滑动图标，设置图层“不透明度”，打开“金币.png”素材文件，将其拖曳到当前图像文件中，按快捷键Ctrl+T调整大小与摆放位置。

14 为界面添加花朵图形，丰富界面效果

打开“花朵.png”、“草.png”文件，将其拖曳到当前图像文件中，将其复制并结合自由变换命令调整摆放位置，继续打开“树木.png”素材文件，将其拖曳到当前图像文件中，适当调整树木颜色，结合椭圆工具绘制树木阴影效果，选择所有花草图层按快捷键Ctrl+G新建“组2”。至此，本实例制作完成。

设计小结

1.利用椭圆工具，在属性栏中设置路径操作为合并形状，可以在一个图层内画出更多的圆形。

2.在制作过程中注意文件名的命名和分组，这样更加方便于我们对图像文件的制作和管理。

第5章

超人气平板界面是这样炼成的

平板界面的制作是移动 UI 中不可或缺的一项，下面小编将从平板主题界面设计、平板应用游戏界面设计、平板常用软件界面设计这三个方面为读者讲解超人气平板界面是这样炼成的！

·设 计 构 思·

平板界面的构成

在移动 UI 高速发展的今天，平板电脑和手机一样进行着高速的更新换代，下面小编将通过平板界面的系统栏、“返回”按钮、操作栏、控件、通知、设置、UI 元素、字体、拆分视图和多窗格界面以及多媒体嵌入等方面为读者讲解平板界面的构成，为后面制作平板界面起到关键性的作用。

iOS 把系统栏做得要多小有多小，而 Android 的蜂巢系统的系统栏扩大了一些。系统栏里面有通知栏和软导航按钮，包括“返回”、“主页”和“最新应用”等按钮。Android 略显笨重而又固定存在的系统栏对设计师来说似乎是个障碍，但它也有一个好处：将 iPad 中被“返回”按钮固定占用的位置解放了出来。蜂巢系统中的“返回”按钮设计在全球都统一适用。

平板界面“蜂巢”的系统栏

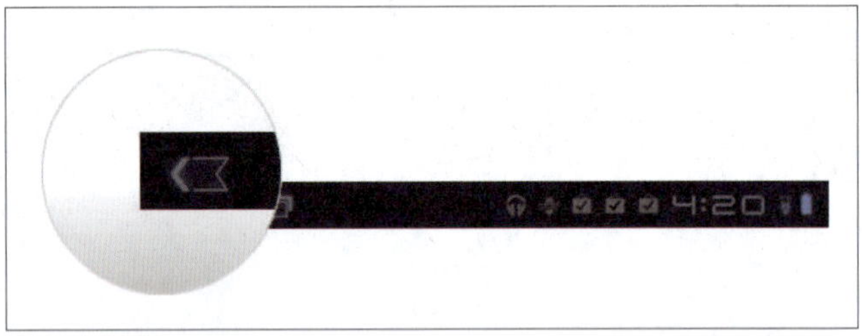

平板界面”中的返回按钮

大部分 UI 系统的差异存在于屏幕最上方的操作栏。Android 为操作栏的具体元素和视觉形式的安排提供了一些建议，包括标识和图标的位置、导航和常用操作。这是整个蜂巢系统里最统一的设计模式，值得你在做自定义设置或者使用 iPad 之类的产品之前去熟悉它。iPad 用户对 Android 中的控件会感到新鲜。顾名思义，控件就是一些小的通知栏和快捷键，用户可以设置它们在启动屏幕上的显示。控件可以被设置为堆栈视图、网格视图和列表视图。

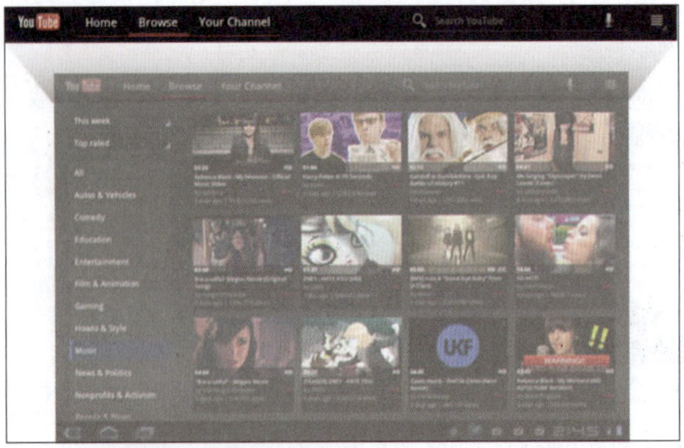

平板界面“蜂巢”的操作栏

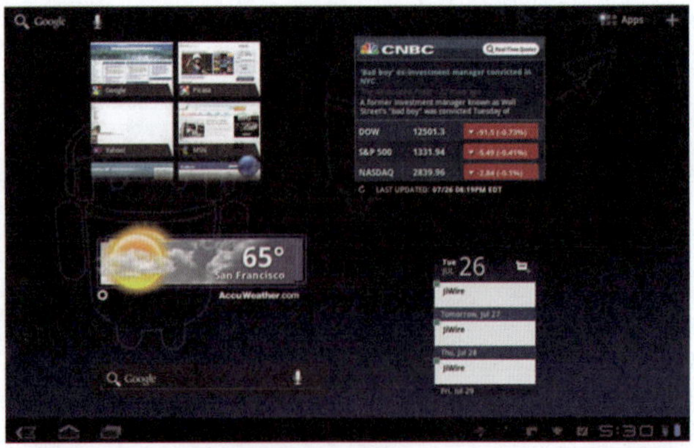

平板界面启动屏幕中的一些控件

“全景 UI”的视觉语言，用于选择日期和时间、选择一个选项、设置音量等日常操作。了解这个 UI 语言系统，对于创建屏幕流和页面布局至关重要。在平板界面中字体文件大小也受系统影响，有的系统中英文加起来近 20M 的字体装上不会出现问题。有的平板电脑由于系统原因，字体就不能装过大的，大家在下载字体时，尽量选择一些常用的，字体文件不是很大的来进行替换。

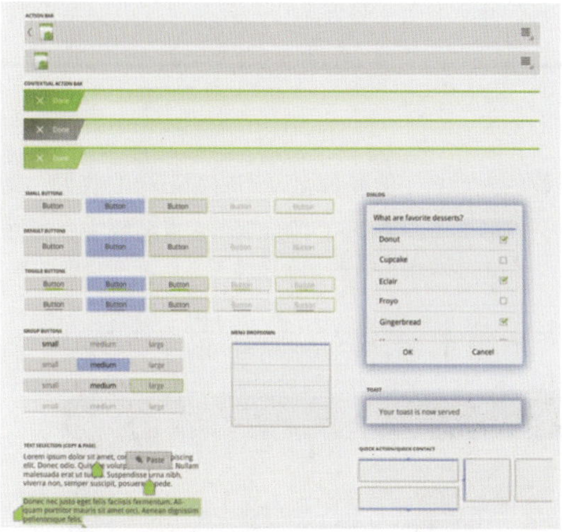

平板界面 UI元素的采样

平板界面字体文件大小

拆分视图是平板电脑最常用的界面布局之一，它由两个并排的窗格组成。你也可以自己设定更复杂的窗格布局。平板电脑平台都支持音频、视频和地图的嵌入。

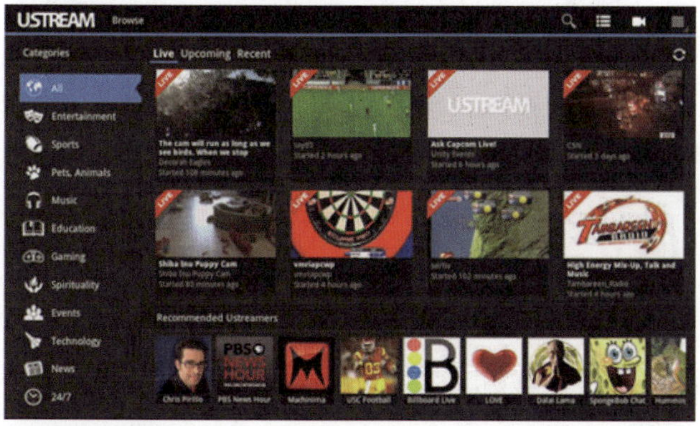

平板界面的拆分视图

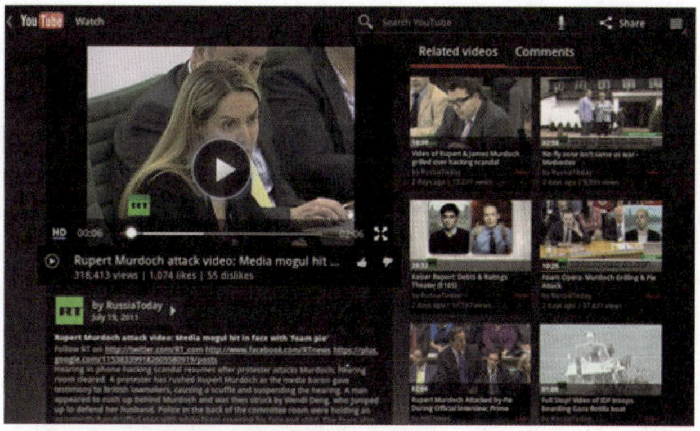

在YouTube的应用程序里嵌入的视频

小编分享

操作栏上的标识和图标都是从最左边开始，点击它们，用户就可以回到应用程序的主屏幕。点击图标以后，我们通常会进入某种形式的导航，如下拉选项，或者是菜单。蜂巢系统里用一个小三角形来显示一个菜单，并为标签提供了一系列的下划线。下划线在操作栏内部，不额外占用空间。搜索也是一个常用操作。对搜索来说，它有一个独特的缩放动作，点击“搜索”标识，就会弹出一个搜索框，让你查询你想要找的内容。点击“×”取消，就又缩回一个小标识。在同时存在着许多操作和标识的时候，这是一个节省空间的方式。拆分窗格是一种最常见的碎片布局。这种布局常见于新的应用程序和电子邮件客户端，有一个狭长的列表和一个较为宽阔的详细视图。

5.1 平板主题界面设计

平板主题界面设计具有一定的时代性和代表性。下面小编将从安卓系统主题界面设计、苹果系统主题界面设计以及Windows 系统主题界面设计三个极具特点的界面设计为读者详细地讲解。

实战1 安卓系统主题界面设计

设计思路：

本节中的实例是制作安卓系统主题界面设计，画面界面中的背景主要采用黄色为背景，使画面呈现出明媚阳光的效果，复合安卓系统主题界面中天气的主题，画面中通过使用自定形状工具、矩形工具、矩形选框工具等工具绘制出安卓系统主题界面中需要的元素，并结合横排文字工具以及各种题材样式将画面制作完整。

● 设计规格：

尺寸规格：2213X1654（像素）
使用工具：自定形状工具、矩形工具、横排文字工具、矩形选框工具
源 文 件：Chapter 5/ Complete/安卓系统主题界面设计.psd
视频地址：视频/Chapter 5/安卓系统主题界面设计.swf

● 设计色彩分析：

将画面调整为黄色的色调，使其具有明媚阳光的整体感觉。

（R25、G25、B37）（R151、G132、B63）（R255、G204、B86）

01 创建背景图片

执行“文件>打开”命令，打开“背景.jpg”文件。拖曳到当前文件图像中，生成“背景”图层。

02 创建“色彩平衡1”、“曲线1”，调整背景色调

单击“创建新的填充或调整图层”按钮，在弹出的菜单中选择“色彩平衡”、“曲线”选项设置参数，调整背景色调。

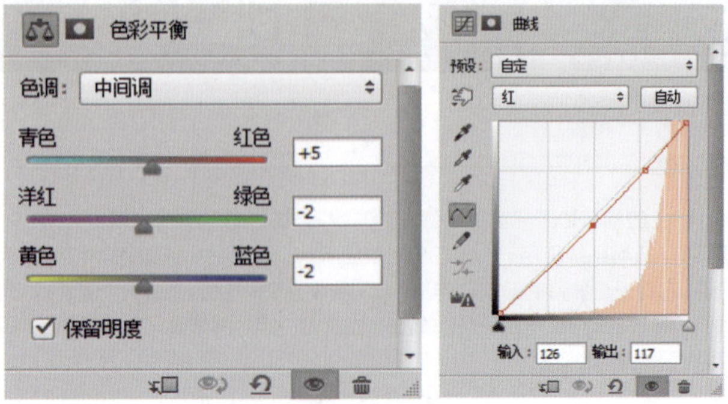

03 创建“色彩平衡2”调整背景色调

单击“创建新的填充或调整图层”按钮，在弹出的菜单中选择“色彩平衡”选项设置参数。

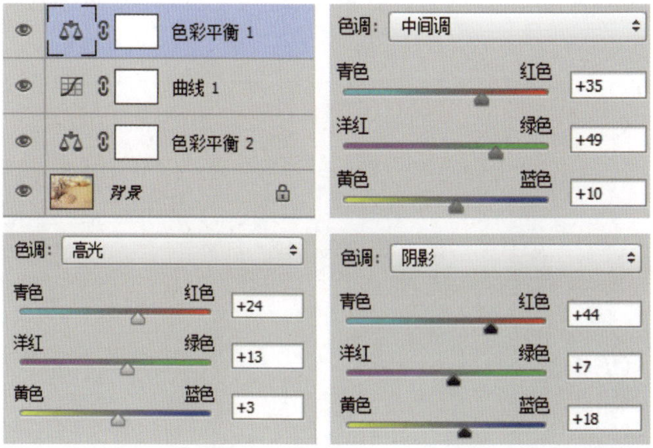

04 得到调整后的图像

05 制作画面背景效果

按快捷键Shift+Ctrl+Alt+E盖印图层得到“图层1”，单击鼠标右键选择“转化为智能对象”选项，转换为智能对象图层，执行“滤镜>模糊>高斯模糊”命令，并在弹出的对话框中设置参数，设置前景色为黑色，单击画笔工具选择柔角画笔并适当调整大小及透明度在其智能滤镜蒙版上适当涂抹，制作出画面背景效果。

06 绘制安卓系统主题界面的底层

使用圆角矩形工具，在其属性栏中设置其“填充”为白色到黑色再到白色的线性渐变，“描边”为无，在画面的中间绘制圆角矩形，得到“圆角矩形1”，再设置其“填充”为20%。

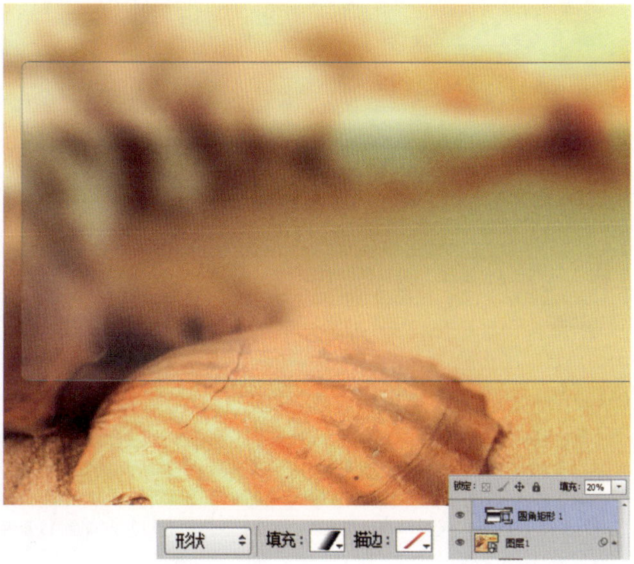

07 继续安卓系统主题界面的底层样式

选择“圆角矩形1”，按快捷键Ctrl+J复制得到“圆角矩形1副本”，使用快捷键Ctrl+T变换图像大小，更改其“填色”为黑色，“填充”为30%。单击“添加图层样式”按钮fx，选择“斜面和浮雕”选项并设置参数，制作图案样式。

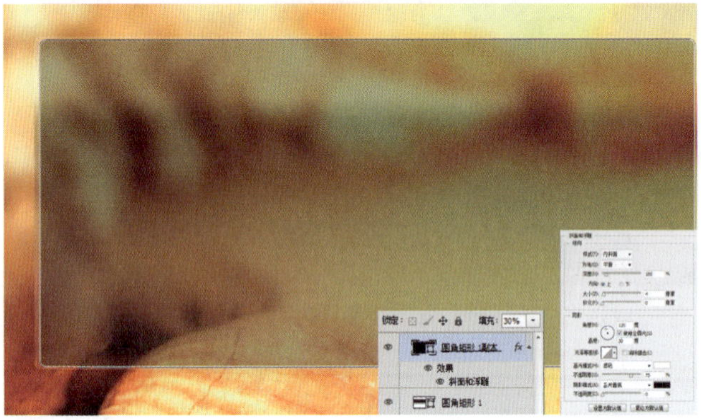

08 绘制安卓系统主题界面的底层样式上的高光

分别使用矩形工具和圆角矩形工具，在其属性栏中设置其“填充”为白色到透明色的线性渐变，“描边”为无。结合其形状属性栏的设置绘制，在其属性栏中选择其需要的形状。

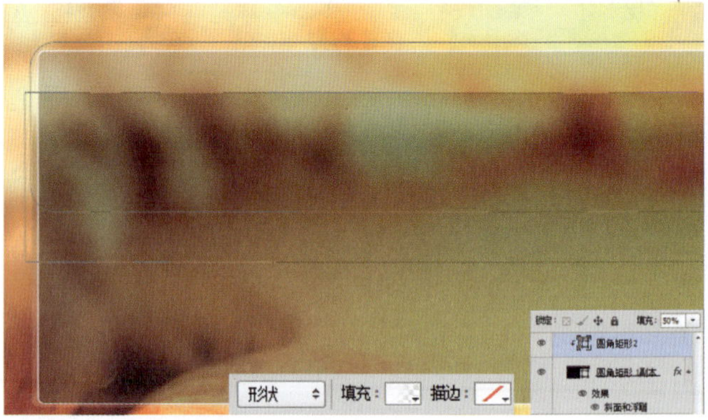

09 制作安卓系统主题界面上的天气图案

执行“文件>打开”命令，打开“天气.png”文件。拖曳到当前文件图像中，生成“图层2”，使用快捷键Ctrl+T变换图像大小，并将其放置于画面合适的位置。

10 继续制作安卓系统主题界面

单击圆角矩形工具，在其属性栏中设置其“填充”为黑色，“描边”为无，继续在绘制好的图标上面绘制圆角矩形得到“圆角矩形3”，单击“添加图层样式”按钮fx，选择“描边”选项并设置参数，制作图案样式。

小编分享

安卓平板电脑（Android平板电脑）是搭载了谷歌Android操作系统的平板电脑，是可以进行商务定制的一款定位于笔记本电脑与智能手机之间的移动商务终端，同时也是一款携带方便而且通信功能完善而强大的移动数据终端。安卓平板电脑（Android平板电脑）功能强大，不仅可以搭载丰富的消费类娱乐应用，还可以实现移动商务办公，随时随地可以使用无线上网，系统反应速度快，画面清晰细腻，触感轻柔敏锐，机身细薄，小巧玲珑，便于随身携带，比手提电脑更轻巧，比手机屏幕更宽广，但又具有手提电脑上网查询看电影看网页的功能，以及手机翻阅信息、收发邮件、拨打电话的功能。

11 安卓系统主题界面里面的翻页效果

依次使用矩形工具和矩形工具，在其属性栏中设置其不同的“填充”，在画面上合适的位置依次绘制需要的形状，并在需要的图层上单击“添加图层样式”按钮，选择“投影”选项并设置参数，制作图案样式。制作出图标的翻页效果。并将绘制好的翻页效果合并为“组1”。

12 将安卓系统主题界面里面的翻页效果制作完整

选择“组1”，按快捷键Ctrl+J复制得到“组1副本”，并使用移动工具将其移至画面合适的位置。

13 绘制安卓系统主题界面里面的翻页效果上的矩形链接

使用矩形工具在其属性栏中设置其“填充”为黑色，“描边”为无，在绘制好的安卓系统主题界面里面的翻页效果上绘制矩形链接得到“矩形1”，复制得到“矩形1副本”并适当移动。

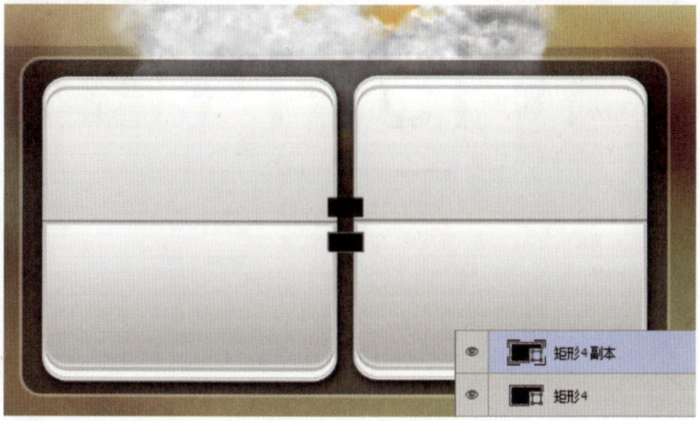

14 制作其翻页效果两边的图案样式

使用圆角矩形工具，在其属性栏中设置其需要的渐变“填充”，绘制其翻页效果两边的图案，单击“添加图层样式”按钮，选择“内发光”、“投影”选项并设置参数，制作图案样式。

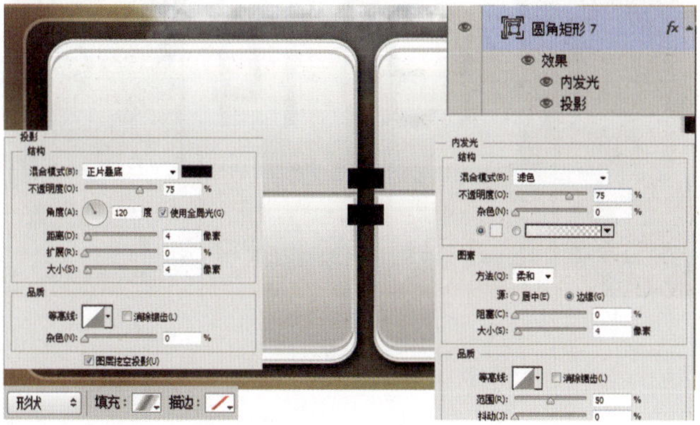

15 继续制作其翻页效果两边的图案样式

选择“圆角矩形7”，连续两次按快捷键Ctrl+J复制得到两个“圆角矩形7副本”， 使用移动工具将其移至画面合适的位置。

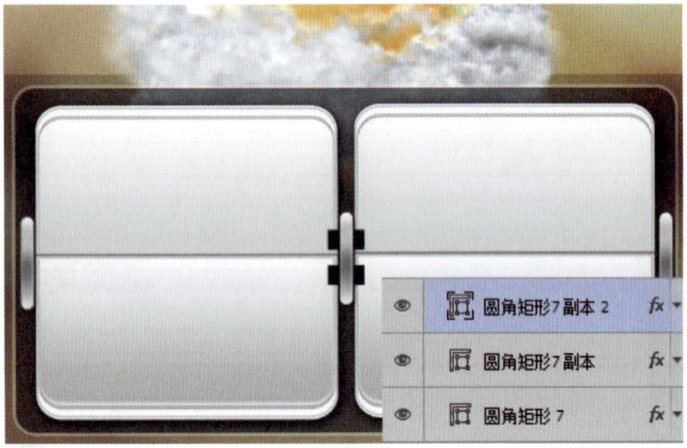

16 制作翻页效果上的文字

单击横排文字工具，设置前景色为黑色，输入所需文字，双击文字图层，在其属性栏中设置文字的字体样式及大小，并将其放至于画面合适的位置。单击“添加图层样式”按钮，选择“渐变叠加”选项并设置参数，制作文字样式。

17 制作下方的分隔

使用矩形工具，在其属性栏中设置其需要的“填充”，“描边”为无，在绘制的天气图标上绘制需要的条状矩形，制作出图标上的画面分隔。适当复制，使用快捷键Ctrl+T变换图像大小和方向，并将其放置于合适的位置。将绘制的矩形全选，并按快捷键Ctrl+G新建“组2”。

18 继续制作续安卓系统主题界面上的图形

单击圆角矩形工具，在其属性栏中设置其“填充”为黑色，“描边”为无，在绘制好的图标上绘制圆角矩形，得到“圆角矩形8”，设置其“填充”为20%。单击“添加图层样式”按钮，选择“描边”选项并设置参数，制作图案样式。按快捷键Ctrl+J复制得到“圆角矩形8 副本”，并将其移至画面上方合适的位置。

19 制作续安卓系统主题界面下方的图案

使用矩形工具，在其属性栏中设置其“填充”为黑色，“描边”为无，在画面下方绘制矩形，单击自定形状工具，在其属性栏中选择需要的形状，在画面上绘制需要的图形，并结合各种图层样式制作其图案样式。得到“形状1”到“形状4”，并依次选择图层设置其不同的“不透明度”。

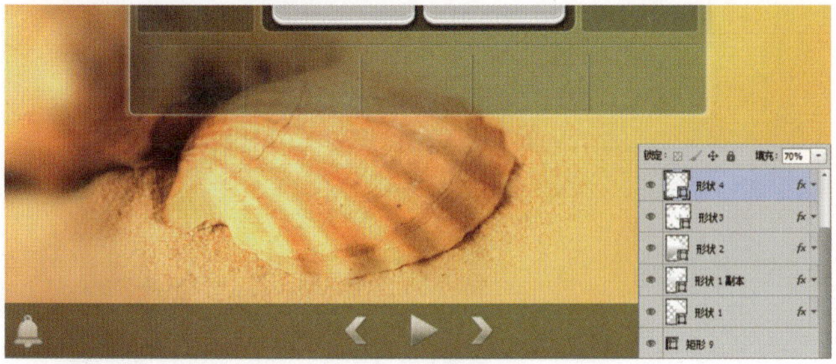

20 制作安卓系统主题界面上的天气图案

执行“文件>打开”命令，打开“天气2.png”文件。拖曳到当前文件图像中，生成“图层3”，使用快捷键Ctrl+T变换图像大小，并将其放至于画面合适的位置。

21 制作天气图案上的文字

单击横排文字工具，设置前景色为白色，输入所需文字，双击文字图层，在其属性栏中设置文字的字体样式及大小，并将其放置于画面合适的位置。选择所有文字图层按快捷键Ctrl+G新建“组3”。单击“添加图层样式”按钮，选择“投影”选项并设置参数，制作文字图案样式。

22 将画面制作完整

继续单击横排文字工具，设置前景色为白色，输入所需文字，双击文字图层，在其属性栏中设置文字的字体样式及大小，并将其放至于画面合适的位置。选择所有文字图层按快捷键Ctrl+G新建“组4”。 单击“添加图层样式”按钮，选择“投影”选项并设置参数，制作文字样式。至此，本实例制作完成。

设计小结

1. 使用矩形工具，在其属性栏中设置其“填充”和“描边”，可在画面中绘制需要的矩形。
2. 单击横排文字工具，设置前景色，输入所需文字，双击文字图层，在其属性栏中设置文字的字体样式及大小。

实战 2 苹果系统主题界面设计

设计思路：

本节中的实例是制作苹果系统主题界面设计，画面中的背景主要使用深紫色的背景，使画面具有神秘梦幻的效果。并且具有突出界面上图标的作用。并结合各种形状工具绘制需要的图标，制作苹果系统主题界面上独具特色的扁平化图标样式，并结合图层样式将图标的质感制作出来，最后结合文字工具将苹果系统主题界面设计制作完整。

● **设计规格：**

尺寸规格：2983X1782（像素）

使用工具：自定形状工具、矩形工具、横排文字工具、钢笔工具、圆角矩形工具、椭圆工具

源 文 件：Chapter 5/ Complete/ 苹果系统主题界面设计.psd

视频地址：视频/Chapter 5/苹果系统主题界面设计.swf

● **设计色彩分析：**

将画面调整为紫色的色调，使画面具有神秘梦幻的效果。

（R62、G30、B95）（R245、G119、B136）（R231、G47、B209）

01 制作画面的背景

新建空白图像文件。打开“背景.jpg”文件。拖曳到当前文件图像中，生成“图层1”。

02 创建“色相/饱和度1”、“色相/饱和度1”，调整背景的色调

单击“创建新的填充或调整图层”按钮，在弹出的菜单中依次选择“色相/饱和度”选项设置参数，调整画面背景的色调。

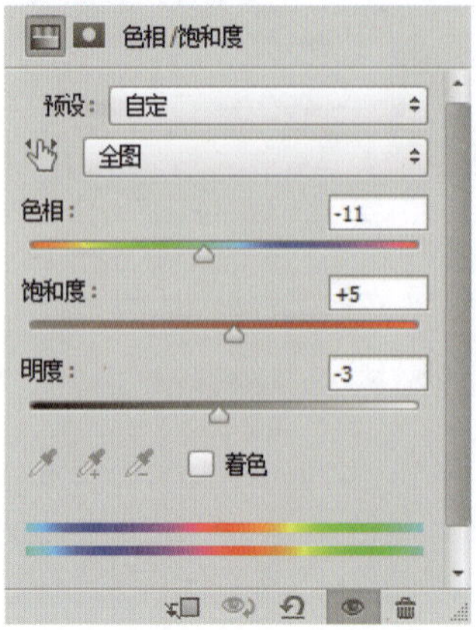

03 创建“亮度/对比度1”，调整背景的色调

单击“创建新的填充或调整图层”按钮，在弹出的菜单中选择“亮度/对比度”选项设置参数，调整画面背景的色调。

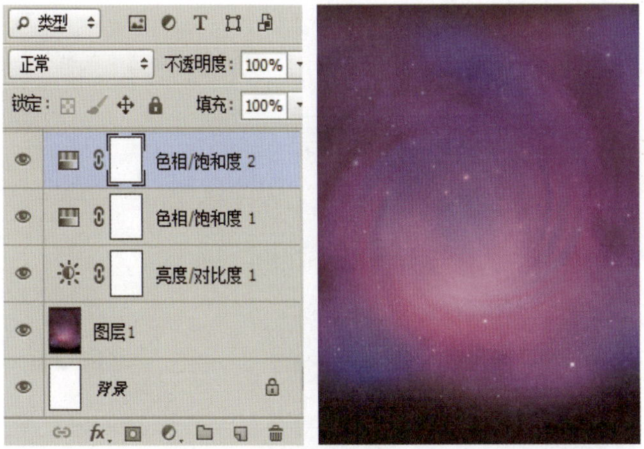

04 绘制界面下方的透明矩形条界面

使用矩形工具，在界面下方绘制矩形，制作画面下方的矩形界面，在其“图层”面板上设置其“填充”为0%。单击“添加图层样式”按钮，选择“内发光”选项并设置参数，制作图案样式。

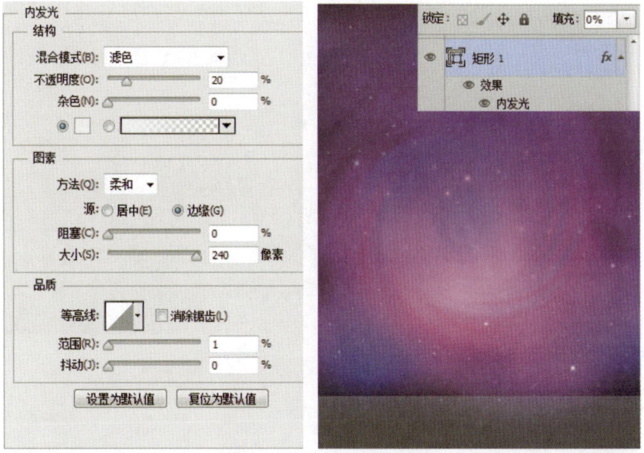

05 绘制透明矩形条上方左侧的图标渐变样式

单击圆角矩形工具，在其属性栏中设置其“填充”为蓝色，“描边”为无，在绘制的透明矩形条上方左侧绘制圆角矩形，得到“圆角矩形1”，单击“添加图层样式”按钮，选择“投影”选项并设置参数，制作其渐变图案样式。

06 绘制圆角渐变矩形图标上的形状，将扁平化的图标制作完整

单击钢笔工具，在其属性栏中设置其属性为“形状”，“填色”为白色，在绘制好的圆角渐变矩形上方绘制小鸟的形状，得到“形状1”。

07 继续制作透明矩形条上方的图标

选择“圆角矩形1”，按快捷键Ctrl+J复制得到“圆角矩形1副本”，将其移至图层上方，重新设置其“渐变叠加”的图层样式。并使用移动工具将其移至其右侧合适的位置。

08 继续绘制圆角渐变矩形图标上的形状，制作扁平化图标

分别使用椭圆工具和钢笔工具，在其属性栏中设置其“填充”为白色，“描边”为无，结合其形状属性栏的设置绘制，在其属性栏中选择其需要的形状，在画面上绘制需要的图形，得到“形状2”。

09 继续绘制圆角渐变矩形及上面的形状制作图标

使用和前面制作图标相同的方法，复制“圆角矩形1”，将其移至图层上方，重新设置其“渐变叠加”的图层样式。移至其右侧合适的位置。结合各种形状工具设置需要的颜色，结合其形状属性栏的设置绘制，在其属性栏中选择其需要的形状。

10 继续使用形状工具制作界面上的图标

单击圆角矩形工具，在其属性栏中设置其“填充”为红色，“描边”为无，在画面下方透明的矩形界面下方绘制圆角矩形，得到“圆角矩形2”，单击钢笔工具，在其属性栏中设置其属性为“形状”，设置其需要的“填色”，并在界面上合适的绘制需要的形状得到“形状4”到“形状6”，依次按住Alt键并单击鼠标左键，创建其图层剪贴蒙版。

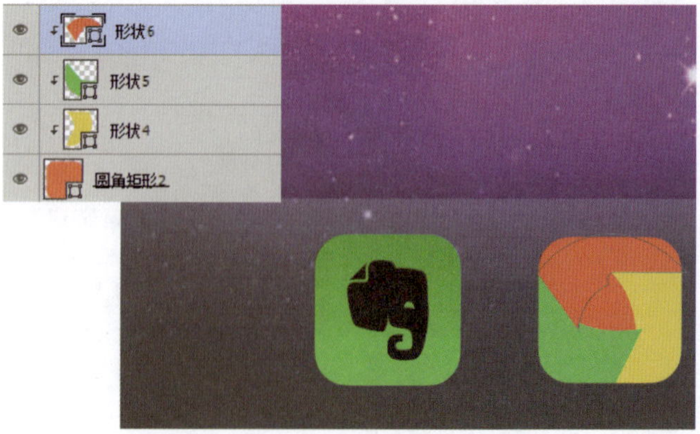

11 继续制作界面上的图标

使用椭圆工具，在其属性栏中设置其“填充”为蓝色，“描边”为无，在绘制的图标中间绘制适当大小的椭圆得到“椭圆1”， 单击“添加图层样式”按钮，选择“描边”选项并设置参数，制作图案样式。

12 继续制作界面上的图标

继续圆角矩形工具，在其属性栏中设置其“填充”为黄色，“描边”为无，在绘制的透矩形上方绘制圆角矩形得到“圆角矩形3”，打开“小人.png”文件。拖曳到当前文件图像中，生成“图层1”， 将其放至于画面合适的位置，按住Alt键并单击鼠标左键，创建其图层剪贴蒙版。

13 继续制作界面上的图标

继续圆角矩形工具，在绘制的透矩形上方绘制圆角矩形得到“圆角矩形4”，单击“添加图层样式”按钮，选择“渐变叠加”选项并设置参数，制作图案样式。单击钢笔工具，在其属性栏中设置其属性为“形状”，“填色”为白色在绘制的矩形图标上绘制字母“F”，得到“形状7”，将其重命名为“f”。

14 继续制作界面上的图标

新建文件继续使用相同的方法结合各种不同的形状工具，在画面上绘制需要的图标，并将其合并为一个图层，储存为01.png文件。打开01.png文件，拖曳到当前文件图像中，生成“图层2”， 使用快捷键Ctrl+T变换图像大小，并将其放置于界面左上方合适的位置。

15 将界面上的图标制作完整

依次打开01.png到14.png文件。拖曳到当前文件图像中，生成“图层2”到“图层15”，并对其分别使用快捷键Ctrl+T变换图像大小，并使用移动工具，将其放至于界面上方合适的位置。将界面上的图标制作完整，使其具有苹果界面的样式。

16 制作界面上方的提示栏字

单击横排文字工具，设置前景色为白色，输入所需文字，双击文字图层，在其属性栏中设置文字的字体样式及大小，将其放置于界面上方合适的位置。

17 制作界面上方的图形

分别使用用椭圆工具和钢笔工具，在其属性栏中设置其“填充”为白色，“描边”为无，结合其形状属性栏的设置绘制，在其属性栏中选择其需要的形状，在绘制需要的图形，得到“形状7和“形状8”，将其放置于画面上方提示栏上合适的位置。

18 制作界面上图标下的文字效果

单击横排文字工具，设置前景色为白色，输入所需文字，双击文字图层，在其属性栏中设置文字的字体样式及大小，将其放置于界面上方合适的位置。

19 制作界面下方图标下的文字效果

继续单击横排文字工具，设置前景色为白色，输入所需文字，双击文字图层，在其属性栏中设置文字的字体样式及大小，将其放置于界面下方透明矩形条的界面上合适的位置。

20 制作界面下方的翻页图标

单击圆角矩形工具，在其属性栏中设置其“填充”为白色，“描边”为无，在界面下方合适的位置绘制圆角矩形，得到“圆角矩形1”。

21 继续制作界面下方不同透明度的的翻页图标

选择“圆角矩形1”，按快捷键Ctrl+J复制得到“圆角矩形1副本”，使用移动工具将其向左轻移一定的位置。并设置其“不透明度”为50%。

22 将画面制作完整

选择“圆角矩形1副本”，连续两次按快捷键Ctrl+J复制得到“圆角矩形1副本2”和“圆角矩形1副本3”， 使用移动工具将其轻移一定的位置，将翻页图标制作完整。至此，本实例制作完成。

设计小结

1. 制作图案渐变样式，单击“添加图层样式”按钮，选择“渐变叠加”选项并设置参数，制作图案样式。
2. 制作图形内部的形状，可以绘制形状，按住Alt键并单击鼠标左键，创建其图层剪贴蒙版。

实战3 Windows 系统主题界面设计

设计思路：

本节中的实例是制作 Windows 系统主题界面设计，系统主题界面的背景主要是采用蓝色的背景，使画面的整体看起来具有清新透明的画面质感。并结合矩形工具、自定形状工具等工具制作出 Windows 系统主题界面的整体扁平化的界面效果。最后使用文字工具将 Windows 系统主题界面制作完整。

● 设计规格：

尺寸规格：2983X1782（像素）
使用工具：自定形状工具、矩形工具、横排文字工具、钢笔工具
源 文 件：Chapter 5/ Complete/ Windows系统主题界面设计.psd
视频地址：视频/Chapter 5/ Windows系统主题界面设计.swf

● 设计色彩分析：

将画面调整为蓝色的色调，使其具有深海清透的整体感觉。

（R48、G48、B48）（R38、G166、B240）（R0、G108、B208）

01 创建背景图片

新建空白图像文件，执行“文件>打开”命令，打开“背景.jpg”文件。将其拖曳到当前文件图像中，生成“图层1”图层。

02 制作背景效果

依次新建“图层2”、“图层3”图层，使用渐变工具，设置渐变颜色为白色到透明色和黑色到透明色的线性渐变，并在图层上拖出渐变。

03 创建“亮度/对比度1”、“色相/饱和度1”，调整画面背景的色调

单击“创建新的填充或调整图层”按钮，在弹出的菜单中选择“亮度/对比度”、“色相/饱和度”选项设置参数，调整画面背景的色调。

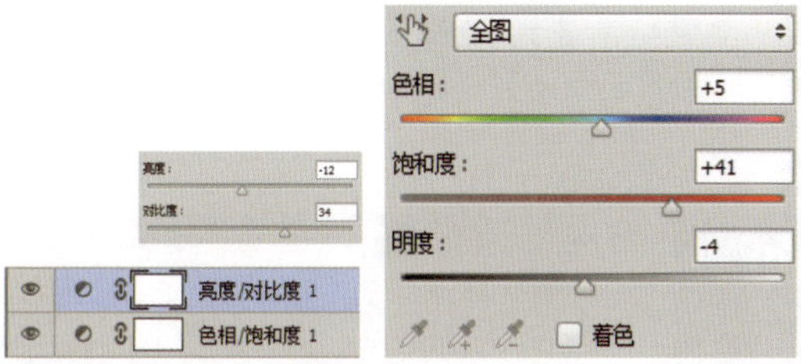

04 制作Windows系统主题界面矩形样式

使用矩形工具，在其属性栏中设置其“填充”为绿灰色，“描边”为无。在画面左上方绘制矩形，制作Windows系统主题界面矩形样式。

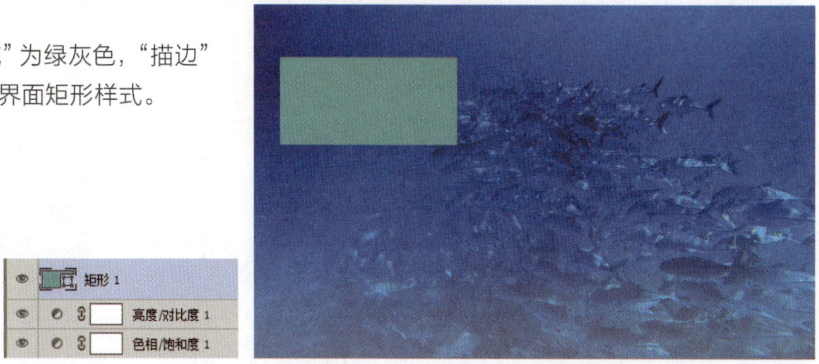

05 继续制作Windows系统主题界面矩形样式

继续使用矩形工具，在其属性栏中设置其需要的颜色“填充”，并在合适的位置绘制适当的矩形，并设置需要的填色，制作Windows系统主题界面矩形样式。

06 制作Windows系统主题界面矩形样式里面的图形

执行“文件>打开”命令，打开01.jpg文件。拖曳到当前文件图像中，生成“图层4”图层，使用快捷键Ctrl+T变换图像大小，并将其放置于画面合适的位置。按住Alt键并单击鼠标左键，创建其图层剪贴蒙版。

07 继续制作Windows系统主题界面矩形样式里面的图形

继续使用矩形工具[icon]，在画面上适当的位置绘制矩形，得到“矩形12”和“矩形13”，依次在其上方打开02.jpg、03.jpg文件。拖曳到当前文件图像中，生成“图层5”和“图层6”，使用快捷键Ctrl+T变换图像大小，并将其放置于画面合适的位置。按住Alt键并单击鼠标左键，创建其图层剪贴蒙版。

08 继续制作Windows系统主题界面矩形样式里面的图形

新建“图层7”，设置前景色为灰色，按快捷键 Alt+Delete，填充图层为灰色。设置混合模式为“正片叠底”，按住 Alt 键并单击鼠标左键，创建其图层剪贴蒙版。

09 继续绘制需要的矩形形状并制作里面的图案样式

继续使用矩形工具[icon]，在画面上适当的位置绘制矩形，在“矩形14”上方打开04.jpg文件，拖曳到当前文件图像中，生成“图层8”图层，使用快捷键Ctrl+T变换图像大小，并将其放置于画面合适的位置。按住Alt键并单击鼠标左键，创建其图层剪贴蒙版。

10 制作Windows系统主题界面矩形图案上的图形

新建“图层9”图层，单击钢笔工具[icon]，在其属性栏中设置其属性为“路径”，在画面上绘制出需要的图形，完成后单击鼠标右键选择“创建选区”选项，创建出需要的图形的选区，设置前景色为白色，按快捷键Alt+Delete，填充选区为白色。然后按快捷键Ctrl+D取消选区。

11 继续制作Windows系统主题界面矩形图案上的图形

依次新建“图层10”到“图层14”，使用钢笔工具，在其属性栏中设置其属性为“路径”，在画面上绘制出需要的图形，完成后单击鼠标右键选择“创建选区”选项，创建出需要的图形的选区，设置前景色为白色，按快捷键Alt+Delete填充选区为白色。然后按快捷键Ctrl+D取消选区。

12 继续制作Windows系统主题界面矩形图案上的图形

分别使用矩形工具和椭圆工具，在其属性栏中设置其“填充”为橘黄色到黄色再到橘黄色的线性渐变。结合其形状属性栏的设置绘制，在其属性栏中选择其需要的形状。

13 继续制作Windows系统主题界面矩形图案上的图形及样式

使用自定形状工具，在其属性栏中选择需要的形状，并结合各个形状工具，结合其形状属性栏的设置绘制，在其属性栏中选择其需要的形状。单击“添加图层样式”按钮，选择“内发光”、“投影”选项并设置参数，制作图案样式。

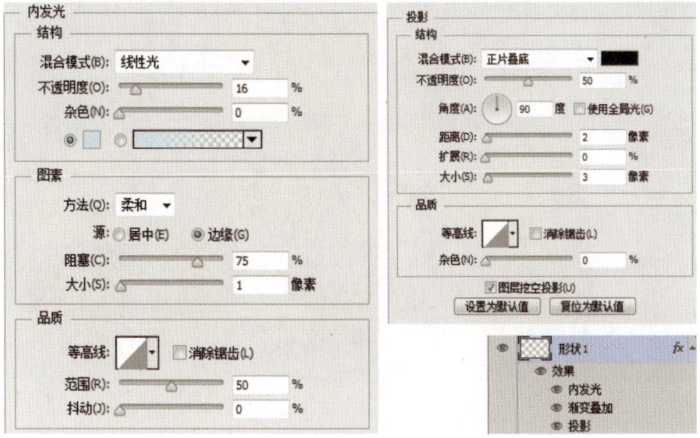

14 继续制作Windows系统主题界面矩形图案上的图形及样式

继续单击“添加图层样式”按钮，选择“渐变叠加”选项并设置参数，制作图案样式。使用相同方法依次使用自定形状工具和各个形状工具在画面上绘制需要的形状得到“形状1”到“形状6”以制作图案的形状及样式。

15 制作Windows系统主题界面上的文字

单击横排文字工具[T]，设置前景色为白色，输入所需文字，双击文字图层，在其属性栏中设置文字的字体样式及大小，并将其放置于画面合适的位置。制作Windows系统主题界面上的文字效果。

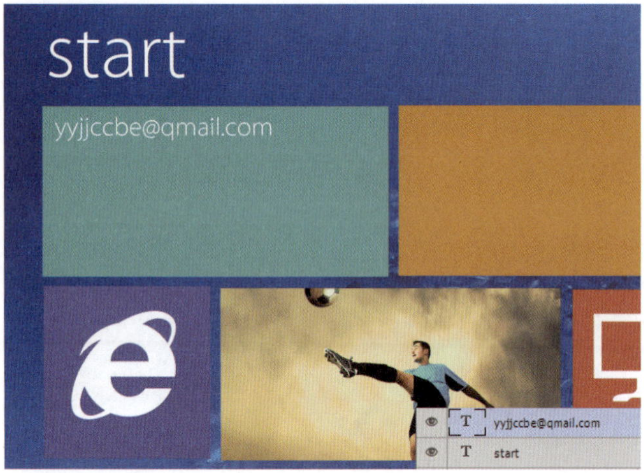

16 制作Windows系统主题界面上矩形图标上的图形

新建“图层15”和“图层16”图层，单击钢笔工具[钢笔工具图标]，在图层上绘制出需要的图形，完成后单击鼠标右键选择“创建选区”选项，创建出需要的图形的选区，设置前景色为白色，按快捷键Alt+Delete填充选区为白色。然后按快捷键Ctrl+D取消选区。

17 制作Windows系统主题界面上的文字

继续单击横排文字工具[T]，设置前景色为白色，输入所需文字，双击文字图层，在其属性栏中设置文字的字体样式及大小，并将其放置于画面合适的位置。制作Windows系统主题界面上的文字效果。

18 将画面制作完整

继续单击横排文字工具[T]，设置前景色为白色，输入所需文字，双击文字图层，在其属性栏中设置文字的字体样式及大小，并将其放置于画面合适的位置。制作Windows系统主题界面上的文字效果。至此，本实例制作完成。

设计小结

1. Windows系统主题界面都是采用这种扁平的界面图标，使用简单的几何形状绘制出其界面效果。
2. 分别使用两个不同的形状工具，可以结合其形状属性栏的设置绘制，在其属性栏中选择其需要的形状。

5.2 平板应用游戏界面设计

平板应用游戏界面设计在平板界面设计中占有很大的比重，下面小编将从 iPad 休闲游戏界面和 iPad 益智游戏界面两个界面为读者讲解。

实战 1　iPad 休闲游戏

设计思路：

本节中的实例是制作 iPad 休闲游戏，画面中的背景使用粉蓝的整体色调，给使用者以心情愉悦的轻松感，画面上通过使用钢笔工具绘制需要的图形，结合多个素材文件和文字效果，制作出 iPad 休闲游戏界面。

● 设计规格：

尺寸规格：2983X1782（像素）
使用工具：自定形状工具、矩形工具、横排文字工具、钢笔工具
源 文 件：Chapter 5/ Complete/ iPad休闲游戏.psd
视频地址：视频/Chapter 5/ iPad休闲游戏.swf

● 设计色彩分析：

将画面调整为亮蓝灰色的色调，使其具有可爱粉蓝的整体感觉。

（R1、G51、B90）（R103、G32、B157）（R128、G225、B230）

01 创建背景图片颜色

新建空白图像文件，新建“图层1”，设置前景色为蓝绿色，按快捷键Alt+Delete，填充。

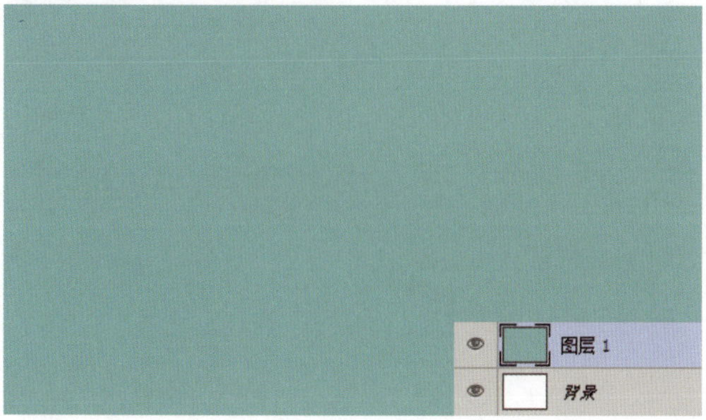

02 制作背景样式

在“图层1”上单击“添加图层样式”按钮 fx，选择“图案叠加”选项并设置参数，制作图案样式。

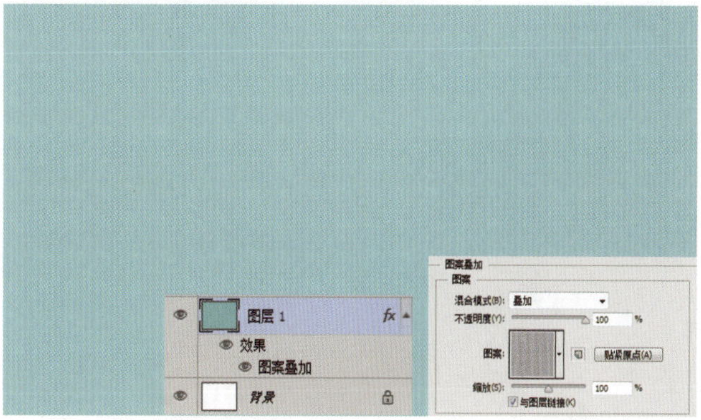

03 继续制作背景的颜色

新建“图层2”图层， 设置前景色为亮蓝绿色，按快捷键Alt+Delete填充。设置其“不透明度”为50%。

04 制作背景上的图案

新建“图层3”，单击钢笔工具，在其属性栏中设置其属性为“形状”，“填充”为白色，在画面上绘制需要的云朵图案。制作其游戏背景。

05 制作背景上的图案

新建“图层4”图层，设置前景色为黄色，单击画笔工具 选择需要的画笔并适当调整大小及透明度，在画面上绘制可爱的太阳图案。新建“图层5”图层，继续单击钢笔工具，在其属性栏中设置其属性为“形状”，“填充”为白色，在画面上绘制需要的云朵图案。制作其背景上的图案。

06 继续制作背景上的图案

新建“图层6”，继续单击钢笔工具，在其属性栏中设置其属性为“形状”，“填充”为亮灰色，在画面上绘制需要的云朵图案。制作其背景上的图案。新建“图层7”图层， 继续单击钢笔工具，在其属性栏中设置其属性为“形状”，设置其不同的“填充”， 在画面上绘制需要的图案。

07 继续制作背景上的彩色图案

继续使用钢笔工具，设置其不同的“填充”，在画面上绘制需要的图形，依次新建图层使用画笔工具选择需要的画笔并适当调整大小及透明度，在图层上绘制，按住Alt键并单击鼠标左键，创建其图层剪贴蒙版。继续使用钢笔工具和画笔工具和新建图层绘制背景上需要的图案。

08 继续制作背景上的彩色图案

使用相同的方法继续使用钢笔工具，设置其不同的“填充”，在画面上绘制需要的图形，新建图层使用画笔工具选择需要的画笔并适当调整大小及透明度，在图层上绘制，按住Alt键并单击鼠标左键，创建其图层剪贴蒙版。制作背景上需要的图案。增加背景图案的丰富性。

09 继续制作背景上的彩色图案

选择“图层5”图层，按快捷键Ctrl+J复制得到“图层5副本”，将其移至图层上方，新建“图层8”图层，单击钢笔工具，在其属性栏中设置其属性为“路径”， 设置需要的“填充”，在画面上绘制需要的图形，制作背景上需要的图案。增加背景图案的丰富性。

10 将背景上的图案制作出来

新建“图层9”图层，继续使用钢笔工具，在其属性栏中设置其属性为“路径”，设置需要的“填色”，在画面上绘制需要的图形，制作背景上需要的图案。增加背景图案的丰富性。

11 在其标题蓝绘制背景小图案

使用自定形状工具，在其属性栏中选择需要的形状，设置 “填充”为淡蓝色，按住Shift键绘制需要的形状，得到“形状4”。

12 制作休闲游戏中的角色

打开“怪物.png”文件，拖曳到当前文件图像中，生成“图层10”图层。打开“怪物2.png”文件，拖曳到当前文件图像中，生成“图层11”图层。分别使用快捷键Ctrl+T变换图像大小，并将其放置于画面合适的位置。

13 在画面上绘制休闲游戏中的角色上面的云朵图案

新建“图层12”图层，继续使用钢笔工具，在其属性栏中设置其属性为“形状”，“填充”为白色，在画面上绘制休闲游戏中的角色上面的云朵图案，丰富画面的层次。

14 绘制休闲游戏中的按钮底层

继续使用钢笔工具，在其属性栏中设置其属性为“形状”，“填充”为蓝色到淡蓝色的线性渐变，并在画面中间绘制需要的图形，得到“形状5”。

15 绘制休闲游戏中的按钮底层立体效果

在“形状5”上，单击“添加图层样式”按钮，选择“斜面和浮雕”、“投影”选项并设置参数，制作图案样式。制作出其立体效果。

16 绘制休闲游戏中的按钮上的效果

继续使用钢笔工具，在其属性栏中设置其属性为“形状”，“填充”为白色，在绘制好的按钮上绘制需要的图案，得到“形状6”。单击“添加图层样式”按钮，选择“投影”选项并设置参数，制作图案样式。

17 继续绘制休闲游戏中的按钮上的效果

继续使用钢笔工具，在其属性栏中设置其属性为“形状”，“填充”为黄色，在绘制好的按钮上绘制需要的图案，得到“形状6”。单击“添加图层样式”按钮，选择“斜面和浮雕”、“图案叠加”选项并设置参数，制作图案样式。

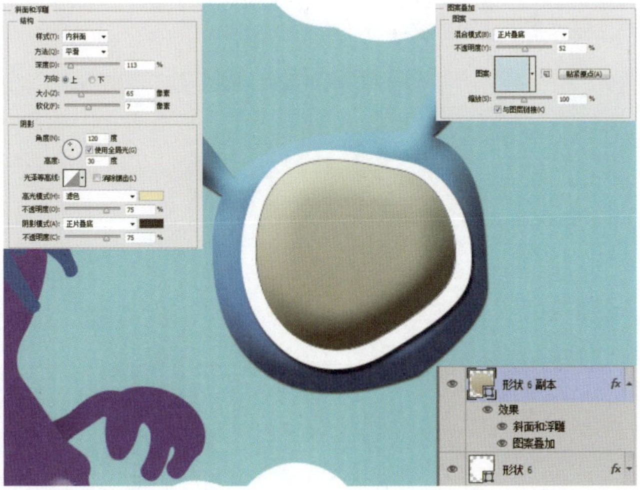

18 制作按钮上的文字效果

单击横排文字工具，输入所需文字，双击文字图层，在其属性栏中设置文字的字体样式及大小，放置于画面合适的位置。单击“添加图层样式”按钮，选择“斜面和浮雕”、“图案叠加”选项并设置参数，制作图案样式。

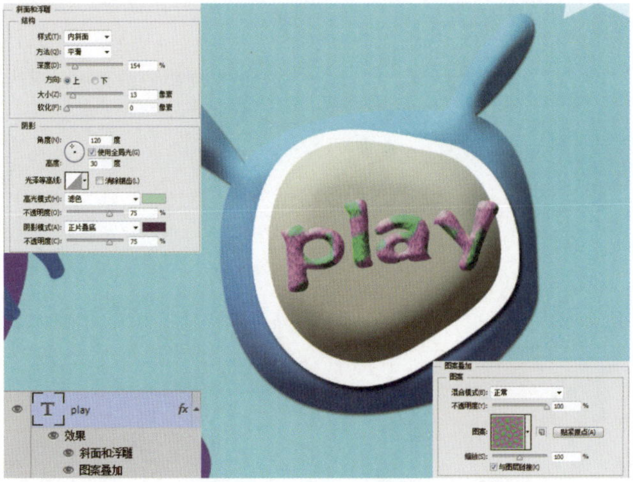

19 继续制作按钮上的文字效果

在文字下方新建图层，按住Ctrl键并单击鼠标左键选择文字图层。得到文字图层的选区后，执行“选择>修改>扩展”命令，将其选区扩展。设置前景色为白色，按快捷键Alt+Delete填充选区为白色。单击“添加图层样式”按钮fx，选择“投影”选项并设置参数，制作图案样式。

20 制作游戏上方的提示框

打开“怪物3.png”文件。拖曳到当前文件图像中，生成“图层14”图层，新建“图层15”图层，使用多边形套索工具在画面上绘制题板的图案，添加图层蒙版，将不需要的部分删除，然后依次单击“添加图层样式”按钮fx，选择“斜面和浮雕”选项并设置参数，制作图案样式。

21 制作提示栏上的纹理

打开“纸张.jpg”文件。将其拖曳到当前文件图像中，生成“图层16”图层， 使用快捷键Ctrl+T变换图像大小，并将其放置于画面合适的位置。按住Alt键并单击鼠标左键，创建其图层剪贴蒙版，并设置其“不透明度”为51%。

22 制作提示栏上的文字

单击横排文字工具T，设置前景色为蓝色，输入所需文字，双击文字图层，在其属性栏中设置文字的字体样式及大小将其放置于画面合适的位置，并使用和前面制作文字效果相同的方法制作提示栏上的文字。

23 继续制作提示栏上的文字

单击横排文字工具[T]，设置前景色为白色，输入所需文字，单击“添加图层样式”按钮[fx.]，选择“斜面和浮雕”、“投影”选项并设置参数，制作文字图案样式；继续输入所需文字，将其栅格化后，制作文字的样式。

24 将游戏右上方的提示栏制作完成

新建“图层18”、“图层19”，设置前景色为白色，单击画笔工具[画笔]选择尖角画笔并适当调整大小及透明度在图层上适当的绘制线条，并依次单击“添加图层样式”按钮[fx.]，选择“斜面和浮雕”、“投影”选项并设置参数，制作图案样式。

25 制作标题栏上的文字效果

单击横排文字工具[T]，设置前景色为黄色，输入所需文字，单击“添加图层样式”按钮[fx.]，选择“斜面和浮雕”、“图案叠加”、“投影”选项并设置参数，制作文字图案样式，并使用和前面制作文字效果相同的方法制作标题栏上的文字。

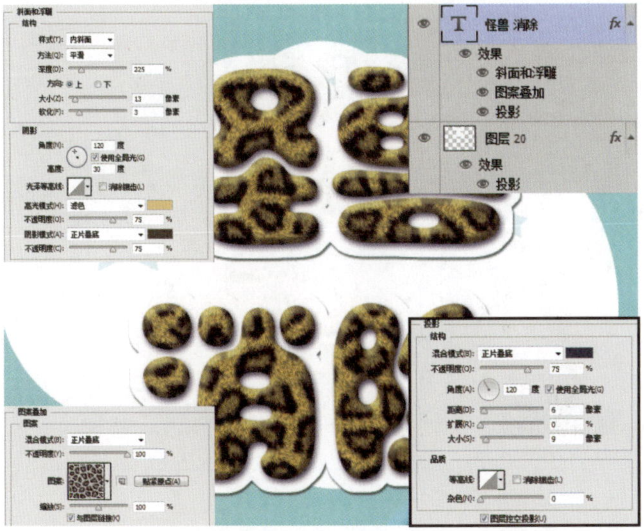

26 制作标题栏上的文字效果

新建“图层21”图层，使用魔棒工具[魔棒]选择字体上方的字体部分选区，将其选区填充为橘黄色。单击“添加图层样式”按钮[fx.]，选择“斜面和浮雕”、“图案叠加”选项并设置参数，制作文字图案样式，制作字体的效果。

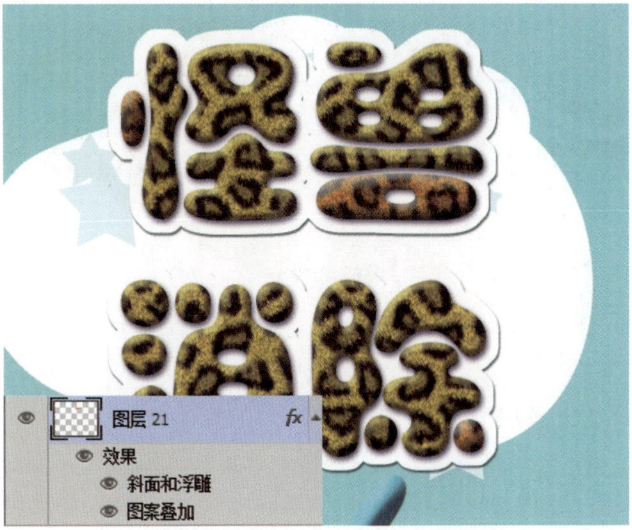

27 制作游戏右下角的按钮

使用钢笔工具，在其属性栏中设置其属性为“形状”，“填色”为蓝色到淡蓝色的线性渐变，并在画面上绘制“形状7”，使用圆角矩形工具，在其属性栏中设置不同的“填色”，绘制按钮上需要的图案。新建“图层22”图层，单击画笔工具，使用白色尖角画笔绘制需要的图案，并制作其图案样式。

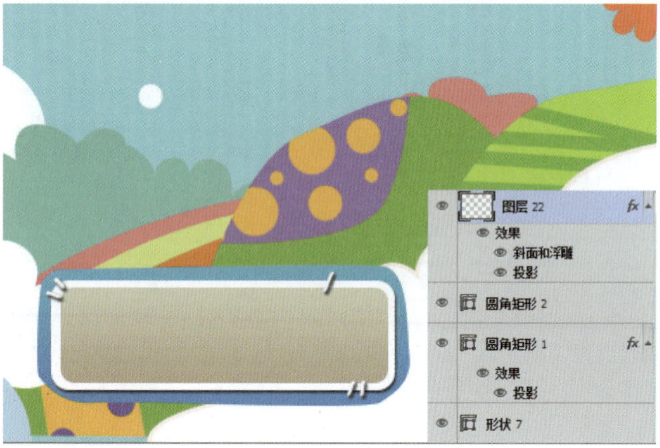

28 将游戏右下角的按钮制作完成

使用钢笔工具，在其属性栏中设置其属性为“形状”，“填色”为蓝色到淡蓝色的线性渐变，并在画面上绘制“形状8”，在其属性栏中设置不同的填色，绘制需要的图案，全选绘制的按钮依次复制并在其上方新建图层，将游戏右下角的按钮制作完成。

29 制作画面上的小图标

分别使用横排文字工具和自定形状工具，设置其“填色”为紫色，在画面上依次制作文字和图案；并单击“添加图层样式”按钮，选择“斜面和浮雕”选项并设置参数，制作图案样式。

30 将画面制作完成

单击“创建新的填充或调整图层”按钮，在弹出的菜单中选择“色相/饱和度”选项设置参数，调整画面色调。至此，本实例制作完成。

设计小结

1. 使用钢笔工具，在其属性栏中设置其属性为“形状”，“填色”，绘制需要的形状。
2. 在制作好了案例过后可以创建“色相/饱和度”调整画面的整体色调。

实战 2 iPad 益智游戏

设计思路：

本节中的实例是制作 iPad 益智游戏，画面中的背景主要是运用木纹作为画面的背景，使益智游戏更具有亲和感。画面中通过使用圆角矩形工具结合素材图片和多种题材样式制作画面上的图标。使其具有复古的效果，从而将 iPad 益智游戏界面制作完整。

● **设计规格：**

尺寸规格：2953X2222（像素）
使用工具：自定形状工具、矩形工具、横排文字工具、钢笔工具
源 文 件：Chapter 5/ Complete/ iPad益智游戏.psd
视频地址：视频/Chapter 5/ iPad益智游戏.swf

● **设计色彩分析：**

将画面调整为木纹土黄色的色调，使其具有家具亲切的整体感觉。

（R73、G37、B14）（R231、G214、B194）（R189、G146、B100）

01 创建背景图片颜色

新建空白图像文件，新建“图层1”图层，设置前景色为黄灰色，按快捷键Alt+Delete填充。

02 制作木纹背景

打开“木纹.jpg”文件。拖曳到当前文件图像中，生成“图层2”图层， 设置其“不透明度”为50%。

03 制作背景图案上的光影

新建“图层3”图层，设置前景色为黑色，单击画笔工具 选择柔角画笔并适当调整大小及透明度，在画面四周涂抹制作出聚焦的效果并设置其混合模式为“叠加”、“不透明度”为30%。新建“图层4”图层，设置前景色为白色，单击画笔工具 选择柔角画笔并适当调整大小及透明度，在画面中间涂抹，并设置其混合模式为“柔光”，制作画面上的发光效果。

04 创建“色相/饱和度1”，调整画面的色调

单击“创建新的填充或调整图层”按钮，在弹出的菜单中选择“色相/饱和度”选项设置参数，调整画面的色调。

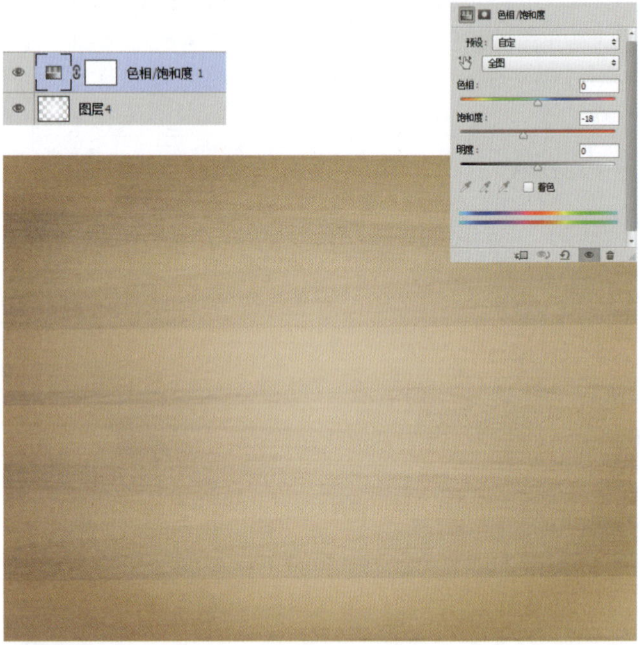

05 制作出图标的透明效果

单击圆角矩形工具，在其属性栏中设置其“填充”为无，“描边”为无，在画面左上角绘制圆角矩形图标得到“圆角矩形1”， 单击“添加图层样式”按钮，选择“内发光”、“投影”选项并设置参数，制作图案样式，制作出图标的透明效果。

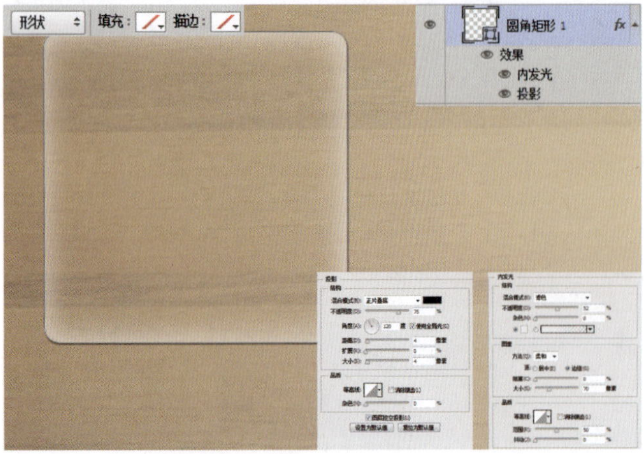

06 制作透明图标上的图标

继续使用圆角矩形工具，在其属性栏中设置其“填充”为绿灰色，“描边”为无，在绘制好的“圆角矩形1”上绘制圆角矩形得到“圆角矩形2”。并在其“图层”面板上设置其“填充”为90%。

07 制作卡片效果

打开“插画1.jpg”文件，拖曳到当前文件图像中，生成“图层5”，设置其“不透明度”为85%。按住Alt键并单击鼠标左键，创建其图层剪贴蒙版。按住Shift键并选择“圆角矩形1”到“图层5”图层，按快捷键Ctrl+G新建“组1”。

08 制作出相同的卡片不同的位置效果

选择“组1”，按快捷键Ctrl+J复制得到“组1副本”，并使用移动工具，将其移至画面上合适的位置，制作出相同的卡片不同的位置效果。

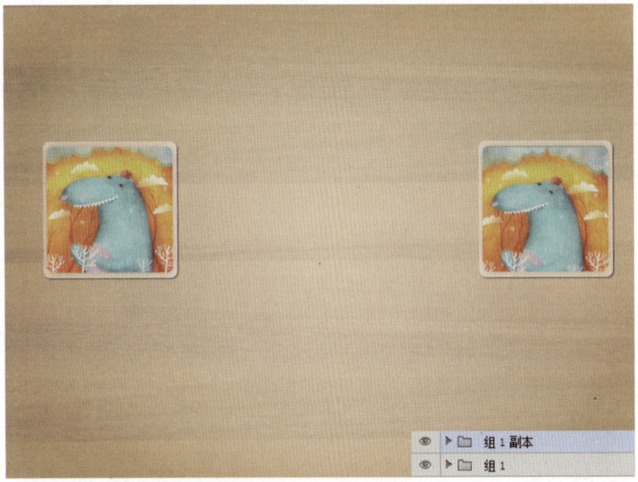

09 继续制作画面上的图标

继续选择“组1”，按快捷键Ctrl+J复制得到“组1副本2”，将其移至图层上方，将其移至画面上合适的位置。打开“组1副本2”选择“圆角矩形2副本”图层，设置前景色为黄色，按快捷键Alt+Delete，填充“圆角矩形2副本”为黄色。并在其“图层”面板上设置其“填充”为90%。

10 制作画面上图标的纹理

将复制的“图层5”删除，打开“水彩纸张1.jpg”文件。拖曳到当前文件图像中，生成“图层6”，使用快捷键Ctrl+T变换图像大小，并将其放置于画面合适的位置。设置混合模式为“正片叠底”，按住Alt键并单击鼠标左键，创建其图层剪贴蒙版。

11 制作益智游戏界面上的不同的图标

打开“插画2.jpg”文件，拖曳到当前文件图像中，生成“图层7”图层， 使用快捷键Ctrl+T变换图像大小，并将其放置于画面合适的位置。按住Alt键并单击鼠标左键，创建其图层剪贴蒙版。新建“图层8”图层，将其填充为橘黄色，并设置混合模式为“正片叠底”、“不透明度”为30%。

12 制作出相同的卡片不同的位置效果

选择“组1副本2”，按快捷键Ctrl+J复制得到“组1副本3”，并使用移动工具，将其移至画面上合适的位置，制作出相同的卡片不同的位置效果。

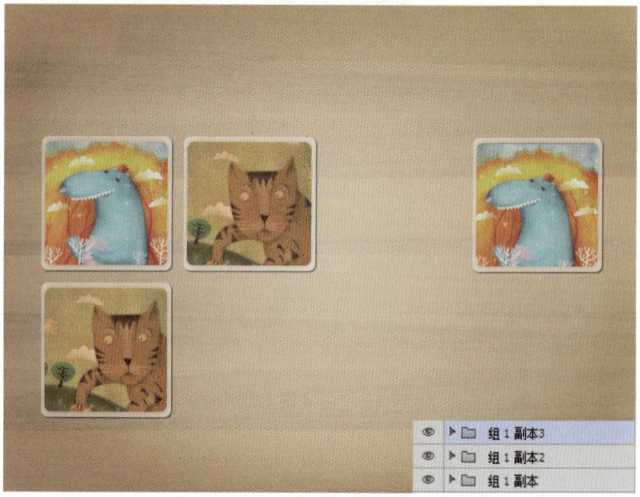

13 继续复制制作画面上图标的纹理

继续选择“组1”，按快捷键Ctrl+J复制得到“组1副本4”， 将其移至图层上方，将其移至画面上合适的位置。将复制的“图层6”到“图层8”删除，打开“水彩纸张2.jpg”文件，拖曳到当前文件图像中，生成“图层9”， 按住Alt键并单击鼠标左键，创建其图层剪贴蒙版。

14 制作益智游戏界面上的不同的图标

打开“插画3.jpg”文件，拖曳到当前文件图像中，生成“图层10”，使用快捷键Ctrl+T变换图像大小，并将其放置于画面合适的位置。按住Alt键并单击鼠标左键，创建其图层剪贴蒙版。设置混合模式为“正片叠底”。

15 制作出相同的卡片不同的位置效果

选择“组1副本4”，按快捷键Ctrl+J复制得到“组1副本5”，并使用移动工具，将其移至画面上合适的位置，制作出相同的卡片不同的位置效果。

16 制作没有图案的卡片效果

继续选择“组1”，按快捷键Ctrl+J复制得到“组1副本6”， 将其移至图层上方，将其移至画面上合适的位置。保留“圆角矩形1”图层，将其他的图层删除。

17 继续制作没有图案的卡片效果

选择“圆角矩形1”， 按快捷键Ctrl+J复制得到“圆角矩形1副本”。并将其适当地缩小，单击“添加图层样式”按钮，选择“斜面和浮雕”选项并设置参数，制作图案样式。

18 将星形在圆角矩形1副本上抠出

使用自定形状工具，在其属性栏中选择需要的形状绘制星形更改其名称为“star”，按住Ctrl键并单击鼠标左键选择形状图层，得到图层的选区，按快捷键Shift+Ctrl+I反选选中的选区，在“圆角矩形1副本”上单击“添加图层蒙版”按钮。

19 制作镂空的图案效果

单击“star”图层的“指示图层可见性”按钮，并关闭其形状图层的可见性。

20 制作没有图案的卡片的不同的位置效果

选择“组1副本6”，按快捷键Ctrl+J复制得到“组1副本7”， 并使用移动工具，将其移至画面上合适的位置，制作出相同的卡片不同的位置效果。

21 制作游戏上方的提示栏

使用圆角矩形工具，在画面上方绘制“圆角矩形3”，并单击“添加图层样式”按钮，选择“投影”选项并设置参数，在其下方新建“图层11”使用多边形套索工具和渐变工具，绘制其阴影效果，单击鼠标右键选择“转化为智能对象”选项，转换为智能对象图层。

22 继续制作游戏上方的提示栏

在“图层11”上执行“滤镜>模糊>动感模糊”命令，并在弹出的对话框中设置参数。在回到“圆角矩形3”，执行“图层2”将其复制并移至图层上方，按住Alt键并单击鼠标左键，创建其图层剪贴蒙版。

23 制作游戏界面上方的提示图标

新建“图层12”图层，设置前景色为棕黄色，单击画笔工具，选择柔角画需要的画笔，在画面左上方绘制需要形状。并设置混合模式为“正片叠底”。

24 制作游戏界面上方的文字提示

单击横排文字工具，设置前景色为棕红色，输入所需文字，双击文字图层，在其属性栏中设置文字的字体样式及大小，将其放置于画面上方合适的位置。

25 继续制作游戏界面上方的文字提示

单击横排文字工具，设置前景色为白色，输入所需文字，双击文字图层，在其属性栏中设置文字的字体样式及大小，将其放置于画面上方合适的位置。

26 将画面制作完整

单击“创建新的填充或调整图层”按钮，在弹出的菜单中选择“照片滤镜”选项设置参数，并设置混合模式为“柔光”、“不透明度”为25%，调整画面色调。至此，本实例制作完成。

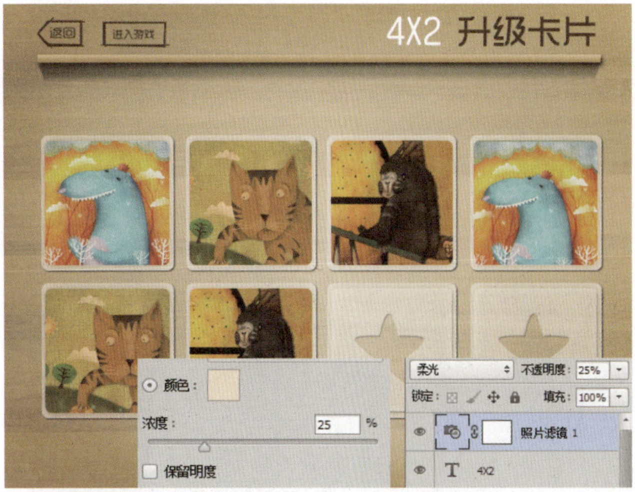

设计小结

制作画面的统一色调可以单击“创建新的填充或调整图层”按钮，在弹出的菜单中选择“照片滤镜”选项设置参数。

5.3 平板常用软件界面设计

平板常用软件界面设计是具有一定受众的软件界面设计，下面小编将从平板电影高清时代、平板娱乐应用界面、平板音乐应用界面三个方面为读者讲解平板常用软件界面设计的制作。

实战1 平板电影高清时代

设计思路：

本节中的实例是制作平板电影高清时代，画面上的背景主要采用深灰色作为画面的背景。使画面上的电影海报突出，并且给人一种高端大气的感觉。画面中结合多种形状工具和图层样式以及图层混合模式制作出具有一定质感的平板电影高清时代界面设计。

● **设计规格：**

尺寸规格：2953X2220（像素）
使用工具：自定形状工具、矩形工具、横排文字工具、钢笔工具
源 文 件：Chapter 5/ Complete/平板电影高清时代.psd
视频地址：视频/Chapter 5/ 平板电影高清时代.swf

● **设计色彩分析：**

将画面调整为深蓝灰色的色调，使其具有高端大气的整体感觉。

（R9、G14、B18） （R80、G83、B94） （R25、G37、B40）

01 创建背景图片颜色

新建空白图像文件，新建“图层1”图层，设置前景色为深灰色，按快捷键Alt+Delete，填充。

02 制作平板电影界面上的分割线

使用矩形工具▣，在其属性栏中设置其需要的“填充”和“描边”，在画面上绘制矩形并适当复制将其移至画面左侧。

03 制作界面上的电影展示界面

依次使用圆角矩形工具，在其属性栏中设置其“填充”为深绿色，在界面左下角绘制需要的圆角矩形得到“圆角矩形1”，再使用矩形工具，在其属性栏中设置其“填充”为白色，在绘制好的圆角矩形上绘制矩形得到“矩形3”。

04 制作界面上的电影展示

执行“文件>打开”命令，打开“电影1.jpg”文件。拖曳到当前文件图像中，生成“图层1”图层，使用快捷键Ctrl+T变换图像大小，并将其放置于画面合适的位置，按住Alt键并单击鼠标左键，创建其图层剪贴蒙版。

05 继续制作界面上的电影展示界面

按住Shift键并选择“圆角矩形1”到“矩形1”，连续按快捷键Ctrl+J复制得到其多个副本，并使用移动工具将其移至界面上合适的位置。

06 将界面上的电影展示制作完整

依次分别在复制的电影展示界面上打开“电影2.jpg”到“电影6.jpg”文件。拖曳到当前文件图像中，生成“图层2”图层到“图层6”图层，使用快捷键Ctrl+T变换图像大小，并将其放置于画面合适的位置，按住Alt键并单击鼠标左键，创建其图层剪贴蒙版。

07 制作电影展示界面子啊的文字

单击横排文字工具，设置前景色为白色，输入所需文字，双击文字图层，在其属性栏中设置文字的字体样式及大小，并将其放置于制作的电影展示界面下方合适的位置。

08 制作界面上的矩形分割并制作其图案样式

使用矩形工具，在其属性栏中设置其“填充”为深灰色，“描边”为无，在画面上合适的位置绘制矩形，得到“矩形4”， 单击“添加图层样式”按钮，选择“图案叠加”、“投影”选项并设置参数，制作图案样式。

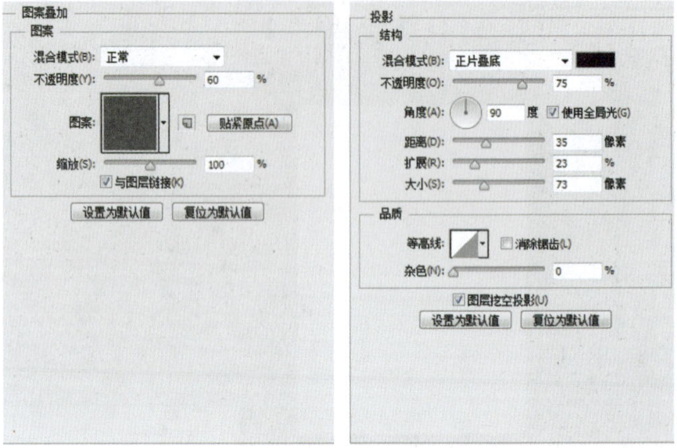

09 继续制作界面上的矩形

继续在绘制的“矩形4”上，设置其“不透明度”为75%。继续制作界面上的矩形分割样式。

10 制作界面上的分隔界面上的样式

打开“网状.png”文件。拖曳到当前文件图像中，生成“图层7”图层，将其放置于绘制的矩形上方，设置混合模式为“正片叠底”、“不透明度”为60%。

小编分享

在制作平板UI时应注意，一个顶部标题，它距离顶部多少，左边多少，给个相对位置，这样的一行显示单一控件，只要根据上和左就可以定位，但是在一行中有多个控件的时候，定制单一的尺寸设计，会导致其他的尺寸出现问题，可能就会出现，在我们设计的那个尺寸上显示得很好，但是在大的尺寸上，显示出来后就会出现类似都拥挤在左边这种情况。

11 继续制作界面上的矩形

选择“矩形4”，按快捷键Ctrl+J复制得到“矩形4副本”，将其移至画面上方，并将其图层样式删除，更改设置混合模式为“正片叠底”、“不透明度”为30%。

12 制作界面上的提示栏

继续使用矩形工具，在其属性栏中设置其需要的“填充”，绘制界面上方的两个提示矩形，得到“矩形5”和“矩形6”，选择“矩形6” 单击“添加图层样式”按钮，选择“投影”选项并设置参数，制作图案样式。

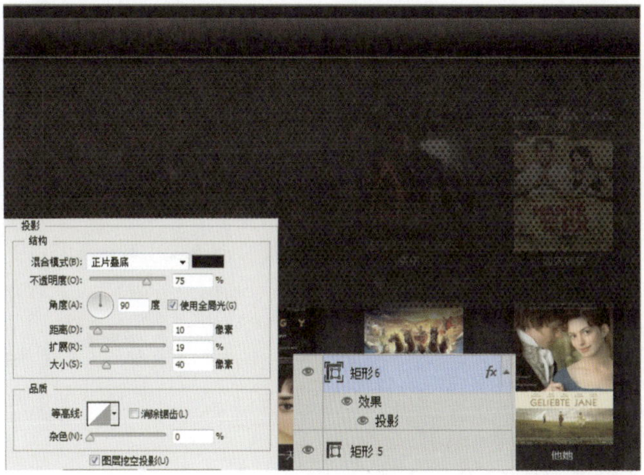

13 制作界面上方的提示

依次使用横排文字工具，设置需要的前景色，输入所需文字，并将其放置于画面合适的位置在使用自定形状工具并结合多种形状工具，结合其形状属性栏的设置绘制，在其属性栏中选择需要的形状，并设置不同的图层样式。

14 制作界面上的图案

新建“图层8”图层，使用多边形套索工具，在界面上合适的文件位置绘制需要的图形，并将其填充为深灰色，然后按快捷键Ctrl+D取消选区。

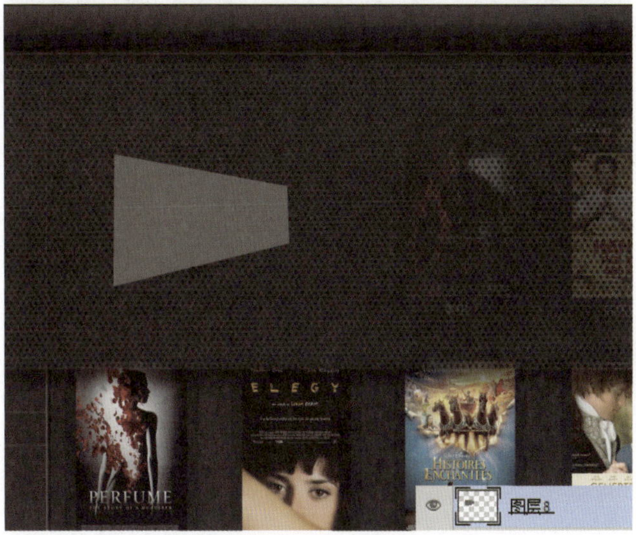

15 制作界面上图案的图层样式

单击“添加图层样式”按钮fx，选择“斜面和浮雕”选项并设置参数，制作图案样式。单击“添加图层样式”按钮fx，选择“投影”选项并设置参数，制作图案样式。

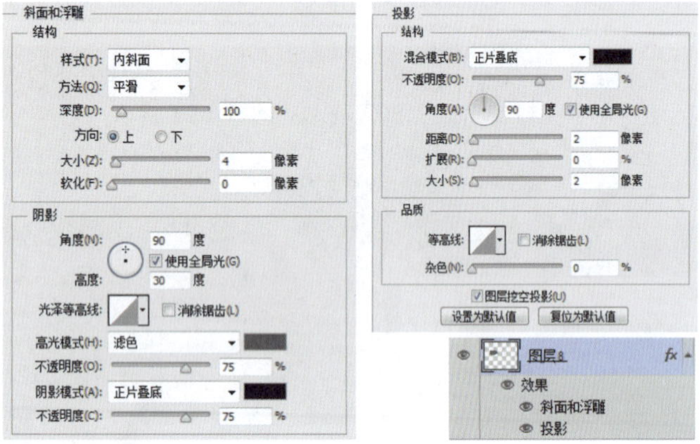

16 制作界面上图案的纹理

打开“铁纹.jpg”文件。拖曳到当前文件图像中，生成“图层9”，使用快捷键Ctrl+T变换图像大小，将其放置于画面合适的位置。按快捷键Alt+Delete，填充背景色为黑色。

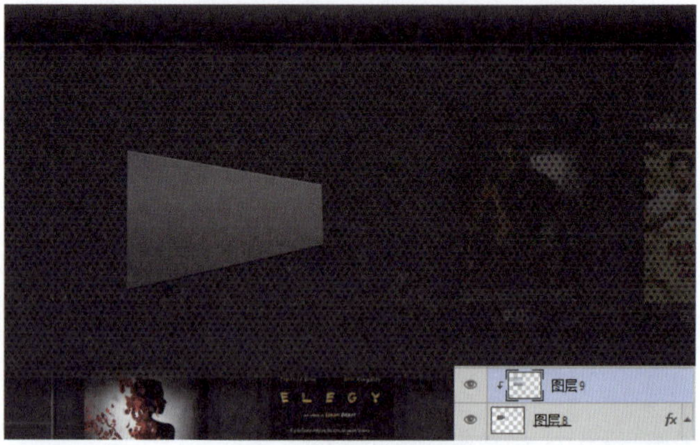

17 继续制作界面上的图案

按住Shift键并选择“图层8”到“图层9”，按快捷键Ctrl+J复制得到其副本。使用快捷键Ctrl+T变换图像方向，并使用移动工具，将其移至画面合适的位置。

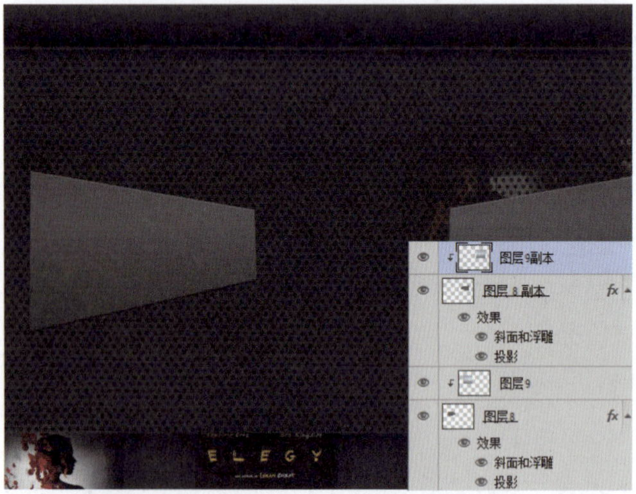

18 制作界面上的音响图案

依次打开“音响1.png”、“音响2.png”文件。拖曳到当前文件图像中，生成“图层10”和“图层11”，使用快捷键Ctrl+T变换图像大小，并将其放置于画面上合适的位置。

19 制作音响中间的主题界面图案样式

单击圆角矩形工具，在其属性栏中设置其“填充”为灰色，“描边”为无，界面里绘制的音响中间绘制主题界面得到“圆角矩形2”，单击“添加图层样式”按钮 fx ，选择“斜面和浮雕”、“渐变叠加”、“外发光”选项并设置参数，制作图案样式。

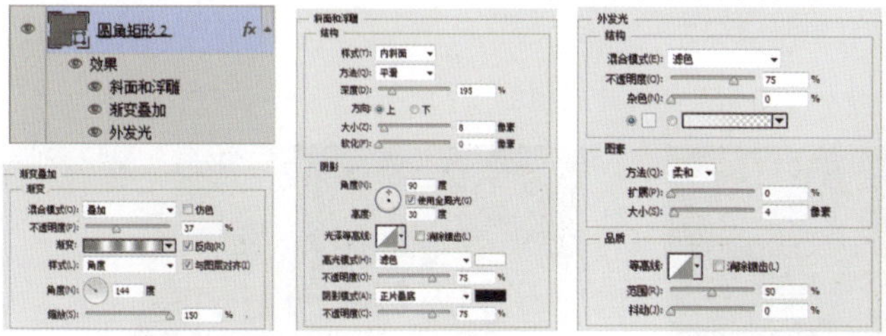

20 制作音响中间的主题界面上的纹理

选择“图层9”，按快捷键Ctrl+J复制得到“图层9副本” 将其移至图层上方，按住Alt键并单击鼠标左键，创建其图层剪贴蒙版。设置混合模式为“正片叠底”。

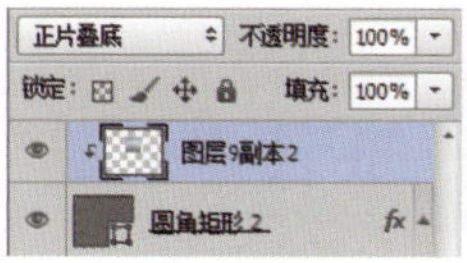

21 制作音响中间的主题界面上的纹理

继续使用圆角矩形工具，在其属性栏中设置其“填充”为深灰色，“描边”为无，在主题界面上绘制圆角矩形，得到“圆角矩形3”，打开“电影7.jpg”文件。拖曳到当前文件图像中，生成“图层12”，使用快捷键Ctrl+T变换图像大小，并将其放置于画面合适的位置，并创建其图层剪贴蒙版。

22 制作主界面上的提示图案和文字

选择“圆角矩形3”，按快捷键Ctrl+J复制得到“圆角矩形3副本”，并更改其“填色”，将其移至主界面的另一侧。单击横排文字工具，设置前景色为白色，输入所需文字，继续使用圆角矩形工具，在其属性栏中设置需要的颜色，在上面绘制需要的圆角矩形并使用钢笔工具绘制需要的小图案。

23 制作主界面下方的播放图案

使用不同的形状工具在主界面下方绘制需要的播放图案，单击“添加图层样式”按钮fx，选择“投影”选项并设置参数，制作图案样式。选择“图层8”，按快捷键Ctrl+J复制得到“图层8副本3”将其移至图层上方，按住Alt键并单击鼠标左键，创建其图层剪贴蒙版。

24 制作主界面两侧的播放样式

依次打开01.png到06.png文件。拖曳到当前文件图像中，生成“图层13”到“图层18”，使用快捷键Ctrl+T变换图像大小，并将其放置于画面合适的位置。

25 制作界面上的播放条

单击圆角矩形工具，在其属性栏中设置需要的填充，在其播放样式下面绘制播放的圆角矩形条得到“圆角矩形5”，在其“图层”面板上设置其“填充”为0%。单击“添加图层样式”按钮fx，选择“外发光”选项并设置参数，制作图案样式。

26 继续制作界面上的播放条

连续两次按快捷键Ctrl+J复制得到“图层5副本”和“图层5副本2”，将其图层样式依次删除，选择“图层5副本”，设置其混合模式为“正片叠底”，选择“图层5副本2”，更改其填色，并结合其形状属性栏的设置绘制，在其属性栏中选择绘制其需要的形状，设置其“不透明度”为80%。

27 制作界面上方提示栏上需要的图案

打开07.png文件。拖曳到当前文件图像中，生成“图层19”，放于播放条上。继续使用圆角矩形工具[icon]，在界面上方绘制搜索栏上的圆角矩形，单击“添加图层样式”按钮[fx]，选择“斜面和浮雕”选项并设置参数，制作图案样式。依次打开“搜索.png”和“信号.png”文件。拖曳到当前文件图像中，生成“图层20”图层和“图层21”图层。

28 继续制作界面上方提示栏上需要的图案和文字

使用快捷键Ctrl+T变换图像大小，并将其放置于画面合适的位置。使用钢笔工具[icon]，在其属性栏中设置其属性为“形状”，“填色”为灰色，在画面上方绘制需要的图案。单击横排文字工具[T]，设置前景色为白色，输入所需文字，双击文字图层，在其属性栏中设置文字的字体样式及大小，将其放置于画面上方提示栏上合适的位置。

29 制作界面上的图案样式

使用各种形状工具，在其属性栏中设置其需要的填色，在画面上依次绘制需要的图案，并单击“添加图层样式”按钮[fx]，选择需要的图层样式。

30 创建“色相/饱和度1”，调整画面的色调

单击“创建新的填充或调整图层”按钮[icon]，在弹出的菜单中选择“色相/饱和度”选项设置参数，调整画面的色调。至此，本实例制作完成。

设计小结

1. 制作透明具有外发光的图案，可以将其绘制的图案“填充”为0%，再设置其外发光的图案样式。
2. 按住Alt键并单击鼠标左键，可创建其图层剪贴蒙版。

实战2 平板娱乐应用界面

设计思路：

本节中的实例是制作平板娱乐应用界面，画面背景主要是墨绿色，叠加涂抹和刮花的图案使其更接近于黑板的效果，并使用钢笔工具、画笔工具、椭圆工具等工具在画面上绘制需要的图形，设置其推出样式和图层混合模式，将平板娱乐应用界面制作出来。

● 设计规格：

尺寸规格：2953X1970（像素）
使用工具：自定形状工具、矩形工具、横排文字工具、钢笔工具
源 文 件：Chapter 5/ Complete/平板娱乐应用界面.psd
视频地址：视频/Chapter 5/ 平板娱乐应用界面.swf

● 设计色彩分析：

将画面调整为绿色的黑板色调，使其具有黑板的整体感觉。

（R231、G139、B124）（R221、G142、B50）（R32、G120、B124）

01 创建背景图片颜色

新建空白图像文件，新建“图层1”，设置前景色为墨绿色，按快捷键Alt+Delete，填充。

02 制作刮花的图案样式，制作黑板效果

打开“刮花.jpg”文件。拖曳到当前文件图像中，生成“图层2”图层，设置混合模式为“滤色”、“不透明度”为54%。

03 制作界面下的木质图案

打开“木头.png”文件。拖曳到当前文件图像中，生成“图层3”图层， 使用快捷键Ctrl+T变换图像大小，并将其放置于画面下方合适的位置。单击“添加图层样式”按钮，选择“斜面和浮雕”选项并设置参数，制作图案样式。按快捷键Ctrl+J复制得到“图层3副本”，设置混合模式为“线性减淡”、“不透明度”为50%。

04 制作界面下方的圆角矩形图标

单击圆角矩形工具，在其属性栏中设置其“填充”为棕色到土黄色的线性渐变，在界面下方合适的位置绘制圆角矩形得到“圆角矩形1”。 在“圆角矩形1”上，单击“添加图层样式”按钮，选择“斜面和浮雕”选项并设置参数，制作图案样式。

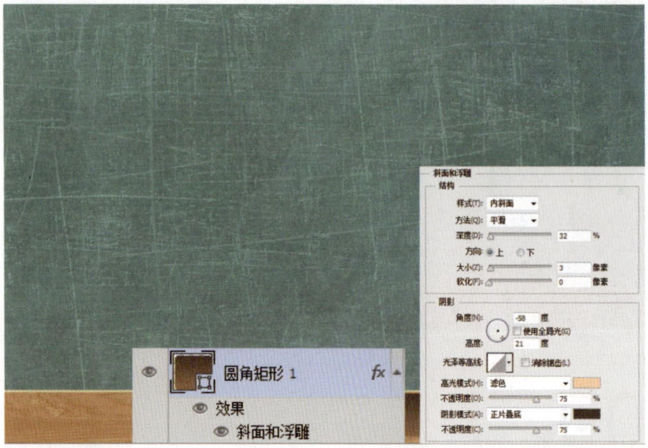

05 继续制作界面下方的圆角矩形图标

连续按快捷键Ctrl+J复制得到多个“圆角矩形1副本”，将其移至画面的合适位置，选择“图层3”，单击“添加图层蒙版”按钮，依次按住Ctrl键并单击鼠标左键选择圆角矩形图层，回到图层3的蒙版上将其填充为黑色，将绘制的图标嵌入。

06 制作嵌入的图标

单击圆角矩形工具，在其属性栏中设置其“填充”为黑色，继续绘制“圆角矩形2”， 新建“图层4”单击画笔工具绘制需要的涂抹，按住Alt键并单击鼠标左键，创建其图层剪贴蒙版。

小编分享

在移动App中，交互元素的外观往往影响用户的交互效果。同一个软件采用一致风格的外观，对于保持用户焦点，改进交互效果有很大帮助。

07 制作标题图案

选择“图层3”，按快捷键Ctrl+J复制得到“图层3副本2”，将其移至图层上方，使用快捷键Ctrl+T变换图像大小和方向，并将其放置于画面右上方合适的位置。

08 继续制作标题图案

按快捷键Ctrl+J复制得到“图层3副本3”设置混合模式为“叠加”、“不透明度”为55%。

09 制作标题屯上嵌入的文字

单击横排文字工具T，设置前景色为棕红色，输入所需文字，使用快捷键Ctrl+T变换文字大小和方向，并将其放置于画面合适的位置，使用和上面相同的方法将文字嵌入。

10 绘制界面上的图案

新建“图层5”，单击画笔工具，设置需要的前景色，选择需要的画笔并适当调整大小及透明度，图层上涂抹绘制需要的图案。

小编分享

平板主屏幕三部分，顶栏：活动格窗，可以进行平行滑动，从这里看到喜爱的应用、文件夹和应用列表。这部分应该有很大的改进空间，因为与iPad相比，这里的应用只占据顶部位置，当应用增多的时候，效率就会降低。窗口：打开的应用。但是每个窗口都有一个控制栏，这样对应用进行操作的时候可以不用全屏。底栏：一个开始菜单。

11 绘制界面下方的圆角矩形按钮

继续使用圆角矩形工具，在其属性栏中设置其“填充”为黄色，“描边”为无，在界面上的左下角绘制圆角矩形得到“圆角矩形3”。

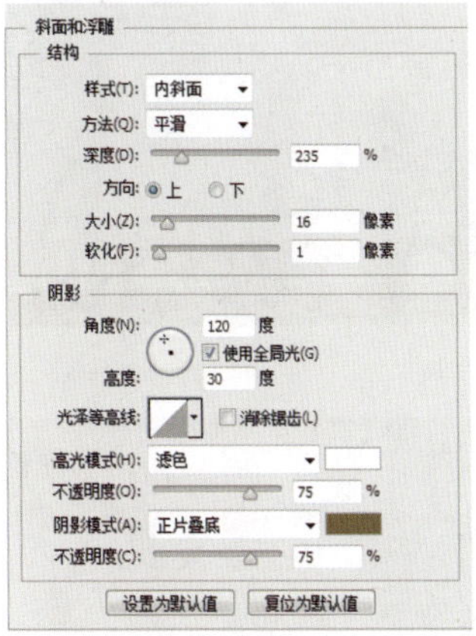

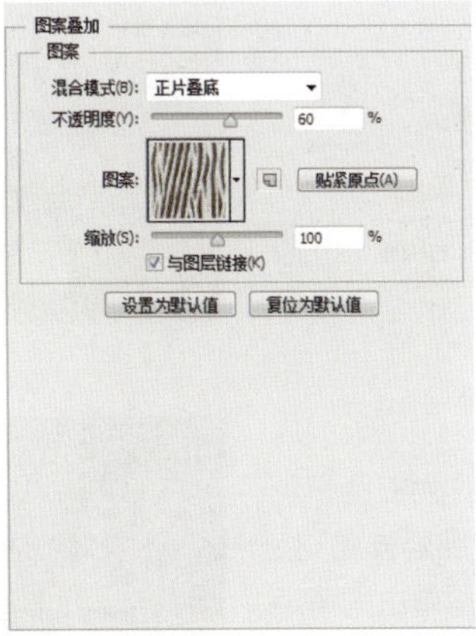

12 制作下方的圆角矩形按钮的图层样式

选择“圆角矩形3”，单击“添加图层样式”按钮，选择“斜面和浮雕”选项并设置参数，选择“图案叠加”选项并设置参数，制作图案样式。

13 绘制下方的椭圆按钮

使用椭圆工具，在画面下方合适的位置绘制椭圆得到“椭圆1”，单击“添加图层样式”按钮，选择“斜面和浮雕”选项并设置参数，制作图案样式。

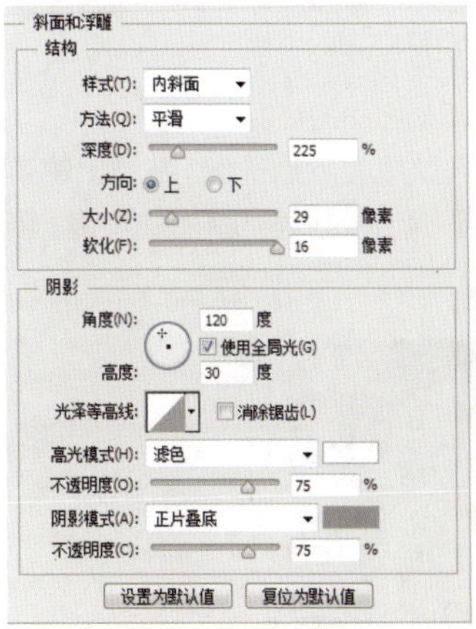

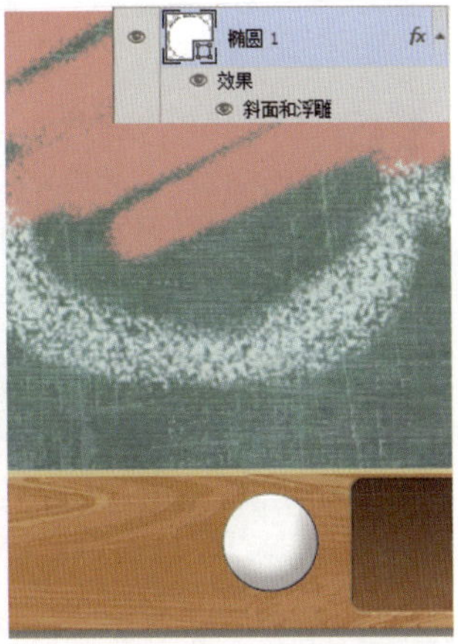

14 继续制作下方的椭圆按钮

选择“椭圆1”，连续按快捷键Ctrl+J复制得到多个“椭圆1副本”，并使用快捷键Ctrl+T变换图像大小，并将其放置于画面合适的位置。

15 制作图标上的形状

使用自定形状工具，在其属性栏中选择需要的形状结合钢笔工具以及各种形状工具，结合其形状属性栏的设置绘制，在其属性栏中选择其需要的形状。单击“添加图层样式”按钮，选择“投影”、“内阴影”等选项并设置参数，制作图案样式。

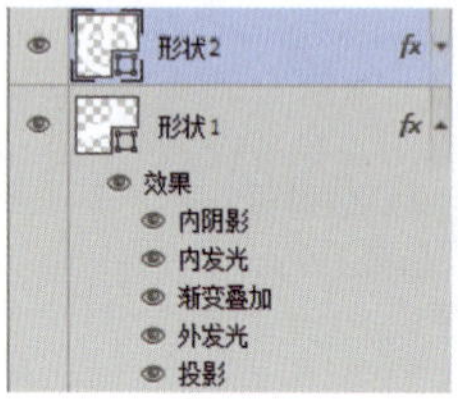

16 在界面下方绘制画笔图案

单击钢笔工具，在其属性栏中设置其属性为“形状”，“填色”为白色到灰色的线性渐变，在界面下方绘制画笔的形状，得到“形状3”，单击“添加图层样式”按钮，选择“投影”、“斜面和浮雕”等选项并设置参数，制作图案样式。单击圆角矩形工具，在其属性栏中设置其“填充”为灰色到白色的线性渐变，并在绘制的“形状3”上绘制“圆角矩形1”。

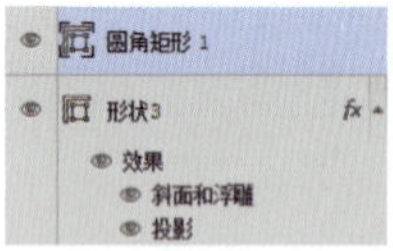

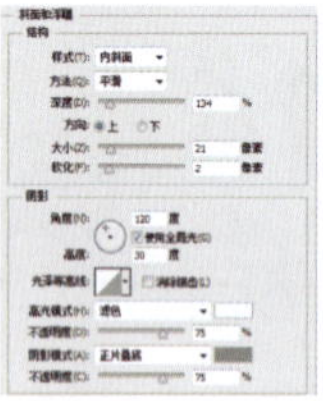

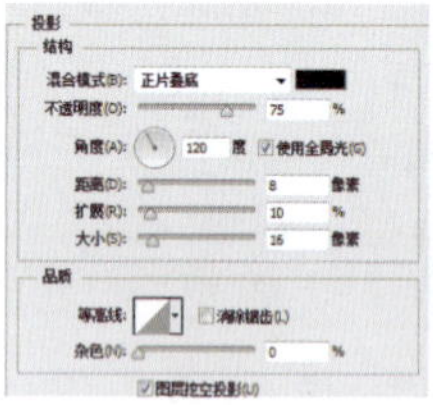

17 制作不同颜色的画笔

按住Shift键并选择“形状3”到“圆角矩形1”，连续按快捷键Ctrl+J复制得到其多个副本，并更改其不同的“渐变填色”和方向，制作不同颜色的画笔。

18 创建“色相/饱和度1”，调整画面的色调

单击“创建新的填充或调整图层”按钮，在弹出的菜单中选择“色相/饱和度1”选项设置参数，调整画面的色调。至此，本实例制作完成。

设计小结

1. 使用画笔工具选择需要的画笔并适当调整大小及透明度，在画面上涂抹。
2. 单击钢笔工具，在其属性栏中设置其属性为“形状”，设置需要的“填色”，可在画面上绘制需要的图形。

实战 3　平板音乐应用界面

设计思路：

本节中的实例是制作平板音乐应用界面画面中的背景，主要使用黄色到橘黄色的径向渐变颜色作为画面的背景，使画面具有明快活泼的整体感觉，画面中通过使用文字工具采用色彩饱和度较高的颜色制作画面，使其音乐应用界面具有明快的色彩，更加抓住人们的眼球。

● 设计规格：

尺寸规格：2953X2271（像素）
使用工具：横排文字工具、渐变工具、圆角矩形工具
源 文 件：Chapter 5/ Complete/平板音乐应用界面.psd
视频地址：视频/Chapter 5/ 平板音乐应用界面.swf

● 设计色彩分析：

将画面调整为亮橘黄色调，使其具有明快活泼的整体感觉。

（R85、G179、B21）（R235、G54、B183）（R255、G184、B1）

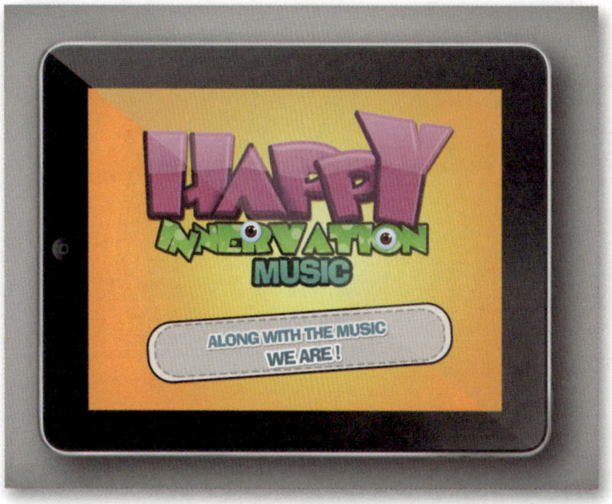

01 创建背景图片渐变颜色

新建空白图像文件，新建“图层1”，使用渐变工具，设置渐变颜色为黄色到橘黄色的径向渐变在画面上从内向外拖出渐变。

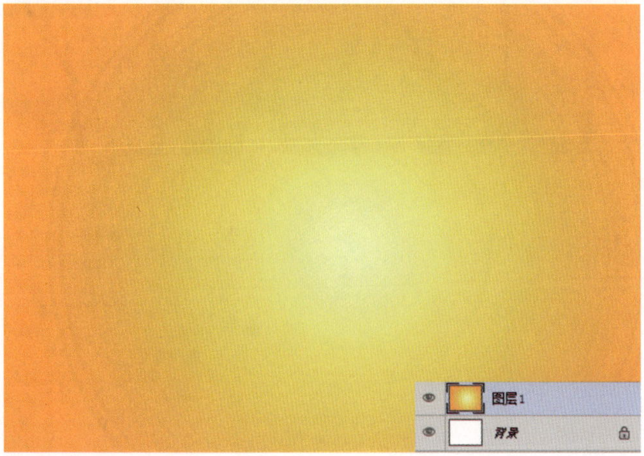

02 制作画面上的文字以及样式

单击横排文字工具，设置前景色为玫红色，输入所需文字，双击文字图层，在其属性栏中设置文字的字体样式及大小，将其放置于画面左上方。单击“添加图层样式”按钮，选择“斜面和浮雕”、“描边”选项并设置参数，制作图案样式。

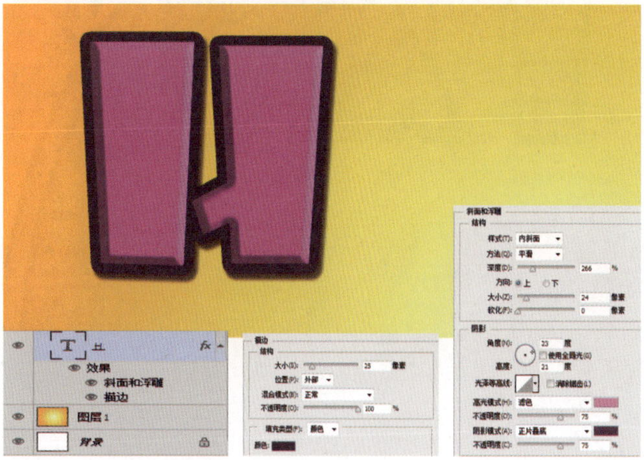

03 继续制作画面上的文字以及样式

继续单击横排文字工具T，设置前景色为玫红色，输入所需文字，双击文字图层，在其属性栏中设置文字的字体样式及大小，将其放置于画面上合适的位置。单击“添加图层样式”按钮fx，选择“斜面和浮雕”、“描边”选项并设置参数，制作图案样式。

04 制作文字上的投影使其更加真实

在输入的文字上方依次新建图层，设置前景色为深玫红色，单击画笔工具，选择柔角画笔并适当调整大小及透明度，在文字上适当的位置涂抹。按住Alt键并单击鼠标左键，创建其图层剪贴蒙版，制作文字上的投影使其更加真实，选择所有制作的文字图层，按快捷键Ctrl+G新建“组1”。

05 制作绘制的文字的整体投影

选择“组1”，单击“添加图层样式”按钮fx，选择“投影”选项并设置参数，制作图案样式。

06 制作文字上方的光感和质感

新建“图层5”，使用多边形套索工具选定文字是上方一部分区域，使用渐变工具，设置渐变颜色为粉色到透明色的线性渐变，并在绘制的选区中从上到下拖出渐变。按快捷键Ctrl+D取消选区，单击“添加图层蒙版”按钮，使用尖角画笔工具，在蒙版上适当涂抹。

07 制作下方文字的样式

单击横排文字工具T，设置前景色为绿色，输入所需文字，双击文字图层，在其属性栏中设置文字的字体样式及大小，选择图层单击鼠标右键选择“栅格化文字”选项，使用多边形套索工具将其不需要的部分删除。单击“添加图层样式”按钮fx，选择“投影”、“斜面和浮雕”、“描边”选项并设置参数，制作图案样式。

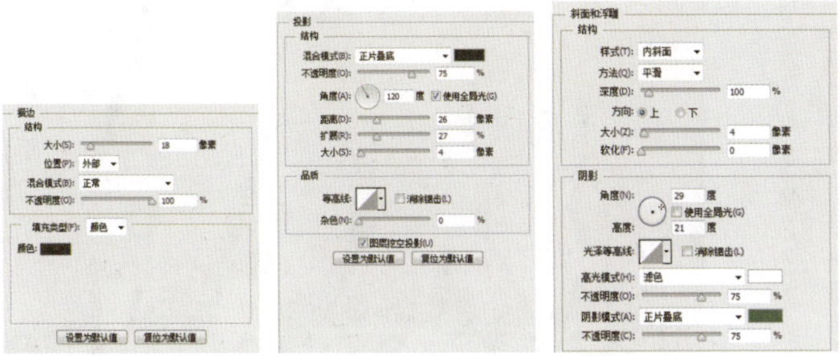

08 制作文字里面的图案

新建“图层6”图层，使用画笔工具 选择尖角画笔并适当调整大小及透明度，在图层上绘制斑点，按住Alt键并单击鼠标左键，创建其图层剪贴蒙版。

09 继续制作下方的文字及文字里面的图案

选择文字图层，按快捷键Ctrl+J复制得到其副本，将其移至图层上方，使用快捷键Ctrl+T变换图像方向，使用多边形套索工具将其不需要的部分删除。新建“图层7”图层，使用画笔工具 选择尖角画笔并适当调整大小及透明度，在图层上绘制斑点，按住Alt键并单击鼠标左键，创建其图层剪贴蒙版。

10 制作文字上其遮住的阴影效果

回到“图层6”后新建“图层7”，使用画笔工具，设置前景色为黑色，选择柔角画笔并适当调整大小及透明度，在文字上适当地涂抹出其遮住的阴影效果。按住Alt键并单击鼠标左键，创建其图层剪贴蒙版。

11 添加素材制作画面上文字生动的效果

执行“文件>打开”命令，打开“眼球.jpg”文件。拖曳到当前文件图像中，生成“图层9”图层，使用快捷键Ctrl+T变换图像大小，并将其放置于绘制的文字上合适的位置。单击“添加图层样式”按钮，选择“投影”选项并设置参数，制作图案样式。

12 复制素材制作画面上文字生动的效果

选择“图层9”图层，按快捷键Ctrl+J复制得到“图层9副本”， 使用快捷键Ctrl+T变换图像大小，并将其放置于文字上合适的位置。

13 制作下方的渐变文字

单击横排文字工具，设置前景色为绿色，输入所需文字，双击文字图层，在其属性栏中设置文字的字体样式及大小，选择图层单击鼠标右键选择“栅格化文字”选项，按住Ctrl键并单击鼠标左键选择文字图层。得到文字图层的选区后，使用渐变工具，设置渐变颜色为亮绿色到绿色的线性渐变，并在文字选区上从上到下拖出渐变，然后按快捷键Ctrl+D取消选区。

14 制作下方渐变文字的图案样式

选择绘制好渐变样式的文字图层，单击“添加图层样式”按钮，选择“投影”、“描边”选项并设置参数，制作图案样式。

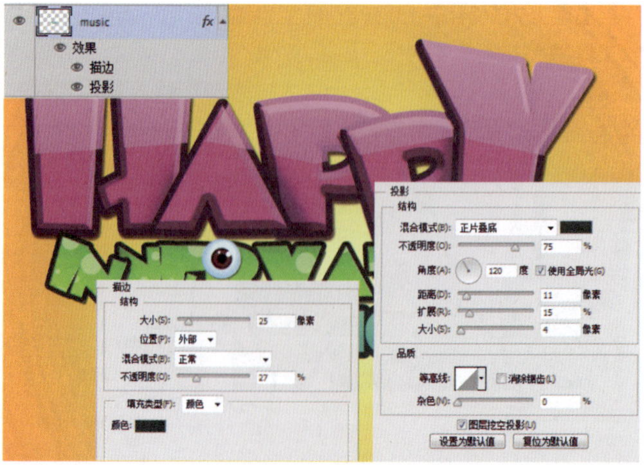

15 绘制文字下方的圆角矩形图案

单击圆角矩形工具，在其属性栏中设置其“填充”为亮灰色，“描边”为黑色，大小为3点的实线。在画面上绘制需要的圆角矩形得到“圆角矩形1”，使用快捷键Ctrl+T变换其方向，并创建其“投影”图层样式。

16 制作圆角矩形图案里面的图案

选择“圆角矩形1”，按快捷键Ctrl+J复制得到“圆角矩形1副本”， 使用快捷键Ctrl+T变换图像大小，更改其属性栏中设置其“填充”为灰色，“描边”为深灰色，大小为3点的虚线。

17 制作圆角矩形图案里面的文字效果

单击横排文字工具，设置前景色为蓝色，输入所需文字，双击文字图层，在其属性栏中设置文字的字体样式及大小，使用快捷键Ctrl+T变换图像方向，并将其放置于文字下面的圆角矩形内合适的位置。

18 继续制作圆角矩形图案里面的文字效果

在文字下方新建“图层10”，按住Ctrl键并单击鼠标左键选择文字图层。得到文字图层的选区，执行“选择>修改>扩展选区”，命令，并在弹出的对话框中设置参数，将得到的选区填充为白色。取消选区后创建其“投影”图层样式。

19 制作圆角矩形图案里面的文字效果

单击横排文字工具T，设置前景色为蓝色，输入所需文字，双击文字图层，在其属性栏中设置文字的字体样式及大小，使用快捷键Ctrl+T变换图像方向，并将其放置于文字下面的圆角矩形内合适的位置。

20 继续制作圆角矩形图案里面的文字效果

在文字下方新建“图层11”，按住Ctrl键并单击鼠标左键选择文字图层。得到文字图层的选区，执行“选择>修改>扩展选区”命令，并在弹出的对话框中设置参数，将得到的选区填充为白色。

21 继续制作圆角矩形图案里面的文字效果

选择“图层11”，单击“添加图层样式”按钮fx，选择“投影”选项并设置参数，制作文字图案样式。

22 创建“色相/饱和度1”，调整画面的色调

创建“色相/饱和度1”，调整画面的色调。至此，本实例制作完成。

设计小结

1. 执行“选择>修改>扩展选区”，命令，并在弹出的对话框中设置参数，可将选区扩展。
2. 使用渐变工具，可以设置线性、径向、角度、对称、菱形5种渐变类型。

5.4 平板阅读界面设计

平板阅读界面设计可以说是当下最为流行的移动界面设计，无论你身在那里阅读都不会是你的障碍，下面小编将从 iPad 电子明信片浏览、女性网购站点以及儿童学习教育三个不同的界面为读者讲解平板阅读界面的设计和制作。

实战 1 iPad 电子明信片浏览

设计思路：

本节中的实例是制作 iPad 电子图书浏览，画面中使用橘黄色的木纹背景，使 iPad 电子明信片浏览的背景界面具有复古的书香气息。画面中通过使用各种形状工具结合不同的图层样式和图层蒙版设置不同的图层混合模式制作出 iPad 电子明信片浏览界面效果。

● 设计规格：

尺寸规格：2953X2214（像素）
使用工具：横排文字工具、渐变工具、圆角矩形工具、自定义形状工具、图层蒙版
源 文 件：Chapter 5/ Complete/ iPad电子明信片浏览.psd
视频地址：视频/Chapter 5/ iPad电子明信片浏览.swf

● 设计色彩分析：

将画面调整为橘黄色调，使其具有明快活泼的整体感觉。

（R155、G54、B1）（R255、G230、B166）（R212、G151、B71）

01 制作背景木纹图案

新建空白图像文件，打开“木纹.jpg”文件。拖曳到当前文件图像中，生成“图层1”图层。

02 制作背景木纹的动感模糊样式

选择“图层1”图层，单击鼠标右键选择“转化为智能对象”选项，转换为智能对象图层，执行“滤镜>模糊>动感模糊”命令，并在弹出的对话框中设置参数。

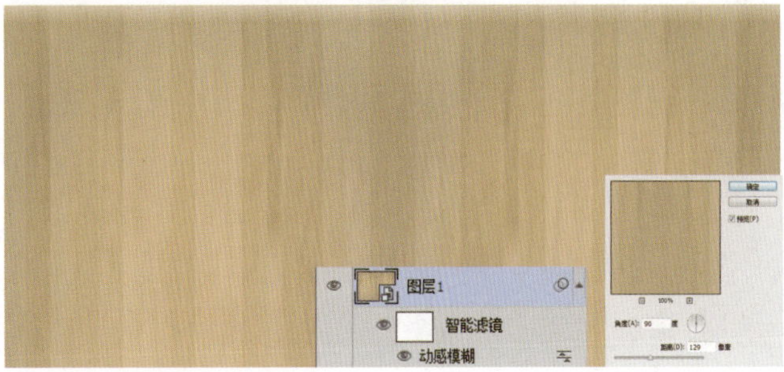

03 制作画面背景

继续选择“图层1”图层，按快捷键Ctrl+J复制得到“图层1副本”， 设置混合模式为“正片叠底”，新建“图层2”图层，设置前景色为橘黄色，将“图层2”填充为橘黄色。设置混合模式为“划分”、“不透明度”为32%。

04 制作画面背景的橘黄色渐变色调

新建“图层3”图层，使用渐变工具，设置渐变颜色为黄色到橘黄色的径向渐变，并在图层上从内向外拖出渐变，设置混合模式为“叠加”、“不透明度”为80%。

05 制作画面背景四周的聚焦效果

按快捷键Shift+Ctrl+Alt+E盖印图层得到“图层4”图层，新建“图层5”图层， 设置前景色为棕色，单击画笔工具，选择柔角画笔并适当调整大小及透明度，在图层四周上适当涂抹。设置混合模式为“叠加”、“ 正片叠底”为80%。

06 制作画面背景中间的聚焦效果

新建“图层6”图层，设置前景色为亮黄色，继续使用画笔工具，在图层中间适当的涂抹，并设置混合模式为“叠加”、“不透明度”为70%。

07 制作画面上的透明图标

使用圆角矩形工具，在其属性栏中设置其“填充”为无，“描边”为无，在画面中间合适的位置绘制圆角矩形，得到“圆角矩形1”，单击“添加图层样式”按钮，选择“内发光”、“外发光”选项并设置参数，制作图案样式。单击“添加图层蒙版”按钮，使用画笔工具选择柔角画笔并适当调整大小及透明度，在蒙版上把不需要的部分加以涂抹。

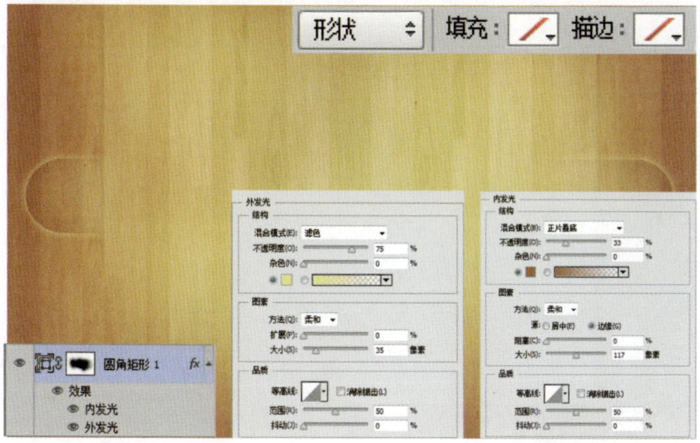

08 绘制画面下方的圆角矩圆形条

继续使用圆角矩形工具，在其属性栏中设置其“填充”为棕色，“描边”为无，在画面下方绘制圆角矩形得到“圆角矩形2”，在其“图层”面板上设置其“填充”为35%，单击“添加图层样式”按钮，选择“斜面和浮雕”、“外发光”选项并设置参数，制作图案样式。

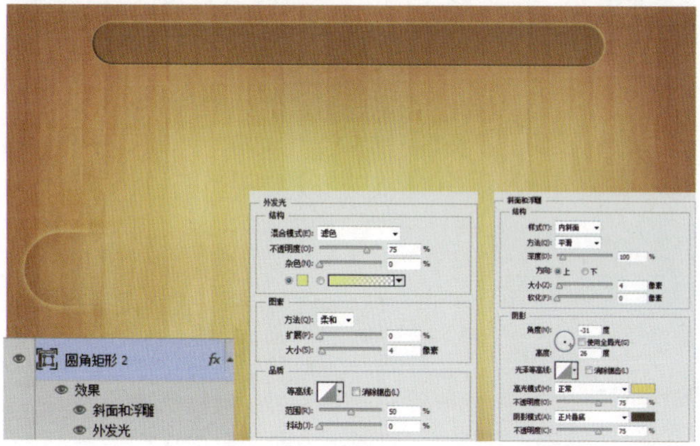

09 制作圆角矩形条上的按钮

继续使用使用圆角矩形工具，在其属性栏中设置其需要的“填充”，在绘制的矩形条上依次绘制圆角矩形，得到“圆角矩形3”和“圆角矩形4”，选择“圆角矩形3”，设置“不透明度”为60%，按快捷键Ctrl+J复制得到“圆角矩形3副本”。

10 继续制作圆角矩形条上的按钮

选择“圆角矩形4”，单击“添加图层样式”按钮，选择“描边”选项并设置参数，制作图案样式。选择“圆角矩形4”，连续按快捷键Ctrl+J复制得到多个“圆角矩形4副本”，并用移动工具，将其副本依次向右移动。制作圆角矩形条上的按钮。

11 制作界面上的移动符号

使用自定形状工具，在其属性栏中选择需要的形状，在其属性栏中设置其“填充”为棕红色，在画面上绘制需要的形状得到“形状1”，在其“图层”面板上设置其“填充”为70%。按快捷键Ctrl+J复制得到“形状1副本”，使用快捷键Ctrl+T变换图像大小，并将其放置于画面合适的位置。

12 制作界面上的主界面

使用矩形工具，在其属性栏中设置其“填充”为白色，在画面上绘制矩形得到“矩形1”，设置其“填充”为70%，混合模式为“正片叠底”。依次单击“添加图层样式”按钮，选择“投影”选项并设置参数，制作图案样式。

13 绘制主界面上的分隔

单击钢笔工具，在其属性栏中设置其属性为“形状”，“填色”为无，“描边”为灰色，大小为1点的虚线，在绘制的“矩形1”上绘制出虚线。得到“形状1”，并设置其“不透明度”为60%。

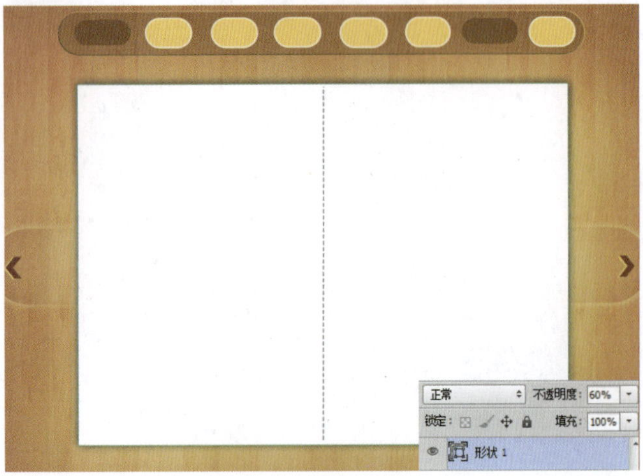

14 绘制主界面上的左右界面上的元素

新建“图层7”，使用矩形选框工具，在绘制的矩形左界面上绘制矩形条，并将其填充为灰色。然后按快捷键Ctrl+D取消选区。使用矩形工具，在其属性栏中设置其“填充”为灰色，在绘制的矩形左界面右侧绘制矩形得到“矩形2”。

15 制作主界面上的图案和趣味的图案

依次打开“背景.jpg”、“猫.png”、“人物.jpg”、“外星人.png”、“横幅.png”文件。拖曳到当前文件图像中，生成“图层8”到“图层12”，按住Alt键并单击鼠标左键，创建其图层剪贴蒙版。

16 制作主界面上的图案和趣味的创意样式

在“图层9”上，使用钢笔工具，界面上绘制需要的图形得到“形状2”，选择“图层10”，选择需要的部分创建选区，单击“添加图层蒙版”按钮，将其置入“形状2”上。

17 制作明信片界面的文字效果

单击横排文字工具，设置前景色为灰色色，输入所需文字，双击文字图层，在其属性栏中设置文字的字体样式及大小，将其放置于矩形界面右侧制作其文字效果。

18 制作主界面上的邮票效果

继续使用矩形工具，在其属性栏中设置其“填充”为白色在主界面上方绘制矩形得到“矩形3”和“矩形4”，选择“矩形3”，栅格化文字，单击“添加图层蒙版”按钮，使用画笔工具设置需要的画笔在其蒙版上涂抹，制作其邮票的效果。制作其“投影”图层样式。

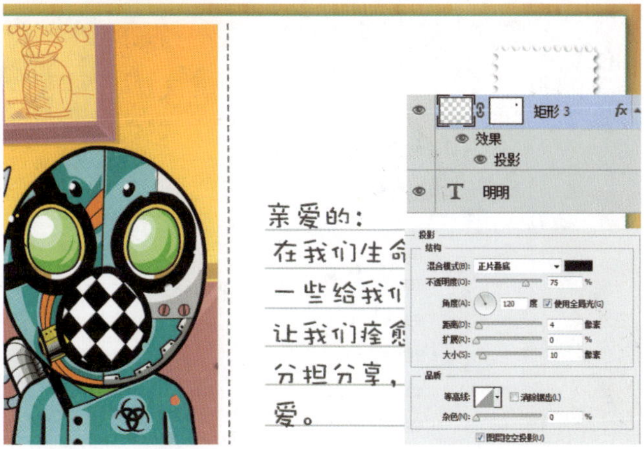

19 继续制作主界面上的邮票效果

单击“添加图层样式”按钮fx.，选择“投影”选项并设置参数，制作图案样式。在“矩形4”上，打开“外星人.jpg”文件。拖曳到当前文件图像中，生成“图层13”图层，按住Alt键并单击鼠标左键，创建其图层剪贴蒙版。

20 制作界面上邮票的样式

打开“邮票1.png”文件。拖曳到当前文件图像中，生成“图层14”、打开“邮票2.png”文件。拖曳到当前文件图像中，生成“图层15”，使用快捷键Ctrl+T变换图像大小，并将其放置于界面右侧合适的位置。

21 制作画面四周的铅笔样式

依次打开”铅笔1.png”到“铅笔5.png”文件。拖曳到当前文件图像中，生成“图层16”到“图层20”，依次使用快捷键Ctrl+T变换图像大小，放于画面四周合适的位置。选择所有铅笔图层，按快捷键Ctrl+G新建“组1”，单击“添加图层样式”按钮fx.，选择“投影”选项并设置参数，制作图案样式。

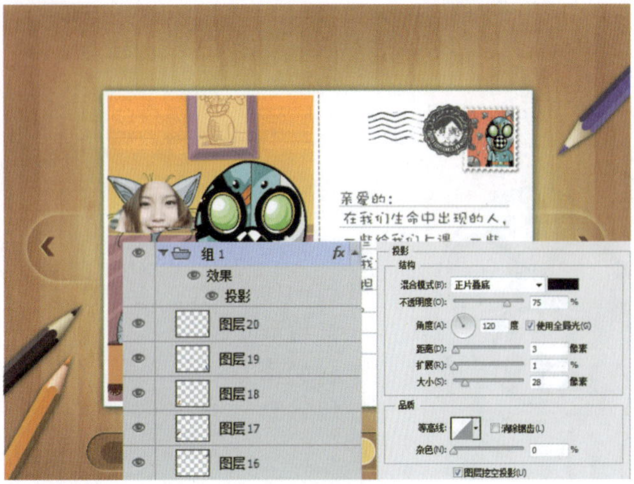

22 制作界面上的小元素

依次打开”别针.png”和“咖啡.png”文件。拖曳到当前文件图像中，将其重命名为“别针”和“图层21”，在“别针”图层上单击“添加图层样式”按钮fx.，选择“斜面和浮雕”选项并设置参数，制作图案样式。单击“添加图层蒙版”按钮，不需要的部分加以填充，放置于画面合适的位置。

23 绘制界面上的提示栏

分别使用圆角矩形工具和钢笔工具，在其属性栏中设置其“填充”为黄色，结合其形状属性栏的设置绘制，在其属性栏中选择其需要的形状。得到“椭圆1”，单击“添加图层样式”按钮，选择“投影”选项并设置参数，制作图案样式。

24 绘制界面上的提示栏上需要的图形

新建“图层22”，按住Alt键并单击鼠标左键，创建其图层剪贴蒙版。在图层上适当涂抹其光感，使用圆角矩形工具和椭圆工具，在其属性栏中设置其“填充”为白色，在绘制的提示栏上绘制需要的图形。

25 制作明信片上的文字

单击横排文字工具，设置前景色为白色，输入所需文字，选择所有花朵图层，按快捷键Ctrl+G新建“组2”，单击“添加图层样式”按钮，选择“投影”选项并设置参数，制作图案样式。复制删除图层样式，使用快捷键Ctrl+T变换图像方向，并添加蒙版适当涂抹。

26 绘制界面上的小图案并制作其图案样式

新建“图层23”，使用钢笔工具，在其图层上绘制星形选区，并填充为棕色，单击“添加图层样式”按钮，选择“斜面和浮雕”选项并设置参数，制作图案样式。

27 制作明信片上的图案及文字

选择“图层23”，按快捷键Ctrl+J复制得到“图层23副本”，将其移至图层下方，更改其图层样式为“投影”，填充选区颜色为白色，并适当扩大选区，单击横排文字工具[T]，输入需要的文字。

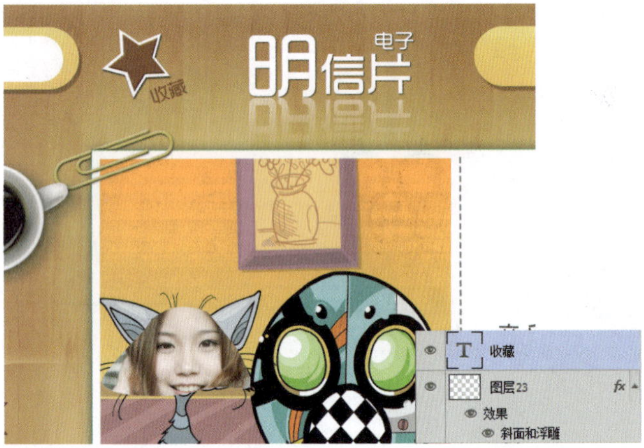

28 制作明信片上按钮上的图形

分别使用自定形状工具，在其属性栏中选择需要的形状和钢笔工具，在其属性栏中设置其“填充”为棕红色，结合其形状属性栏的设置绘制，在其属性栏中选择其需要的形状。得到“形状3”到“形状10”，在“形状3”上方新建图层，绘制需要的图形。

29 制作明信片上按钮上的文字及样式

单击横排文字工具[T]，设置前景色为白色，输入所需文字，双击文字图层，在其属性栏中设置文字的字体样式及大小，放置于界面下方圆角矩形条上合适的位置。单击“添加图层样式”按钮[fx]，选择“描边”选项并设置参数，制作图案样式。按快捷键Ctrl+J复制得到“图层2副本”，将其移至画面合适的位置。

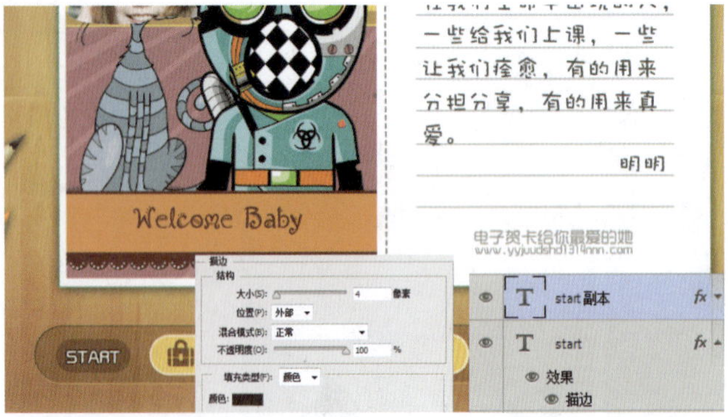

30 将画面制作完整

使用钢笔工具，在其属性栏中设置其属性为“形状”，“填色”为深肉色到肉色再到深肉色的线性渐变，并在画面上依次绘制图形得到“形状11”到“形状14”，依次复制得到副本并将其移至下方填充不同颜色，并创建“投影”图层样式，并适当移动。至此，本实例制作完成。

设计小结

1. 制作图形或文字的投影效果可以使用图层蒙版工具和渐变工具。
2. 按住Alt键并单击鼠标左键，可创建其图层剪贴蒙版。

实战 2　女性网购站点

设计思路：

本节中的实例是制作女性网购站点界面设计，画面中调整成为淡蓝紫色调，使其具有明快清新的整体感觉。并使用矩形工具在画面上绘制需要的界面分隔，并依次打开需要的素材文件，按住 Alt 键并单击鼠标左键，创建其图层剪贴蒙版，将其置入绘制的矩形区域内，最后结合各个形状工具和文字工具，将女性网购站点界面制作完成。

● **设计规格：**

尺寸规格：2953X2219（像素）
使用工具：横排文字工具、渐变工具、圆角矩形工具、自定义形状工具、矩形工具
源 文 件：Chapter 5/ Complete/女性网购站点.psd
视频地址：视频/Chapter 5/ 女性网购站点.swf

● **设计色彩分析：**

将画面调整为淡蓝紫色调，使其具有明快清新的整体感觉。

（R207、G99、B255）（R200、G237、B227）（R214、G200、B237）

01 制作界面淡蓝灰色的界面

新建空白图像文件，设置前景色为淡蓝灰色，按快捷键 Alt+Delete，填充背景色为淡蓝灰色。

02 制作界面上方的矩形分隔界面下方图案及样式

使用矩形工具，在其属性栏中设置其“填充”为淡蓝灰色，“描边”为无，在画面左上方绘制合适大小的矩形得到“矩形1”，单击“添加图层样式”按钮，选择“斜面和浮雕”选项并设置参数，制作图案样式。

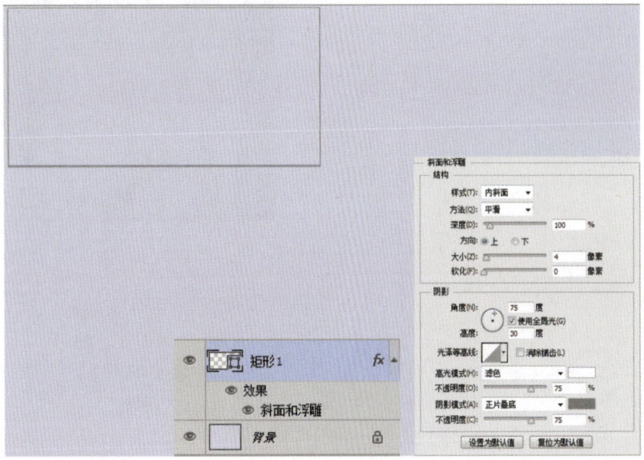

03 继续制作界面上方的矩形分隔界面及样式

继续使用矩形工具，在其属性栏中设置其“填充”为亮蓝灰色，“描边”为无，在画面上合适的位置绘制适当大小的矩形，得到“矩形2”和“矩形3”，选择“矩形3”，单击“添加图层样式”按钮，选择“投影”选项并设置参数，制作图案样式。

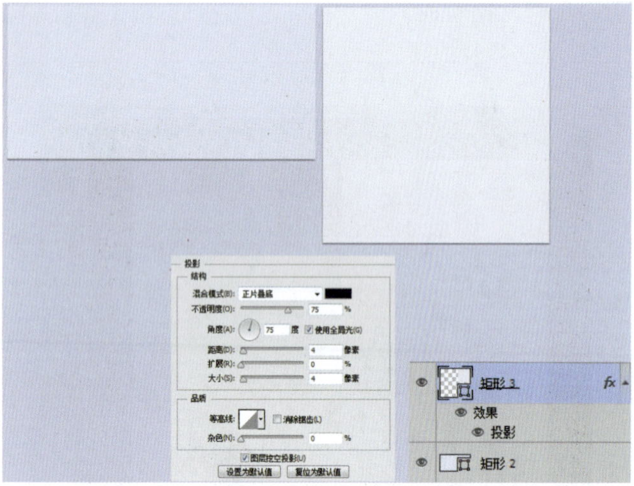

04 制作界面上分隔矩形里的图片

执行“文件>打开”命令，打开“女1.jpg”文件。拖曳到当前文件图像中，生成“图层1”图层，使用快捷键Ctrl+T变换图像大小，并将其放置于画面合适的位置，按住Alt键并单击鼠标左键，创建其图层剪贴蒙版。

05 制作界面上分隔矩形里的图片效果

新建“图层2”图层，使用渐变工具，设置渐变颜色为深灰色到透明色的线性渐变，并在图层上从下向上拖出渐变，设置混合模式为“亮光”、“不透明度”为58%。按住Alt键并单击鼠标左键，创建其图层剪贴蒙版。

06 继续制作界面上方的矩形分隔界面及样式

继续使用矩形工具，在其属性栏中设置其“填充”为白色，“描边”为无，在画面上合适的位置绘制适当大小的矩形，得到“矩形4”，单击“添加图层样式”按钮，选择“投影”选项并设置参数，制作图案样式。

07 制作界面上分隔矩形里的图片

执行“文件>打开”命令，打开“女2.png”文件。拖曳到当前文件图像中，生成“图层3”，使用快捷键Ctrl+T变换图像大小，并将其放置于画面合适的位置，按住Alt键并单击鼠标左键，创建其图层剪贴蒙版。

08 制作界面上分隔矩形里的图片效果

新建“图层4”， 设置前景色为绿灰色，单击画笔工具选择柔角画笔并适当调整大小及透明度，在图层上合适的位置适当涂抹，设置混合模式为“颜色”、按住Alt键并单击鼠标左键，创建其图层剪贴蒙版。

09 继续制作界面上方的矩形分隔界面及样式

继续使用矩形工具，在其属性栏中设置其“填充”为白色，“描边”为无，在画面上合适的位置绘制适当大小的矩形，得到“矩形5”，单击“添加图层样式”按钮，选择“投影”选项并设置参数，制作图案样式。

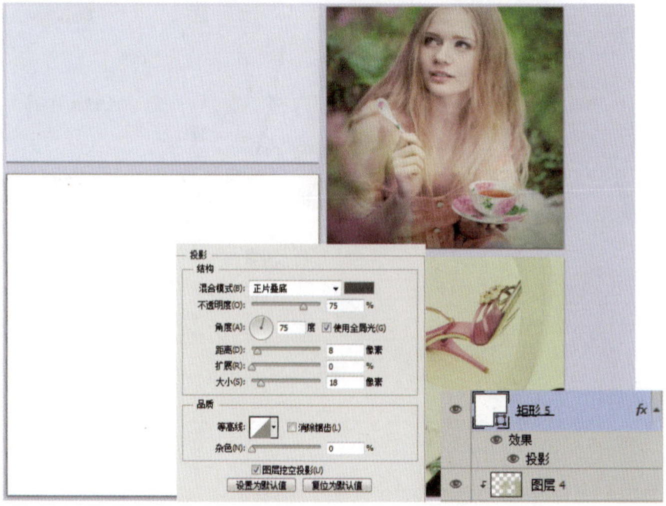

10 制作界面上分隔矩形里的图片

执行“文件>打开”命令，打开“女3.png”文件。拖曳到当前文件图像中，生成“图层5”图层，使用快捷键Ctrl+T变换图像大小，并将其放置于画面合适的位置，按住Alt键并单击鼠标左键，创建其图层剪贴蒙版。

11 创建“色阶1”，调整画面的色调

单击“创建新的填充或调整图层”按钮，在弹出的菜单中选择“色阶”选项设置参数，调整画面的色调。设置前景色为黑色，单击画笔工具选择柔角画笔并适当调整大小及透明度，在其蒙版上适当地涂抹不需要调整的地方。

12 制作分隔的界面上的小提示图标

分别使用矩形工具和钢笔工具，在其属性栏中设置其“填充”为白色，“描边”为无，结合其形状属性栏的设置绘制，在其属性栏中选择其需要的形状，在画面上绘制需要的图形，得到“形状1”，使用快捷键Ctrl+T变换图像大小，将其放置于分隔的界面上合适的位置。

13 制作分隔的界面上的小提示文字

单击横排文字工具，设置前景色为白色，输入所需文字，双击文字图层，在其属性栏中设置文字的字体样式及大小，将其放置于分隔的界面上合适的位置。

14 制作分隔的界面上的小提示样式

按住Shift键并选择“形状1”到文字图层，按快捷键Ctrl+G新建“组1”，单击“添加图层样式”按钮，选择“投影”选项并设置参数，制作图案样式。

技巧点拨

投影制作

制作图形或者文字的投影，只需选择需要制作投影的图层，单击“添加图层样式”按钮，选择“投影”选项并设置参数，制作图案样式。

15 制作另一个分隔的界面上的小提示

选择“组1”，按快捷键Ctrl+J复制得到“组1副本”，使用移动工具，将其移至另一个分隔的界面上合适的位置。制作另一个分隔的界面上的小提示。

16 继续绘制界面上分隔及样式

分别使用矩形工具和矩形工具，在其属性栏中设置其“填充”为亮红灰色，“描边”为无结合其形状属性栏的设置绘制，在其属性栏中选择其需要的形状，在画面上绘制需要的图形。单击“添加图层样式”按钮，选择“投影”选项并设置参数，制作图案样式。

17 绘制界面上形状上的矩形

继续使用矩形工具，在其属性栏中设置其“填充”为绿灰色，“描边”为无，在绘制矩形，得到“矩形7”。

18 制作界面上的邮票小界面

新建“图层7”图层，使用矩形选框工具在画面上合适的位置绘制矩形，并将其填充为白色奇效选区后，单击“添加图层蒙版”按钮，单击画笔工具打开画笔预设面板设置各项参数后，按住shift键在其蒙版上绘制出奇邮票的样式。并制作“投影”图层样式。

19 制作邮票样上的矩形

使用矩形工具，在其属性栏中设置其“填充”为绿灰色，“描边”为无，在绘制好的邮票图形上绘制大小合适到的矩形，得到“矩形8”。

20 将图片嵌入矩形内部，制作邮票图案

执行“文件>打开”命令，打开“女4.jpg”文件。拖曳到当前文件图像中，生成“图层8”图层，使用快捷键Ctrl+T变换图像大小，并将其放置于画面合适的位置，按住Alt键并单击鼠标左键，创建其图层剪贴蒙版。

21 制作不同图案的邮票照片展示

按住Shift键并选择“图层7”到“矩形8”，按快捷键Ctrl+G新建“组2”，按快捷键Ctrl+J复制得到“组2副本”，将其适当缩放移至合适位置。展开“组2副本”将“图层8”删除，打开“女4.png”文件。拖曳到当前文件图像中，生成“图层9”，使用快捷键Ctrl+T变换图像大小，并将其放置于画面合适的位置，按住Alt键并单击鼠标左键，创建其图层剪贴蒙版。

22 继续制作不同图案的邮票照片展示

继续选择“组2”，按快捷键Ctrl+J复制得到“组2副本2”，将移至图层上方，适当缩放移至合适位置。展开“组2副本2”将“图层8”删除，打开“女5.jpg”文件。拖曳到当前文件图像中，生成“图层10”，使用快捷键Ctrl+T变换图像大小，并将其放置于画面合适的位置，按住Alt键并单击鼠标左键，创建其图层剪贴蒙版。

23 继续制作不同图案的邮票照片展示

使用相同的方法依次选择“组2”，连续按快捷键Ctrl+J复制得到两个“组2副本”，将移至图层上方，适当缩放移至合适位置。依次展开“组2副本”将“图层8”删除，打开“女6.jpg”、“女7.jpg”文件，将其拖曳到当前文件图像中，生成“图层11”、“图层12”图层，使用快捷键Ctrl+T变换图像大小，并将其放置于画面合适的位置，按住Alt键并单击鼠标左键，创建其图层剪贴蒙版。

24 继续制作不同图案的邮票照片展示

使用相同的方法依次选择“组2”，连续按快捷键Ctrl+J复制得到多个“组2副本”，将移至图层上方，适当缩放移至合适位置。依次展开“组2副本”将“图层8”删除，打开“女8.jpg”到“女11.jpg”文件。拖曳到当前文件图像中，生成“图层13”到“图层15”，变换图像大小，并将其放置于画面合适的位置，创建其图层剪贴蒙版。

25 将不同图案的邮票照片展示制作完整

使用相同的方法依次选择“组2”，连续按快捷键Ctrl+J复制得到多个“组2副本”，将移至图层上方，适当缩放移至合适位置。依次展开“组2副本”将“图层8”删除，打开“女12.jpg”到“女14.jpg”文件，将其拖曳到当前文件图像中，生成“图层16”到“图层18”，变换图像大小，并将其放置于画面合适的位置，创建其图层剪贴蒙版。

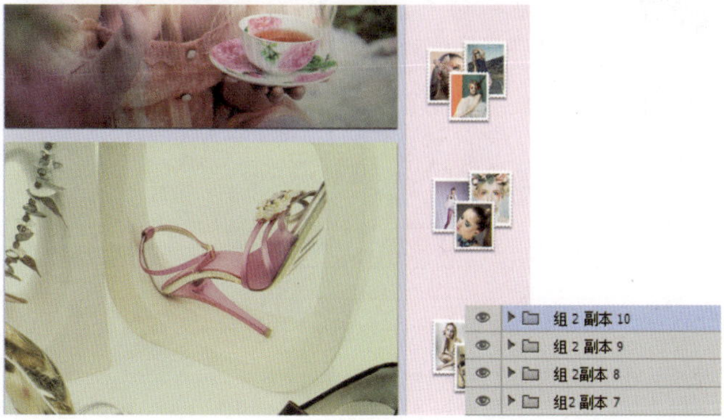

26 制作邮票照片展示下方的文字效果

单击横排文字工具T，设置前景色为深灰色，输入所需文字，双击文字图层，在其属性栏中设置文字的字体样式及大小，在其邮票展示栏下方制作文字效果，依次按快捷键Ctrl+J复制得到多个副本，并将其移动到邮票效果下面合适的位置。

27 制作界面上自由的手绘图案和文字

单击横排文字工具[T]，设置前景色为白色，输入所需文字，双击文字图层，在其属性栏中设置文字的字体样式及大小，在画面的分割界面上绘制需要的文字，并使用快捷键Ctrl+T变换文字方向，新建“图层19”，设置前景色为白色，单击画笔工具[画笔]选择尖角画笔，适当调整大小在画面上绘制手绘的箭头图案。

28 制作界面上的椭圆渐变提示

使用椭圆工具[椭圆]，在其属性栏中设置其“填充”为紫色到淡紫色的线性渐变，“描边”为无，在界面上的合适位置绘制椭圆，得到“椭圆1”，单击“添加图层样式”按钮[fx.]，选择“描边”、“内阴影”选项并设置参数，制作图案样式。

29 制作界面上的椭圆渐变提示上的文字效果

单击横排文字工具[T]，设置前景色为白色，输入所需文字，双击文字图层，在其属性栏中设置文字的字体样式及大小，将其放置于其椭圆渐变提示上。制作界面上的椭圆渐变提示上的文字效果。

30 制作界面右侧的提示选项

使用矩形工具[矩形]，在其属性栏中设置其“填充”为白色，“描边”为黑色大小为1点的实线。在画面上右上方依次绘制矩形，得到“矩形9”到“矩形10”。

技巧点拨

快速绘制圆角矩形

在画面上绘制需要的矩形，单击矩形工具[矩形]，在其属性栏中设置其需要的“填充”和“描边”，在画面上合适的位置绘制需要的矩形即可。

31 将其矩形提示选项处制作完整

单击横排文字工具，设置前景色为深灰色，输入所需文字，双击文字图层，在其属性栏中设置文字的字体样式及大小，在绘制好的矩形提示选项上绘制“+”号，在其下方绘制需要的文字，将其矩形提示选项处制作完整。

32 制作界面做上方的提示按钮

使用矩形工具，在其属性栏中设置其“填充”为紫粉色，“描边”为无，在其界面左上方合适的位置绘制矩形得到“矩形12”，单击“添加图层样式”按钮，选择“投影”选项并设置参数，制作图案样式。

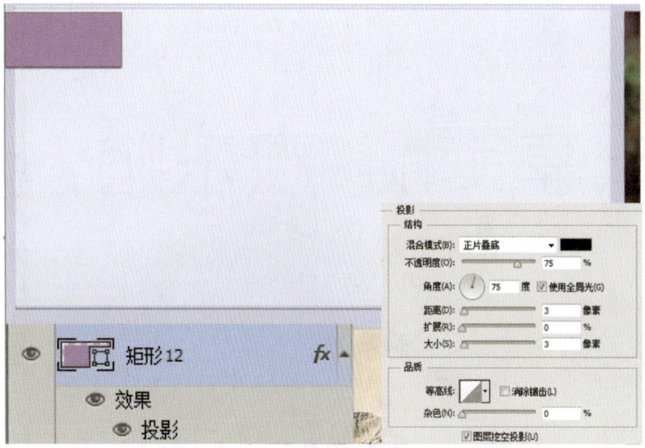

33 制作界面做上方的提示按钮上的图案

使用钢笔工具，在其属性栏中设置其属性为“形状”，“填色”为白色，在绘制好的矩形上绘制需要的返回图案，得到“形状2”，分别使用矩形工具和椭圆工具，结合其形状属性栏的设置绘制，在其属性栏中选择其需要的形状，在画面上绘制需要的图形，得到“矩形13”。

34 制作界面上的标题文字

单击横排文字工具，设置前景色为深紫色，输入所需文字，双击文字图层，在其属性栏中设置文字的字体样式及大小，将其放置于画面左上方合适的位置。

35 制作主表提下方的小提示和文字

使用钢笔工具，在其属性栏中设置其“填充”为淡灰色，结合其形状属性栏的设置绘制，在其属性栏中选择其需要的形状，在画面上绘制需要的图形，并单击横排文字工具T，输入所需文字，将其放置于画面左上方合适的位置。

36 继续制作主表提下方的小提示和文字

使用钢笔工具，在其属性栏中设置其“填充”为灰色，结合其形状属性栏的设置绘制，在其属性栏中选择其需要的形状，在画面上绘制需要的图形，并单击横排文字工具T，输入所需文字，将其放置于画面左上方合适的位置。

37 制作界面上右下角的提示图标

单击圆角矩形工具，在其属性栏中设置其“填充”为亮紫色，“描边”为红色大小为1点的实线，在界面上右下角合适的位置依次绘制圆角矩形提示得到“圆角矩形1”到“圆角矩形3”。

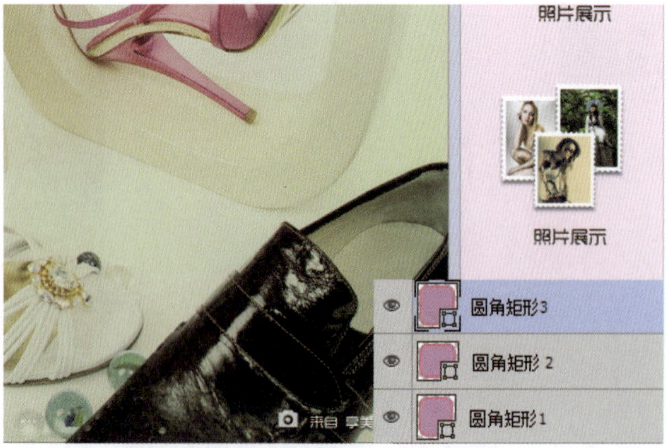

38 创建“亮度/对比度1”，调整画面的色调

单击“创建新的填充或调整图层”按钮，在弹出的菜单中选择“亮度/对比度”选项设置参数，调整画面的色调。至此，本实例制作完成。

设计小结

1. 单击圆角矩形工具，在其属性栏中设置其“填充”和“描边”，在画面上合适的位置绘制圆角矩形。
2. 单击“创建新的填充或调整图层”按钮，在弹出的菜单中选择“亮度/对比度”选项设置参数，调整画面的色调。

实战3 儿童学习教育

设计思路：

本节中的实例是制作儿童学习教育界面，画面中的背景主要使用蓝绿色调蓝绿色调作为画面的主要整体色调。使其画面具有明快活泼的整体感觉，符合儿童学习教育界面的主题。使用各种形状工具绘制画面中需要的图形，最后结合文字工具和图层样式将儿童学习教育界面制作完整。

● **设计规格：**

尺寸规格：2953X2219（像素）
使用工具：横排文字工具、矩形选框工具、圆角矩形工具、自定义形状工具
源 文 件：Chapter 5/ Complete/儿童学习教育.psd
视频地址：视频/Chapter 5/ 儿童学习教育.swf

● **设计色彩分析：**

将画面调整为蓝绿色调，使其具有明快活泼的整体感觉。

（R255、G197、B87）（R141、G225、B255）（R207、G240、B225）

01 制作界面淡绿灰色的界面

新建空白图像文件，新建“图层1”，设置前景色为淡绿灰色，按快捷键Alt+Delete，填充背景色为淡蓝灰色。

02 继续制作画面的背景效果

新建“图层2”图层，使用矩形选框工具在界面上合适的位置绘制需要的矩形条，并将其填充为绿灰色，然后按快捷键Ctrl+D取消选区。

03 继续制作画面的背景效果

单击钢笔工具，在其属性栏中设置其属性为“形状”，“填色”为无，“描边”为3点的虚线，在绘制好的背景上方绘制虚线得到“形状1”，依次按快捷键Ctrl+J复制得到多个“形状1副本”，将其放置于画面合适的位置，并合并为“组1”。

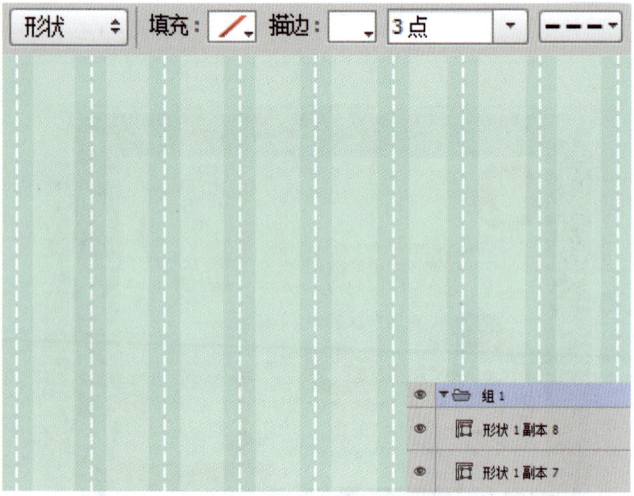

04 制作出界面下方的矩形构图

使用矩形工具，在其属性栏中设置其“填充”为黄灰色，“描边”为无，在界面下方绘制需要的矩形条，得到“矩形1”，制作出界面下方的矩形构图。

05 打开素材文件制作界面上的元素和图层样式

打开“花朵.png”文件。拖曳到当前文件图像中，生成“图层3”图层，使用快捷键Ctrl+T变换图像大小，并将其放置于画面合适的位置。单击“添加图层样式”按钮，选择“投影”选项并设置参数，制作图案样式。

06 打开素材文件制作界面上的元素和图层样式

依次打开“书本.png”、“小狗.png”文件。拖曳到当前文件图像中，生成“图层4”和“图层5”， 使用快捷键Ctrl+T变换图像大小，并将其放置于画面合适的位置。选择“图层5”，单击“添加图层样式”按钮，选择“投影”选项并设置参数。

07 在素材文件制作界面上的元素下方绘制矩形

使用矩形工具，在其属性栏中设置其“填充”为土黄色，“描边”为棕红色，大小为4点的实线，在素材文件制作界面上的元素下方绘制矩形，得到“矩形2”。

08 绘制出在素材文件制作界面上的元素下的桌子的形状

继续使用矩形工具，在“矩形2”下方依次绘制矩形，得到“矩形3”和“矩形4”。

09 制作桌子下方的阴影

在“矩形4”上方，新建“图层6”图层，使用矩形选框工具在绘制好的桌子下方合适的位置绘制矩形选区，设置前景色为棕色，按快捷键Alt+Delete，填充选区为棕色，然后按快捷键Ctrl+D取消选区。

10 打开素材，制作画面上的小猫

打开“小猫.png”文件。拖曳到当前文件图像中，生成“图层7”图层，使用快捷键Ctrl+T变换图像大小，并将其放置于画面合适的位置。

11 制作小猫下的白色纸质效果

选择“图层7”图层，按快捷键Ctrl+J复制得到“图层7副本”，并将其移至“图层7”下方，按住Ctrl键并单击鼠标左键选择“图层7副本”得到小猫的选区，执行“选择>修改 >扩展”命令，并在弹出的对话框中设置参数，将选区扩展并将其填充为白色。

12 制作小猫下的白色纸质立体效果

按快捷键Ctrl+D取消选区，单击“添加图层样式”按钮 fx.，选择“投影”选项并设置参数，制作图案样式。

13 创建“色相/饱和度1”、“色彩平衡1”，调整图层的色调

回到“图层7”，单击“创建新的填充或调整图层”按钮 ，在弹出的菜单中选择“色相/饱和度”、“色彩平衡”选项设置参数，并单击图框中“此调整影响到下面的所有图层”按钮 创建其图层剪贴蒙版，调整图层的色调。

14 绘制面图标的白底

单击钢笔工具 ，在其属性栏中设置其属性为“形状”，“填色”为白色，在界面左上方绘制需要的图案，作为后面绘制图标的底。

15 制作界面左上方的椭圆图标

使用椭圆工具，在其属性栏中设置其“填充”为深红色到红色的线性渐变，“描边”为无，在画面左上方合适的位置绘制椭圆得到“椭圆1”，单击“添加图层样式”按钮，选择“斜面和浮雕”选项并设置参数，制作图案样式。

16 继续制作界面左上方的图标

选择“图层7副本”，按快捷键Ctrl+J复制得到“图层7副本2”，将其移至图层上方，使用快捷键Ctrl+T变换图像大小，并将其放置于画面合适的位置，并设置其“不透明度”为95%。将界面左上方的图标制作完整。

17 将界面左上方的图标制作完整

新建“图层8”图层，分别使用钢笔工具和橡皮擦工具，适当调整大小及透明度，绘制画面右上方图标的光感。

18 制作界面右上方的椭圆图标

使用椭圆工具，在其属性栏中设置其“填充”为黄色，“描边”为无，在画面左上方合适的位置绘制椭圆得到“椭圆2”，单击“添加图层样式”按钮，选择“斜面和浮雕”、“投影”选项并设置参数，制作图案样式。

19 打开素材，制作画面上的时钟

打开“时钟.png”文件。拖曳到当前文件图像中，生成“图层9”图层，使用快捷键Ctrl+T变换图像大小，并将其放置于画面合适的位置。

20 绘制时钟上的卡通时针

分别使用椭圆工具和钢笔工具，在其属性栏中设置其需要的“填充”，结合其形状属性栏的设置绘制，在其属性栏中选择其需要的形状，在画面上绘制需要的图形，得到“形状3”到“椭圆3”。

21 制作卡通时针的立体效果

依次选择绘制好的卡通时针的形状图层，单击“添加图层样式”按钮，选择“投影”选项并设置参数，选择“斜面和浮雕”选项并设置参数，制作图案样式。

22 制作进入按钮的底层图案

单击钢笔工具，在其属性栏中设置其属性为“形状”，“填色”为白色，在画面中间绘制“形状5”，单击“添加图层样式”按钮，选择“投影”选项并设置参数，制作图案样式。

技巧点拨

绘制图形的立体效果

单击“添加图层样式”按钮，选择“投影”选项并设置参数，选择“斜面和浮雕”选项并设置参数，制作其立体图案样式。

23 进一步制作进入按钮

继续单击钢笔工具，在其属性栏中设置其属性为“形状”，“填色”为橘黄色，在绘制的“形状5”中间绘制“形状6”，进一步制作进入按钮。

24 制作按钮的播放器样式

继续单击钢笔工具，在其属性栏中设置其属性为“形状”，“填色”为白色，在绘制的形状上方绘制播放的样式得到“形状7”， 单击“添加图层样式”按钮，选择“投影”选项并设置参数，制作图案样式。

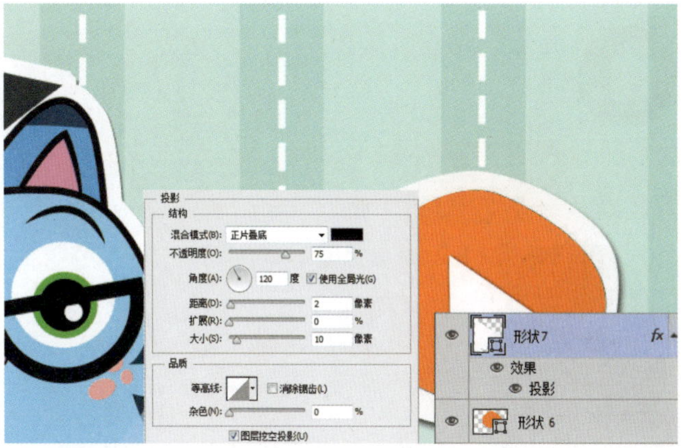

25 制作按钮的播放器样式上的高光效果

新建“图层10”图层，使用钢笔工具，在其属性栏中设置其属性为“路径”，在图层上绘制需要的图形，并单击鼠标右键选择“创建选区”选项，设置前景色为亮黄色，按快捷键Alt+Delete，填充选区，然后按快捷键Ctrl+D取消选区。

26 制作界面上的文字及样式

单击横排文字工具，设置前景色为绿色，输入所需文字，双击文字图层，在其属性栏中设置文字的字体样式及大小，将其放置于画面合适的位置，单击“添加图层样式”按钮，选择“投影”、“描边”选项并设置参数，制作文字样式。

27 制作界面上的标题文字

单击横排文字工具[T]，设置前景色为黄色，输入所需文字，双击文字图层，在其属性栏中设置文字的字体样式及大小，在画面上方依次绘制其标题文字，并用快捷键Ctrl+T变换文字方向。

28 制作标题文字的投影效果

按住Shift键并选择所有文字图层，按快捷键Ctrl+J复制得到其文字的副本，将其移至刚才制作问文字标题上方，将颜色更改为棕色，选择所有图层单击鼠标右键选择“栅格化文字”选项。得到“啦副本2”，并向下轻移一定的距离。

29 制作标题文字下方的纸质和投影

选择“啦副本2”，按快捷键Ctrl+J复制得到“啦副本3”，并将其移至图层下方，按住Ctrl键并单击图层得到选区后扩展其选区，将其填充为白色，并取消选区。

30 将画面制作完整

选择“啦副本3”，复制得到“啦副本4”，将其移至图层上方，并设置颜色为橘色，创建“色相/饱和度1”，调整画面的色调。至此，本实例制作完成。

设计小结

1. 按住Ctrl键并单击鼠标左键选择图层，得到图层的选区。
2. 制作画面中纸质的效果，可以将图层填充为白色，再创建其“投影”图层样式。

附录

在对如何使用 Photoshop 制作移动 UI 设计学习后，小编将为大家简单介绍一下移动 UI 设计的设计背景、不同类型移动设备的可用性各异和移动网站与完整版网站的对比，使大家对移动 UI 设计的整个体系有一个更加深入和完整的了解。

01 设计背景

我们将从触控目标大小的定义、僧多粥少和可玩性主要在于手控的操作三个方面为读者大众讲解移动 UI 设计的设计背景，使读者对移动 UI 设计的设计背景有一个大概的了解，从而对读者理解移动 UI 设计和制作起到一定的帮助。

触控目标大小的定义

人们用他们的手指对触摸式界面进行操作，界面的控件必须足够大，以避免误点击率的产生，所以用户指尖操作的不能是一个很小的目标，但是我们到底该设计多大呢?

在iPhone Human Interface Guidelines中 ，苹果建议最低目标大小为44×44像素，这个像素规格适用于320×480像素，3.5英寸的显示屏（164ppi）的iPhone；由于物理尺寸在不同密度屏幕下的像素大小是不同的，在iPhone 4的Retina Display（326ppi）发布后，苹果已经更新了这个像素大小的规范，在iPhone4的屏幕尺寸下，目标大小定义为88×88像素。

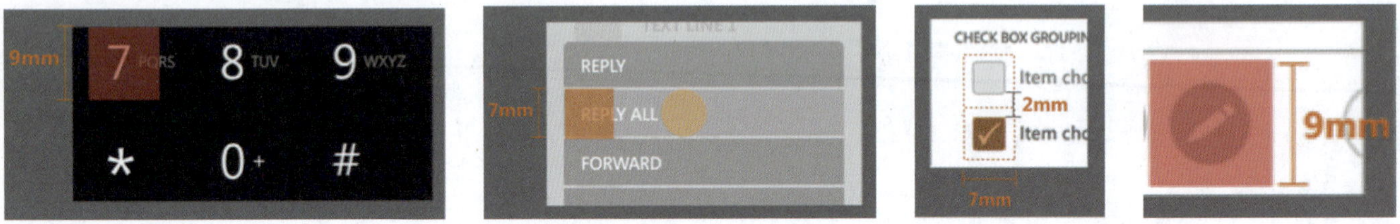

在 Windows Phone UI Design and Interaction Guide（PDF 格式），微软也进一步提出了 9mm/34px 为推荐目标大小 ;7mm/26px 为最低目标大小，基本内容最小间距为 2mm/8px，以及界面必须控制视觉接触目标尺寸的 60%~100%。建议可触摸界面元素不应小于最小的平均指尖面积，即不小于 1cm（0.4“）直径或 1x1cm。最小可用的 UI 目标大小的手指元素是，食指常用操作应有 7mm×7mm，1mm 的间距，拇指常用操作应有 8mm×8mm，2mm 的间距，各类型的表单组件应该有 5mm 的最小间距，界面 UI 元素之间应有一个手指宽度的间距，如果间距太近，将使用户很难选择。

小编分享

大小尺寸触屏的对比：

小尺寸上的交互	大尺寸上的交互
原有排版被割裂	原有排版被保留
操作空间局促	操作空间大
全屏切换多	全屏切换少
难以定位所在层级	易定位

僧多粥少

在移动 UI 设计僧多粥少的时代，以设计四人斗地主为例，当设计四人斗地主的时候；iPhone 4S 的宽度是 74.5mm，我们试着做一个除法运算 74.5÷33=2.25mm。这个数值与人们食指 8mm（来源于麻省理工触控学院数据）和 Windows 最佳触控区 7mm 的数据相比，相差 3 倍之多。这个 2.25mm 间隙的手牌操控如果不加以处理，再加上移动终端操作的场景的多变性，根本无法达到用户的可用性的最低标准。

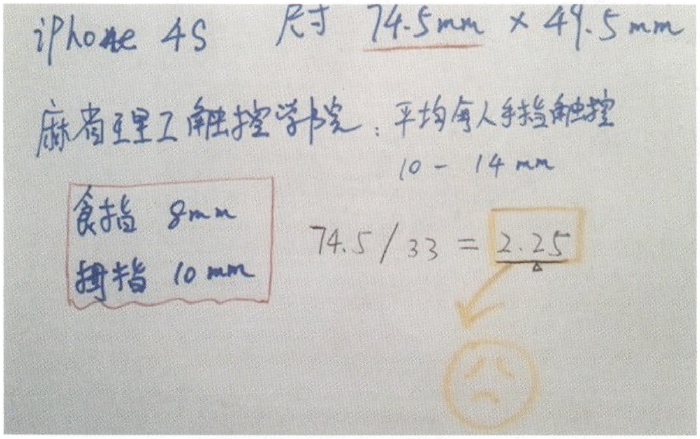

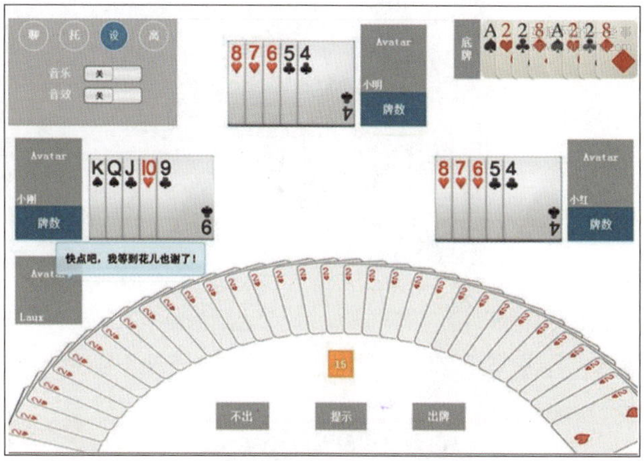

我们不难发现，四人斗地主的主要优势在于各种牌型的组合，这也是玩家选择这款游戏的主要动机，而目前我们现实情况（屏幕小、手牌多）导致玩家手牌操作非常困难，所以我们设计的重点就是使玩家操作手牌变得更加便捷。为此，我们在 Demo 时期也尝试了各种解决方案。

小屏幕移动终端在设计多副牌类游戏的时候，势必会遇到手牌操作区域有限的问题，我在此总结了一下前期摸索的一些成果和经验。不同的游戏对应不同手牌操作方式。例如，《QQ 无线升级》就采用手牌均匀排列方式，手牌操作规则是：第一次点击放大对应花色的牌，缩小其他花色；第二次才选中目标牌；由于升级特定的游戏规则，决定了每次采用两步出牌的方式很适合。但是同样这种方式不适合四人斗地主。

归根到底，棋牌游戏规则决定了其交互方式。就棋牌游戏交互方式而言没有最好的，只有最合适的，让我们一起去探索最好的游戏体验吧。

可玩性主要在于手控的操作

对于移动 UI 设计可玩性主要在于手控的操作，手势体感功能，该功能设计比较新颖，增加了用户的人机互动性，通过软件用户可以实现体感控制操作，然后对各项操作进行控制，省去用户使用传统枯燥的键盘鼠标操作。

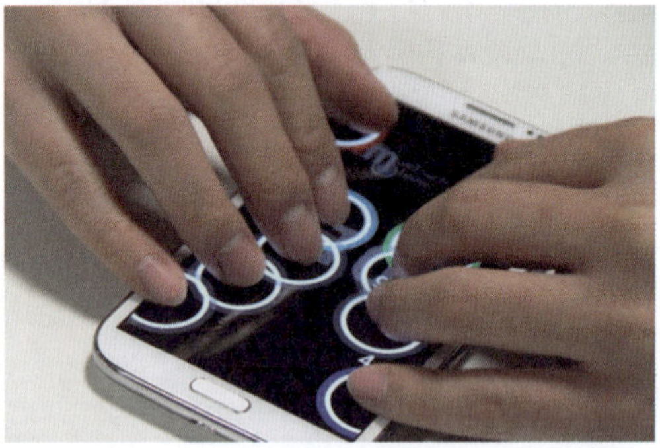

手势体感功能实际体验。优点：手势操作比较简单，用户上手比较容易，软件界面设计简单易用。缺点：摄像头捕获的灵敏度有待进一步提高，指针范围与精准度表现不佳。

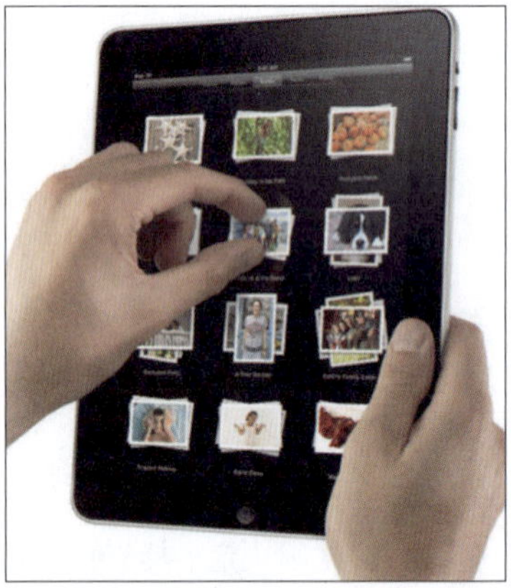

软件配合触控方式而开发，使得整机的娱乐性大大增强，基于目前主流平板电脑界面，友好的圆角图标和滑动屏摆放方式简单易用，用户操作起来得心应手。

02 不同类型移动设备的可用性各异

当前有许多用户在不同的特定环境中使用不同的移动设备——包括智能手机、数码相机、MP3 播放器、电子书与 GPS。当用户离开桌面电脑之后，这些用户界面在设备上该如何表现？将决定设计与软件应用的可用性。不同类型移动设备的可用性各异，下面小编将从 iOS 移动设备的可用性、Android 移动设备的可用性和 Windows Phone 移动设备的可用性三个方面为读者们逐一介绍。

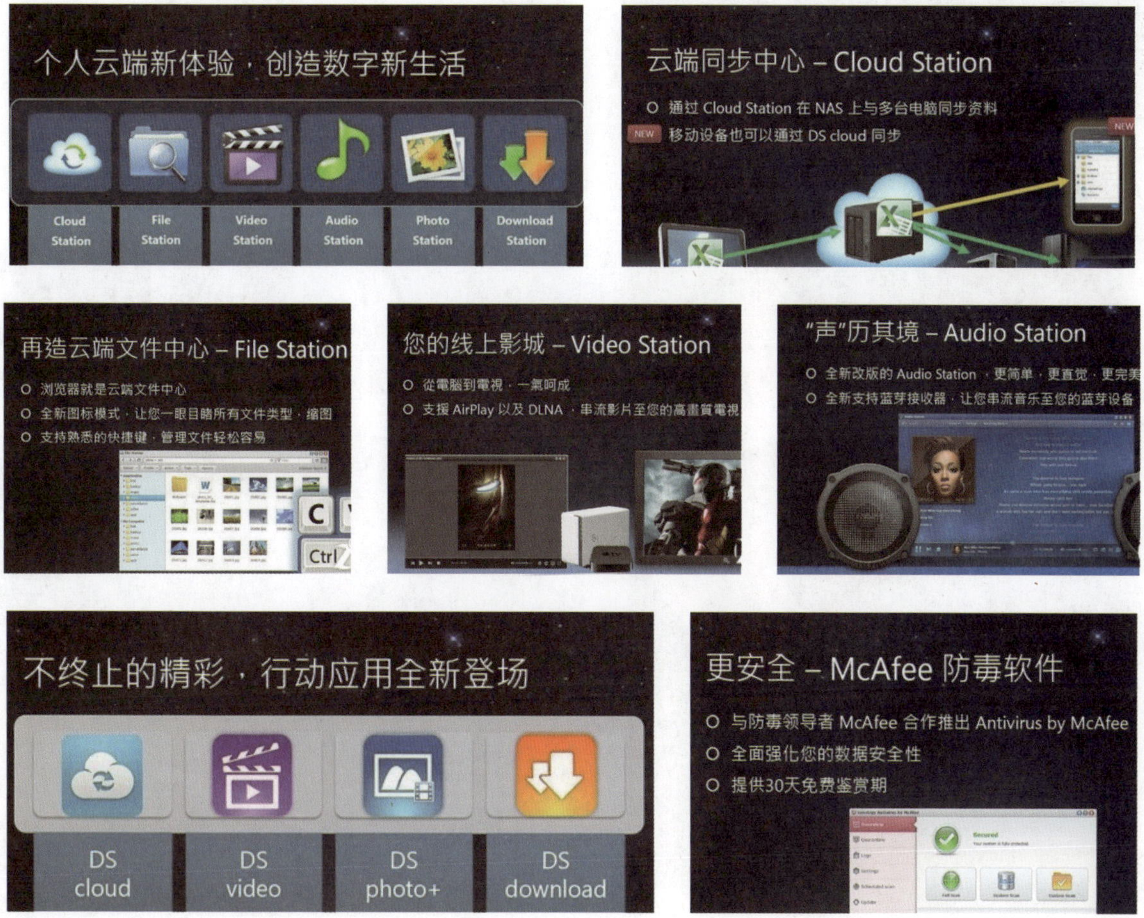

移动设备的可用性

小编分享

移动设备的可用性为家庭与企业用户提供更便捷的多媒体影音分享、令人引颈期盼的云端服务、领先业界的 iSCSI 应用、丰富的企业应用程序，以及效能和可靠度的提升，持续优化用户的使用经验。

iOS 移动设备的可用性

可用性是用来评估界面有多简单好用的质量属性。iOS 移动设备的可用性具有的原则有利于用户已有的使用习惯，组件间应提供清晰的概念上的联系，在响应用户操作的组件之间应放置足够的空间，要考虑到用户可能产生的频繁滑动操作，不要完全依赖多点触控，用户点击时提供视觉反馈，以及提供交互的可见性。

iOS移动设备的可用性

小编分享

手持设备的可用性

用户从手持设备中，面对着与桌面电脑的网站交互的非常不同的可用性挑战。作为可用性专业人员，我们需要考虑一个设备从单手或双手的使用。同样地，我们观察用户与手持设备的交互，这将有益于系统地思考设备的可用性，而不只是局限于独立按钮的使用。当情景在手持设备的使用中扮演一个非常重要的角色。家庭或工作拜访、短期、纵向研究、日记比起实验室的传统可用性测试会更合适。

Android 移动设备的可用性

Android 界面框架中最有特色的部分是资源和布局体系。Android 的每个交互界面都由一棵控件树构成。Android 的每个控件都有焦点、可视性、可用性、标识、背景等诸多控件属性。而为了获取用户与控件的交互事件，可以为控件添加各种交互事件监听对象。

Android移动设备的可用性

Android 用特殊的资源目录结构来针对移动设备的屏幕特征、语言环境和外部设备等特征部署资源文件，以此来解决设备的兼容性问题。

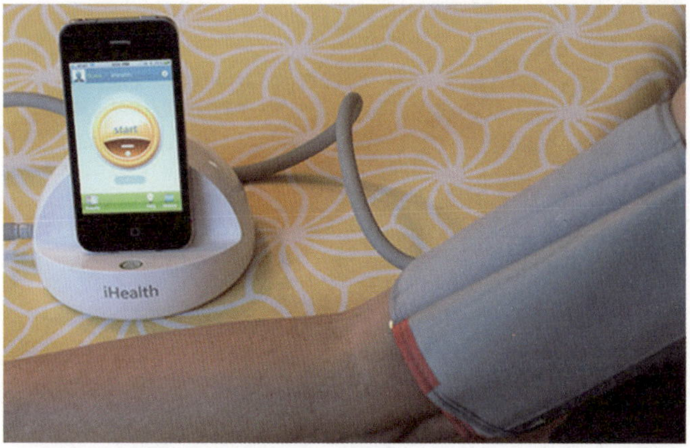

Android移动设备的可用性

小编分享

目前Android系统没有提供内置、默认的加密功能，而是依赖上述隔离方式和权限模式来确保数据安全。因此，只要让Android手机进行“越狱”或盗取手机SD卡就可能导致大量数据的丢失。

Windows Phone 移动设备的可用性

您的应用程序应向用户呈现具有足够大小的触控目标。用户在点按控件时应得到反馈，说明其点按已对控件产生作用，并允许其在应用内继续执行操作。为此，Windows Phone 对触控目标和文本的使用有一些特定要求。

Windows Phone移动设备

触控设计需在大小、间距和可视之间取得多元平衡。达到这一平衡会降低所谓的“目标获取困难指数”，换句话说，它可使控件更容易按下。广泛的用户测试已表明 9mm 的方块是所有 Microsoft 触控平台的理想触控目标大小。允许更小击中目标高度，最低目标大小为 7mm。在这类情况下，最好有更宽的可视资产。例如，列表项目或菜单项目应当较宽。

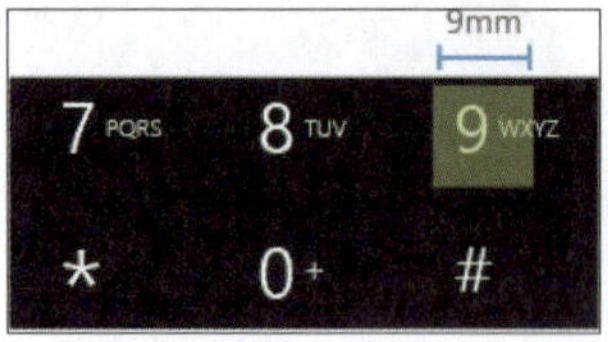

9 毫米触控目标

7 毫米触控目标

小编分享

关于9mm要求

建议触控目标大小是不小于 9mm的方块。将它用于支持绝大部分任务的控件。如果空间受到严格限制，则可以在宽度很大的情况下使用 7 毫米的最低触控目标大小。9mm这一数字是由数百小时的用户测试确定的，并且可以表示非连续任务和连续任务的最低平均错误率。9mm的最低触控目标大小可将错误率限制到低达 1.6%。最低触控目标大小为7mm。将它用于频繁使用的控件或足够宽的控件并且只在设计受到太多高度限制时使用。

可触控项的最低可视大小不应小于 4.2mm。如果比这还小，则用户根本不会认为该项是可触控的。仅当需要较小的可视资产时使用此大小。目标应当为 10~15mm 或更大。在为控件分配目标大小时，始终牢记任务上下文并评估错误率。存在主要错误后果的控件应该具有较大的目标。在运动中使用的控件也应具有较大的目标，使目标大小大于可视图标，如果图标的可视大小小于目标，则可视资产的大小不得小于4.5mm。在相邻的可视图标之间引入间距。在这类情况下，

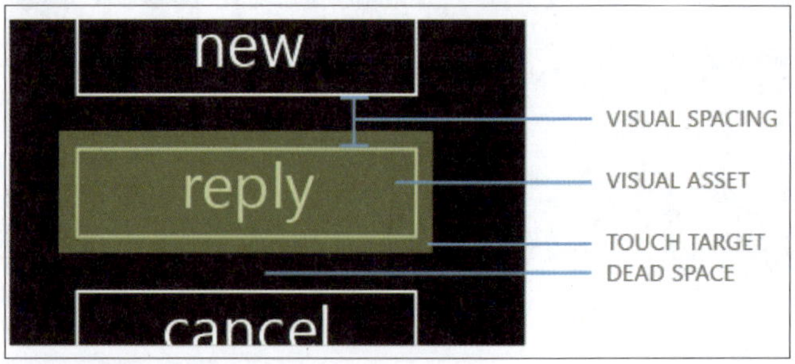

触控目标图

通过在相邻的资产之间加入间距来调整击中目标大小，可得到更合适的击中目标。在资产周围创造可视填料。通过引入可视填料创造安全边界的方式，可降低击中小目标的难度。这将降低击中目标的感知难度。

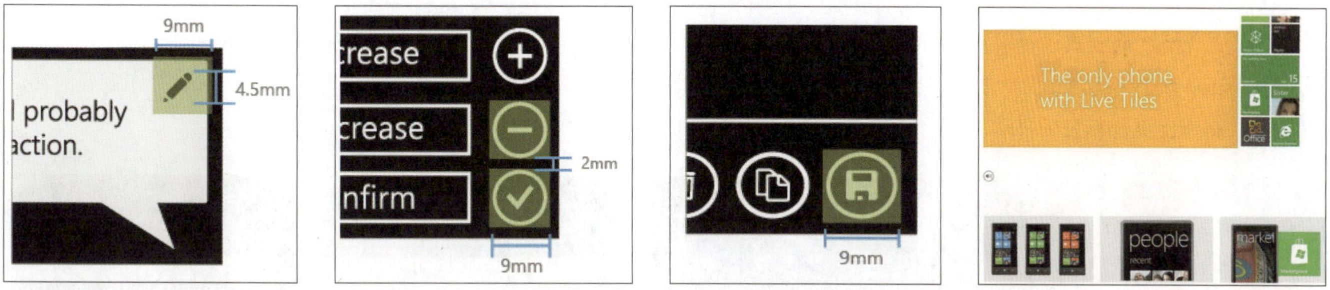

目标可视图标

小编分享

在定义 UI 元素的合适大小时，请考虑该元素及其附带任务的重要性。普通任务不应获得用户太多的关注；特殊任务才应吸引更多的关注。

像键盘和超链接列表这样的异常需要使用更正机制或缩放来得到更合适的击中目标。在大部分情况下，目标的高度比宽度更重要，但是也有一些例外。确保至少在一个维度中达到理想的目标大小。如果一切都失败，请设法不要在一个小的击中目标周围放置太多相邻的击中目标。

无论实际控件的大小如何，都要使用充足的间距，以便仍可容纳 9mm 的最小触控目标大小。

软键盘

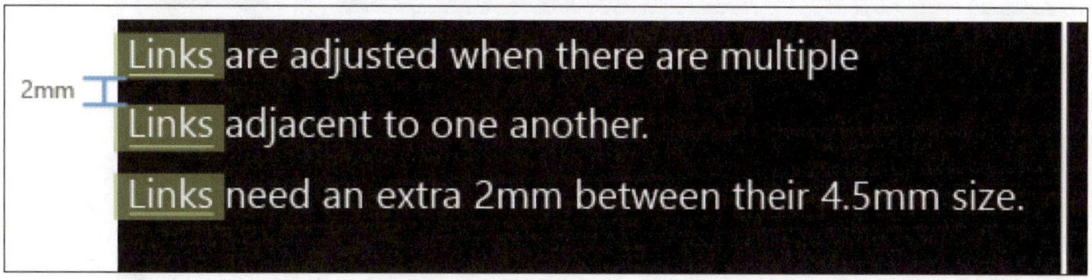

相邻的击中目标过多

拼写元素的大小和位置对屏幕布局的构成至关重要。Windows Phone 可视样式的基础缺乏镶边元素，这意味着文本和拼写在 Windows Phone 上的重要性比在其他 Microsoft 平台上要大。Windows Phone 上的最小字体大小为 15 磅。

小编分享

若要提供贯穿 Windows Phone 平台的一致体验，请在放置按钮时务必遵循常见结构。这样做将为用户的导航提供简单一致的结构。同样重要的是了解有哪些软硬件将免费向您提供。对于初用者来说，每一个 Windows Phone 都包含三个硬件按扭：“返回”、“开始”和“搜索”。了解这些按钮在整个系统中的使用方式，可以帮助防止应用的 UI 和流中存在的问题。实现“主页”按钮还可能导致另一个问题，这个问题对您的应用具有更为严重的影响：它可能意外地造成用户在使用“主页”按钮和硬件“返回”按钮进行导航时陷入无限循环（或接近无限循环）的情况。如果他们使用“返回”按钮从一个应用移回到您的应用以到达另一个应用，这一循环会变得更糟。确保这些问题不会影响您的应用。

03 移动网站与完整版网站

在对前面的知识有一个大体的了解之后，最后小编将从移动优化的网站、为什么完整版网站不适合移动使用、移动端比桌面端要求更严格、响应式设计以及可用性原则很少非黑即白等方面，来为大家讲解移动网站与完整版网站的异同，使大家在使用 Photoshop 玩转移动 UI 设计的同时学习到移动网站与完整版网站的异同，帮助读者在后面使用 Photoshop 制作需要的移动 UI 设计，制作出更加精良的移动 UI 设计。

移动网站UI设计

完整版网站UI设计

移动优化的网站

移动网站要放置哪些内容？由于屏幕空间有限，重要的是归纳总结你的用户最可能寻找的信息，从消费者进入网站到购买尽可能提供简单的步骤非常重要。直接摒弃那些不重要的内容，为消费者呈现他们想要的。

简化、简化、再简化

移动网站比传统网站的页面下载速度更慢，因此尽量把页面数降到最低。此外，用户可能没耐心点击好几个页面。因此，要尽可能精简你的移动网站设计。

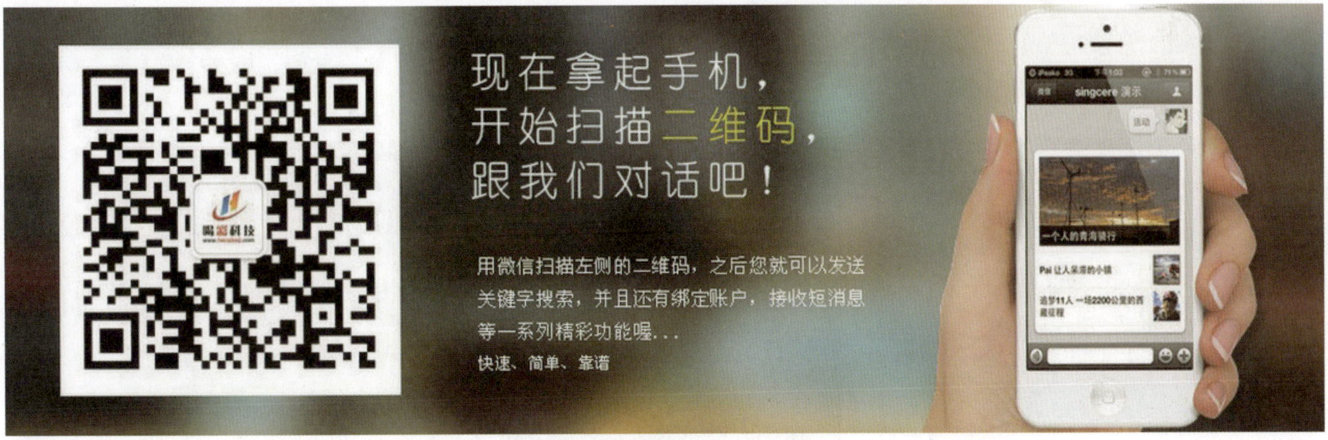

精简移动网站设计

小编分享

当一个“移动”用户访问你的网站的时候，他所希望得到的是完全不同于标准网站的一种访问体验。移动网站的页面加载速度要比普通的网页加载速度慢，所以减少页面数量是很重要的一点。此外，用户是不会有耐心不断打开网页完全泡在你的网站上的，鉴于此，尽可能简化网站的布局也是很重要的。

最重要的是将传统网站上的品牌元素整合到移动网站中。尽管你的移动网站要越简洁越好，但你仍然希望整合传统网站上的品牌元素。这主要有两个原因:第一，移动网站也是一个品牌接触点，与其他网站一样，应该反映并推广你品牌的精髓。第二，对于那些熟悉你企业的用户而言，一项类似的设计让他们觉得很亲切，这是保持老客户忠诚度的重要因素。让你的移动网站和传统网站保持一致的色调和品牌形象。

将传统网站上的品牌元素整合到移动网站中

在设计网站时，很自然地就想加入更多的信息，但你最好不要这么做。空白区域不仅给人带来整洁和精炼的感觉，还方便用户点击按钮进行他们希望的搜索或预订。

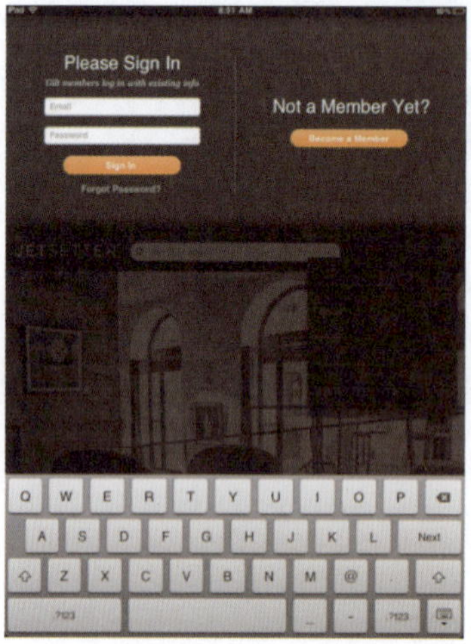

保留必要的空白区域

避免 Flash 的很明显的原因是很多手机产品不支持 Flash 功能，并宣称他们也不打算在将来添加此功能。而 iPhone 占据智能手机市场 30% 的市场份额，因此，如果你使用 Flash，很大一部分智能手机用户用不了这项功能。同样，很多智能手机也不支持 Java，而 Java 还会大大延缓页面下载的时间。

你的手指是否很胖呢? 如果是的话，你用智能手机键盘会很困难。大多数人使用微型键盘打字都很困难。所以，尽可能使用下拉菜单、列表和事先设定的文字作为数据输入的方式，这就最大限度地减少了人们在智能手机上打字的机会。

减少文字输入的次数

在手机上进行多个选项卡和浏览窗口之间的跳转比在传统网站上困难得多，还会延长下载时间。如果你需要打开一个新的浏览器窗口，一定要告知你的用户如何导航到原来的页面。

当你的网站设计好了，并准备推出之时，确保设置重新导向功能，这样当用户使用移动设备登录时，直接把它导向移动优化的网站页面。一旦你的重新导向功能到位了，任何移动用户通过输入你的网址或在搜索引擎中点击链接都能够进入你的移动优化页面。

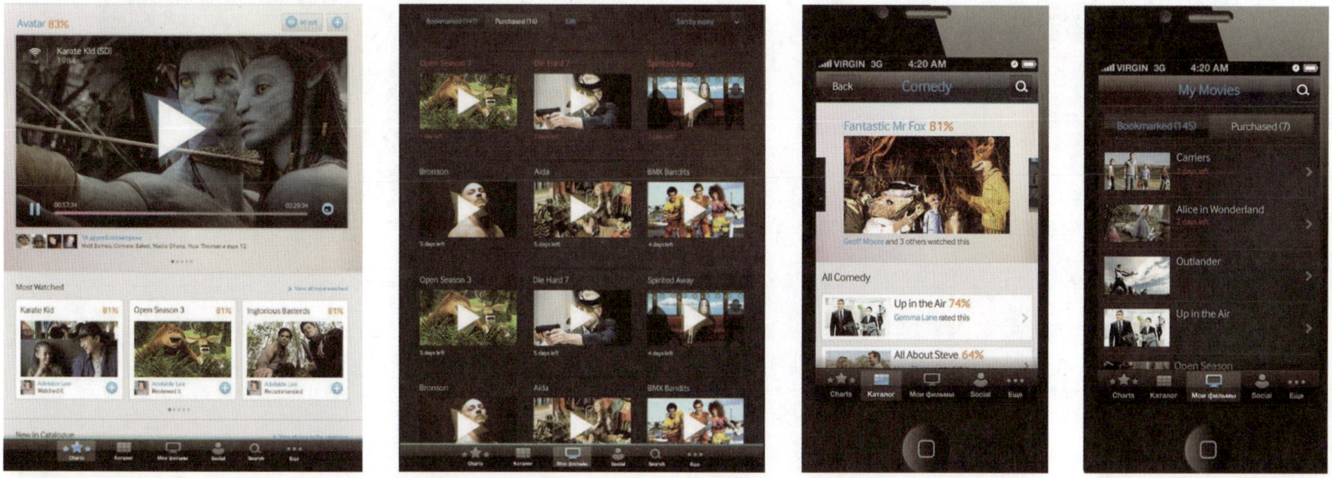

移动重新导向功能

为什么完整版网站不适合移动使用

通过调研我们发现目前用户使用专门为移动设备设计的网站时，平均成功率是 64% ，明显高于“完整版”网站的 53%。仅凭提高用户使用效率这一理由就足以证明移动优化网站的价值了。这样的网站使用起来也更舒适，因此用户的主观满意度评分更高。如果网站让用户感到既顺手又满意，他们就可能会再次来访。

移动网站

完整版网站

用户在使用为移动设备优化过的网站时成功率更高。如果条件允许，单独建立一个为移动应用优化过的网站，即移动网站。当人们通过移动设备访问网站时，移动网站上测出的可用性得分会远远高于完整版网站。

完整版网站和移动网站的区别

小编分享

如果移动用户进入了你的完整版网站，请让其跳转到移动网站。很不幸，许多搜索引擎尚未将移动网站的排名提高到能让移动用户看见的位置，因此人们经常错误地进入了完整版网站，而不是用户体验更佳的移动网站。对于那些跳转失败的用户，请在完整版网站中提供明显的移动网站链接。

移动端比桌面端要求更严格

如今全世界共有 60 亿移动用户，意味着如果人手一部移动电话，那么世界上 87% 的人便拥有移动电话。然而，将近有 30 亿人使用台式电脑。移动设备存在于我们的生活中，随之而来也为移动端设计带来了一系列新的限制和机遇。让我们来看看设计方法会如何得以更新。

移动端设计，我们最先需要了解的是它桌面端不同之处，这并不仅仅指尺寸的不同。移动设备的属性与规格也带来了不同的设计启示和要求。由于移动设备更轻更便携，我们通常觉得它们更便于使用。通过频繁使用移动设备，我们与它们之间建立了独特而富有情感的联系。

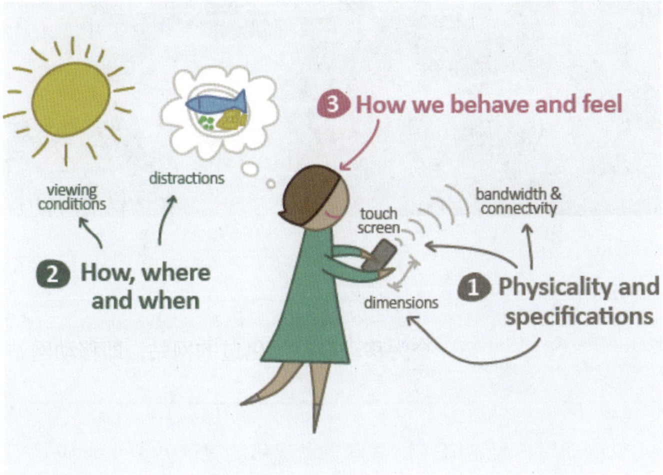

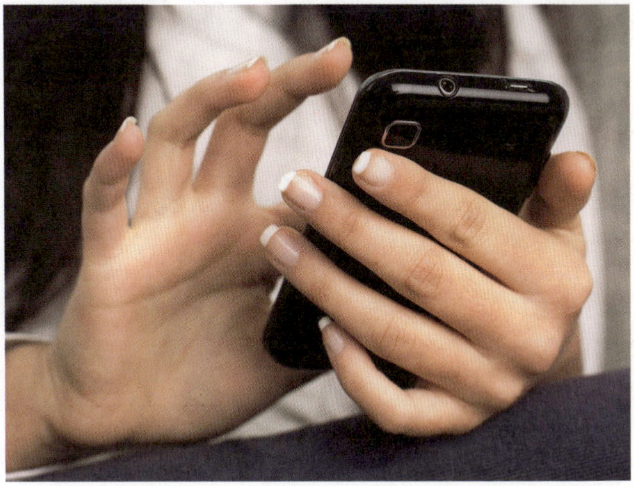

用户移动端

绝大多数移动设备配有触摸屏，用户主要通过手势以及一些简单的界面元素进行操作。由于受限于屏幕尺寸，有时我们希望屏幕中的显示内容结构更简单精致。同样由于受限于带宽和连接速度，移动端上的设计需要优化加载时间，减少数据请求。

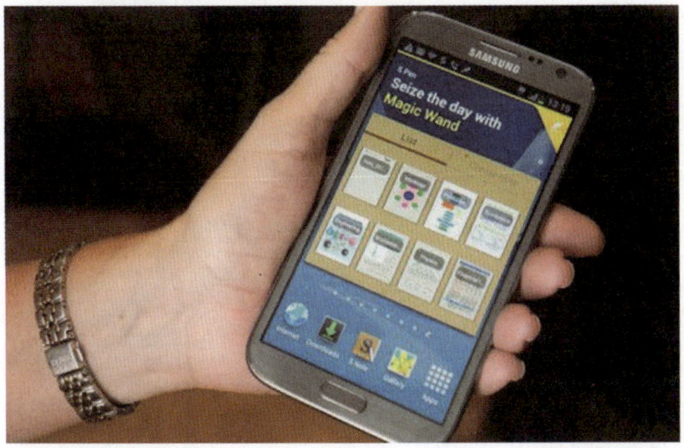

移动设备的属性与规格

由于需要不间断查看手机信息，我们往往会更频繁地使用手机。乘坐公交车时、街上散步时或看电视时，它们都无处不在。甚至，我们在“做”一些其他事情时也会使用。这意味着我们可能在一些复杂的视觉环境下或是一系列干扰条件下使用手机。

移动设备充斥着我们的生活

小编分享

移动设备从根本上改变了用户的期望，因此对于设计师而言，非常重要的一点是遵从以用户为中心的设计流程来进行设计。移动设备的差异化直接作用于以用户为中心的设计的整个过程：从用户研究到最终的开发和实现方案的测试。而实现方法和信息架构是整个设计流程中受到最大影响的。

移动网站不同于传统网站，移动设计的实现存在四种主流方式。移动用户最希望在浏览器上浏览移动式网站或者响应式网站的内容，而那些在设备上安装了应用程序的人会选择原生应用或混合模式应用。原生应用是独立存在的：每一个应用的界面都被定义在平台层上方。混合模式应用提供了更为灵活的方式，从网络中获取内容，但也提供了类似于原生应用的界面。

考量要素	移动式网站	响应式网站	原生应用	混合模式应用	评价
用户优先级可调整性	★★★	★★	★★★	★★★	基于移动平台特性，响应式设计应提升为三星
内容传达	★★	★★★	★★	★★★	响应式网站和混合模式应用在搜索引擎中更容易被定位
功能性	★★	★★	★★★	★★★	原生应用提供了设备功能的接入（如GPS、照相），允许更多的使用体验
兼容性	★★	★★★	★	★	响应式设计方便于在任何屏幕上进行查看。而移动网站和应用要取决于它们为何种设备进行设计。
开发消耗	★★	★★★	★	★★	取决于你是否完全从零开始开发一个网站。响应式设计需要额外的编译时间，但这并不需要像传统应用设计那么多。
维护消耗	★★	★★★	★	★★	独立的原生应用需要单独维护。然而，响应式设计会导致持久维护个体网站。

移动端比桌面端要求更严格

移动设备同样也有自己的信息架构样式库。尽管响应式网站的结构可能更多遵从“标准化”样式，而诸如原生应用则通常采用基于标签的导航结构。但并不存在构造移动网站或应用的“正确”方法。接下来我们会带来一些最流行的样式：层级式、辐射式、套娃式、标签视图、便当盒和筛选视图。

响应式设计

响应式 Web 设计的理念是页面的设计与开发应当根据用户行为以及设备环境（系统平台、屏幕尺寸、屏幕定向等）进行相应的响应和调整。页面应该有能力去自动响应用户的设备环境。响应式网页设计就是一个网站能够兼容多个终端——而不是为每个终端做一个特定的版本。

响应式设计欣赏

响应式 Web 设计与传统的设计方式截然不同，开发人员必须要理解它的优势和弊端。数据表格是响应式 Web 设计的经典使用情景，实现它的想法与传统的设计理念有很大不同。

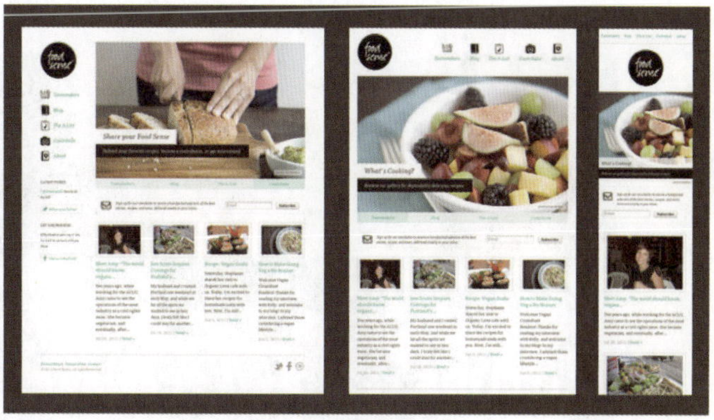

数据表格是响应式Web设计

小编分享

响应式Web设计中的图像以流式图像为主，可以被上下文感知的图像所替代，这是一种更好的设计方式。这种技术的真正意义在于，能够让图像适应不同的屏幕分辨率，更大的或更小的。所以它与传统设计的理念和技术都有很大不同，合理使用会让你的网页化腐朽为神奇。

响应式设计在2013年被提的比较多，但是响应式设计仍然在不断变化，不断创新。例如，新的设备不断出来(iPad Mini)，这让以前的设计想法土崩瓦解。而各种Web的响应式设计也获得了越来越多的注意，“让人们忘记设备尺寸”的理念将更快地驱动响应式设计，所以Web设计也将迎来更多的响应式设计元素。

响应式设计的趋势

响应式图片技术思想，不仅要同比的缩放图片，还要在小设备上降低图片自身的分辨率。这个技术的实现需要使用几个相关文件，我们可以在Github上获取。包括一个JavaScript文件，一个.htaccess文件，以及一些范例资源文件。大致的原理是，JavaScript文件会检测当前设备的屏幕分辨率，如果是大屏幕设备，则向页面head部分中添加BASE标记，并将后续的图片、脚本和样式表加载请求定向到一个虚拟路径。当这些请求到达服务器端，.htacces文件会决定这些请求所需要的是原始图片还是小尺寸的“响应式图片”，并进行相应的反馈输出。对于小屏幕的移动设备，原始尺寸的大图片永远不会被用到。

图片为主的响应式设计

可用性原则很少非黑即白

许多人想知道硬性和快捷的规则，告诉他们菜单项目不能超过多少条，每页字数不能超过多少个，从首页到任何一个页面的点击次数不能超过多少次。不幸的是，这种方法对 UI 设计行不通。可用性的问题很少只有一个答案，更多情况下它们只是个定性的问题，指明了改进的方向和设计过程中不可避免的利弊权衡。

移动设备的可用性

为 Web 写作时将字数压得越少越好。而为移动写作时，更是要进一步压缩。当考虑将哪些次要内容移到二级页面中时，如果针对的是移动用户，就需要将主要和次要内容的分界线进行调整。虽然原则是一样的，但是你在移动平台上的标准却应该更高。

iOS的可用性

移动可用性在用户体验的所有领域（功能组合，IA，写作和图像处理等）都要求有比桌面可用性更严格、更缩小化的设计。这就是你需要一个单独的移动网站的原因。单纯运用响应式 Web 设计来使完整版网站适应移动设备常常会造成移动 UX 低于应有的标准。

在研究移动可用性的过程中，“现场研究应该是整个移动可用性工具箱中的一部分”。十几岁正是年轻人开始社交的一个阶段，它会发生在学校、家里或者是与朋友一起的时候。把移动设备与生活相结合是他们社会生活的一个重要部分。走出实验室未必是可用性研究的首选方法，但是做现场研究应该是移动可用性研究的一个重要部分。简而言之，从框框里边走出来，融入到十几岁孩子的世界中，你就会发现大量有用的信息来创造更好的、年轻人需要的产品。

平板电脑的可用性

移动应用更活泼更灵动，丰富的动效是不可少的，丰富的动效可以让你的应用更具活力，充满生机；丰富的动效可以让你的应用彰显效率，提升品质感；丰富的动效可以让你的应用充满魅力，引人探索；丰富的动效可以让你的应用减少焦虑，消除等待感；丰富的动效可以让你的应用充满韵味，有节奏感；丰富的动效可以让你的应用有出奇的信息组织，整洁高效。

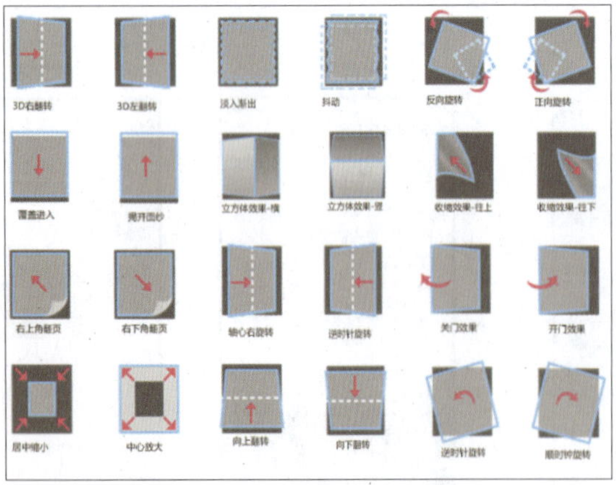

转场

转场

小编分享

引导性要注意操作邀请一定是需要突出的主要功能或任务，不能什么功能都邀请用户试用一下，要知道，大部分用户能用到你应用里的20%就算不错了。邀请不能过于强制，如非必要，中断用户正在执行的操作是很不礼貌的行为。